西安交通大學 研究生创新教育系列教材

膨胀湿蒸汽两相高速流动

王新军 李亮 王顺森 编著

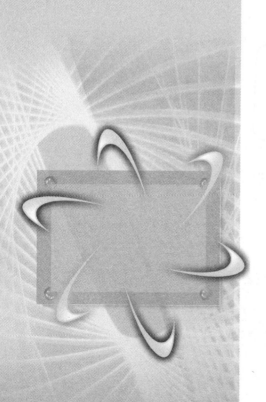

西安交通大学出版社
XI'AN JIAOTONG UNIVERSITY PRESS

内容提要

膨胀湿蒸汽两相高速流动是一门研究水蒸气凝结过程和蒸汽与水珠两相物质运动规律的学科,它在各种两相流学科中占据一个比较特殊的地位,研究对象主要是蒸汽轮机中的湿蒸汽。本教材系统全面地介绍了湿蒸汽的基本特性,膨胀湿蒸汽的自发凝结及水珠生长机理,湿蒸汽两相高速流动的气动热力学,湿蒸汽在汽轮机中产生的特殊问题与除湿技术,湿蒸汽的特殊实验方法以及蒸汽湿度测量技术等内容。全书共分为八章:第 1 章简述了基本概念;第 2 章介绍了湿蒸汽基本特性;第 3 章论述了流动水蒸气的凝结动力学,讨论了蒸汽的自发凝结与水珠的生长机理以及对理论模型的实验验证;第 4 章介绍了凝结湿蒸汽流、水滴运动和沉积过程的数值计算方法及其在汽轮机中的应用;第 5 章阐述了汽轮机中湿汽损失产生的原因、机理及湿汽损失的定量计算方法,并给出了减少汽轮机湿汽损失的一个优化算例;第 6 章介绍了汽轮机中的材料侵蚀与防护措施;第 7 章系统地介绍了汽轮机的各种除湿技术及研究结论;第 8 章介绍了流动湿蒸汽的测量技术,重点介绍流动湿蒸汽湿度的各种测量方法。

本书可作为能源与动力工程学科相关专业的研究生教材,也可供从事汽轮机设计与制造的工程技术人员参考使用。

图书在版编目(CIP)数据

膨胀湿蒸汽两相高速流动/王新军,李亮,王顺森编著.
—西安:西安交通大学出版社,2017.8
西安交通大学研究生创新教育系列教材
ISBN 978 - 7 - 5605 - 9769 - 0

Ⅰ.①膨…　Ⅱ.①王…②李…③王…　Ⅲ.①湿蒸汽-两相流动-研究生-教材　Ⅳ.①TK14

中国版本图书馆 CIP 数据核字(2017)第 143365 号

书　　名	膨胀湿蒸汽两相高速流动
编　　著	王新军　李　亮　王顺森
责任编辑	田　华
出版发行	西安交通大学出版社
	(西安市兴庆南路 10 号　邮政编码 710049)
网　　址	http://www.xjtupress.com
电　　话	(029)82668357　82667874(发行中心)
	(029)82668315(总编办)
传　　真	(029) 82668280
印　　刷	陕西宝石兰印务有限责任公司
开　　本	727mm×960mm　1/16　印张 25.5　字数 472 千字
版次印次	2018 年 6 月第 1 版　2018 年 6 月第 1 次印刷
书　　号	ISBN 978 - 7 - 5605 - 9769 - 0
定　　价	50.00 元

读者购书、书店添货如发现印装质量问题,请与本社发行中心联系、调换。
订购热线:(029)82665248　(029)82665249
投稿热线:(029)82665640　qq:190293088
读者信箱:190293088@qq.com

总　序

创新是一个民族的灵魂,也是高层次人才水平的集中体现。因此,创新能力的培养应贯穿于研究生培养的各个环节,包括课程学习、文献阅读、课题研究等。文献阅读与课题研究无疑是培养研究生创新能力的重要手段,同样,课程学习也是培养研究生创新能力的重要环节。通过课程学习,使研究生在教师指导下,获取知识的同时理解知识创新过程与创新方法,对培养研究生创新能力具有极其重要的意义。

西安交通大学研究生院围绕研究生创新意识与创新能力改革研究生课程体系的同时,开设了一批研究型课程,支持编写了一批研究型课程的教材,目的是为了推动在课程教学环节加强研究生创新意识与创新能力的培养,进一步提高研究生培养质量。

研究型课程是指以激发研究生批判性思维、创新意识为主要目标,由具有高学术水平的教授作为任课教师参与指导,以本学科领域最新研究和前沿知识为内容,以探索式的教学方式为主导,适合于师生互动,使学生有更大的思维空间的课程。研究型教材应使学生在学习过程中可以掌握最新的科学知识,了解最新的前沿动态,激发研究生科学研究的兴趣,掌握基本的科学方法;把以教师为中心的教学模式转变为以学生为中心、教师为主导的教学模式;把学生被动接受知识转变为在探索研究与自主学习中掌握知识和培养能力。

出版研究型课程系列教材,是一项探索性的工作,也是一项艰苦的工作。虽然已出版的教材凝聚了作者的大量心血,但毕竟是一项在实践中不断完善的工作。我们深信,通过研究型系列教材的出版与完善,必定能够促进研究生创新能力的培养。

西安交通大学研究生院

前　言

为了配合研究生的教学改革工作,提高研究生的教学质量,培养研究生的创新思维,西安交通大学叶轮机械研究所的三位教师根据多年来透平机械中的两相高速流动及相关课程的教学实践和科研工作的体会,在《湿蒸汽两相流》和《透平和分离器中的双相流》两本书籍的基础上,参考西安交通大学原涡轮教研室(叶轮机械研究所的前身)几十年的研究成果,编写了《膨胀湿蒸汽两相高速流动》这本研究生教材。

《湿蒸汽两相流》一书是西安交通大学原涡轮机教研室的蔡颐年教授、原上海机械学院王乃宁教授合作撰写的学术专著,由西安交通大学出版社于1985年8月正式出版。该书系统阐述了湿蒸汽两相流的基础理论,讨论了水蒸气的凝结过程和蒸汽与水珠两相物质的运动规律。《透平和分离器中的双相流》是根据英国中央电业研究实验室和比利时冯·卡门流体力学研究所联合编写的英文专著,由蔡颐年教授等人翻译,并由机械工业出版社于1983年1月出版。书中论述了湿蒸汽的基本性质和重要概念,湿蒸汽气体动力学的基本方程和凝结理论,湿蒸汽的测量技术以及外部水分离器等内容。《湿蒸汽两相流》和《透平和分离器中的双相流》一直是国内研究湿蒸汽方面的学者、研究生和相关行业技术人员的主要参考书籍,是从事湿蒸汽两相流研究的基础。

西安交通大学原热力涡轮机(蒸汽轮机与燃气轮机)专业创建于1952年,是我国高等院校中最早成立的专业。早在1965年,在蔡颐年教授的倡导下就已开展湿蒸汽两相流方面的研究,先后派出4名教师去英国、美国、德国进修并进行湿蒸汽方面的科研协作,同时也邀请了外籍教授来校讲学。经过蔡颐年等一批教授和课题组成员几代人的不懈努力与持续研究,西安交通大学逐渐形成了湿蒸汽两相流动研究基地。研究内容涉及:膨胀湿蒸汽的自发凝结与成核理论,水珠生长理论,水膜形成机理,汽流剪切作用下的水膜运动规律、水膜撕裂形成水滴以及水滴二次雾化的机理,水滴的运动与沉积规律,湿蒸汽的汽水分离特性,湿蒸汽汽轮机动叶的水蚀起因、机理及防护措施,湿蒸汽凝结流动的计算流体动力学等方向。先后建立了膨胀湿蒸汽拉伐尔喷管试验台、汽水分离器试验台、高转速水蚀试验台、湿蒸汽风洞试验台等。几十年来,西安交通大学在湿蒸汽方面的研究取得了卓越成绩,相关研究成果应用于我国火电汽轮机和核电汽轮机的设计中,有力促进了我国汽轮机事业的发展。

近几十年来,科学技术的进步、能量的高效利用及环境保护的要求促进了大功率汽轮机的快速发展,出现了超超临界的火电汽轮机、1400 MW 等级的核电汽轮机以及各种余热利用饱和蒸汽轮机,而各种先进的汽轮机设计理念也广泛应用在汽轮机的设计中。为了适应新形势下研究生的教学和培养需要,本教材结合相关企业和高校调研结果及编者多年的教学与科研经验,较为全面地阐述了叶轮机械中的膨胀湿蒸汽两相流的基本概念、湿蒸汽特性、流动水蒸汽的凝结动力学、湿蒸汽凝结流动的计算流体动力学、汽轮机中的水滴运动与沉积、汽轮机中的湿汽损失、侵蚀防护与除湿技术以及高速湿蒸汽的测量技术。

本书共分八章,参加编写的有西安交通大学能源与动力工程学院叶轮机械研究所的王新军(第 1 章、第 2 章、第 3 章、第 6 章和第 7 章),李亮(第 4 章和第 5 章),王顺森(第 8 章)。全书由王新军担任主编,负责统稿。

在本书的编写过程中,得到了张峰、周骏飞、费欣阳、周子杰、陆海空、侯伟韬、李炎栋等一些在校研究生的支持和帮助,他们在资料查询、图表处理等方面做出了很多贡献,在此表示衷心的感谢。

西安交通大学能源与动力工程学院丰镇平教授对本教材进行了评审,提出的宝贵意见对提高本书质量起了极大的作用,编者在此深表谢意!

由于编者水平有限,书中难免存在不妥之处,恳请读者批评指正。

目　录

第1章 基本概念

1.1 平衡状态

在热力学中,通常把分析的对象从周围物体中分割出来,研究它与周围物体之间的能量和物质的传递。这种分割出来作为热力学分析对象的有限物质系统叫作热力系统,周围物体则统称外界。系统和外界之间的分界面叫做边界,边界可以是实际存在的,也可以是假想的;可以是固定不动的,也可以有位移和变形。

根据热力系统和外界之间的能量与物质交换情况,将热力系统分为孤立系统、闭口系统和开口系统。当一个热力系统和外界既无能量交换,又无物质交换时,系统中的能量和质量都保持恒定不变,则该系统就称为孤立系统。闭口系统和外界只有能量交换而无物质交换,因而系统内的质量保持恒定不变,所以闭口系统又叫做控制质量。开口系统和外界不仅有能量交换而且还有物质交换,系统中的能量和质量都可以变化,但能量和质量的变化通常是在某一划定的空间范围内进行的,所以开口系统又叫做控制容积或控制体。

将工质在热力变化过程中的某一瞬间所呈现的宏观物理状况称为工质的热力学状态(简称状态)。用来描述工质所处状态的宏观物理量称为状态参数(如压力、温度、密度等)。状态参数是热力系统状态的单值函数,它的值取决于给定的状态。状态参数发生变化即表明物质所处的状态发生了变化,物质的状态变化也必然可由参数的变化标志出来。

如果一个热力系统在不受外界影响的条件下,系统的状态能够始终保持不变,系统的这种状态称为平衡状态。如果组成热力系统的各部分之间没有热量的传递,系统就处于热平衡;各部分之间没有相对位移,系统就处于力平衡。同时具备热平衡和力平衡的系统就处于热力平衡状态。

处于热力平衡状态的系统,只要不受外界影响,其状态就不会随时间改变,平衡也不会自发地破坏。而处于不平衡状态的系统,由于各部分之间的传热和位移,其状态将随时间而改变,改变的结果一定使传热和位移逐渐减弱,直至完全停止。因此,在没有外界影响的条件下,不平衡状态的系统总会自发地趋于平衡状态。

如果系统受到外界的影响,就不能保持平衡状态(如系统和外界间因温度不平衡而产生的热量交换,或因压力不平衡而产生功的交换,都会破坏系统原来的平衡状态)。系统和外界间相互作用的最终结果,必然是系统和外界共同达到一个新的平衡状态。

只有在系统内部或系统与外界之间的一切不平衡作用都不存在时,系统的一切宏观变化方可停止,此时热力系统所处的状态才是平衡状态。对于处于热力平衡态下的气体(或者液体),如果略去重力的影响,那么气体内部各处的性质是均匀一致的,各处的温度、压力、比体积等状态参数都应相同。如果考虑到重力的影响,那么气体(液体)中的压力和密度将沿高度而有所差别。对于气液两相并存的热力平衡系统,气相的密度和液相的密度不同,所以整个系统不是均匀的。

1.2　相态与两相流

1.2.1　物质的相态

物质的相态也就是物质存在的状态(简称相,也叫物态),物质的一种状态对应一个相态。

相态是物质在一定温度和压强下所处的相对稳定的状态。气态、液态和固态是物质基本三态,相应的物质分别称为气体、液体和固体。相态是以分子或原子为基元的三种聚集状态,如:水蒸气、水、冰是常见的同一物质的三态;氧、氢、氦等在常温下是气态,只在极低温度下才是液态或固态;金、钨等在常温下是固态,只在极高温度下才是液态或气态。

物质各相态具有不同的特点,图1-1是三种相态下物质的分子结构示意图。气态物质的分子或原子作无规则热运动,无平衡位置,也不能维持在一定距离,分子间的距离最大(见图1-1(a)),相应分子间的相互引力也最小,因而没有固定的体积和形状,能够自发地充满容器,容易流动和压缩。液态分子间的距离较小(见图1-1(b)),分子相互间的引力也较大,所以液体具有一定体积,形状随容器而定,易流动,但不易压缩。固态物质的分子或原子只能围绕各自的平衡位置微小振动,分子间的距离很小(见图1-1(c)),相互的吸引力大,因此固体物质都有一定的形状和体积。

物质三相的特点可以从物相的分子水平来解释。一般物质的气体密度很小,分子和分子一般相距很远(和分子的直径相比),彼此之间的排列没有规律。气体分子可以自由移动,运动的平均速度与音速有差不多的数量级。偶然也会有两三个分子相距很近,以至于分子的电子云发生相互重叠从而使分子与分子结合在一起,这种情况在较高的压力下比较常见,但这种分子聚合体存在的时间很短。

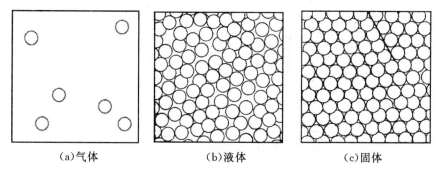

（a）气体　　　　　　　（b）液体　　　　　　　（c）固体

图 1-1　同物质的分子结构示意图

　　液体的密度比通常状态下气体的密度大约 10^3 倍,但液体分子的尺寸仍然与气体的相同,所以彼此相距较近。液体分子也是在不断地运动,但运动形式是一部分快速振动,一部分移动。因而液体分子的排列情况也在不断地改变。

　　在相同体积内,一般物质的固体分子数比液体分子数约增加百分之十几,所以固体的密度相比液体略有增加(需要说明的是,水物质比较特殊,当液相水变为固相冰时,密度反而会有所降低),但固体分子排列的规则性则大大超过了液体分子,基本上是按晶格中的固定位置就位的。固体分子与分子之间的结合相当牢固,分子只能在晶格中振动,而不能自由移动。

　　物质三相的主要区分不在于三相中的分子本身有什么不同,而是三相中分子与分子之间的结构关系有所不同,或者说是分子间的相互作用力不同。众所周知,物质的分子与分子之间存在着两种方向相反的作用力,如图 1-2 所示。一个是分子间的吸引力(图中的 PR 线),也称为范德瓦尔斯(Van der Waals)力;另一个是分子间的排斥力(图中的 ST 线)。吸引力和排斥力的大小均与分子之间的距离有关。当两个分子相距较远时,分子间的吸引力很小,这样才可以把一般压力下的一定空间内的气体分子看作是完全不受其他分子影响的独立运动的球形实体;随着分子之间的距离 r 减小,两个分子间的吸引力按照一定的规律增大;但当分子间距 r 小到一定程度时,虽然分子间的吸引力较大,但分子间的排斥力开始发生作用,且排斥力随 r 的减小急剧增大。吸引力和排斥力的叠加结果就形成了合力曲线 PQR'。物质中分子间相互作用力的消长情况是与物质的相变过程相对应的,也是研究物质相变的基础。

　　除上述物质的基本三态外,在极高温下电离的气体成为由离子和电子组成的等离子体,电离的状态是宇宙中普遍存在的物质聚集状态,称为物质第四态(也称为超气态)。在超临界温度和压力下,原子结构被破坏,原子外围的电子被挤压到原子核范围,这种状态称为物质第五态(也称超临界态)。

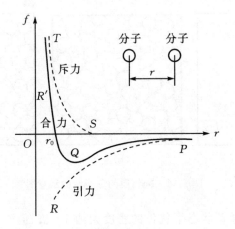

图 1-2　分子间的相互作用力示意图

1.2.2　相图

通常用相图来表示物质的不同相态(基本三态)。相图中的坐标是相关的热力学参数,相图上的线被称为"相界",这是相变发生的地方,没有线的区域属于同一个相态。在研究物质的三相互相转变的问题时,一般采用相关物质的 p-V-T 图(也称为总相图)。根据状态方程 $f(p,V,T) = 0$,纯物质的平衡状态点在 p、V、T 三维坐标系中构成一个曲面,称为热力学面。图 1-3(a)所示是一般纯物质的总相图,从图中的热力学面上可清晰看到,在不同的参数范围内物质呈现不同的相态以及相态之间的转变过程。将 p-V-T 曲面投影到 p-T 面上可得到 p-T 图(见图 1-3(b)),投影到 p-V 面上得到 p-V 图(见图 1-3(c))。图 1-3 中的点 T_{tp} 就是固、液、气三相共存的状态,即三相点。

图 1-4 是水的相图。水是世界上最常见的物质,也是热力学性质最为特殊的物质。与所有其他已知物质相比,水在常压下由液相转变为固相时的体积大约要膨胀 9%,而其他物质则收缩大约 5%～15%。这个区别反映在相图中就表现为一般物质的溶解曲线的斜率 $\partial p/\partial T$ 为正值(见图 1-3(b)),而水的溶解曲线斜率 $\partial p/\partial T$ 为负值(见图 1-4(b))。也就是说,当某种物质由液相凝固为固相时,如果体积有所收缩,则这种物质的固液表面的 $\partial p/\partial T$ 为正值;反之,如果体积有所膨胀,固液表面的 $\partial p/\partial T$ 为负值。这一现象可以用克劳修斯-克拉贝龙(Clausius-Clapyron)方程来解释。

相律指出,纯物质处于两相平衡共存时,其温度和压力彼此不独立,它们之间

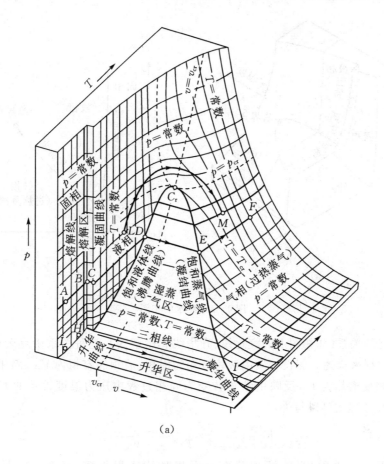

(a)

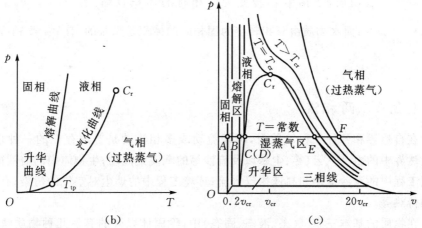

(b)　　　　　　　　　　　　　(c)

图 1-3　一般纯物质的热力学面及投影

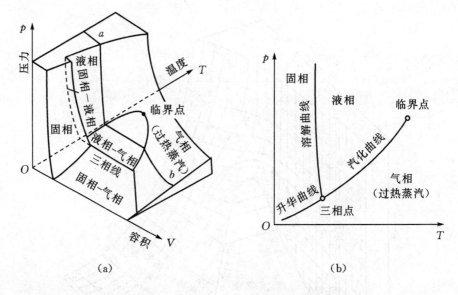

图 1-4　纯水的相图

存在一定的关系(如相图上的汽化线、升华线和熔解线),这种关系由克劳修斯-克拉贝龙方程来描述。假设物质由液相转变为固相,液相的容积为 $V_{液}$,固相的容积为 $V_{固}$,相变潜热为 L,反映由液相转变为固相过程中压力温度关系的 Clausius-Clapyron 方程式可以写为

$$\left(\frac{\partial p}{\partial T}\right)_{液-固} = \frac{-L_{液-固}}{T(V_{固} - V_{液})} \tag{1-1}$$

对于一般物质,当由液相转变为固相时的体积收缩,有 $V_{液} > V_{固}$,所以 $\left(\frac{\partial p}{\partial T}\right)_{液-固} > 0$;而水物质由液相转变为固相时的体积是膨胀的,有 $V_{液} < V_{固}$,所以 $\left(\frac{\partial p}{\partial T}\right)_{液-固} < 0$。

1.2.3　两相流

在自然界和各种工程领域中,两相流动或多相流动是普遍存在的一种现象。如自然界中的雨、雪、云、雾、尘暴以及流沙等的飘流或流动;生物体中的血液循环;水利工程中的泥沙运动和高速掺气水流;环境工程中的烟尘对空气的污染;有相变时的传热等。

在物质的基本三态(气态、液态、固态)中,除固体以外的其他几种物质状态统称为流体。将两相物质(其中至少一相为流体)所组成的流动系统称为两相流;若流动系统中物质的相态多于两个,则称为多相流。两相流是多相流动中最通常的类型。根据构成系统的相态可以分为气-液两相系统、气-固两相系统、液-液两相系统、液-固两相系统等。在这里需要说明的是,气相和液相可能以连续的形式(如气体-液膜两相系统)出现;也可能以离散的形式(如气泡-液体两相系统,液滴-液体两相系统)出现。固相则通常以颗粒或团块的形式处于两相流或多相流动中。

在一般的两相流动系统中,两相物质可能有不同的温度,这会带来相间的传热问题;也可能有不同的速度(即存在滑移),这会带来力的问题。因此,研究两相流就是同时研究流动系统中的两相之间的热和力学关系。研究的基本内容主要包括以下三个方面。

(1)判断流动形态及相互转变。两相流动形态不同,则热量与质量传递的机理和影响因素也不同。

(2)分散相在连续相中的运动规律及其对传递和反应过程的影响。如液滴和气泡在运动中的变形、界面上的波动等都会影响传质传热过程。

(3)两相流动系统的摩擦阻力、系统的振荡和稳定性等。

对汽轮机中的膨胀湿蒸汽两相流动来说,除了需要研究上述的一般两相流动问题之外,还应更加关注工质的相变过程以及相变带来的相关问题。

两相流动的理论分析比单相流动困难得多,描述两相流的通用微分方程组至今尚未建立,大量理论工作是采用两类简化的模型,一类是均相模型,即将两相介质看成是一种混合得非常均匀的混合物(即看作单流体),并假定处理单相流动的概念和方法仍然适用于两相流动,同时也对它的物理性质及传递性质作合理的假定。第二类是分相模型,即认为单相流动的概念和方法可分别用于两相流动系统的各个相,同时考虑两相之间的相互作用。实际应用的有双流体模型和分散颗粒群轨迹模型。

两相流动现象在高速旋转的叶轮机械中也广泛存在。如蒸汽轮机中的湿蒸汽(水蒸气-水珠)两相流动,它出现在常规火电汽轮机的低压区域、水冷堆核电汽轮机以及地热汽轮机的高/低压部分、凝汽器的汽侧空间。在超临界或超超临界汽轮机的高压进汽部分,存在有气-固(过热蒸汽-固体颗粒)两相流动。在燃气轮机(含航空发动机)中,则有压缩机内的气-固(空气-固体颗粒)两相流动,透平内的气-固(燃气-固体颗粒)两相流动,以及燃烧室内部的气-液(燃料液滴-空气)两相流动。

本教材主要关注蒸汽轮机中的湿蒸汽两相流动所涉及的相关问题。

1.3 表面张力

1.3.1 气液界面

气液界面是指气体与液体两相之间的分界面,也称为液体表面。从现象上看,气体与液体之间最大的不同,就在于气体永远充满容器,而液体则具有自由表面。液体的自由表面是在地球引力作用下形成的。在一般的分子距离之内,一方面是液体分子间的相互引力起主要作用,因而液体总是集聚在一起并具有一定体积;另一方面是液体的分子结构使它不能抵抗剪切力,所以液体形状随容器而定,并且容易流动。这两个方面的原因就导致了液体在重力作用下形成自由表面。由于气体分子的动能很大,分子间的相互引力很小,所以气体总要飞散,没有固定的体积和形状并具有自发地充满整个容器的特性。但是气体分子也存在一定质量,也受重力的作用,如果从足够大的范围看,地球引力还是能够使大气分子对地球形成一个包围圈,就是说气体也有一个自由表面。

严格来说,在气-液两相系统中,气液界面并不是一个确切明显的界面,应该用界面区的概念来表达。图1-5是液体表面附近分子的分布示意图。可以看出,在液体内部,液态分子间的距离相对较小,分子的分布比较密集;在液体表面层,液态分子间的距离增大,分子的分布密集度降低;在液体外部,气态分子间的距离较大,分子的分布密集度也最低。显然,气体与液体的分界面是有一定宽度的区域,气液界面实际上是在密度连续变化区域中人为选定的一个分界面,如图1-6所示。图中的横坐标表示从液体内部,经液体表面层,再到气体中的垂直距离,纵坐标表示物质的密度。在纯液体和纯气体之间,有一个过渡区(即表面层),过渡区中的物质密度是连续变化的,由液体密度降低到气体密度。过渡区的宽度很薄,不会超过给定压力下的气体分子平均自由程,因为只要分子间的距离达到一定数值,物质就已经成为气相。

虽然过渡区的厚度很薄,但按照许多不同的条件,在理论上还是可以确定出分界表面在过渡区中的准确位置。分界表面一经确定,过渡区的一部分就看作是液相物质,另一部分看作是气相物质(见图1-6),分界面两侧的全部液相和气相物质都可以作为均质来处理。在分界面上,均质液相和均质气相的热力学参数是不连续的。在整个气-液两相系统中,系统的总容积等于液相容积与气相容积之和,而其他非广延参数则必须在两部分之外再加上一个代表过渡区差别的修正值。用数学表达式来表示,为

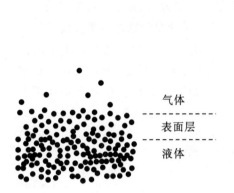

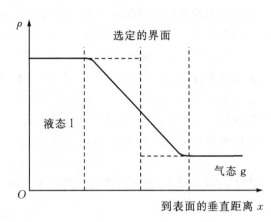

图 1-5 液体表面附近分子的分布   图 1-6 气液分界面

$$V = V_l + V_g \qquad\qquad (1-2)$$
$$E = E_l + E_g + E_s \qquad\qquad (1-3)$$
$$S = S_l + S_g + S_s \qquad\qquad (1-4)$$
$$m = m_l + m_g + m_s \qquad\qquad (1-5)$$

式中：V、E、S 和 m 分别代表两相系统的容积、能量、熵和质量；下标 l 表示液相，g 表示气相，s 表示界面区的修正值。

1.3.2 表面张力

在气液两相的界面，有一种可以确定并精确测量的特性就是表面张力。表面张力是液体物质的一种物理现象，这种现象可以根据分子间的互相吸引力来解释。图 1-7 表示液体表面附近和液体内部各分子所受到的其他相邻分子作用力的情况。在液体内部，任意一个分子受到周围其他相邻分子的作用力（引力与斥力）是球形对称的、相互完全平衡的，因而该分子不会向任何一个特殊方向移动。但在液体表面附近的分子，其两侧的受力并不相等，上部气体分子对它的吸引力远远小于液体内部分子吸引力，这样必然受到向下的拉力（合力垂直液面指向液体内部）。在这个不平衡的分子合力作用下，表面层的液体分子产生向液体内部运动的趋势，力图向液体内部收缩。许多表面层附近的液体分子，都要离开表面向液体内部运动的总结果就形成了表面张力的现象。这一现象犹如在液体表面蒙上一层弹性薄膜，使表面层达到与容器的约束及外力相适应的最小程度，表面层的这一特征常用表面张力来描述。想象在液体的表面上画一条线，线一边的液体对另一边的液体作用着张力（拉力）。因此，表面张力的方向是垂直于该线并且与液体表面相切。对弯曲的气液界面，因表面张力作用而产生的附加压力的方向是指向曲率中心的，表面张力的方向同样是液体表面的切线方向。显然,表面张力的起因是液体表面层中存在不平衡的分子合力,但分子合力并不是表面张力,二者是相互垂直的。

　　为了更好地了解表面张力的特性,图1-8给出了液膜紧绷在一个金属丝框架上的情况,框架的一条边是可以移动的,该边的长度为L。因为液膜的上下两面都有空气,所以上、下各有一个气液两相界面。如果在可移动金属丝的每单位长度上施加一个力σ,那么作用在可移动金属丝上的力为$F = 2\sigma L$。在力F的作用下液膜被拉长了$\mathrm{d}x$,则力F所作的功W为

$$W = F\mathrm{d}x = 2\sigma L\,\mathrm{d}x = 2\sigma\mathrm{d}A \tag{1-6}$$

式中:$\mathrm{d}A = L\mathrm{d}x$表示液膜面积的增加。由式(1-6)得到

$$\sigma = \frac{F}{2L} \tag{1-7a}$$

或

$$\sigma = \frac{W}{2\mathrm{d}A} \tag{1-7b}$$

式中:σ叫做液体的表面张力或表面张力系数。

　　表面张力是储存在气液界面液体一侧的能量,既可以用单位面积上的自由能(即表面能,就是每产生单位面积的固体或液体所消耗的能量)来表示($\mathrm{J/m^2}$),也可以用单位长度上作用的力来表示($\mathrm{N/m}$)。

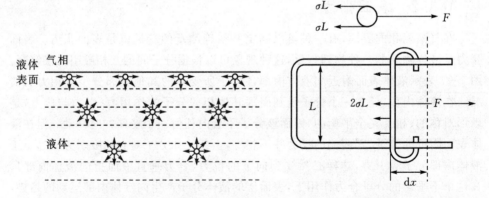

图1-7　液体表面和内部的分子间吸引力示意图　　　　图1-8　金属丝框架上的液膜

1.3.3　表面张力数据

　　表面张力的本质是液体表面层分子的内聚力(吸引力),凡是影响分子间力的因素也必将影响表面张力,如温度升高,分子间的吸引力减小,表面张力就下降。因此,表面张力的大小与界面两相物质的性质、温度以及界面曲率有关。表1-1

列出一些常见液体的平界面表面张力系数值。

表 1-1 常见液体的表面张力(20 ℃)

物质	表面张力系数 σ / $N \cdot m^{-1}$
水	0.0727
苯	0.0289
四氯化碳	0.0270
甘油	0.0630
二硫化碳	0.0323
煤油	0.0268
润滑油	0.025～0.035
水银	0.484
甲醇	0.0226
乙醇	0.0223
正丁醇	0.0246
正辛烷	0.0218
正已烷	0.0184
二乙醚	0.0170

温度的影响:从表 1-1 中可以看出,不同物质的液态表面张力系数值的差异是很大的。任何物质在临界点温度下的表面张力总是接近于零的,在三相点温度下的表面张力总具有最大值。因此,在临界点与三相点之间的温度范围内,温度 T 的变化直接影响物质表面张力值 σ 的大小。图 1-9 是水和苯的 σ-T 曲线。实验研究表明:大多数物质的 σ-T 曲线基本上是直线。纯水在 5～35 ℃范围内的表面张力随温度的变化更加表明了这种线性的关系(见图 1-10)。

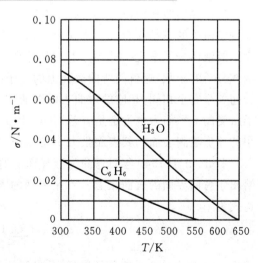

图 1-9 水和苯的 σ-T 曲线

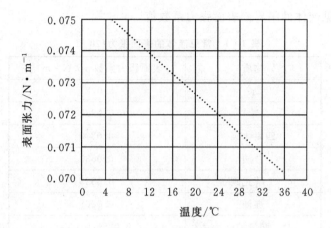

图 1-10　纯水在 5～35 ℃范围内的表面张力实测值

水的表面张力与温度的最简单线性化公式为

$$\sigma = \alpha(T_{cr} - T) \tag{1-8}$$

式中：σ 代表实际温度下水的表面张力系数；T_{cr} 代表水的临界温度；T 代表水的实际温度；α 是不随温度变化的比例常数（不同液体有不同的 α 值）。

为了更加准确描述表面张力与温度的关系，可采用下面公式来计算，为

$$\sigma = \alpha(T_{cr} - T_x - T) \tag{1-9}$$

对于大多数液体（包括水），T_x 可以取为 6 ℃。

气液界面曲率的影响：由图 1-7 已经知道平面液体的表面张力来自表面上液体分子所受的不平衡力。如果气液界面是弯曲的，例如对一个半径为 r 的球形表面上的液体分子来说（见图 1-11），图中阴影部分并没有液体分子，因而也不存在液体分子的影响，这就使弯曲表面上的分子间的几何关系不可能和平表面上的分子间关系完全相同，相应的弯曲表面上液体分子所受的不平衡力与平表面上的分子所受的不平衡力也肯定是有差别的。因此，对曲率半径很小的弯曲表面（如 r 很小的球形液滴表面），其表面张力 σ_r 必定不同于平表面的张力值 σ_∞。

Tolman 于 1949 年对弯曲气液界面上的表面张力问题进行了热力学分析，并给出了弯曲界面的表面张力 σ_r 和平界面的表面张力 σ_∞ 之间的关系式，简化后的表达式为

$$\frac{\sigma_r}{\sigma_\infty} = \frac{1}{1 + 2\delta/r} \tag{1-10}$$

式中：$\delta = 0.3 \sim 0.6$ 倍分子半径，数量级约为 10^{-10} m。由式（1-10）可以看出，弯曲界面上的表面张力小于平界面上的表面张力。如当 $r = 100\delta$ 时，表面张力比平面液体的表面张力降低了 2%；当 $r = 10\delta$ 时，表面张力比平面液体的表面张力降

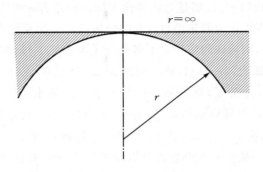

图 1-11　弯曲的气液界面

低了 17%。

另外一个表示曲率半径对表面张力影响的公式有如下的表达形式

$$\frac{\sigma_r}{\sigma_\infty} = 1 - \frac{1}{1 + 3g^{\frac{1}{3}}} \qquad (1-11)$$

式中：g 代表液珠中的分子数。由于液态物质的分子排列很紧密，每一个液体分子一般都被 12 个相邻分子围绕着，也就是在理论上最小的液珠应该包含 13 个分子，故 $g \geqslant 13$。图 1-12 是以 $\ln g$ 为横坐标，以 σ_r / σ_∞ 为纵坐标绘出的这一公式的曲线。

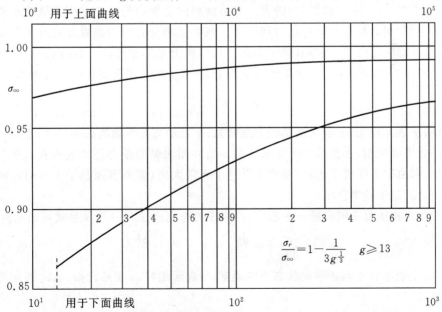

图 1-12　饱和水蒸气中的饱和水滴表面张力与水滴分子数的关系曲线

公式(1-10)和(1-11)都是弯曲界面上的表面张力 σ 的修正公式,都有一定的近似性,给出的表面张力修正值也存在一定的差异。如果把液珠看成是包含 13 个分子的最小液珠,则液珠的半径差不多是分子半径的 3 倍,根据式(1-10)可得 σ_r/σ_∞ 为 0.6,但根据式(1-11)计算得到的 σ_r/σ_∞ 为 0.86,两个数值差别约 30%。如果液滴含有 1000 个分子,则液滴半径与分子半径的比值约为 5.93,分别按式 (1-10)和式(1-11)计算得到的 σ_r/σ_∞ 为 0.746 和 0.965,相差 22.7%。对于包含 10^5 个分子的液滴,按式(1-10)和式(1-11)计算得到的 σ_r/σ_∞ 分别为 0.966 和 0.993,相差 2.7%。从以上三组表面张力修正值的对比来看,液滴的曲率半径越大,两个公式估算结果的差异就越小。可以想象,如果液滴包含了无穷多的分子,则液滴的半径也为无穷大(即趋于平表面),两个公式得到的结果相同,即 σ_r/σ_∞ 为 1。

另外,公式(1-10)和(1-11)都反映了气液界面曲率对表面张力 σ 的影响。基本结论就是液珠的半径越小,它的表面张力就越小。

1.4　曲界面时的相平衡

气液两相界面存在有表面张力,该力是作用在液体表面上并与界面平行(平界面)或者与界面相切(曲界面)的力。如果物相的分界面是一个平面且处于平衡状态下,则两相就具有相同的压力和温度。如果物相分界面为曲界面且处于平衡状态时,两相的温度虽然相同(热平衡条件),但压力是不相等的,凹面内部相的压力大于凹面外部相的压力。根据热力学理论,曲界面时力平衡条件的一般表达式为

$$p^\alpha - p^\beta = \frac{2\sigma}{r} \tag{1-12}$$

式中:p 表示压力;σ 表示液体的表面张力;r 表示弯曲界面的曲率半径;上标 α 表示凹面内部的相;β 表示凹面外部的相。曲界面两侧的压力差和液体表面张力成正比,和曲率半径成反比,当曲率半径趋于无限大时(即曲界面趋于平界面),两相的压力就趋于相等。

当两相压力不同但处于平衡时,两相压力与温度 T 的一般关系式可表示为

$$v^\alpha \frac{dp^\alpha}{dT} - v^\beta \frac{dp^\beta}{dT} = s^\alpha - s^\beta = \frac{\Delta h_{fg}}{T} \tag{1-13}$$

式中:T 表示处于两相平衡状态下的温度;v 表示比容;s 表示比熵;Δh_{fg} 表示汽化潜热。

在平衡的湿蒸汽中,如果 α 相为液相,β 相为气相,用上标""和"'"分别表示汽液两相的参数。对温度为 T,半径为 r 的水珠,将力平衡条件式(1-12)进行微分

并代入式(1-13)中,经整理可得到克劳修斯-克拉贝龙方程为

$$(s'' - s')dT = (v'' - v')dp'' + \frac{2\sigma v'}{r^2}dr \qquad (1-14)$$

为了分析平衡时水珠内部压力 p' 和外部汽相压力 p'' 与相同温度下平界面相平衡时的饱和水蒸气压力 $p_s(T)$ 以及水珠半径 r 之间的关系,在等温下对式(1-14)进行积分。积分途径为:从分界面为平面时的饱和状态沿等温线积分到球形液滴时的平衡状态(即由曲率半径 $r = \infty$ 积分到 r,相应的压力从 $p_s(T)$ 积分到 p'')。因为等温过程压力微小变化时液相比容 v' 近似可作为常数,故积分时近似取液相比容 v' 和表面张力 σ 为常数,并进一步假定 $v'' \gg v'$ 且蒸汽满足理想气体状态方程。经过一系列推导,得到 Kelvin-Helmholtz 表达式为

$$p'' = p_s(T)\exp\left(\frac{2\sigma}{r\rho_f RT}\right) \qquad (1-15)$$

水珠内部的压力 p' 可从力学平衡条件得出,为

$$p' = p'' + \frac{2\sigma}{r} = p_s(T)\exp\left(\frac{2\sigma}{r\rho_f RT}\right) + \frac{2\sigma}{r} \qquad (1-16)$$

严格来说,表面张力 σ 是液体的一种物理性质,其值与物质的温度以及气液界面的曲率半径有关,即是温度和曲率半径的函数,即 $\sigma = \sigma(T,r)$。平面界面时的表面张力 σ_∞ 值最大,随着曲率半径的减小,表面张力值减小。一般认为,当球形液体的半径 $r > 10^{-9}$ m 时,表面张力 σ 值的变化很小,可以忽略半径 r 的影响。前面就假定表面张力 σ 与水珠半径 r 无关。

因为式(1-15)中的指数项是正值,且恒有 $e^{\frac{2\sigma}{r\rho_f RT}} > 1$,所以对于某一定温度值 T,蒸汽凝结时的蒸汽压力 p'' 总是高于同温度下的饱和压力 p_s,即 $p'' > p_s(T)$,而液相水珠内的压力 p' 更高,即 $p' > p'' > p_s$。这就是说,蒸汽在凝结时处于过冷状态,亦即温度低于相应压力 p'' 的平界面平衡时的饱和温度,而水珠则处于压缩液体状态,因而在饱和蒸汽内的水珠趋向蒸发。

对于纯净的水,在 0.001~10 MPa 的压力范围内,参数组合项 $(2\sigma/r\rho_f RT)$ 的变化范围在 $1.2 \times 10^{-9} \sim 2.5 \times 10^{-10}$ 之间。因此,在 0.1 MPa 以下的低压汽轮机中,可近似取值为 10^{-9};在 0.1 MPa 以上的高压汽轮机中,近似取值为 10^{-10}。显然,只有在水珠很小($r < 10^{-8}$ m)时,参数组合项才与 1 有明显的差别,也就是说 p'' 与 $p_s(T)$ 才有明显的差别。

图 1-13 是水珠内部液相压力、外部汽相

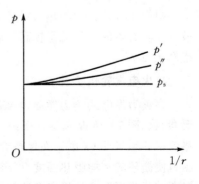

图 1-13　压力与半径的关系

压力以及同温度下平界面的气相饱和压力与水珠半径的关系曲线。

1.5　汽轮机中的湿蒸汽

蒸汽轮机是以蒸汽为工质并将蒸汽的热能转化为机械功的旋转式动力机械。自 1883 年瑞典工程师古斯塔夫－拉瓦尔设计制造的第一台汽轮机诞生以来,汽轮机大体朝三个方向发展:一是采取多种措施增大汽轮机的单机功率;二是提高汽轮机以及蒸汽动力装置的能量转换效率,即通过结构与参数分配等方面的优化,进一步提高机组高/中/低压缸的通流效率,采取更高的蒸汽初参数以及系统循环复杂化(如回热抽汽循环系统、中间再热循环系统等),提高装置的循环热效率;三是有效利用各种形式的能量。除了利用煤炭、石油、天然气等化石燃料作为一次能源的火电汽轮机外,陆续出现了利用核燃料裂变释放能量的核电汽轮机、利用地下热水或蒸汽能量的地热汽轮机以及利用其他生产过程中产生的余热能量的余热汽轮机等。

1.5.1　湿蒸汽的来源

湿蒸汽是汽相水蒸气与液相水的两相混合物。众所周知,蒸汽动力装置中的工质是通过吸热、膨胀、放热和压缩四个过程来构成封闭的循环并完成能量转换的。以火电汽轮机装置为例,四个过程分别是:①液相水在锅炉和过热器中吸收热量,由未饱和水变为过热蒸汽,这是等压吸热过程;②过热蒸汽在汽轮机内部完成热能向机械功的转换,压力和温度逐渐降低,这是膨胀过程;③汽轮机的排汽在凝汽器中对冷却水放热,凝结为饱和水,这是等压放热过程;④凝结水通过水泵将压力提高,再送入锅炉中,这是压缩过程。在第②过程中,当高压高温的过热蒸汽在汽轮机中膨胀并越过干饱和线一定程度时,蒸汽就发生自发凝结现象并产生液相水滴,工质就变为湿蒸汽。

根据工程热力学的热力循环基本理论,为了提高蒸汽动力装置的循环热效率,最主要和有效的途径就是提高汽轮机新蒸汽的压力 p_0 和温度 T_0,降低汽轮机的排汽压力 p_k。

1.火电汽轮机装置

在火力发电的热力循环中,新蒸汽压力和温度是决定汽轮机组热力性能的重要参数。图 1-14 是新蒸汽压力 p_0 和温度 T_0 及排汽压力 p_k 对蒸汽动力装置循环热效率的影响 $T\text{-}s$ 图。在保持新蒸汽温度和排汽压力不变的情况下,增大新蒸汽压力使循环的平均吸热温度 $\bar{T}$ 提高(见图 1-14(a)),相应的装置循环热效率也提高。新蒸汽压力的提高牵涉到锅炉及汽轮机进口区域的材料性能,这可以通过设计方面的改进将蒸汽压力提高到材料承受极限。但压力的限制并不完全是来自零部件的高应力，还有汽轮机出口的蒸汽湿度。在一定的温度下，提高压力将使汽轮机的排汽湿度急剧增大（见图 1-14(a)）。

在保持新蒸汽压力和排汽压力不变的情况下，增大新蒸汽温度也能够使循环的平均吸热温度提高（见图 1-14(b)），装置的循环热效率也会提高，同时汽轮机的排汽湿度下降。但温度对汽轮机零部件产生的高应力是非常明显的，温度的提高受到材料高温性能极限的限制。

如果保持新蒸汽压力和温度不变，降低汽轮机的排汽压力，循环的平均放热温度就会降低（见图 1-14(c)），这也能够提高装置的循环热效率，但同时也使汽轮机的排汽湿度增大。

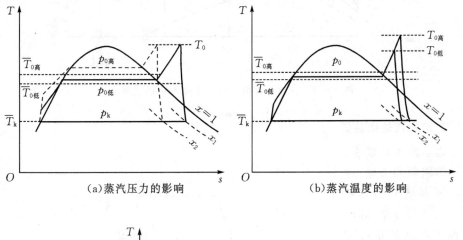

（a）蒸汽压力的影响　　　　　　　（b）蒸汽温度的影响

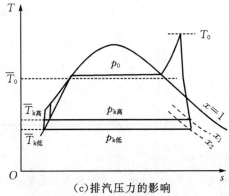

（c）排汽压力的影响

图 1-14　新蒸汽压力和温度以及排汽压力对循环热效率和排汽湿度的影响示意图

图 1-15 是新蒸汽初压与初温对循环热效率的影响的关系曲线。在一定范围

内,新蒸汽温度每提高 10 ℃,机组的热耗就下降 0.25%～0.3%。

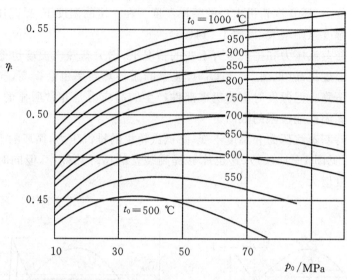

图 1-15　蒸汽初参数与循环热效率 η_t 的关系

2.饱和汽轮机装置

为了减小对煤炭、石油等能源的依赖,许多国家开始利用多种能源来进行发电,陆续出现了核电汽轮机和地热汽轮机;另外,舰船上使用的核动力汽轮机可以保证续航能力。根据汽轮机的分类,水冷堆核电汽轮机、地热汽轮机以及核动力舰用汽轮机均是饱和汽轮机,也称为湿蒸汽汽轮机。如图 1-16

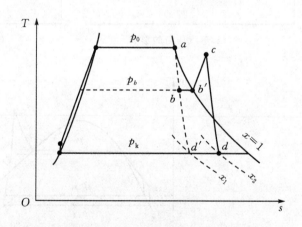

图 1-16　饱和汽轮机循环过程图

所示,饱和汽轮机的基本特征就是汽轮机的进口蒸汽为干饱和蒸汽或湿度很小的湿蒸汽,工质的循环过程属于湿蒸汽循环。随着蒸汽在汽轮机中的不断膨胀,蒸汽的湿度逐渐增大，如果没有采取任何除湿和再热措施的话，高压缸的出口蒸汽湿度将达到 10%～13%（图中的 b 点），而低压缸的排汽湿度将高达 20%～25%（图中的 d' 点），这种高湿度蒸汽将对汽轮机的工作性能和安全运行产生一系列的恶劣影响。

1.5.2　湿蒸汽的影响

湿蒸汽产生的问题几乎和汽轮机同时诞生。高参数大功率火电汽轮机的低压末几级，核电汽轮机与核动力舰用汽轮机以及地热汽轮机的全部或大部分级的共同特点都是在湿蒸汽状态下工作，湿蒸汽带来的问题也越来越严重。湿蒸汽中的液相水分将对汽轮机的工作产生两个方面的影响。一是液相水分降低了级效率乃至整个汽轮机的效率；二是弥散在湿蒸汽中的数量庞大的水滴高速持续地撞击在旋转动叶片上将产生材料的侵蚀（水蚀）现象，致使机组发生强烈的振动，甚至叶片断裂破坏等安全性问题。

1. 对效率的影响

湿蒸汽是水蒸气与液相水的两相混合物，而液相水的存在势必影响干蒸汽的流动与能量转换过程。在火电汽轮机中，湿蒸汽级总的作功能力约占整个机组出力的 20% 以上。已有研究发现：在湿蒸汽区工作的汽轮机级的气动效率大大低于干蒸汽级的效率。湿度越大，级效率的降低越明显，湿度造成的级效率降低减少了提高新蒸汽压力所获得的增益。早在 1910 年，K. Baunman 就已确定 1% 的湿度可能使级效率降低约 1%（Baunman 法则），这表明湿蒸汽中的液相水产生一种能量损失——湿汽损失，湿汽损失具体表现在以下几个方面。

（1）蒸汽在汽轮机级叶栅通道中膨胀进入湿蒸汽区域时将产生过饱和现象。在给定的压力范围内，级的理想焓降有所减小，作功能力也相应减小，称为过饱和损失。

（2）在汽轮机的叶栅通道中，水滴的运动速度均低于蒸汽的运动速度（水滴直径越大，速度越低），低速运动的水滴对高速运动的蒸汽产生一种摩擦阻力，消耗部分蒸汽的能量，称为摩擦阻力损失。

（3）直径较小（$d<1\ \mu m$）的水珠，其运动速度接近于蒸汽速度，并且惯性力也小，可以比较顺利地随蒸汽通过动叶栅通道；直径较大的粗糙水滴，受汽流加速时间短，因而水滴的运动速度大大低于蒸汽速度。在这种情况下，大水滴不能顺利进入动叶栅流道，而是撞击在动叶背弧进口部分，对动叶的转动产生制动作用，也将消耗汽轮机的机械功，称为制动损失。

（4）沉积在动、静叶和汽缸表面上的水膜，被疏水装置排出汽轮机的汽缸外，这属于一种工质流量损失，称为疏水损失。

2. 对安全性的影响

湿蒸汽所含的大分散度水滴在高速蒸汽流的携带下,以相当高的相对速度持续不断地撞击在汽轮机低压级动叶片和汽缸内壁面上,造成动叶片和汽缸金属材料的表面脱落现象,这种侵蚀现象称为水蚀,图 1-17 是动叶栅的水蚀照片图。低压转子叶片在工作一段时间后,叶片表面变得粗糙,出现凹坑等,水蚀形成的锯齿状毛刺会造成应力集中、叶型受力截面的面积减小,影响叶片的振动特性,严重时可使机组发生强烈振动,甚至叶片断裂破坏等恶性事故(见图 1-18)。根据相关资料统计,国内外许多正在运行的机组均程度不同的发生叶片水蚀现象。动叶片水蚀问题已严重影响到汽轮机的安全经济运行。

图 1-17　汽轮机动叶栅的水蚀照片

图 1-18　水蚀引起的动叶片断裂

汽轮机内的水相形态多种多样,流动与形态演变过程也非常复杂。导致汽轮机叶片水蚀的物理过程可大体分为以下五个阶段。

(1)自发凝结阶段。当过热蒸汽膨胀到干饱和线时,如果水蒸气非常纯净,完全不含任何外来杂质,蒸汽就不会立即凝结产生水分,而是继续膨胀成为过饱和蒸汽。过饱和蒸汽是热力学上的不平衡状态,当过饱和现象一直延续到相应的过饱和极限位置 Wilson 点时,才会出现蒸汽的自发凝结,有大量凝结小水珠的产生。这时蒸汽由不平衡的过饱和状态迅速恢复到热力学上平衡的湿蒸汽状态，这一过程称为均质凝结（成核现象）。凝结核的大小与蒸汽过饱和度有确定的关系，过饱和度 S 越大，凝结核的半径越小。凝结核的产生可以认为是一个瞬间现象，而整个水珠的生长则需要相对较长的时间。此时，蒸汽的过饱和现象消失，热力学平衡状态已经完全恢复，水珠在蒸汽分子温度与水珠表面温度十分接近的条件下不断生长，并伴随着水珠与蒸汽的传热传质，这一阶段基本可以认为水珠数目保持不变，蒸汽的生长过程表现为水珠直径的增大。当水珠生长到一定程度，运动中的水珠可能发生碰撞，由于表面张力作用，水珠之间将互相合并，从而聚凝成较大的水珠，这将导致水珠数目的减小。由自发凝结及生长而形成的水珠称为初次雾滴，直径约在 $0.01 \sim 1.0\ \mu m$ 之间。

（2）雾滴运动与沉积阶段。初次水滴随着汽流在叶栅通道中运动，由于惯性作用和扩散作用，水滴都不同程度地从蒸汽中分离出来。直径较大的水滴，惯性力大，保持原运动方向的能力就大，因而脱离汽流也早，这种分离倾向导致水滴撞击在叶片表面上，除极小部分水珠反弹回到汽流中外，大部分则被叶片表面捕获而沉积下来，表现为水滴的惯性沉积。直径较小的水滴（$d < 1.0\ \mu m$），一部分随着主汽流在叶栅通道中向下游运动，另一部分由于受汽流旋涡的影响而被带入流场的边界层附近，依靠布朗（Brownian）运动或惯性运动穿越边界层而撞击并沉积在叶片表面上，这种方式称为扩散沉积。这些沉积下来的水滴在叶片表面上形成复杂的水相流动（膜状流动、溪状流动，甚至还有静止的水珠），水膜或溪流的厚度约为 $10 \sim 300\ \mu m$。

（3）粗糙水滴形成阶段。沉积在动叶片表面上的水分，受气流力和离心力的综合作用被甩向汽缸内壁面，通过疏水槽收集并排出汽轮机外。沉积在静叶表面上的溪流或水膜，在高速膨胀蒸汽流切应力的作用下向静叶出口边运动，并在静叶出口边撕裂形成液团或液滴（见图 1-19 和图 1-20），液团或液滴尺寸分布较大，从几十微米到几毫米，且形态多种多样，该撕裂过程称为"初次雾化"，形成的水滴称为粗糙水滴（$d > 10\ \mu m$）。

（4）二次水滴形成阶段。粗糙水滴在从静叶栅向动叶栅的加速运动过程中，受气流力的作用不断地加速、变形，当保持水滴稳定的表面张力小于气流与水滴之间的相对速度所形成的引起水滴变形、破裂的气流阻力时，粗糙水滴就会再次发生破裂，这个过程称为水滴的"二次雾化"，形成的水滴称为二次水滴，直径可达几十微米到数百微米。

（5）水滴撞击及水蚀产生阶段。由于二次水滴的质量较大，不可能被加速到接近汽流的速度，于是数量庞大的水滴就撞击在后面动叶片的进口边背弧区域，造成动叶片的严重水蚀。图 1-21 是水滴撞击动叶片时的速度三角形。

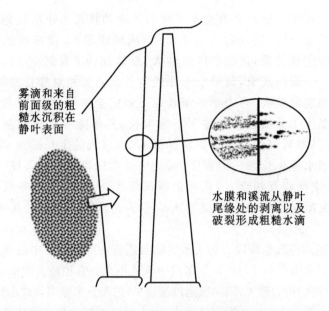

雾滴和来自前面级的粗糙水沉积在静叶表面

水膜和溪流从静叶尾缘处的剥离以及破裂形成粗糙水滴

图 1-19　水滴的沉积与粗糙水滴的形成

图 1-20　静叶尾缘水膜撕裂形成水滴的过程照片

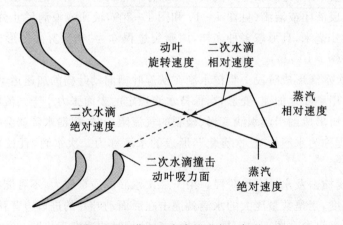

动叶旋转速度

二次水滴相对速度

蒸汽相对速度

二次水滴绝对速度

二次水滴撞击动叶吸力面

蒸汽绝对速度

图 1-21　蒸汽和水滴的速度三角形

综上所述,汽轮机内的水相形态演变及水蚀产生过程大致如图 1 - 22 和图1 - 23 所示。

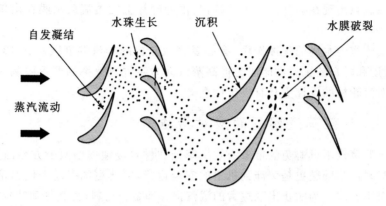

图 1 - 22　汽轮机通流内部的水相形态演变过程

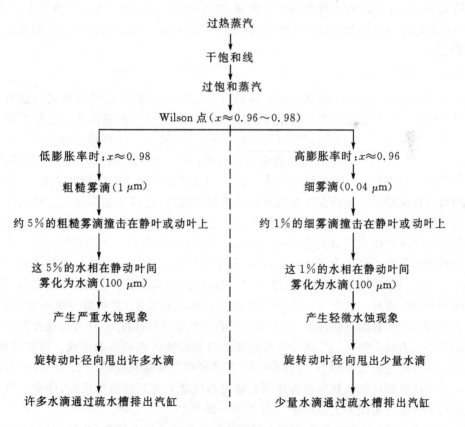

图 1 - 23　汽轮机内的水相形态演变及水蚀产生过程

已有的研究表明,直径小于 50 μm 的水滴是无害的;直径大于400 μm 的水滴不在低压汽轮机中出现;50～400 μm 范围的水滴对动叶片产生水蚀。这种能引起侵蚀的水滴只出现在静叶出口边下游,是由静叶片上的溪流或水膜在出口边撕裂而形成的。

考虑蒸汽中水滴的侵蚀作用,有必要将汽轮机的排汽湿度限制在 12% 以下。因此,湿度和材料的抗温性能成为提高蒸汽动力装置热效率的严重限制因素。侵蚀问题对汽轮机的设计更具有决定性意义。

1.5.3　湿蒸汽问题的应对措施

由于湿蒸汽不可避免的带来级效率降低和材料侵蚀损伤两个方面的问题,而其中的材料侵蚀问题更是牵涉到机组的安全运行,因此更加引起人们的密切关注并探索解决办法。为防止出现过大的湿汽损失和金属材料(尤其是动叶)严重的侵蚀损伤,通常是将汽轮机的排汽湿度限制在 12% 以内。几十年来,虽然在汽轮机设计和结构上已经做了许多的改进措施,包括叶片淬火或加司太立合金护条、采取各种的除湿方法以及开设疏水槽等,但 12% 的排汽湿度限制仍是汽轮机的设计准则之一。

1. 中间再热

随着设计方法的不断进步和材料耐高温性能的不断提高,汽轮机进汽参数也提高到制造材料规定的温度极限和锅炉压力极限,为进一步提高蒸汽轮机装置的经济性并使汽轮机的排汽湿度得到严格限制,就出现了中间再热循环方式。如图1-24 所示,中间再热循环是指将汽轮机高压缸排出的蒸汽引至锅炉中再加热,待蒸汽温度提高后再送回汽轮机的中/低压缸中继续膨胀作功。从效果上看,中间再热可以使循环平均吸热温度及循环热效率得以提高,还可以使汽轮机的排汽湿度降低到叶片材料或叶片护条所能够承受的水平,相应的湿度引起的湿汽损失降低,但采用中间再热方式也大大增加了蒸汽动力装置的复杂性。中间再热只是解决了蒸汽动力装置中的热力循环问题,而避开了蒸汽中的水分对汽轮机本身的危害问题。通常,中间再热并不单独使用,而是和回热抽汽方式联合使用,合称为中间再热回热抽汽循环。这样就可以在回热抽汽循环的基础上,将热效率进一步提高。在中间再热回热抽汽循环中,除了要求回热系统参数的匹配外,还需要关注的是中间再热压力值。图 1-25 是一次再热压力对循环热效率的影响曲线。可以看出,在不同的回热级数条件下,均存在一个最佳的中间再热压力值。T. Srinivas 等研究了不同级数回热加热器及再热压力值对蒸汽动力循环性能的影响,指出一次再热的最佳压力范围为主蒸汽压力的 20%～25%。

20 世纪 50 年代出现了二次中间再热的蒸汽动力发电装置(见图 1-26),这在

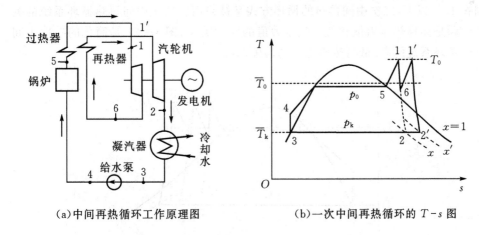

(a)中间再热循环工作原理图　　(b)一次中间再热循环的 T-s 图

图 1-24　一次中间再热汽轮机的热力循环与温-熵图

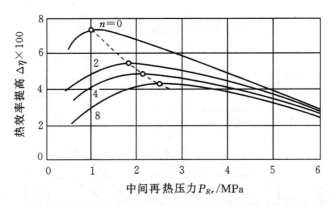

图 1-25　中间再热压力对回热抽汽循环热效率的影响

当时确实解决了湿蒸汽的问题。最佳循环效率的选择通常使汽轮机排汽湿度控制在 $6\%\sim10\%$，这一湿度范围对当时的叶片材料和叶片护条来说是足够安全的，同时湿汽损失也较低。但由于当时经济上的原因，二次再热系统不能完全代替一次再热系统。到了 20 世纪 60 年代初期，随着汽轮机进汽参数的进一步提高和容量的增大以及叶片旋转速度的相应增加（$\geqslant550$ m/s），其结果是带来汽轮机的高排汽湿度，叶片的侵蚀问题又严重起来并再度引起人们的关注。

　　近年来，为了进一步提高蒸汽轮机装置的循环热效率，更好地满足节能减排的要求以及用户对机组低热耗率的要求，汽轮机向超超临界方向发展。通常认为超超临界汽轮机（Ultra Supercritical Turbine）的新蒸汽压力需达到 28.0 MPa 以上或新蒸汽温度和再热蒸汽温度为 593 ℃ 以上。为了将汽轮机低压缸的排汽湿度控制在 12% 以下,二次中间再热的循环方式又被采用。二次中间再热循环系统的关键问题是高再热压力值和低再热压力值的匹配关系,图 1 - 27 是简化的二次中间再热循环系统的高/低再热压力值的匹配曲线。

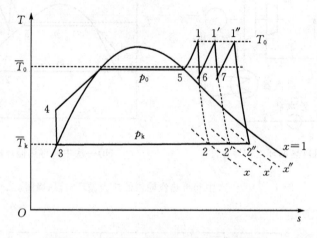

图 1 - 26　二次中间再热汽轮机的温-熵图

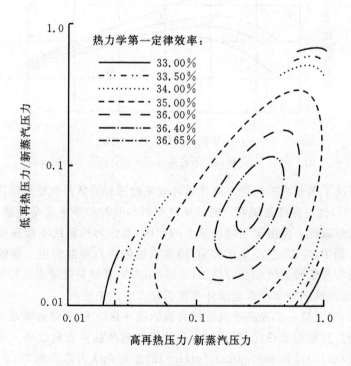

图 1 - 27　二次再热系统的再热压力值匹配曲线

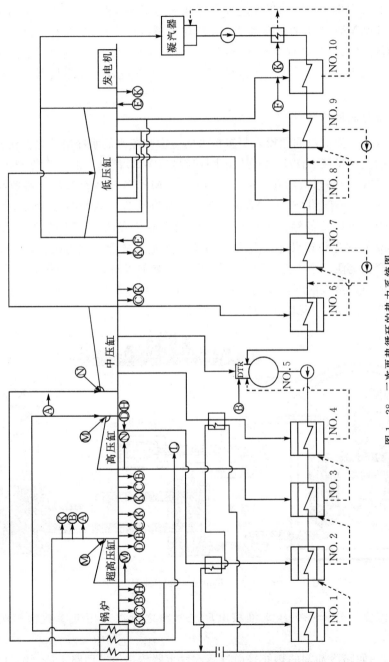

图 1-28 二次再热循环的热力系统图

　　为了对二次再热循环的工作过程有更深入地了解,图 1-28 给出了超超临界二次再热 660 MW 机组的热力系统图。汽轮机分为四个汽缸:超高压缸、高压缸、中压缸和低压缸;回热系统共有 10 级回热器(4 高+5 低+1 除氧)。超高压缸的排汽进入一级再热器中进行一次再热;高压缸的排汽进入二级再热器中进行第二次再热。

2. 汽水分离再热器

　　激发人们对湿蒸汽问题投入更多精力的是饱和蒸汽的水冷堆核电汽轮机和地热汽轮机的快速发展。图 1-29 是压水反应堆(PWR)核电厂的工作原理示意图。基本工作过程:冷却水大约在 290 ℃ 和 16～17 MPa 下进入反应堆并吸收核燃料裂变释放的热量;然后以约 16 MPa/320 ℃ 的饱和水进入热交换器(蒸汽发生器)中;约 5 MPa/200 ℃ 的第二回路给水在热交换器中吸收饱和水的热量,变为约 5 MPa/250 ℃ 的饱和蒸汽进入汽轮机中膨胀,将蒸汽热能转化为机械功并带动发电机工作产生电能。由于是湿蒸汽的循环过程,如果没有采取任何措施的话,汽轮机高压缸的出口蒸汽湿度普遍达到 10%～13%,甚至更大;而低压缸的出口湿度更是高达 20%～25%(见图 1-16 中的 d' 点)。

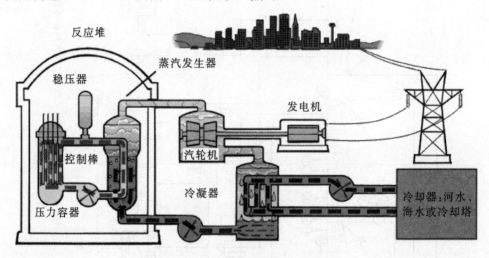

图 1-29　核电站工作原理图

　　这里需要先分析一下压水堆核电厂二回路之所以采用低参数饱和蒸汽的原因。

　　首先,一回路冷却剂的热能是通过蒸汽发生器传递给二回路工质,故二回路新蒸汽参数取决于一回路冷却剂温度。为了保证反应堆的安全稳定运行,不允许一回路冷却剂有沸腾现象(且保持有 20～25 ℃ 的沸腾裕度)。因此,要提高一回路冷却剂温度就必须提高一回路压力,但一回路压力是按照反应堆压力容器计算的极限压力来选取的(通常≥16 MPa,对应的饱和温度约 347 ℃),这样一回路冷却剂的出水温度仅有 320～330 ℃。即使一回路压力可以允许取得更高,核燃料芯块的锆合金 Zr－4 包壳与水的相容温度也不允许超过 350 ℃;另外水的临界温度为374.15 ℃,因而一回路冷却剂温度的提高是有限的。

其次,如图 1－30 所示,一回路冷却剂在蒸汽发生器中向二回路工质放热时有温降,并且出水温度与二回路蒸汽温度还有传热端差。因此,二回路工质的温度通常只有 280 ℃左右。

第三,约 280 ℃左右的温度若是选择过热蒸汽,则蒸汽初压势必很低,作功能力差,且平均吸热温度低,循环热效率低下;相反,如果选择 280 ℃左右的饱和蒸汽,则循环过程的平均吸热温度以及循环热效率将有所提高。

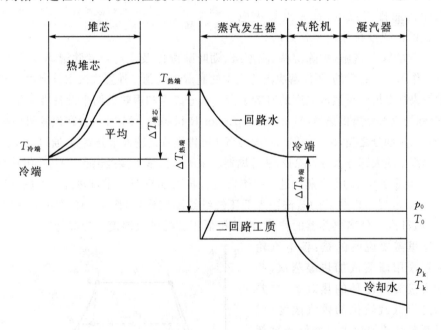

图 1－30　压水堆核电厂一、二、三回路参数的关系

图 1－31 表示了相同初温下的过热蒸汽朗肯循环与饱和蒸汽朗肯循环的比较示意图。综上所述,压水堆核电站采用饱和蒸汽的经济性更好一些。

饱和汽轮机的出口蒸汽湿度远远超过 12% 的设计准则,带来的危害性(效率低下与水蚀严重)也非常大。通常的叶片淬火或加司太立合金护条以及设置各种疏水槽等常规措施已不足以解决问题。为了降低饱和汽轮机的排汽湿度,提高装置的循环热效率,目前采取的解决办法就是在湿蒸汽循环中加入给水回热系统和汽水分离再热器。

给水回热是指利用汽轮机中间级级后抽出的部分蒸汽或者是新蒸汽来加热锅炉或蒸汽发生器的给水。通过回热系统的加热,提高了循环的平均吸热温度,减小了给水在锅炉或蒸汽发生器中加热过程的不可逆性以及凝汽器冷源中的热损失,从而达到提高整个蒸汽动力装置循环热效率的目的。湿蒸汽循环中的给水回热系统能够改善装置的循环热效率,但不会降低汽轮机的排汽湿度,这一点与火电汽轮机的回热系统作用是相同的。

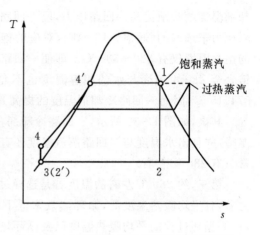

图 1-31　过热蒸汽和饱和蒸汽的朗肯循环

通常的除湿措施(如除湿槽、除湿级、动叶除湿以及空心叶片除湿等)对核电汽轮机的作用是很有限的,不能解决汽轮机中的高湿度问题。外置式汽水分离再热器是目前解决核电机组高蒸汽湿度的有效手段。水分离器和再热器两个设备常装配在一起,合称为汽水分离再热器(Moisture Separator Reheater)。MSR 放置在汽轮机的高压部分与低压部分之间,10%～13%湿度的高压缸排汽首先进入水分离器,通过分离元件将湿蒸汽中绝大部分水分去除掉,从分离器出来的蒸汽基本接近饱和(图 1-16 中的 $b \to b'$ 过程);分离后的饱和蒸汽进入再热器进行再次加热至一定过热度(图 1-16 中的 $b' \to c$ 过程),再热后的蒸汽进入低压缸继续膨胀作功(图 1-16 中的 $c \to d$ 过程)。通过汽水分离再热器的作用,汽轮机低压缸的排汽湿度大为降低。

这里需要说明的是:核电汽轮机装置采用新蒸汽加热湿蒸汽,并不能直接提高循环的热效率,主要目的是降低汽轮机的排汽湿度;但通过新蒸汽的加热可以使低压缸部分级在过热蒸汽区工作,湿汽损失减小,相应的汽轮机效率和装置循环效率会有些提高。在某些场合,系统仅采用水分离器而不用再热器(见图 1-32)。

图 1-33 表示一台 940 MW 沸腾水反应堆(BWR)湿蒸汽汽轮机

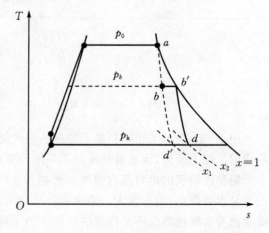

图 1-32　无再热器的饱和汽轮机循环过程图

装置的热力系统示意图。回热系统为 2 高加＋1 除氧＋3 低加；汽轮机转速为
3000 r/min；有一个高压缸和三个低压缸（图中只画出一个，以表示给水预热系统
的连接）；在高、低压缸之间安置了一台汽水分离再热器。大约 7 MPa/215 ℃ 的给
水进入反应堆中，吸热后直接变成约 6.79 MPa/284 ℃ 的饱和蒸汽；饱和蒸汽首先
进入汽轮机高压缸中膨胀作功，高压缸是双排汽结构，进汽量为 5400 t/h；高压缸
排汽进入水分离再热器进行汽水分离和再热，加热的蒸汽流量为 470 t/h，再热后
的蒸汽参数为 0.85 MPa/263 ℃；再热后的蒸汽随后进入低压缸中继续膨胀到出口压
力，三个低压缸均是双排汽结构，总进汽量为 3600 t/h；汽轮机的背压为 9.7 kPa。发电
机的功率为 942 MW，循环热效率及热耗率分别为 30.3％ 和 11881 kJ/(kW・h)。
这是早期的轻水反应堆汽轮机装置的典型数值。沸水堆机组（BWR）省掉了热交
换器和第二回路，但产生的蒸汽带有放射性污染，要求采取各种手段来防止放射性
物质的扩散。

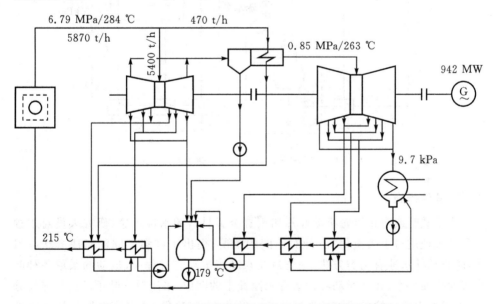

图 1-33　940 MW 湿蒸汽汽轮机装置热力系统简图（BWR）

　　图 1-34 是一台 340 MW 压力水反应堆（PWR）湿蒸汽汽轮机装置的热力系
统示意图（图中未画出一回路部分）。回热系统为 1 高加＋1 除氧＋3 低加；汽轮机
转速为 3000 r/min；有一个高压缸和三个低压缸（图中也只画出一个）；在高、低压
缸之间同样安置了一台汽水分离再热器。约 5.4 MPa/222 ℃ 的给水进入热交换
器中吸收一回路释放的热量，变成 5.4 MPa/270 ℃ 的饱和蒸汽进入双排汽高压缸
中膨胀作功，进汽量为 1835 t/h；高压缸排汽进入汽水分离再热器进行汽水分离和

再热,加热蒸汽流量约为 135 t/h,再热后的蒸汽参数为 0.88 MPa/250 ℃;随后进入三个双排汽结构低压缸中继续膨胀到出口压力;汽轮机的背压为 4.9 kPa。双回路压水堆(PWR)系统不需要采取特殊的防止放射性物质的措施。

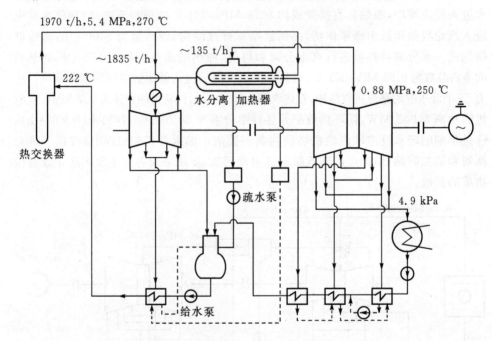

图 1-34　340 MW 湿蒸汽汽轮机装置热力系统简图(PWR)

3. 其他措施

为了减轻或防止汽轮机动叶片和汽缸金属材料的水蚀现象,研究人员对水蚀过程和机理进行了大量研究,针对不同的情况,提出了许多不同的解决方法。目前,防止动叶水蚀有两类方法:一类是在水滴撞击动叶过程中,被动的采取各种叶片表面抗蚀技术(如针对动叶片易受水滴撞击的部位,采用对动叶顶部进行淬硬处理、加司太立合金护条或直接选用高合金叶片钢、喷涂等)来提高金属的抗侵蚀性能,这些方法是目前各汽轮机厂商通常采用的方法。另一类则是根据水相演变过程中的形态及运动特性,主动采取的各种除湿技术,如汽缸上开设疏水槽、空心静叶缝隙抽吸、空心静叶内部加热或吹扫、整体 Baumann 除湿级、专门的除湿隔板、加大静动栅距等。

1.5.4　湿蒸汽汽轮机的参数范围

目前,湿蒸汽汽轮机的工作范围通常为:压力 8.0 MPa 以下;温度 300 ℃以下;焓值 h = 2000～3000 kJ/kg;熵值为 s=5.5～8.0 kJ/(kg・℃)。图 1-35 是湿蒸汽汽轮机的工作范围在焓-熵图上的表示。图中也给出了四台湿蒸汽汽轮机的膨胀过程线。其中,短虚线①表示一台地热湿蒸汽三汽缸汽轮机的近似过程线,三个汽缸之间有两级水分离器,汽轮机湿度保持在 5% 左右,排汽湿度为 8%。实线②和长虚线③分别表示两台双汽缸核电站湿蒸汽汽轮机过程线,汽轮机高、低压缸之间各有一个水分离器,分离后的蒸汽干度达到98%～99%,然后进入汽轮机低压缸继续膨胀作功,排汽湿度约为 11%～12%。点划线④表示一台双汽缸核电站汽轮机近似过程线,在汽轮机高、低压缸之间装有一个水分离加热器,高压缸排汽由 10% 的湿度加热到 250 ℃ 的过热蒸汽,随后进入低压缸继续膨胀作功,排汽湿度约为 11%。

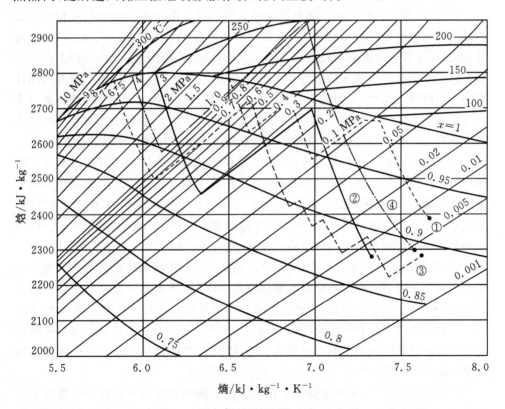

图 1-35　湿蒸汽汽轮机工作的焓-熵图范围

1.6　湿蒸汽两相流的研究简介

在各种两相流学科中,湿蒸汽两相流占据一个比较特殊的地位,它的发展是以蒸汽轮机装置的发展为基础和前提的。由于蒸汽在汽轮机叶栅通道中的膨胀程度非常大,并且存在相变过程,所以也将汽轮机中的湿蒸汽两相流称为"**膨胀湿蒸汽凝结两相流**"。相对其他两相流来说,汽轮机中的湿蒸汽两相流具有以下几个方面的特征。

(1)液相物质的表面自由能。由于汽相和液相同时存在,液相物质的表面自由能在汽流的总能量中所占比例达到一定的份额。

(2)液相物质具有连续性和分散性的双重特性。由于湿蒸汽中的液相水珠是通过蒸汽的自发凝结而形成的,并且蒸汽的不断凝结使水珠有一个增长过程;另外,沉积在壁面上的流动水膜由于撕裂及雾化而形成粗糙水滴,这两个因素的综合结果就是湿蒸汽中所包含的水珠和水滴具有一定的尺寸分布,整体上表现出统计学的运动特性。显然,不同大小水滴的形成机制不同,在热力学和动力学方面也表现出不同的特性,其中的小水珠具有固体微粒的力学特征,而较大水滴则表现出不同的特性,因而汽轮机内液相物质同时具有连续介质和分散颗粒群的双重特性。

(3)汽-液两相之间存在着传热、传质过程和动量交换过程。湿蒸汽是在汽轮机弯曲的叶栅通道中进行流动与膨胀的,蒸汽分子不断地凝结成水珠并释放出大量汽化潜热,因此湿蒸汽膨胀流动实际上是一个热力学不平衡的加热流动过程。蒸汽分子和水分子的不断凝结和蒸发,导致两相之间存在传热、传质过程;另外,汽相的运动速度与液相的运动速度存在差异,也带来两相之间的动量交换过程。

(4)两相物质在空间分布存在着不均匀性。由于液相水珠在湿蒸汽两相流动过程中沉积在通道壁面上而形成水膜或溪流,水膜或溪流受到高速汽流的夹带和雾化作用又产生较大的水滴,这些较大水滴又重新进入后面的两相流动中,带来湿蒸汽两相流中的两相物质沿流向的不均匀性。另外,由于蒸汽流沿径向存在的流动差异而导致不同区域的凝结过程也不同,以及液相物质的径向运动,也使两相物质沿径向的不均匀分布。

(5)湿蒸汽两相流是非平衡复杂流动。由于蒸汽自发凝结是在高过冷度下发生的过程,凝结过程中的蒸汽状态严重偏离了热力学平衡状态;另外,加热流动产生的凝结冲波与气动激波之间的相互干涉以及汽液两相之间的传热、传质等复杂现象的存在,导致叶栅出口的气动参数(如马赫数和汽流出口角等)和状态参数偏离了平衡态下的设计参数,并引起一些附加损失。

湿蒸汽两相流涉及的基础知识十分广泛,其核心研究内容(凝结静力学和凝结动力学等)就是建立在许多基础学科的理论基础之上的。例如:在研究蒸汽的自发凝结过程中,需要掌握高等工程热力学有关物质相变的基础理论、物性的分子理论以及物理、化学等理论知识。在研究关于自发凝结机制的理论以及分析和计算过程中,需要掌握理论热力学、统计物理和统计力学中的一些基本概念;也需要过程热力学和工程流体力学中的一些方法。另外,湿蒸汽两相流也涉及到传热学、气悬浮体学科、数值计算方法以及各种实验技术等相关理论基础。

　　汽轮机中湿蒸汽两相凝结流动本质上是热力不平衡过程和动力不平衡过程,是一种既出现膨胀同时又发生凝结的多相流动。湿蒸汽两相流的理论研究与湿蒸汽汽轮机的生产实践是相互促进、相互影响的。对湿蒸汽两相流的理论研究大体上是从两个方面进行的,一是从解决湿蒸汽汽轮机实际问题的角度来发展湿蒸汽两相流的理论研究;二是从统计物理学、理论热力学的观点来研究广义气液两相流的基本问题(如成核、凝结、相变等)。

　　在气液两相流学科出现之前,虽然还没有核电站湿蒸汽汽轮机,但常规蒸汽轮机的湿蒸汽级却早已存在。从 1901 年起就已提出了汽轮机低压级喷管中湿蒸汽工质的流动问题,随后用了将近 20 年的时间才对湿蒸汽喷管中的实际流量大于理论流量的现象作出了正确解释。英国一些权威学者(如 Wilson,Kelvin,Callender等)对过饱和蒸汽的凝结理论方面进行了研究;德国的 Stodola,美国的 H. M.Martin、J. I. Yellott 和 Rettaliata 等人对喷管中的过饱和气流的凝结过程作过有价值的研究。随后,一些德国学者从理论上研究了蒸汽的凝结机理和成核问题,为膨胀工质的凝结两相流学科奠定了基础。在二十世纪四、五十年代,以德国 K.Oswatitsch 为首的一批空气动力学专家在超音速风洞中对水蒸气的凝结现象进行了深入研究。核电站湿蒸汽汽轮机的快速发展进一步促进了湿蒸汽两相流的研究工作。美国耶鲁大学 Mason 实验室的 P. P. Wegener 教授领导下的研究中心,主要研究气液两相流或多相流的成核理论和凝结机制;他们研究了多种两相流工质在不同条件下的相变机制,计算了成核率,并用实验加以验证。美国国家标准局内的微粒运动与测量小组,研究应用激光技术来测量微粒的直径与速度分布,这为解决湿蒸汽中水珠的测量问题奠定了良好基础。Michigan 大学的 F. G. Hammitt教授领导的多相流及气穴实验室,主要研究水滴的撞击现象和水膜问题。英国学者对湿蒸汽两相流的研究工作开展得比较早,研究也比较系统。利物浦大学、伯明翰大学和英国帝国理工学院都有比较完整的湿蒸汽实验室。另外,中央电业局所属的中央实验室的研究工作也很有成效。D. J. Ryley 教授可以被称为英国湿蒸汽两相流的创始人。伯明翰大学的 F. Bakhtar 教授在过饱和蒸汽成核理论方面的研究卓有成效。中央电业局(CERL)的 M. J. Moore、P. T. Walters 等人以及帝国理工学院的 R. I. Crane 等在湿蒸汽二元流求解和湿蒸汽测量方面做出了重要贡献。

莫斯科动力学院在透平机械气体动力学领域内的学识水平很高,并将透平气体动力学延伸到湿蒸汽两相流中;另外,他们在成核率问题的研究上取得了突破,根据一种不稳定的物理模型推导出的成核率表达式,经 M. J. Moore 等人的实际应用取得了与实验值十分相符的满意结果。瑞士的 G. Gyarmathy 在过饱和蒸汽的凝结理论方面作出了重要的贡献,并将这些理论应用到湿蒸汽汽轮机的实践中。另外还有德国、波兰及捷克等国家的一些学者在湿蒸汽两相流的理论和实验方面也开展了一些研究工作。

国内对湿蒸汽两相流的理论问题和实践问题也进行了多方面研究。早在1965 年,西安交通大学蔡颐年教授领导下的课题组就已开展湿蒸汽两相流方面的研究,并逐渐形成了湿蒸汽两相流动研究基地。最初的研究是小传热温差条件下的蒸汽凝结过程模型以及根据该模型计算水珠的成核过程与生长过程;从过饱和状态恢复到热力学平衡状态条件下的湿蒸汽喷管通流能力与流量系数的变化规律,过饱和蒸汽膨胀极限(Wilson 点)位置的确定,逐步深入到研究湿蒸汽两相流的流动特性与参数变化规律;汽轮机湿蒸汽级中的湿汽损失计算问题;高速水珠对汽轮机叶片材料的磨蚀作用机理;汽轮机中的水膜形成机理、汽流剪切力作用下的水膜运动规律、水膜撕裂及二次水滴形成机理;湿度的热力学法和光学法测量原理与技术等。原上海机械学院(现为上海理工大学)王乃宁教授领导下的课题组对湿蒸汽两相流动测量开展了深入研究,后经蔡小舒教授等人的不懈努力,在光学法湿度测量方面取得了显著成果。国内其他高校的一些学者,如华北电力大学的韩中合等人,也开展了对湿蒸汽各方面的研究。

随着计算技术的不断发展,国内外学者和工程技术人员更多关注湿蒸汽两相流动的工程应用问题,而数值计算则是主要的研究手段之一。比利时的冯·卡门研究所、英国中央电业研究实验室、英国伯明翰大学以及剑桥大学等研究机构较早开展了湿蒸汽两相流动的数值研究,内容涵盖了定常与非定常凝结流动的计算方法,湿蒸汽平衡态和非平衡态的流动对比分析及其影响、湿蒸汽损失等。研究从简单一维拉瓦尔喷管到三维叶栅流道。国内的西安交通大学能源与动力工程学院丰镇平教授、李亮副教授及其课题组也研究并发展了考虑非平衡凝结影响的湿蒸汽汽轮机级组的通流设计与校核计算方法。上述所有研究的目的都是为汽轮机湿蒸汽级的三维凝结湿蒸汽两相流动提供理论基础和设计方法。

至今,虽然各国学者对湿蒸汽的热力学以及流动现象进行了大量研究,但是还不能从理论上解释和预见湿蒸汽汽轮机和有关设备中所观察到的全部现象。

本章参考文献

[1]MOORE M J,SIEVERDING C H. Two-phase steam flow in turbines and separators[M]. London:Hemisphere Publishing Corporation,1976.

[2]MOORE M J,SIEVERDING C H. 透平和分离器中的双相流[M]. 蔡颐年,译. 北京:机械工业出版社,1983.

[3]蔡颐年,王乃宁. 湿蒸汽两相流[M]. 西安:西安交通大学出版社,1985.

[4]MOORE M J,SIEVERDING C H. Aero thermodynamics of low pressure steam turbinesand condensers[M]. London:Hemisphere Publishing Corporation,1987.

[5]苏长荪,谭连城,刘桂玉. 高等工程热力学[M]. 北京:高等教育出版社,1987.

[6]沈维道,蒋智敏,童钧耕. 工程热力学[M]. 3 版. 北京:高等教育出版社,1982.

[7]叶涛. 热力发电厂[M]. 北京:中国电力出版社,2006.

[8]王新军,李亮,宋立明,等. 汽轮机原理[M]. 西安:西安交通大学出版社,2013.

[9]HESKETH J A,WALKER P J. Effects of wetness in steam turbines [J]. Proceedings of the institution of mechanical engineers,Part C:Journal of Mechanical Engineering Science,2005,219:1301 - 1314.

[10]SRINIVAS T, GUPTA A, REDDY B V. Generalized thermodynamic analysis of steam power cycles within number of feedwater heaters[J]. International Journal of Thermodynamics, 2007, 10(4):177 - 185.

[11]沈邱农,程钧培. 超超临界机组参数和热力系统的优化分析[J]. 动力工程, 2004,3:304 - 310.

[12]GYARMATHY G. Innovation and tradition in steam turbine engineering [J]. Proc Instn Mech Engrs, Part A:Journal of Power and Energy,1990, 204: 217 - 231.

[13]WEIR C D. Optimization of heater enthalpy rises in feed-heating trains[J]. Proceedings of the Institution of Mechanical Engineers,1960,174(1): 769 - 796.

[14]TRAUPEL W. Steam turbines,yesterday,today and tomorrow[J]. Proc. Inst. Mech. Engrs. ,1979, 193: 391 - 400.

第 2 章　湿蒸汽特性

2.1　湿蒸汽性质与结构

2.1.1　湿蒸汽成分与压力

  水物质具有适宜的热力性质、易得且不会污染环境等优点,至今仍是热力系统中主要应用的工质。水和水蒸气在工程应用过程中常有集态的变化。

  众所周知,水由液态转变为气态的过程称为汽化,由气态转变为液态的过程称为凝结,汽化和凝结是两个相反的相变过程。如果湿蒸汽两相混合物是处于绝热封闭的有限空间且保持容积不变(见图 2-1),由于液体分子和气体分子都处于紊乱的热运动之中,温度愈高,分子运动愈剧烈。随时有液体表面附近动能较大的液体分子克服表面张力及其他分子的引力进入到气相空间而成为蒸汽分子,同时也有气相空间的蒸汽分子相互碰撞回到液体

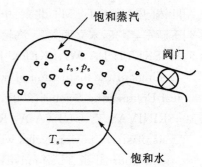

图 2-1　饱和状态

表面并凝结成液体分子。开始蒸发时,进入气相空间的分子数目多于返回液体中的分子数目,但随着蒸发的继续进行,水蒸气压力逐渐增大,气相空间蒸汽分子的密度也增大。水蒸气的分子与液面碰撞也越频繁,因而返回液体中的分子数目也增多。到一定状态时,单位时间内进入气相空间的分子数目与返回液体中的分子数目相等,液相的蒸发与汽相的凝结就会达到动态的平衡,这时虽然蒸发和凝结的过程仍在进行,但系统宏观状态不再改变,气相空间中的蒸汽分子密度不再增大,这种液相和气相处于动态平衡的状态称为饱和状态(即物相趋于热力学的平衡状态)。处于饱和状态下的蒸汽称为饱和蒸汽,水称为饱和水。此时,汽、液两相的温度相同,称为饱和温度,用 T_s 或 t_s 表示;蒸汽的压力称为饱和压力,用 p_s 表示。

  若将湿蒸汽两相混合物的温度升高并且维持一定值,则汽化速度加快,空间内的蒸汽压力和密度亦将增加。当增加到某一确定数值时,在液态水和蒸汽之间又

建立起新的动态平衡,此时蒸汽压力就是对应于新温度下的饱和压力。

　　工程上所用的水蒸气通常是水定压沸腾汽化而产生的。图 2-2 是定压下水物质的集态变化示意图,通过增减活塞上重物可以使水处在指定压力下进行定压吸热。水物质从未饱和水状态变为过热蒸汽状态需要经历三个阶段。预热阶段:对未饱和水(水温低于饱和温度)进行加热,水温度逐渐升高,当水温达到压力对应的饱和温度时,水成为饱和水。汽化阶段:对饱和水继续加热,水就开始沸腾汽化,汽化过程中的饱和压力和饱和温度不变。这种蒸汽和水的混合物称为湿饱和蒸汽(简称湿蒸汽)。随着加热过程的继续进行,液相水逐渐减少,蒸汽逐渐增多,直至水全部变成蒸汽,这时的蒸汽称为干饱和蒸汽。过热阶段:对干饱和蒸汽继续定压加热,蒸汽温度升高,这时的蒸汽称为过热蒸汽。

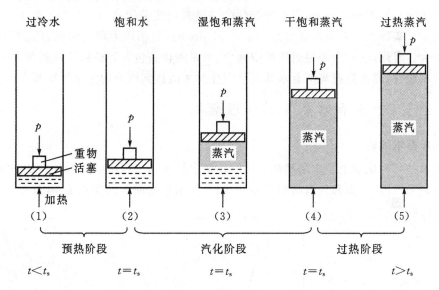

图 2-2　定压下水物质的集态变化示意图

　　湿蒸汽是饱和蒸汽与饱和水的两相混合物。为了说明湿蒸汽的成分,需要引入干度或湿度的概念。假定湿蒸汽两相混合物的总质量为 m,其中饱和蒸汽的质量为 m_g,饱和水的质量为 m_f,则湿蒸汽的质量干度定义为

$$x = \frac{m_g}{m_g + m_f} \tag{2-1}$$

　　湿蒸汽的质量湿度定义为

$$y = \frac{m_f}{m_g + m_f} \tag{2-2}$$

显然,$x + y = 1$。

如果汽液两相的分界面是一个平面且处于平衡状态下（如蒸汽和较大液团的两相平衡），则两相就具有相同的压力和温度，分别称为饱和压力 p_s 和饱和温度 T_s。

在饱和状态下，压力 p 与温度 T 是一一对应的。压力与温度关系式为

$$p = p_s = p_s(T) \tag{2-3}$$

或

$$T = T_s = T_s(p) \tag{2-4}$$

如果液相是以水珠的形式存在，则汽液两相的界面是曲界面，表示平衡条件的关系式(2-3)和(2-4)就不正确。在第 1 章的 1.4 节中分析了物相分界面为曲界面且处于平衡状态时，两相的压力是不相等的，表面张力的作用使凹面内部相的压力大于凹面外部相的压力，力平衡条件的一般表达式采用式(1-12)或式(1-15)来表示。实际上只有当水珠直径小于 0.01 μm 时，液相压力和气相压力的差别才比较大。因此，在一个绝热封闭的空间中，如果液相是包含有整体的液相和大小不一的水珠的，那么只有当所有水珠均已汽化时才能达到汽液的完全平衡状态。

2.1.2 水和水蒸气的物理数据

1. 基本数据

水是一种化学上稳定的物质，图 2-3 是水的 p-T 图，图中的 DA、DB 和 DC 线分别为气固、液固和气液的相平衡曲线，三条相平衡曲线的交点 D 称为三相点，C 为临界点。

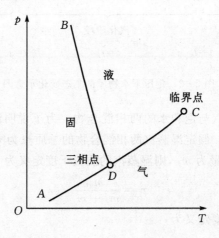

图 2-3 水的 p-T 图

水的特征参数可用下列基本参数来表示。

化学分子式：　　　　　　　　H_2O

分子量：　　　　　　　　　　$M_m = 18.02$

三相点：　　　　　　　　　　$t_T = 273.16$ K(0.01 ℃)，$p_T = 611.659$ Pa

临界点：　　　　　　　　　　$t_c = 373.99$ ℃，$p_c = 22.064$ MPa

阿伏伽德罗(Avogadro)常数：　$N_m = 3.34×10^{25}$分子/kg

　　　　　　　　　　　　　　或 $N_A = 6.02×10^{23}$ 分子/mol

分子质量：　　　　　　　　　$m_m = 2.99×10^{-26}$ kg

气体常数：　　　　　　　　　$R = 461.5$ J/(kg · K)

每一个水分子所占平均体积折合成球体(密度按 $\rho_f = 1000$ kg/m³ 计算)，其分子半径为

$$r_m = \left(\frac{3m_m}{4\pi\rho_f}\right)^{\frac{1}{3}} = 1.93×10^{-10} \text{ m}$$

2. 状态方程组

世界各国对水和水蒸气的热力性质进行了大量实验研究和理论探索，但由于所采用的理论和方法的不同，测试技术的差别，所得结果也存在着某些差异。为了交流和统一这方面的研究成果，多次召开了水和水蒸气热力性质的国际会议，制定发表了水和水蒸气热力性质的国际骨架表，表中所列数据被公认为是可靠的。

为了适应计算机的快速发展及广泛应用，有必要将水蒸气的性质公式化。在第六届国际水和水蒸气会议上，成立了国际公式化委员会(简称 IFC)。该委员会先后发表了"工业用 1967 年 IFC 公式"和"科学用 1968 年 IFC 公式"。现在各国使用的水和水蒸气的图表一般是根据这些公式(状态方程组)计算而编制的。因此在工程计算中，以前是通过查取有关水蒸气的热力性质图表的办法来获取水和水蒸气的热力参数，现在也可以借助计算机对水蒸气的物性及过程进行高精度的计算。

在水的总相图中(见图 1-4)，除了有与汽轮机相关的汽相、液相和湿蒸汽区外，还包括固相区及其过渡区。湿蒸汽汽轮机通常的工作范围是在压力 8.0 MPa以下，温度 300 ℃以下，焓值 $h = 2000\sim3000$ kJ/kg，熵值 $s = 5.5\sim8.0$ kJ/(kg · ℃)之间(见图 1-35)。蒸汽压力函数 $p_s(T)$ 和汽化潜热 $\Delta h_{fg} = h'' - h'$ 两者之间的关系是由克劳修斯-克拉贝龙(Clausius-Clapeyron)方程联系起来的，为

$$\frac{dp_s}{dT} = \frac{\Delta h_{fg}}{(v'' - v')T} \tag{2-5}$$

式中：上标"″"和"′"分别表示饱和蒸汽和饱和水的数值。

对低压区的近似计算，可以采用状态方程组的简化形式。在最粗略的近似计

算中,可以将蒸汽作为理想气体,水作为不可压缩的液体来处理。在近似计算时,蒸汽和水的比热均取为定值。这样就可以得出关于蒸汽和水的一些公式。

对于蒸汽,有

$$pv_g = RT$$

$$h_g = h_{g0} + c_{p,g}(T - T_0)$$

$$s_g = s_{g0} + c_{p,g}\ln\left(\frac{T}{T_0}\right) - R_g\ln\left(\frac{p}{p_0}\right)$$

对于水,有

$$v_f = \frac{1}{\rho_f}$$

$$h_f = h_{f0} + c_{p,f}(T - T_0)$$

$$s_f = s_{f0} + c_{p,f}\ln\left(\frac{T}{T_0}\right)$$

其中的常数可以选定如下

$$T_0 = 273.16 \text{ K}(0.01 \text{ °C})$$

$$p_0 = 611.659 \text{ Pa}$$

$$h_{g0} = 2501.6 \text{ kJ/kg}$$

$$s_{g0} = \Delta h_{fg0}/T_0 = 9.1575 \text{ kJ/kg}$$

$$c_{p,g} = 1.880 \text{ kJ/(kg · K)}$$

$$h_{f0} = 0$$

$$s_{f0} = 0$$

$$c_{p,f} = 4.182 \text{ kJ/(kg · K)}$$

$$\rho_f = 1000 \text{ kg/m}^3$$

$$\Delta h_{fg0} = 2501.6 \text{ kJ/kg}$$

饱和蒸汽压力与相对应的饱和温度之间的近似公式为

$$\lg p_s = 5.55 - \frac{2061}{T} \tag{2-6}$$

式中:压力的单位为 bar;温度的单位为 K。上式也作为压力函数的饱和温度 $T_s(p)$ 的表达式。

另外还有一种简单但能够精确地描述水蒸气参数的方法,就是在理想蒸汽状态方程中引进一个实际气体压缩因子 Z(压缩因子反映了实际气体对理想气体性质偏离的程度。Z 值与气体种类、压力及温度有关),并认为压缩因子仅是熵的函数。$c_{p,g}$ 取为变量,但过程指数 n 则是常数。基本方程组为

$$pv_g = Z(s)RT \tag{2-7a}$$

$$h_g = h_{g0} + \frac{nR}{n-1}ZT \tag{2-7b}$$

$$\frac{ds_g}{Z(s)} = \frac{nR}{n-1} \cdot \frac{dh}{h-h_0} - R\frac{dp}{p} \tag{2-7c}$$

$$c_{p,g} = 1.833 + 0.0003111t \tag{2-7d}$$

式中:水蒸气的定压比热容单位为 kJ/(kg·K);温度的单位为℃。

函数 $Z(s)$ 必须以经验数据为基础来规定。Z 的经验值如图 2-4 所示。可以看出,在低压下的压缩因子 Z 主要和焓值有关。饱和蒸汽的 Z 值如图 2-5 所示。

对于要求精确度较高的数值计算,可采用复杂状态方程组的标准计算机程序来计算水的物性参数。

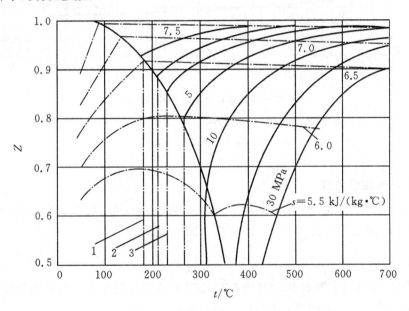

图 2-4　水蒸气的压缩因子 Z

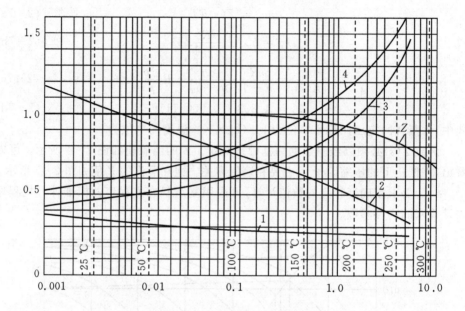

图 2-5　饱和湿蒸汽的性质数据

$$1—\rho c_p/3\lambda_g\ [10^8\ \text{s/m}^2];2—2\sigma/\rho_f RT\ [10^{-9}\ \text{m}];3—9\mu_g/2\rho_f\ [10^{-7}\ \text{m}^2/\text{s}];$$

$$4—1.5\mu_g\ \sqrt{RT_s}\ [10^{-2}\ \text{kg/s}^2]$$

3. 其他物性参数

在凝结蒸汽的流动计算中,主要用到定压比热 c_p、动力粘性系数 μ、导热系数 λ 以及三者的组合参数(Prandtl 数)。Pr 数的表达式为

$$Pr = \frac{\mu c_p}{\lambda} \tag{2-8}$$

图 2-6 给出了饱和水($'$)和饱和蒸气($''$)的这些数据与压力的关系曲线,以及水和饱和蒸汽的表面张力 σ 值与压力的关系曲线。

干饱和蒸汽的等熵指数 k 随压力的变化范围为

$$k = 1.33(3.0\ \text{kPa}) \sim 1.26(6.0\ \text{MPa})$$

饱和蒸汽的实际气体压缩因子(见图 2-5)为

$$Z \equiv \frac{pv''}{RT_s}$$

饱和蒸汽内分子的平均自由程为

$$\bar{l}'' \equiv \frac{1.5\mu''\ \sqrt{RT_s}}{p} \tag{2-9}$$

式中:μ'' 为饱和蒸汽的动力粘性系数。在 $p=0.001\sim10.0$ MPa 的范围内,μ'' 值

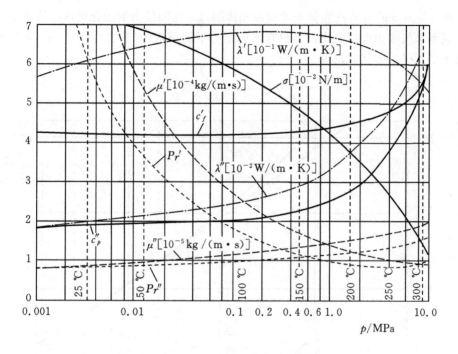

图 2-6　饱和水和饱和蒸汽的物性数据

的范围约为 $0.8 \times 10^{-5} \sim 2 \times 10^{-5}$ kg/(s·m)，是随压力的增加而逐渐增大的。图 2-7 给出了饱和蒸汽内分子的平均自由程、蒸汽/水的比容比与压力的关系曲线。影响蒸汽分子平均自由程的主要因素是压力（平衡湿蒸汽的压力与温度是一一对应的），蒸汽分子的平均自由程基本上是与压力成反比的。当压力从 0.005 MPa 增加到 10.0 MPa（即压力增大约 2000 倍）时，分子的平均自由程 $\bar{l}''$ 大约减小 1000 倍。在大气压力下（$p = 0.1$ MPa），分子的平均自由程约为

$$\bar{l}''_{p=0.1 \text{ MPa}} \approx 10^{-7} \text{ m}$$

蒸汽/水的比容比为

$$\frac{v''}{v'} \equiv \frac{\rho'}{\rho''}$$

在湿蒸汽两相流动计算中，液相体积百分比（液相体积 V_f 占总体积 V_t 的比例）的大小决定了是否要考虑液相体积的影响。液相的体积百分比和质量百分比（质量湿度）相差很大，是不同的概念。由于液相水的密度随压力的变化很小，而水蒸汽的密度则变化很大（尤其是在低压区域），所以液相的体积百分比与蒸汽压力 p 和质量干度 x 有关。

汽轮机中的蒸汽质量干度通常是大于 0.8 的，但压力的变化范围却很大。以

干度 $x \geqslant 0.8$ 的湿蒸汽为例来说明液相体积百分比随压力的变化规律。从图 2-7 中或水蒸气表中可以查出湿蒸汽在不同压力下的蒸汽/水的比容比 v''/v'，可以根据下面式子近似估算出 $V_{\mathrm{f}}/V_{\mathrm{t}}$ 值。

$$\frac{V_{\mathrm{f}}}{V_{\mathrm{t}}} = \frac{yv'}{xv'' + yv'} \approx \frac{yv'}{xv''} \leqslant \frac{0.2}{0.8} \cdot \frac{v'}{v''}$$

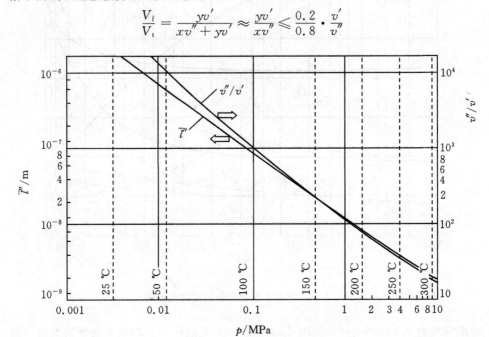

图 2-7　分子平均自由程和比容比

表 2-1 给出了几个压力下的液相体积 V_{f} 与总体积 V_{t} 的比值。从表中所列数据可知，在通常 $x \geqslant 0.8$ 的湿蒸汽中，当蒸汽压力 $p = 0.1\,\mathrm{MPa}$ 时，$V_{\mathrm{f}}/V_{\mathrm{t}} \leqslant 0.00015$；即使在 $p = 5\,\mathrm{MPa}$ 下，$V_{\mathrm{f}}/V_{\mathrm{t}} \leqslant 0.008$，液相体积所占比例也不到百分之一。因此，在质量干度 $x \geqslant 0.8$ 和 $p \leqslant 5\,\mathrm{MPa}$ 的湿蒸汽中，液相体积占总体积的比例是很小的，完全可以忽略不计。

表 2-1　不同压力下的液相体积与总体积的比值（$x > 0.8$）

压力/MPa	0.01	0.1	1.0	5.0	10.0
v''/v'	14527.8	1624.1	172.3	30.6	12.4
$V_{\mathrm{f}}/V_{\mathrm{t}}$	$\leqslant 1.72 \times 10^{-5}$	$\leqslant 1.54 \times 10^{-4}$	$\leqslant 1.45 \times 10^{-3}$	$\leqslant 8.17 \times 10^{-3}$	$\leqslant 2.02 \times 10^{-2}$

2.1.3　湿蒸汽结构

蒸汽轮机中的实际湿蒸汽两相高速流动系统与热力学中所讨论的理想化平衡

态两相系统存在很大的差别,主要原因如下:

(1)蒸汽在汽轮机叶栅通道中的快速膨胀使状态参数变化剧烈,可以引起过饱和现象的出现;

(2)汽轮机湿蒸汽中的水分大多不是整体的液相物(例如水膜),而是由数量庞大的弥散在汽相中的细小水滴和雾珠(相的边界不是平面)所组成;

(3)汽相不是均匀的单分子物质,而是包含着亚微观大小的凝结分子群;

(4)汽相与液相之间有相对运动;

(5)流体与通道或容器壁之间有热交换;

(6)汽相内可能发生成核过程(即自发形成的微小水珠);

(7)已形成的水珠可以增长,或者蒸发,或者相互凝聚,或者与壁面相撞而被水膜所吸收。

在一定的流动情况下,湿蒸汽的性质主要取决于湿蒸汽中水分存在的形式(膜状或珠状,以及水珠的大小和分布)和凝结总数量(湿度值)。

汽轮机中的湿蒸汽所含的水滴数量庞大,直径分布范围广。可将汽轮机内的水滴分为若干类,如图 2-8 上部所示。其中,喷射水珠的直径范围约在 $1.0 \sim 200 \ \mu m$ 之间;粗雾滴的直径范围在 $0.5 \sim 10 \ \mu m$ 之间;细雾滴的直径范围约在 $0.02 \sim 0.2 \ \mu m$ 之间。

另外,图 2-8 下部也给出了一定大小的液滴可能参与的一些过程。

(1)撞击侵蚀($>50 \ \mu m$ 的水珠)。

(2)雾化($1.0 \sim 100 \ \mu m$ 的水珠)。

(3)惯性效应($1.0 \sim 10 \ \mu m$ 的水珠)。

(4)热聚合($0.01 \sim 1.0 \ \mu m$ 的水珠)。

(5)凝结与增长($0.01 \sim 1.0 \ \mu m$ 的水珠)。

(6)凝结成核($<0.01 \ \mu m$ 的水珠)。

实际汽轮机遇到的蒸汽质量湿度范围通常在 $y = 0 \sim 0.12$。为了说明不同情况下水分在空间的分布,假设蒸汽的湿度 y 或干度 x 为已知,所有水珠具有相同的尺寸(即半径均为 r),水珠在空间内是均匀分布的,水的密度为 ρ_f。在上述假设下,半径为 r 的单个水珠质量为

$$m = \frac{4}{3} \pi \rho_f r^3 \qquad (2-10)$$

单位湿蒸汽质量内的水珠数量(水珠的比数目)N 为

$$N = \frac{y}{m} = \frac{3y}{4\pi \rho_f r^3} \qquad (2-11)$$

单位质量湿蒸汽所占体积 $v = xv''$(液相水的比容很小,可以忽略),水珠的密

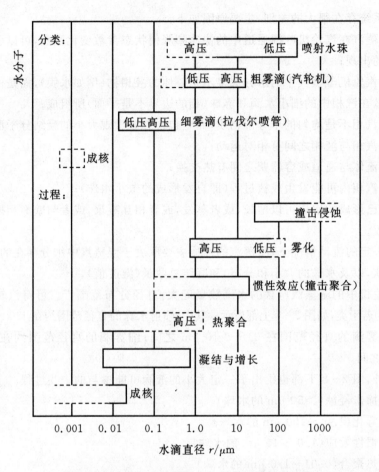

图 2-8　水珠大小分类和水珠所参与的各种过程

集度(单位体积内的水珠数)为

$$C = \frac{N}{xv''} = \frac{3y}{4\pi\rho_f r^3 xv''} \qquad (2-12)$$

一个水珠所占的平均体积是 $1/C$,有

$$\frac{1}{C} = \frac{\pi}{6}\overline{D}^3 \qquad (2-13)$$

由式(2-12)和式(2-13)可得,水珠间的平均距离 $\overline{D}$ 和水珠直径 $2r$ 的比值为

$$\frac{\overline{D}}{2r} = \left(\frac{\rho_f xv''}{y}\right)^{\frac{1}{3}}$$

计算示例:在湿度 $y = 0.10$(即干度 $x = 0.90$)的条件下,针对几种不同尺寸的水珠和不同的压力,计算了水珠的比数目 N、密集度 C 以及比值 $\overline{D}/2r$,计算结果如图

2-9所示。可以看出,水珠的比数目与湿蒸汽压力和水珠半径有关,当饱和压力从
1 kPa增大到10 MPa时(相应的饱和温度从6.98 ℃增大到310.9 ℃),液相水的密度有
所降低,单个水珠的质量减小,水珠的比数目增大约45%(由于比数目的数量庞大且为
对数指标,故图2-9(a)中基本显示不出 N 的变化),而水珠的密集度增大更加明显。
水珠半径越大,单个水珠的质量越大,所以水珠的比数目和密集度就越少。

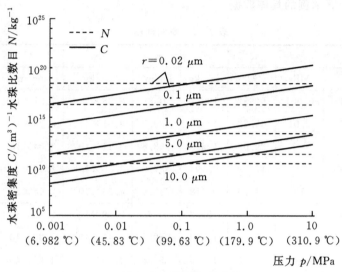

(a)N 和 C 随压力的变化

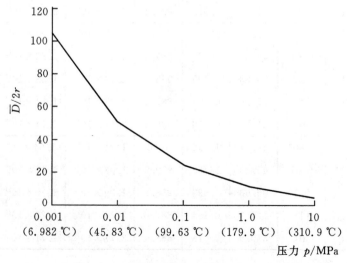

(b)$\overline{D}/2r$ 随压力的变化

图 2-9　水珠比数目、水珠密集度、距离曲线

对于细小的水珠($r = 0.02 \sim 0.2\ \mu\mathrm{m}$)，比数目 $N \approx 10^{18} \sim 10^{15}/\mathrm{kg}$；对于粗大水珠($r = 0.5 \sim 10.0\ \mu\mathrm{m}$)，比数目 $N \approx 10^{14} \sim 10^{10}/\mathrm{kg}$。

水珠间的平均距离和水珠直径的比值显然与水珠的大小无关，但与饱和蒸汽压力的关系非常明显(见图 2-9(b))，随着压力的增大，$\overline{D}/2r$ 值降低很大。

为了更好地了解饱和压力 p 和水珠半径 r 对 N、C 及 $\overline{D}/2r$ 的影响程度，表 2-2 给出了计算示例的具体数据。

表 2-2　算例数据

r	y	p	t	v''	ρ_f	N	C	$\overline{D}/2r$
$\mu\mathrm{m}$	—	MPa	℃	$\mathrm{m^3/kg}$	$\mathrm{kg/m^3}$	个$/\mathrm{kg}$	个$/\mathrm{m^3}$	—
0.02	0.1	0.001	6.982	129.2	1000	2.98×10^{18}	2.57×10^{16}	105.1
0.02	0.1	0.01	45.83	14.63	989.9	3.01×10^{18}	2.29×10^{17}	50.69
0.02	0.1	0.1	99.63	1.695	958.8	3.11×10^{18}	2.04×10^{18}	24.45
0.02	0.1	1	179.9	0.194	887.0	3.36×10^{18}	1.92×10^{19}	11.58
0.02	0.1	10	310.9	0.018	688.4	4.33×10^{18}	2.68×10^{20}	4.813
0.1	0.1	0.001	6.982	129.2	1000	2.39×10^{16}	2.05×10^{14}	105.1
0.1	0.1	0.01	45.83	14.63	989.9	2.41×10^{16}	1.83×10^{15}	50.70
0.1	0.1	0.1	99.63	1.695	958.8	2.49×10^{16}	1.63×10^{16}	24.45
0.1	0.1	1	179.9	0.194	887.0	2.69×10^{16}	1.54×10^{17}	11.58
0.1	0.1	10	310.9	0.018	688.4	3.47×10^{16}	2.14×10^{18}	4.813
1	0.1	0.001	6.982	129.2	1000	2.39×10^{13}	2.05×10^{11}	105.1
1	0.1	0.01	45.83	14.63	989.9	2.41×10^{13}	1.83×10^{12}	50.70
1	0.1	0.1	99.63	1.695	958.8	2.49×10^{13}	1.63×10^{13}	24.45
1	0.1	1	179.9	0.194	887.0	2.69×10^{13}	1.54×10^{14}	11.58
1	0.1	10	310.9	0.018	688.4	3.47×10^{13}	2.14×10^{15}	4.813
5	0.1	0.001	6.982	129.2	1000	1.91×10^{11}	1.64×10^{9}	105.1
5	0.1	0.01	45.83	14.63	989.9	1.93×10^{11}	1.47×10^{10}	50.70
5	0.1	0.1	99.63	1.695	958.8	1.99×10^{11}	1.30×10^{11}	24.45
5	0.1	1	179.9	0.194	887.0	2.15×10^{11}	1.23×10^{12}	11.58
5	0.1	10	310.9	0.018	688.4	2.77×10^{11}	1.71×10^{13}	4.813

另外,对于一定尺寸的水珠,其所包含的分子数 i 可通过水的分子质量 m_m ($= 2.99 \times 10^{-26}$ kg)及式(2-10)计算出,为

$$i = \frac{m}{m_m} = \frac{4\pi\rho_f r^3}{3m_m}$$

显然,水珠中包含的分子数与饱和液相水的密度(压力)及水珠半径有关。图 2-10 给出了不同压力和半径下的水珠所含分子数的变化曲线。水珠半径一定时,随着湿蒸汽压力的增大(相应的饱和温度也增大),液相水的密度减小,单个水珠所含的分子数也有所减少。压力一定时,随着水珠半径的增大,单个水珠所含的分子数急剧增多。表 2-3 是在 $\rho_f = 1000$ kg/m³ 时的水珠所含分子数的具体数据。

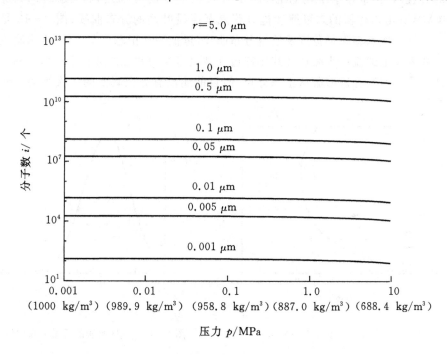

图 2-10　不同压力和半径下的水珠所含分子数

表 2-3　水珠所含分子数

r /μm	0.001	0.002	0.005	0.01	0.1	1.0
i /个	142	1140	18000	1.4×10^5	1.4×10^8	1.4×10^{11}

2.1.4　液相的空间分布

随着汽轮机单机功率和蒸汽流量的增大,机组的静动叶片也越来越长以适应很大的通流面积需求。汽轮机内的蒸汽参数及流动参数沿径向变化剧烈(尤其是低压级组),产生的结果就是湿蒸汽中的液相水分在叶栅通道内的不均匀分布。

汽轮机中的液相主要是一次水滴和二次水滴,其中的二次水滴在总液相中仅占 5%~10%。一次水滴是由蒸汽自发凝结及生长而形成的,其直径不仅与最初的尺寸有关,而且还与从 Wilson 点到达观测点之前所有过程的细节有关。一次水滴的直径并不都等于平均直径,而是分布在一定的范围之内。图 2 - 11 是某600 MW 火电汽轮机的末级静叶进口蒸汽湿度沿叶高的分布曲线;图 2 - 12 是静叶进口的一次水滴直径范围及质量分布曲线(近似服从正态分布)。二次水滴主要是叶片表面上的流动水膜在叶片尾迹边处被汽流撕裂并二次雾化之后形成的。一般认为二次水滴也近似服从正态分布,但目前还没有完全真实的二次水滴分布测量数据。

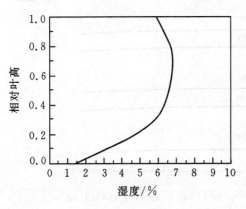　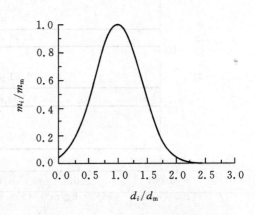

图 2 - 11　蒸汽湿度沿叶高的分布　　　　图 2 - 12　一次水滴的质量分布曲线

除了弥散在汽流中的各种直径的水滴外,汽轮机通道中还存在有膜状(films)和溪流状(rivulets)的液相。图 2 - 13 是汽轮机中水相的图解形式。

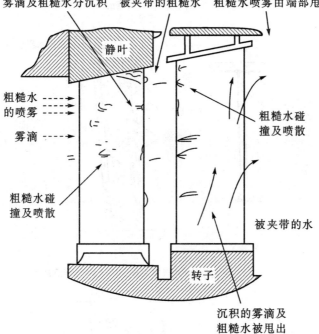

雾滴及粗糙水分沉积　被夹带的粗糙水　粗糙水喷雾由端部甩出

静叶

粗糙水
的喷雾

雾滴

粗糙水碰
撞及喷散

粗糙水碰
撞及喷散

被夹带的水

转子

沉积的雾滴及
粗糙水被甩出

图 2-13　汽轮机中水相的图解形式

　　如图 2-14 和图 2-15 所示,在静叶表面和汽缸壁面上的水相流动是一幅非常复杂的图象。总体来说,重力对液相水的运动影响很小,不及气动作用的影响。静叶表面和汽缸壁面上水的运动模式主要取决于相邻表面处的蒸汽压力和流场。沉积于叶片脱离区和出口边上的水分很容易沿径向运动,这种水流在相宜的地方积聚并分离,从而形成局部集中的叶片侵蚀。在动叶表面上的水膜,由于离心力的作用,应该是很薄的。流动方向由离心力和科氏力决定。在典型的低压汽轮机条件下,对于每秒几米量级的流动可以得到厚度为 $10\ \mu m$ 量级的水膜。

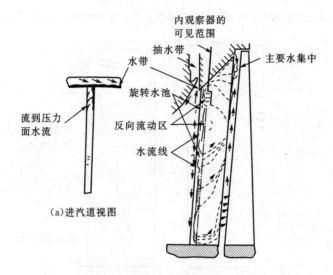

（a）进汽道视图

（b）末级纵剖面 60％～90％满负荷

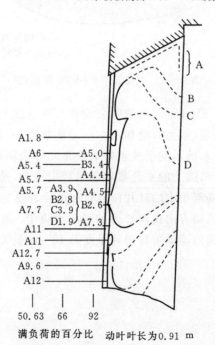

50.63　　66　　92

满负荷的百分比　动叶叶长为0.91 m

（c）着色定时的结果时间以秒计，附加文字表示染色液最终所到位置

图 2-14　末级静叶压力面上的水分流动

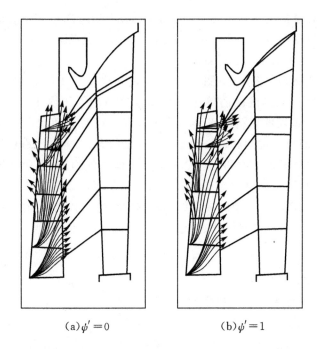

(a) $\psi' = 0$　　　　　　(b) $\psi' = 1$

图 2 - 15　动叶上的水分流动

2.1.5　过饱和(过冷)现象

在自然界和许多工程技术过程中,都存在着过饱和现象。如在一定温度和压力下,当溶液中溶质的浓度已超过该温度和压力下溶质的溶解度,而溶质仍不析出的现象就叫做过饱和现象,此时的溶液称为过饱和溶液。过饱和溶液的性质不稳定,处于不平衡状态。

如果湿蒸汽的状态变化迅速(如膨胀过程、压缩过程、快速冷却过程等),在这样的状态变化过程中,没有足够的时间达到相平衡(因为液相的蒸发和汽相的凝结都牵涉到热交换,而热交换率又受许多因素的限制),于是就发生超过一定温度下的饱和蒸汽应有的密度而仍然不液化的现象,这也是过饱和现象,这种蒸汽叫"过饱和蒸汽"。过饱和蒸汽同样也处于不平衡的状态。

在这种不平衡的过程中,由于压力扰动的传播速度很高(音速),所以蒸汽和液体在相邻界面上的压力通常可以保持相等,但相与相之间以及各相内部均有温差存在。

在不平衡的湿蒸汽中,过热的、饱和的或过冷的蒸汽可以和过冷的、饱和的或过热的水共存于同一压力 p 之下。过热是指 $T > T_s(p)$,过冷(也叫过饱和)的意思是 $T < T_s(p)$。

　　过热蒸汽和过冷液体是单相系的稳定状态,饱和蒸汽和饱和水是两相系的稳定状态。虽然过冷蒸汽和过热水都是单相的,但它们的状态都是不稳定的,只出现在动态过程中,在平衡建立之后就消失了。

　　在水蒸气的莫利尔图中(见图2-16),干饱和线 $x=1$ 的上方是过热蒸汽区,下方是湿蒸汽区。湿蒸汽区的等压直线和过热蒸汽等压线相切于饱和点(见图2-16中 B 点)。最新的高精度水蒸气状态方程可以对平衡状态下各相区的状态参数进行计算,但由于过饱和(过冷)态是不稳定状态,目前并没有过饱和蒸汽状态方程的实验数据。考虑过饱和(过冷)干蒸汽仍保持汽相态,它和过热蒸汽应具有相同的状态方程,这意味着过饱和干蒸汽的莫利尔图可以从过热区的等压线和等温线外延而得(见图2-16中的局部剖面),其中,A' 点代表平衡的湿蒸汽状态点;A 点代表不平衡的过饱和蒸汽状态点。

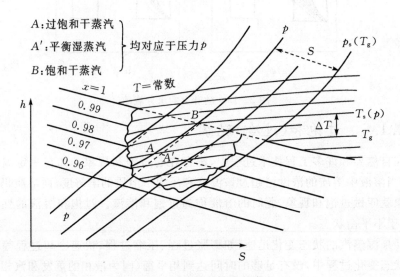

图2-16　过冷和过饱和的定义

　　过饱和不平衡态偏离饱和平衡态的程度,通常用过冷度 ΔT 和过饱和度 S 来表示,分别为

$$\Delta T = T_s(p) - T_g \qquad (2-14)$$

$$S = \frac{p}{p_s(T_g)} \qquad (2-15)$$

式中:p 是蒸汽的压力(A' 和 A 点);$T_s(p)$ 是与压力 p 相对应的饱和蒸汽温度;T_g 是过饱和蒸汽的温度;$p_s(T_g)$ 是过饱和蒸汽温度对应的饱和压力。

　　饱和或过饱和是物质到达饱和点后可能发展的两个方向,饱和蒸汽是热力学上的平衡状态;过饱和蒸汽的状态是非平衡状态,是不稳定的,当具备一定条件时就会从过饱和状态转化为平衡的饱和状态。

　　过冷度 ΔT 和过饱和度 S 都是对过冷(过饱和)程度的描述,两者之间可以互换。用公式(2-6)将 p_s 与 T_g 以及 p 与 T_s 联系起来,可得过饱和度与过冷度的关系式为

$$\lg S = \lg p - \lg p_s = -\frac{2061}{T_s} + \frac{2061}{T_g} = \frac{2061}{T_s T_g}\Delta T$$

或

$$\ln S = \frac{4746}{T_s T_g}\Delta T = \frac{4746}{T_s} \cdot \frac{\Delta T/T_s}{1 - \Delta T/T_s} \tag{2-16}$$

　　针对表达式(2-16),图 2-17(a)给出了四个压力下的过冷度与过饱和度之间的关系曲线。可以看出:过饱和度和过冷度是同方向变化的,即过冷度增大,过饱和度也增大,发生过饱和现象时的蒸汽压力越低,过饱和度的数值越大。

　　当量湿度的计算:如果从过冷度为 ΔT 的过饱和蒸汽状态恢复到热力学湿蒸汽平衡状态,过饱和现象就消失,水分就凝结出来,这时的平衡状态下湿度称为当量湿度。如果恢复过程是在绝热定压下发生的,焓值 h 将保持不变(因为 $\mathrm{d}h - v\mathrm{d}p = 0$,图 2-16 中的 A 和 A' 两点),因而当量湿度也容易计算。

　　对过饱和蒸汽状态(A 点),有

$$h = h''(p) - c_p \Delta T \tag{2-17}$$

　　对湿蒸汽平衡态(A' 点),有

$$h = h''(p) - \Delta h_{\mathrm{fg}} y_{\mathrm{eq}} \tag{2-18}$$

式中:$h''(p)$ 是压力 p 下的干饱和蒸汽的焓值;Δh_{fg} 是汽化潜热;y_{eq} 是当量湿度。

　　使式(2-17)和式(2-18)相等,得到

$$c_p \Delta T = \Delta h_{\mathrm{fg}} y_{\mathrm{eq}} \tag{2-19}$$

　　当量湿度为

$$y_{\mathrm{eq}} = \frac{c_p}{\Delta h_{\mathrm{fg}}}\Delta T \tag{2-20}$$

　　当量湿度与过冷度的关系如图 2-17(b)所示。在不同蒸汽压力下,当量湿度与过冷度呈正比,压力越高,当量湿度越大,这种变化规律与蒸汽物性有关。在过冷度一定的条件下,压力越高,汽化潜热越小,而定压比热容越大,结果是当量湿度较大。

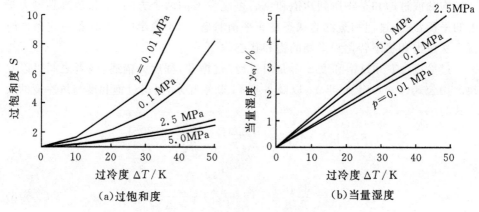

（a）过饱和度　　　　　　　　　（b）当量湿度

图 2-17　过冷度与过饱和度及当量湿度之间的关系

熵增的计算：从过饱和蒸汽状态绝热恢复到湿蒸汽平衡状态的过程中，相与相之间的热交换是通过温差进行的，因而恢复过程伴随着熵增。从过冷度 ΔT 通过绝热-等压过程而恢复到平衡态时的熵增值 Δs_{rev} 可用理想气体状态方程计算。

在过饱和状态下蒸汽的熵为

$$s_{\mathrm{g}} = s_{\mathrm{g}0} + c_p \ln\left(\frac{T_{\mathrm{g}}}{T_0}\right) - R\ln\left(\frac{p}{p_0}\right) \tag{2-21}$$

当过饱和蒸汽恢复到含有水分 y_{eq} 的湿蒸汽平衡态之后的熵为

$$\begin{aligned}
s_{\mathrm{eq}} &= s''(p) - \frac{\Delta h_{\mathrm{fg}} y_{\mathrm{eq}}}{T_{\mathrm{s}}} \\
&= s_{\mathrm{g}0} + c_p \ln\left(\frac{T_{\mathrm{s}}}{T_0}\right) - R\ln\left(\frac{p}{p_0}\right) - \frac{\Delta h_{\mathrm{fg}}}{T_{\mathrm{s}}} y_{\mathrm{eq}}
\end{aligned} \tag{2-22}$$

恢复过程的熵值增加为

$$\Delta s_{\mathrm{rev}} = s_{\mathrm{eq}} - s_{\mathrm{g}} = c_p \ln\left(\frac{T_{\mathrm{s}}}{T_{\mathrm{g}}}\right) - \frac{\Delta h_{fg}}{T_{\mathrm{s}}} y_{\mathrm{eq}} \tag{2-23}$$

或者利用公式（2-14）和式（2-20），得到

$$\frac{\Delta s_{\mathrm{rev}}}{c_p} = -\ln\left(1 - \frac{\Delta T}{T_{\mathrm{s}}}\right) - \frac{\Delta T}{T_{\mathrm{s}}} \tag{2-24}$$

在公式（2-21）和式（2-22）中，p_0 和 T_0 是基准状态下的压力和温度（$p_0 = 101325\ \mathrm{Pa}$，$T_0 = 0\ \mathrm{K}$），$s_{\mathrm{g}0}$ 是基准状态下的熵值。

熵增计算示例：假设在压力 $p = 0.1\ \mathrm{MPa}$（对应的饱和温度为 $T_{\mathrm{s}} = 373\ \mathrm{K}$）下，过冷蒸汽从 $\Delta T = 40\ \mathrm{K}$ 开始恢复（取 $c_p = 2.0\ \mathrm{kJ/(kg \cdot K)}$，潜热 $\Delta h_{\mathrm{fg}} = 2257.9\ \mathrm{kJ/kg}$）。过冷蒸汽温度为 $T_{\mathrm{g}} = 333\ \mathrm{K}$，当量湿度为 $y_{\mathrm{eq}} = 0.033$。计算得到的熵增 $\Delta s_{\mathrm{rev}} = 0.0122\ \mathrm{kJ/(kg \cdot K)}$。

热力损失的计算：熵增就意味着有用功的损失。取环境温度 $T_{ambient} = 300$ K，则损失的有用功为

$$\Delta W = T_{ambient} \cdot \Delta s_{rev} = 300 \times 0.0122 = 3.7 \text{ kJ/kg}$$

根据焓-熵图（见图 1-35），在 0.1 MPa 下，从饱和状态到 40 K 过冷（或 $y_{eq} = 0.033$）的等熵焓降约为 110 kJ/kg，相应的损失约为 3.5%。这个例子说明，当蒸汽轮机中出现恢复现象时，所牵涉到的汽轮机级或级组可能受到较大的影响，发生有用功的损失。湿蒸汽汽轮机中的这类损失就叫做热力损失。

2.2　开尔文公式

2.2.1　相平衡与开尔文公式

在第 1 章的 1.4 节中，讨论了曲界面时的相平衡以及球形液滴的力平衡方程，并推导出球形液滴力平衡时的蒸汽压力 p'' 与相同温度下平界面相平衡时的饱和蒸汽压力 $p_s(T)$ 以及液滴半径 r 之间的关系式（1-15），将该式改写成

$$\ln \frac{p''}{p_s(T)} = \frac{2\sigma}{r\rho_f RT} \qquad (2-25)$$

式（2-25）就是与球形液滴力平衡时的蒸汽压方程，也称为开尔文（Kelvin）公式。p''/p_s 称为过饱和度。由于在推导该公式过程中，曾经把蒸汽简化成理想气体，显然它只适用于压力远低于临界压力的情况。当压力较高时采用式（2-25）作定量计算会导致很大的误差。

2.2.2　毛细管现象与开尔文公式

将一个小孔径管子插入到容积很大的液体中，液体的表面张力会引起毛细管现象。如果小孔径管子的材料对液体是不浸润的，则管内液体表面为曲面且比管外液体表面低 h，如图 2-18 所示。如果管子的直径足够小，则管内液体的表面可以近似认为是一个半球面，球面的半径就等于管子的半径 r。

弯曲物相界面两侧的压力是不相等的，凹面内部的压力大于凹面外部的压力。按照 Young-Laplace 公式（即曲界面时的力平衡条件），管内球形表面两侧的压力差为 $\Delta p = 2\sigma/r$。这个压

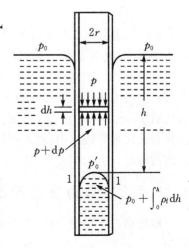

图 2-18　毛细管中的力平衡

差大体是由 $h(\rho_f - \rho_g)$ 构成的,其中 σ 为液体的表面张力,ρ_f 和 ρ_g 分别代表液体和气体的密度。因为气体密度 ρ_g 远小于液体密度 ρ_f,可以忽略不计,所以有 $2\sigma/r = h(\rho_f - \rho_g) \approx h\rho_f$。

假设容器中的液体为水,液相水平面的上方是水蒸气且压力为 p_0,则管内水柱半球形界面上端的蒸汽压力 p_0' 为 $p_0 + \int_0^h \rho_g \mathrm{d}h$,管内水柱半球形界面下端的液体水压力等于 $p_0 + \int_0^h \rho_f \mathrm{d}h$。在管内水柱的 1—1 截面上,向下的蒸汽压力与表面张力两者之和应该和向上的液体压力达到相互平衡,可得力平衡方程为

$$p_0 + \int_0^h \rho_g \mathrm{d}h + \frac{2\sigma}{r} = p_0 + \int_0^h \rho_f \mathrm{d}h$$

于是有

$$\int_0^h (\rho_f - \rho_g)\mathrm{d}h = \frac{2\sigma}{r}$$

由图 2-18 可知,$\mathrm{d}p = \rho_g \mathrm{d}h$,将 $\mathrm{d}h = \mathrm{d}p/\rho_g$ 代入上式并改变积分的极限,得到

$$\int_{p_0}^{p_0'} \frac{\rho_f - \rho_g}{\rho_g}\mathrm{d}p = \frac{2\sigma}{r}$$

因为 $\rho_g \ll \rho_f$,$\rho_f - \rho_g \approx \rho_f$,所以

$$\int_{p_0}^{p_0'} \frac{\rho_f}{\rho_g}\mathrm{d}p = \frac{2\sigma}{r}$$

将蒸汽看作是理想气体,将 $\rho_g = \dfrac{p}{RT}$ 代入上式,可以得到

$$\ln \frac{p_0'}{p_0} = \frac{2\sigma}{r\rho_f RT} \tag{2-26}$$

式中:p_0' 代表管内水柱半球形界面上端的蒸汽压力;而 p_0 则代表液相水平面上方的汽侧压力;绝对温度 T 是与汽侧压力 p_0 相对应的饱和温度。

当公式(2-26)应用于蒸汽的凝结过程时,p_0 即是水平界面相平衡时与温度 T 相对应的水蒸气的饱和压力 $p_s(T)$,p_0' 是曲界面相平衡时的蒸汽压力 p''。压力比值 $p_0'/p_0 = p''/p_s(T)$ 是蒸汽的过饱和度,因而式(2-26)也叫作开尔文公式。同样在公式推导过程中,将蒸汽简化成理想气体,所以它只适用于压力远低于临界压力的情况。

2.2.3　自由焓与开尔文公式

根据热力学理论,对一个简单可压缩系统的微元过程,热力学第一定律的表达式为

$$\delta Q = \mathrm{d}U + \delta W$$

如果过程可逆，则 $\delta Q = T\mathrm{d}S$，上式可以写为

$$\mathrm{d}U = T\mathrm{d}S - p\mathrm{d}V \tag{2-27}$$

将 $U = H - pV$ 代入上式，经整理可得

$$\mathrm{d}H = T\mathrm{d}S + V\mathrm{d}p \tag{2-28}$$

热力学中的亥姆霍兹(Helmholtz)函数 F 也称为自由能，吉布斯(Gibbs)函数 G 又称为自由焓。按照定义，自由能和自由焓的关系式分别为

$$F = U - TS \tag{2-29}$$

$$G = H - TS \tag{2-30}$$

因为 U、H、T、S 均为状态参数，所以自由能 F 和自由焓 G 也是状态参数(广延参数)，其大小与热力学状态以及该状态下的物质质量有关。自由能的单位与热力学能的单位相同；自由焓的单位与焓的单位相同。

对式(2-29)、式(2-30)分别进行微分，得

$$\mathrm{d}F = \mathrm{d}U - T\mathrm{d}S - S\mathrm{d}T$$

$$\mathrm{d}G = \mathrm{d}H - T\mathrm{d}S - S\mathrm{d}T$$

把式(2-27)、式(2-28)分别代入上面两式中，可得

$$\mathrm{d}F = -S\mathrm{d}T - p\mathrm{d}V \tag{2-31}$$

$$\mathrm{d}G = -S\mathrm{d}T + V\mathrm{d}p \tag{2-32}$$

对可逆定温过程，$\mathrm{d}T = 0$，有 $\mathrm{d}F = -p\mathrm{d}V$，$\mathrm{d}G = V\mathrm{d}p$。由此可见，亥姆霍兹自由能的减少等于可逆定温过程对外所作的膨胀功；而吉布斯自由焓的减少等于可逆定温过程中对外所作的技术功。或者说，在可逆定温条件下亥姆霍兹自由能是热力学能中可以自由释放转变为功的部分，而 TS 是可逆定温条件下热力学能中无法转变为功的部分，称为束缚能。同样，吉布斯自由焓是可逆定温条件下焓中能够转变为功的部分，而 TS 是焓中无法转变为功的部分(束缚能)。

公式(2-27)、式(2-28)、式(2-31)和式(2-32)是由热力学第一定律和第二定律直接推导出来的，它们将简单可压缩系平衡态各参数的变化联系了起来，通常称为吉布斯方程。应当指出，因为状态参数只是状态的函数，所以上述关系可应用于任意两平衡态间参数的变化，而不必考虑其中间过程是否可逆，但在研究能量转换过程时，它们只适用于可逆过程。

自由能或自由焓的变化(ΔF 或 ΔG)在热力学中具有重要的作用，主要应用在相平衡和化学反应过程的热力学分析中。对于等温等容过程，采用亥姆霍兹自由能 F；对于等温等压过程，采用吉布斯自由焓 G。如果一个过程导致自由能或自由焓的降低，则自由能或自由焓的差值就代表了这一过程中所固有的热力势。在可逆过程中，全部自由能或自由焓可以转变为有用功；如果过程是不可逆的，则一部分自由能或自由焓就损失了。自由能或自由焓($-\Delta F$ 或 $-\Delta G$)提供了自发

过程所需要的发动力,这种过程可以自己维持下去,直到初状态和终状态的自由能或自由焓完全相等,也就是达到了平衡状态。例如水在室温下也会蒸发,因为汽相水的自由能低于相同温度下液相水的自由能。

对于像水蒸气凝结为水珠这样的等温过程,可以采用吉布斯自由焓的概念来进行热力学分析。如图 2-19 所示,考虑下面一个过程,假设封闭容器内有 1 kg 质量的平面饱和水且处于相平衡状态,此时的温度为 T,压力为 $p_s(T)$,自由焓为 G_1(见图 2-19(a))。先对容器内的饱和水进行等温加热,使之全部汽化为饱和蒸汽(见图 2-19(b));然后又让 1 kg 的饱和蒸汽在等温下全部凝结成半径相同的水珠(见图 2-19(c)),并达到新的相平衡状态。这样全部水珠的总质量仍然是 1 kg,但由于水珠表面张力的存在,每一颗水珠的内部压力变为 p'_r,外部蒸汽压力变为 p''(有 $p'_r > p'' > p_s$)。全部水珠自由焓的总和增加到 G_2。在从初始平衡状态变化到新平衡状态的过程中,整个系统的吉布斯自由焓的增加量为 $\Delta G = G_2 - G_1$。

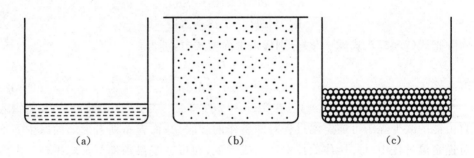

(a)   (b)   (c)

图 2-19 平面水蒸发并凝结为水珠的过程

由于将饱和平面水加热至饱和蒸汽以及饱和蒸汽凝结为水珠的整个过程是等温过程,有 $dT = 0$,所以式(2-32)变为 $dG = V dp$。再考虑到吉布斯自由焓是状态参数,与过程的细节无关,因此可以从两个具体过程来推导整个过程的自由焓变化量。

一方面,设想整个过程分为三个阶段:一是等温等压的汽化阶段,系统自由焓不变;二是蒸汽等温压缩到与水珠内部压力 p'_r 达到力平衡阶段,即蒸汽从 $p_s(T)$ 增加到 p'',这个阶段中系统的自由焓发生变化;三是蒸汽的等温等压凝结阶段,系统自由焓不变。因而整个过程中的系统吉布斯自由焓变化为

$$\Delta G = G_2 - G_1 = \int_{p_s}^{p''} V dp \tag{2-33}$$

假设蒸汽为理想气体,将理想气体状态方程 $V = RT/p$ 代入式(2-33)中,得到

$$\Delta G = RT \int_{p_s}^{p''} \frac{dp}{p} = RT \ln \frac{p''}{p_s} \tag{2-34}$$

另一方面,设想系统是从平面水平衡状态直接变化到由众多半径相同水珠组成的新平衡状态,并且认为平面水和水珠的密度相同为 ρ_f。则全部水珠的体积之和就等于原来整体平面水的体积,所以初始平衡状态和新平衡状态的 V 并没有改变(由于考虑的是 1 kg 质量的液相水,所以 V 实际就是水的比容,有 $V = v = 1/\rho_f$),因而系统的吉布斯自由焓变化又可根据式(2-33)写为

$$\Delta G = V \int_{p_s}^{p'_r} \mathrm{d}p = V(p'_r - p_s) \tag{2-35}$$

对每一颗半径为 r 的水珠来说,根据力平衡方程,有 $\Delta p = p'_r - p''$,有

$$p'_r - p_s = (p'_r - p'') + (p'' - p_s) = \Delta p + (p'' - p_s) = 2\sigma/r + (p'' - p_s)$$

如果将具体数值代入上式中,可以看到 $(p'' - p_s)$ 与 $\dfrac{2\sigma}{r}$ 相比是很小的数值,完全可以忽略。所以式(2-35)变为

$$\Delta G = V\left[\frac{2\sigma}{r} + (p'' - p_s)\right] \approx \frac{2\sigma}{r\rho_f} \tag{2-36}$$

由式(2-34)和式(2-36)可得

$$\ln \frac{p''}{p_s(T)} = \frac{2\sigma}{r\rho_f RT} \tag{2-37}$$

当将式(2-37)应用于蒸汽凝结成水珠的过程时,就叫做开尔文公式。

2.2.4 化学势与开尔文公式

相应于物系中可能发生的热传递、功传递、相变和化学反应四种过程,就有热平衡、力平衡、相平衡及化学平衡的四种平衡条件。温度是促使热传递的势,压力是促使功传递的势。由于相变和化学反应都是物质质量的转移过程,相变是物质从一个相转移到另一个相,化学反应是从反应物转移到生成物,所以相平衡条件和化学平衡条件都涉及促使质量转移的势——化学势(热力势)。化学势是一个强度量,相平衡的条件是各组元各相的化学势分别相等。

对于质量不变的单元系,化学势在数值上与吉布斯自由焓相等,可以将 $\mu = \dfrac{G}{N}$ 看作是化学势 μ 的定义。但在一般情况下,化学势 μ 的定义为

$$\mu = \left(\frac{\partial G}{\partial N}\right)_{T,p} = G(T, p) \tag{2-38}$$

式中:N 是系统成分的摩尔数;G 是摩尔吉布斯自由焓;下标 T 和 p 表示等温等压过程。

化学势是促使一种热力学过程朝着整个系统趋向平衡态进行的力,如等压等温条件下的封闭系统的自发过程是朝吉布斯自由焓减小的方向进行,系统平衡态

的吉布斯自由焓最小,稳定性最大。

在不可逆相变过程中,物质质量总是从化学势较高的相向化学势较低的相转移。在适合于过热蒸汽存在的参数条件下,过热蒸汽分子的化学势小于液态水分子的化学势,即

$$\mu_g(T,p) < \mu_f(T,p) \tag{2-39}$$

所以水分子(不管是整体平面水还是曲面的水珠)都倾向于自发地蒸发成为蒸汽分子。

在饱和平衡状态下,蒸汽分子的化学势与液态水分子的化学势虽然相等,但由于表面张力的存在,两相化学势分别是各自压力的函数,即

$$\mu_g(T,p_g) = \mu_f(T,p_f) \tag{2-40a}$$

如果汽、液界面为平界面,有 $p_g = p_f = p$,式(2-40a)可写为

$$\mu_g(T,p) = \mu_f(T,p) \tag{2-40b}$$

于是水分子就不断地蒸发成为蒸汽分子,同时又有数目相等的蒸汽分子凝结成为水分子,蒸发和凝结两种相反的相变过程达到动态平衡。

在适合于过饱和状态存在的参数条件下,蒸汽分子的化学势大于液态水分子的化学势,即

$$\mu_g(T,p) > \mu_f(T,p) \tag{2-41}$$

与此相应,就出现蒸汽分子不断地凝结成水珠的过程。

假定在过饱和状态下,每一个蒸汽分子的能量为 f,则 N 个蒸汽分子的总能量为 Nf。当过饱和蒸汽中的 N 个蒸汽分子凝结成一个 N 分子液珠后,液珠的亥姆霍兹自由能就等于 N 个蒸汽分子能量加上半径为 r 的液珠的表面张力能量,为

$$F = Nf + 4\pi r^2 \sigma \tag{2-42}$$

为了推导出液珠的化学势表达式,近似假设:(1)不考虑一个个分子的离散性,认为液珠的变化是连续的,因而可以进行微分;(2)不考虑少数分子形成的液珠核心(相应的表面张力也很小)可能的形状,认为小液珠是完全的球形体;(3)认为少数分子积聚形成的液珠的总体积等于单个分子体积之和(即单个分子体积的整数倍);(4)认为蒸汽是理想气体,可用理想气体的热力学关系式来描述。

如果每一个液体分子的体积用 V_f 表示,则液珠的总体积 $V \approx NV_f$。由于曲界面相平衡时液珠内部的压力 p_r' 大于外部的气相压力 p'',所以这个液珠的吉布斯自由焓 $G = F + p_r'V$ 就表示为

$$G = Nf + 4\pi r^2 \sigma + p_r'NV_f \tag{2-43}$$

根据式(2-38),这颗液珠的化学势为

$$\mu_f = \left(\frac{\partial G}{\partial N}\right)_{T,p} = f + 4\pi\sigma\frac{\partial r^2}{\partial N} + p_r'V_f \tag{2-44}$$

因为 $NV_f \approx \dfrac{4}{3}\pi r^3$ ，所以 $r = \left(\dfrac{3NV_f}{4\pi}\right)^{\frac{1}{3}}$ ，$r^2 = \left(\dfrac{3NV_f}{4\pi}\right)^{\frac{2}{3}}$ 。于是有

$$\frac{\partial r^2}{\partial N} = \frac{\partial}{\partial N}\left(\frac{3NV_f}{4\pi}\right)^{\frac{2}{3}} = \frac{2}{3}\left(\frac{3V_f}{4\pi}\right)\left(\frac{3NV_f}{4\pi}\right)^{-\frac{1}{3}} = \frac{2}{3}\cdot\frac{r^3}{N}\Big/r = \frac{2r^2}{3N} = \frac{2r^2}{3}\cdot\frac{3V_f}{4\pi r^3} = \frac{V_f}{2\pi r}$$

$$(2-45)$$

把式(2-45)代入式(2-44)中,有

$$\mu_f = f + p'_r V_f + \frac{2\sigma V_f}{r} \tag{2-46}$$

根据热力学理论,理想气体的化学势表达式为

$$\mu_g = kT\ln p + B(T) \tag{2-47}$$

式中: k 是玻尔兹曼常数, $k = 1.38\times10^{-23}$ J/K; p 是气体压力; T 是气体温度; $B(T)$ 代表一个纯粹的温度函数。

当过饱和的蒸汽凝结为液相的水珠时,不平衡的过饱和状态就恢复到热力学上的平衡湿蒸汽状态。此时的气相与液相处于平衡状态。根据相平衡条件,除了需要满足热平衡(液相和气相的温度相同)和力平衡外,还要满足化学势相等条件,即有 $\mu_g(T, p_g) = \mu_f(T, p_f)$ 。

对于半径为 r 的液珠,液体内部的压力为 p'_r ,气相压力为 p'' ,相平衡表达式为

$$f + p'_r V_f + \frac{2V_f\sigma}{r} = kT\ln p'' + B(T) \tag{2-48}$$

对于半径 $r = \infty$ 的平面水,液体内部压力与外部气相压力相等,即 $p'_r = p'' = p_s(T)$,且 $\dfrac{2\sigma V_f}{r} = 0$,所以相平衡表达式为

$$f + p_s(T)\ V_f = kT\ln p_s(T) + B(T) \tag{2-49}$$

联立式(2-48)和式(2-49)可得

$$kT\ln\frac{p''}{p_s(T)} = V_f\left[\frac{2\sigma}{r} + (p'_r - p_s)\right] \tag{2-50}$$

同样在式(2-50)中, $p'_r - p_s(T)$ 与 $\dfrac{2\sigma}{r}$ 相比是很小的数值,完全可以忽略。于是就得到

$$\ln\frac{p''}{p_s(T)} = \frac{2\sigma V_f}{kTr} \tag{2-51}$$

式中: V_f 是一个液体分子的体积,如果用 N_A 表示阿伏伽德罗(Avogadro)常数,即 6.02×10^{23}/mol, $N_A\cdot V_f = M/\rho_f$ (其中的 M 是摩尔分子量, ρ_f 为液体密度)。由热力学可知玻尔兹曼常数 k 与广义气体常数 R' 及阿伏伽德罗常数 N_A 之间的关系为

$$k = \frac{R'}{N_A} \tag{2-52}$$

气体常数又可以用广义气体常数 R' 和摩尔分子量 M 来表示,为

$$R = \frac{R'}{M} \tag{2-53}$$

将式(2-52)和式(2-53)代入式(2-51)中,得到

$$\ln \frac{p''}{p_s(T)} = \frac{2\sigma}{r\rho_f RT} \tag{2-54}$$

2.2.5　开尔文公式的数量级

公式(2-25)、(2-26)、(2-37)和(2-54)是通过不同途径推导出的开尔文公式,其中的压力比值 p''/p_s 或 p_s/p_0 叫作蒸汽的过饱和度,它反映了过饱和度与液珠半径之间的关系。为了方便了解具体的数量概念,下面定量分析一下开尔文公式。

对于给定的某一温度下的某种物质来说,开尔文公式中等号右边的分数除了 r 之外大体上是个常数,即 $2\sigma/\rho_f RT \approx$ 常数,其中的 ρ_f 表示某种液体的密度。

图2-20表示纯水在 $0.001 \sim 10$ MPa 压力变化范围内的 $2\sigma/\rho_f RT$ 的变化曲线。可以看出,随着压力的升高,$2\sigma/\rho_f RT$ 虽然逐渐有所下降,但下降的幅度很小,仅从 0.001 MPa 下的 1.2×10^{-9} m 降到 10 MPa 下的 0.25×10^{-9} m。在 0.1 MPa 以下的低压汽轮机中,近似可以取 $2\sigma/\rho_f RT \approx 1.0 \times 10^{-9}$ m;在一般高压湿蒸汽汽轮机中,近似取 $2\sigma/\rho_f RT \approx 1.0 \times 10^{-10}$ m 来进行估算就行了。

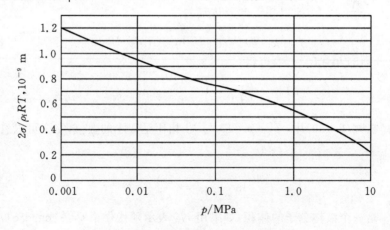

图2-20　$2\sigma/\rho_f RT$ 随压力的变化曲线

2.3　水蒸气-水珠混合物的热力学

液相物质只有两种存在形式,即整体液态和滴状液态。大量液体都是以整体形式存在,少量液体则是以滴状形式存在。但在蒸汽轮机内的湿蒸汽中,液相的绝大部分是弥散在汽流中的水珠或水滴,小部分则是以水膜状或溪流状形态存在于固体表面上的。本节讨论的湿蒸汽虽然是由数量众多的水珠所组成的,但在研究水珠的物理现象(聚合现象除外)时,可以考虑采用无限蒸汽环境中的一个水珠的方法。这一简化在汽轮机低压区域是合理的。

2.3.1　水珠的临界尺寸

在第 1 章的 1.4 节中已经讨论过,由于表面张力的作用,相同温度下的凸形(曲界面)液体表面的蒸汽压力大于平表面的压力。对于温度为 T_r,半径为 r 的水珠,其表面的蒸汽压力可用 Kelvin-Helmholtz 公式(1 - 15)求得

$$p''_r = p_s(T_r) \exp\left(\frac{2\sigma}{r\rho_f RT_r}\right)$$

其中的 σ 是表面张力(见 1.3 节和 1.4 节内容)。

如果水珠处于过饱和蒸汽的包围环境中,且汽相压力 $p = p''_r$,温度 $T_g = T_r$,则水珠处在动态平衡状态。将上式可以改写为

$$r_{cr} = \frac{2\sigma/\rho_f RT_g}{\ln\dfrac{p}{p_s}} = \frac{2\sigma/\rho_f RT_g}{\ln S} = \frac{T_s}{4746}\frac{2\sigma/\rho_f RT_g}{\Delta T/T_g} \qquad (2-55)$$

式中:p 是过饱和蒸汽的压力;T_g 是过饱和蒸汽的温度;$T_s(p)$ 是与压力 p 相对应的饱和蒸汽温度;$p_s(T_g)$ 是过饱和蒸汽温度对应的饱和压力,$S = p''/p_s$ 是蒸汽过饱和度。符号 r_{cr} 表示相平衡时的水珠半径,称为"临界水珠半径"。公式(2 - 55)中的最后一个等式是以式(2 - 16)为根据得到的。

从式(2-55)可以看出,当过饱和度 S 达到某一数值时,蒸汽分子就凝结成为包含一定数目水分子且具有一定半径的球形水珠(即临界水珠);平衡时蒸汽的过饱和度 S 越大,临界水珠的半径 r_{cr} 越小。这时水珠与蒸汽处于动态的相平衡,即水珠的蒸发速度等于蒸汽的凝结速度。但这种动态平衡是不稳定的,原因是除了上述的热平衡条件、力平衡条件之外,还需要 $\mu_g(T,p_g) = \mu_f(T,p_f)$,即满足相平衡条件。由此可以得出如下结论。

第一,若在过饱和蒸汽中有半径 $r = r_{cr}$ 的水珠,且 $p = p''_r$,$T_g = T_r$,此时相平衡条件($\mu_g = \mu_f$)也满足,则水珠处于动态平衡状态中。

第二,若在过饱和蒸汽中有半径 $r > r_{cr}$ 的水珠,则 $p > p''_r$,此时 $\mu_g > \mu_f$,蒸汽

质量向液相转移,满足水珠增大的条件,因而水珠的增大是可能的,凝结可以进行。

第三,若在过饱和蒸汽中有半径 $r < r_{cr}$ 的水珠,则 $p < p_r''$,此时 $\mu_g < \mu_f$,液相质量向汽相转移,水珠将要蒸发。

显然,过饱和蒸汽要凝结,必须在蒸汽中存在半径 $r > r_{cr}$ 的水珠。半径 $r > r_{cr}$ 的水珠称为凝结核。没有凝结核的过饱和蒸汽能够存在很久而不凝结,这种状态就是亚稳定状态。不含杂质微粒的极洁净的水蒸气,凝结难以发生,处于亚稳定状态的过饱和蒸汽状态可以长时间存在。

从式(2-55)还可以看出,当水珠表面压力 $p = p_s$ 时,过饱和度 $S = 1$,虽然 $2\sigma/\rho_f RT$ 的绝对值很小,但临界水珠半径 r_{cr} 还是为无穷大,这对平界面来说是必然的结论。在较大的过饱和度下($S \geqslant 2$),纯净蒸汽凝结形成的临界水珠的半径 r_{cr} 总是很小的,数量级大约在 $10^{-10} \sim 10^{-9}$ m($0.0001 \sim 0.001$ μm)范围内。这种极小的水珠几乎是完全的球体,而且它的刚度差不多像不可变形的刚体一样。表 2-3 中的数据表明,这样大的临界水珠仅包含百十来个分子。

如果说这种小水珠状凝结核心的力学性能十分稳定的话,但它们在热力学上却是极不稳定的,因为它们都是临界尺寸的,周围任何蒸汽参数的波动都会引起凝结核或者吸引更多的蒸汽分子凝结下来从而使它们本身长大,或者因为一、两个液体分子的重新蒸发而使质量减小,以致最后完全蒸发掉。

在假设蒸汽为理想气体条件下,根据式(2-55)可以计算出临界水珠半径 r_{cr} 与过冷度 ΔT 和压力的关系曲线(见图2-21)。

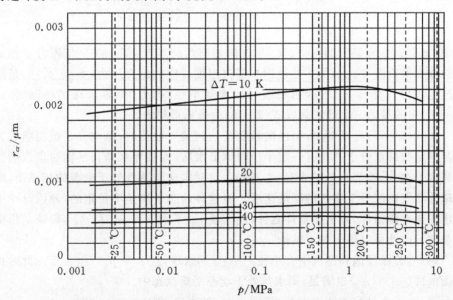

图2-21 临界水珠半径 r_{cr} 与过冷度 ΔT 和压力的关系曲线

对一个半径为 r 的水滴,可以证明其表面温度将保持为

$$T_r = T_s(p) - \Delta T \frac{r_{cr}}{r} \qquad (2-56)$$

从式(2 - 56)可以看出,对平表面($r \to \infty$),可以求得其表面温度 $T_r = T_s(p)$,即处于平界面相平衡状态;对临界尺寸水珠($r = r_{cr}$),则 $T_r = T_g$,处于曲界面相平衡状态;对超临界水珠($r > r_{cr}$),有 $T_r > T_g$;对亚临界水珠($r < r_{cr}$),表面温度 $T_r < T_g$ 时,水珠趋向于蒸发。

2.3.2　气相中的分子团

两个氢原子和一个氧原子相结合构成一个水分子,这是水的三个不同相的共同构成形式。在水蒸气形态下的水分子基本上都是独立的单个分子,叫作单分子体($i = 1$)。气体中单分子体的数目极其庞大(如标准状态下的气体,在 $1\ cm^3$ 的体积中大约有 2.69×10^{19} 个气体分子),分子之间的距离远大于自身的大小,而且永远处于连续的不规则随机运动中(见图 2 - 22)。根据分子动力学理论,平衡状态下的分子运动速度按麦克斯韦(Maxwell)规律分布。这些大量随机运动中的单个分子总会不断发生碰撞,在许多次碰撞中,某些偶然情况下低速分子将相遇,分子间的内聚力将它们粘在一起,变成一个双分子体,也即 $i = 2$ 的分子团,当然也会出现三分子团、四分子团等等。图 2 - 23 是分子团生成与消失的过程示意图。

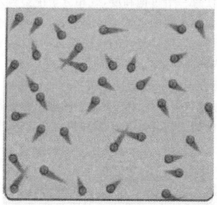

图 2 - 22　气体分子的随机运动

根据前面的论述,当洁净蒸汽膨胀达到较大的过饱和度时,才有可能通过蒸汽分子的随机运动出现一定数目的分子碰撞在一起从而形成开尔文公式所要求的、与过饱和度 S 相对应的临界半径的水珠。从表 2 - 3 中的数据可知,当过饱和度 $S = 4$ 时,形成的临界水珠半径约为 $0.001\ \mu m$,包含约 142 个液体分子。这就出现了疑问:正好 142 个分子在某个瞬间碰撞在一起从而形成与 $S = 4$ 相对应的临

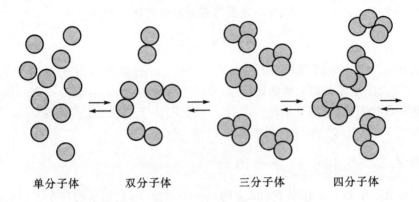

单分子体　　　双分子体　　　三分子体　　　四分子体

图 2-23　分子团的生成与消失过程示意图

界水珠的概率究竟有多大？应该说出现这种情况的几率是极小的，但实际上又确
实有大量的临界水珠产生，因为按照成核率公式计算得到的凝结液体流量与实验
数据还比较符合。显然，在一定的过饱和度下，大量的临界半径水珠在一瞬间同时
自发地产生出来的物理模型是很不合理的。

　　比较符合实际情况且理论上也有根据的物理模型是分子聚团(molecule clus-
ters)模型。分子聚团模型是建立在统计热力学的概率(或然率)理论基础上的，它
的基本观点是：相应于任意一个过饱和度，气相分子中会自发形成含有各种分子数
目的聚团(也就是各种大小不同的水珠)。不同尺寸的水珠数目并不相同，一般地
说尺寸越小的水珠数目越多，尺寸越大的水珠数目则越少。随着水珠尺寸的增大，
水珠的数目是按指数规律减小的。

　　过饱和蒸汽的气态分子由于密度波动而相互碰撞构成不同的多分子体，本质
上就是一种几率性的过程。根据统计热力学中的玻尔兹曼定律，在一个容积不变、
能量不变的系统中，它的熵 S 应该正比于某种热力学状态出现的概率 Ω 的自然对
数，即

$$S = k\ln\Omega \tag{2-57}$$

式中：k 是玻尔兹曼常数。这个等式实际上正是熵的数学定义公式，Ω 可以代表在
一个包含许多质点的宏观系统中，某种微观状态的热力学概率(也就是造成一种微
观状态的各种可能参数组合的数目)。一般来说，一种热力学状态出现的概率与另
一种热力学状态出现的概率并不相同。由式(2-57)可知，一个系统的某种热力学
状态的概率小，则此系统的熵就小，反之亦然。所谓平衡状态就是这个系统的熵达
到最大值的状态，当然它们的概率也最大。

　　由过饱和状态恢复到饱和湿蒸汽状态的过程就是一个由不平衡状态恢复到平
衡状态的过程，也是一个熵值增大的过程，即由 $S_1 = k\ln\Omega_1$ 增大到 $S_2 = k\ln\Omega_2$ 的过

程,其中 $S_2 > S_1$, $\Omega_2 > \Omega_1$ 。过程中熵的变化为

$$S_1 - S_2 = -(S_2 - S_1) = -\Delta S = k(\ln\Omega_1 - \ln\Omega_2) = k\ln\frac{\Omega_1}{\Omega_2}$$

式中: $-\Delta S$ 是由蒸汽分子形成一个聚团过程中熵的减小。因为 Ω_1 和 Ω_2 都是几率,以平衡状态下的几率 Ω_2 为基准, $\Omega_1/\Omega_2 = \Omega$ 也是一个代表几率的数目。根据熵的定义式(2-57)可以解出几率 Ω 为

$$\Omega = e^{\frac{-(S_2-S_1)}{k}} = e^{-\Delta S/k} \tag{2-58}$$

在过饱和蒸汽恢复到饱和状态的过程中,蒸汽分子的随机运动导致一定数目的分子偶然碰撞在一起而形成一定数量的分子聚团也是一种热力学状态,出现这种状态的几率也应该正比于 $e^{-\Delta S/k}$ 。根据热力学理论可以证明 $\Delta S = \Delta G/T$,故 $e^{-\Delta S/k}$ 可改写为 $e^{-\Delta G/kT}$ 。

这样,在单位质量气体内, i 分子体的平衡态数目就可以确定为

$$N_{i,\mathrm{eq}} = N_\mathrm{m}\exp\left(-\frac{\Delta G_i}{kT}\right) \tag{2-59}$$

式(2-59)就是玻尔兹曼分布定律。其中的 $N_{i,\mathrm{eq}}$ 是 i 分子体的平衡态数目; N_m 是单位质量过饱和蒸汽的分子总数, $k = 1.38 \times 10^{-23}$ J/K 是玻尔兹曼常数, T 是气相温度, ΔG_i 是 i 个蒸汽分子变成一个 i 分子体时吉布斯自由焓的变化。ΔG_i 的大小以及随 i 的变化与蒸汽的过饱和度 S 有相当密切的关系。因此,分子团的平衡态分布将随过饱和度 S 而迅速改变。

图 2-24 是在 $T = 273$ K、过饱和度为 $S = 4$ 下, $\Delta G_i/kT$ 的变化和 i 分子群的平衡态分布曲线(统计规律),为了进一步说明问题,图中也给出了饱和状态($S = 1$)时的 i 分子群的平衡态分布曲线。可以看到,在饱和蒸汽($S = 1$)中多分子体是非常稀少的,三分子体或四分子体还不能构成球形液珠,这说明饱和蒸汽还没有任何凝结现象出现。但当过饱和度 $S = 4$ 时,即使是相当大的分子团也变得有一定程度的可能性。分布曲线的最小值($i = i_{\mathrm{cr}}$)和临界水珠尺寸相重合。分布曲线是在平衡状态条件下绘出的,实际上永远不会真正实现。实际中相对较大的分子团($i > i_{\mathrm{cr}}$)要比平衡态下的数目少得多。

当初态的饱和蒸汽变为过饱和状态时,分子群的加速形成和增长就开始了。有些分子群偶然地增长到超过了亚稳定临界尺寸而成为稳定的尺寸,这种过程称为"成核过程"(自发的水珠形成过程)。

对上述的分子聚团模型还需要说明几点。第一,十三分子体($i = 13$)以下的多分子体还不能认为已经构成了球形液珠,只能把它们看成是粘合在一起的蒸汽分子聚团,当然这些分子聚团就是将来形成凝结水珠的基础。只有当聚团中的分子数目超过所需的最小值,聚团才以水珠的形式出现。虽然水珠和蒸汽聚团之间

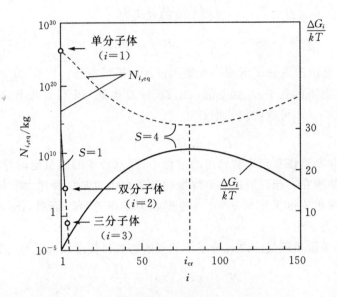

图 2-24　分子群的稳定态密集度与群的尺寸关系

有这种区别,但图 2-24 的分布曲线还是适用的,它既代表产生分子数目较少的蒸汽聚团的统计规律,又代表产生分子数目较多的水珠的统计规律。第二,即使很小半径的水珠也包含一百多个液体分子,这样多的蒸汽分子同时碰撞在一起形成液珠的概率是极小的。可以认为这种成核机制由两步构成,即先由少数蒸汽分子形成液体细胞核,然后细胞核又与细胞核合并生长而成为液珠。第三,根据图 2-24 可知,包含分子数目越少的蒸汽聚团产生的概率越大,但这些很小的聚团几乎都是不能生长的,因为在一定的过饱和度下,它们中的绝大多数都没有达到相应的临界半径尺寸。按照成核模型,即使在 $S=1$ 的饱和蒸汽中,也不断产生双分子体、三分子体等。但是,一方面在 $S=1$ 条件下产生这些多分子体的概率比过饱和度较大时的小得多;另一方面,所需的液珠临界半径又趋于无限大。所以在 $S=1$ 时,如果没有外来核心或凝结表面的存在,就没有产生液珠的可能性。

2.4　湿蒸汽的传热传质

蒸汽的凝结过程就是一个相变过程,过程中必然存在传热与传质的问题。传热机制是水珠的热量向周围蒸汽分子转移的过程,水珠表面只有不断地将热量转移到周围的蒸汽分子中,才能保持水珠表面温度不会比蒸汽温度高出很多,以便捕获更多的蒸汽分子而使水珠长大。传质机制是蒸汽的分子变成水珠液态分子的过程,当蒸汽的分子碰撞到水珠的表面时,如果不反弹回去就必然被水珠捕获而变成水珠的一部分,并使水珠的质量、半径和体积都有所增加,表现为蒸汽的质量向水珠的质量传递的现象。

在凝结过程的初始阶段,过冷的蒸汽分子在饱和的水珠表面上凝结还有可能在较大温差下进行;当过冷度完全消失,热力学平衡状态完全恢复后,水珠的继续生长就在蒸汽分子温度与水珠表面温度十分接近或相等的条件下进行。

2.4.1 凝结过程中的两种传质模型

按照气体动力学理论,蒸汽分子的运动是随机的,蒸汽分子对水珠表面的轰击频率必然与饱和蒸汽分子的平均自由程和水珠的直径有关。分子平均自由程 $\bar{l}$ 和水珠直径 $2r$ 两个参数的变化范围非常大,如在蒸汽轮机中,$\bar{l}$ 的变化可以达到几百倍到几千倍,$2r$ 的变化可以达到更大的倍数,这就牵涉到传热传质的模型问题。

传热学中通常把载热介质看成连续体,但在研究很小水珠的传热传质时,因为蒸汽的分子结构已经觉察到,所以不能简单地作这样的简化假设。相对于水珠来说,蒸汽的行为究竟是像连续体,还是像另一极端上自由分子的气体,就取决于无因次 Knudsen 的数值。Kn 的定义为

$$Kn = \frac{蒸汽分子的平均自由程}{水珠直径} = \frac{\bar{l}}{2r} \tag{2-60}$$

式中:$\bar{l} = \bar{l}''$ 是饱和蒸汽的分子平均自由程,由公式(2-9)和图 2-7 给出。

由式(2-60)可知,Kn 值越小,水珠直径相对于周围蒸汽分子的分布情况而言就越大(见图 2-25(a));反之 Kn 值越大,水珠直径相对就越小(见图 2-25(b))。水珠的相对大小就代表了两种不同的蒸汽分子凝结模型。

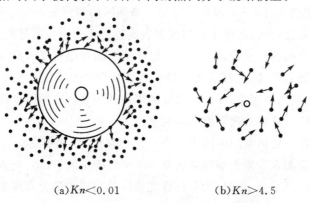

(a)$Kn < 0.01$ (b)$Kn > 4.5$

图 2-25 大小水珠在过饱和蒸汽中的情况

连续体模型。在 $Kn < 0.01$ 时(见图 2-25(a)),蒸汽分子的平均自由程相对于水珠直径是很小的,大量蒸汽分子连续撞击在直径相对很大的水珠表面并凝结下来(传质过程);水珠接受蒸汽分子的汽化潜热,使得水珠表面的温度总是高于周围蒸汽的温度,并通过水珠表面向周围温度较低的蒸汽分子传热(传热过程)。在这种情况下,可以将传热传质看作是一种连续的过程。

自由分子流模型。当 $Kn > 4.5$ 时(见图 2-25(b)),蒸汽分子平均自由程相对于水珠直径是很大的,蒸汽分子只能间断的撞击在相对直径很小的水珠表面并凝结下来(传质过程)。当然也通过水珠表面向周围温度较低的蒸汽分子传热(传热过程)。这时无论是传质过程,还是传热过程都是不连续的。

在介于连续流和自由分子流之间有一广阔的 Kn 过渡区($0.01 < Kn < 4.5$)。汽轮机中研究的大多数雾珠都处于过渡区范围,特别是在低压汽轮机中。

2.4.2　水珠内部温度与闪蒸

在 2.3 节中,公式(2-56)给出了水珠表面温度的近似表达式,为

$$T_r = T_s(p) - \Delta T \frac{r_{cr}}{r}$$

这个公式反映了过饱和蒸汽的一个基本特性,即临界尺寸水珠形成时,水珠表面温度低于饱和蒸汽温度 $T_s(p)$。在膨胀湿蒸汽流动中,周围蒸汽的温度总是低于水珠表面的温度,而水珠中心的温度更高。水珠内部的温度取决于水珠表面温度与周围蒸汽温度的变动情况以及水珠的大小。如果水珠周围的蒸汽条件变化比较缓慢,则小水珠($r < 1\ \mu\text{m}$)内部的温度变化与周围条件的变化基本相适应而没有延迟;但较大水滴的内部温度变化则会落后于表面温度的变化。当周围的蒸汽条件发生剧烈变化时,水珠内部的温度变化较大,水珠中心温度和表面温度才会出现明显的温差。

如果湿蒸汽的膨胀较快,则压力 p 与对应的饱和温度 $T_s(p)$ 下降剧烈,水珠表面的温度也随之降低,但较大水珠的内部温度仍旧较高,而水珠内部压力已降低,就会出现气穴沸腾现象,并引起水珠的爆炸及碎裂。这种因水珠中心温度太高而引起水珠爆炸及碎裂的现象就叫作闪蒸。

如果汽流在一定的时间内压力下降一定的幅度,则能够适应这种压力降低而不发生闪蒸现象的水珠最大半径应该是一个可以确定的数值。当蒸汽压力在时间间隔 Δt 内从 p_1 降低到 p_2 时,为了估算能够逃避闪蒸的最大水珠半径 $r_{闪}$,在推导过程中假设:①水珠表面的温度降低与时间成线性关系;②水珠表面的初始温度是饱和温度 $T_s(p_1)$;③闪蒸是在水滴中心有 5 K 以上的过热度时发生的(由于闪蒸所需的过热度目前尚未确知,推导出的公式只能用于粗略地估计稳定水滴的尺

寸）。推导出能够逃避闪蒸的最大水珠半径 $r_闪$ 的估算公式为

$$r_闪 = \sqrt{\left(\frac{\lambda_f}{\rho_f c_p}\right)\frac{\Delta t}{G_B}} \qquad (2-61)$$

式中：λ_f、ρ_f 和 c_p 分别是水的导热系数、密度和定压比热容，$\lambda_f/\rho_f c_p \approx 1.6 \times 10^{-7}~m^2/s$；而 G_B 是根据参数 $g_B = \dfrac{0.25}{\ln(p_1/p_2)}$ 查图 2-26 得到。如果 $g_B > 1$，p_1 到 p_2 的压力降就足以引起闪蒸。

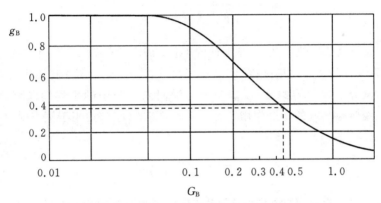

图 2-26　表征水珠闪蒸特性的 g_B 函数

例如：对于蒸汽压力在 $\Delta t = 5~ms$ 内降低一半的膨胀（即 $p_1/p_2 = 2$），有 $g_B = 0.25/\ln 2 = 0.36$，从图 2-26 可查到 $G_B = 0.45$，利用估算公式 (2-61) 得到

$$r_闪 = \sqrt{1.6 \times 10^{-7} \times 5 \times 10^{-3}/0.45} = 4.2 \times 10^{-5} = 42~\mu m$$

由此可见，在这样的膨胀中闪蒸仅限于相当大（大于 42 μm）的水珠。

2.4.3　蒸汽和水珠之间的传热系数

湿蒸汽中水珠的传热系数与水珠大小、水珠和蒸汽的相对速度大小有关。小水珠由于质量和惯性小，受高速蒸汽流的作用加速很快，因此小水珠与汽流的相对速度（滑移速度）很小。

水珠和蒸汽的相对速度 w_r 是指蒸汽运动速度与液相水珠运动速度的差值。这里的水珠雷诺数 Re_r 和马赫数 M_r 则是以水珠和蒸汽之间的相对速度来定义的，为

$$Re_r = \frac{w_r r \rho_g}{\mu_g} \qquad (2-62)$$

$$M_r = \frac{w_r}{a_g} \qquad (2-63)$$

如在 0.1 MPa 下，当水珠半径为 $r = 0.1\ \mu\text{m}$，相对速度为 $w_r = 200\ \text{m/s}$ 时，水珠雷诺数 $Re_r \approx 1$。

如果流场内没有出现不连续（冲击波）的话，汽轮机中只有在低的水珠雷诺数和马赫数下才会出现高的 Kn 数（即自由分子流）。对于相对速度 w_r 很小的情况，水珠雷诺数和马赫数是很小的（$Re_r \leqslant 1, M_r \leqslant 0.1$），球形水珠的传热系数 α_r 可以用公式表达，为

$$\alpha_r = \frac{\lambda_g}{r}\, \frac{1}{1 + \dfrac{2}{1.5}\dfrac{\sqrt{8\pi}}{Pr_g}\dfrac{\kappa}{\kappa + 1}\dfrac{Kn}{\alpha_{\text{th}}}} \qquad (2-64)$$

式中：λ_g 为蒸汽的导热系数；r 是水珠的半径；Pr_g 是公式（2-8）所定义的蒸汽普朗特数；$\kappa = c_{pg}/c_{vg}$ 是比热比；系数 $\alpha_{\text{th}} = (T_g^* - T_g)/(T_r - T_g)$ 是描述从水珠表面弹回的蒸汽分子的热容纳度（T_g^* 表示与弹回来的分子的平均动能相联系的温度），对于液体与蒸汽的相互作用，$\alpha_{\text{th}} \approx 1$。当将式（2-64）用于蒸汽时，取 $Pr_g = 1.2, \kappa = 1.3, \alpha_{\text{th}} = 1$，得到

$$\alpha_r = \frac{\lambda_g}{r + 1.59\bar{l}} \qquad (2-65)$$

根据传热方程，单位时间内一个水珠传给周围蒸汽的热量 $\dot{Q}$ 为

$$\dot{Q} = 4\pi r^2 \alpha_r (T_r - T_g) \qquad (2-66)$$

式中：水珠的表面温度 T_r 由公式（2-56）给出。

对于较大的水珠，水珠和蒸汽之间的相对速度不能忽略，汽流可以作为连续流看待。对于球形水珠，如果 $Re_r Pr_r > 1000$，传热系数 α_r 的理论和实验的两个近似公式可以表示为

$$\alpha_r = 0.357\,\frac{\lambda_g}{r}\,\sqrt{Re_r Pr_g + 7.96} \qquad (2-67)$$

$$\alpha_r = \frac{\lambda_g}{r}(1 + 0.37 Re_r^{0.5} Pr_r^{0.33}) \qquad (2-68)$$

2.4.4　湿蒸汽内的热滞后效应

像湿蒸汽这样的不均匀两相系统，它对其参数的外部变化的反应是由时间常数来表征的。这些时间常数在确定对平衡态的偏离中起着关键作用。某一系统的时间常数决定着不平衡状态的延续时间。如果系统的时间常数相对于所加变化的时间比例较小，整个系统就接近于平衡状态；如果系统的时间常数较大，意味着整个系统对外加变化的适应过程就只能缓慢完成，不平衡状态就要延续。

为了表征膨胀过程中湿蒸汽的热力学特性,引入两个特别重要的时间常数。

(1)过饱和水蒸气和水珠(大小均匀)的混合物在等压下消除过冷度(也就是恢复平衡状态)所需的时间,为

$$\Delta t_{\text{rev}} \equiv \frac{\Delta T_{t=0}}{(-\, \text{d}\Delta T/\text{d}t)_{t=0}} \qquad (2-69)$$

(2)消除水珠内部温差所需的时间,为

$$\Delta t_{\text{int}} \equiv \frac{(T_c - T_r)_{t=0}}{[-\, \text{d}(T_c - T_r)/\text{d}t]_{t=0}} \qquad (2-70)$$

式中:T_c 为水珠中心的温度。

在等压过程下,单位时间进入到汽相中的热量为

$$-(1-y)c_p \frac{\text{d}\Delta T}{\text{d}t} = N\dot{Q}$$

式中:N 是水珠的比数目;$\dot{Q}$ 是每一个水珠的传热率。

根据式(2-11)可写为 $N = y/m$ 并代替 N,利用式(2-66)和式(2-69)可以得到

$$\Delta t_{\text{rev}} = (1-y) \frac{c_p \Delta T}{N\dot{Q}} = \frac{(1-y)mc_p \Delta T}{y \cdot 4\pi r^2 \alpha_r (T_r - T_g)}$$

如果只限于考虑远大于临界尺寸的水珠,可使 $T_r = T_s(p)$,有 $T_r - T_g = \Delta T$。再利用公式(2-10)给出的 $m = \frac{4}{3}\pi\rho_f r^3$ 和公式(2-65)确定的 α_r,得到

$$\Delta t_{\text{rev}} = \frac{1-y}{y} \cdot \frac{\rho_f c_p}{3\lambda_g} \cdot r(r + 1.59\bar{l}) \qquad (2-71)$$

式(2-71)中的物性参数组的值可以从图 2-5 中查到。图 2-27 给出了四种不同压力下,湿度 $y = 0.05$ 的蒸汽-水珠混合物的 Δt_{rev} 与水珠半径的关系曲线(四条实线),其中横坐标代表水珠的半径,纵坐标是系统时间系数(采用对数坐标)。

对于消除水珠内部温差所需的时间 Δt_{int},则必须要考虑水珠内部的不稳定导热。从有关微分方程的分析解中得到

$$\Delta t_{\text{int}} \approx \frac{\rho_f c_f}{\lambda_f} r^2 \qquad (2-72)$$

水的物性参数组 $\rho_f c_f/\lambda_f \approx 6.2 \times 10^6 \text{ s/m}^2$。图 2-27 也给出了 Δt_{int} 与水珠半径的关系曲线(点画线)。

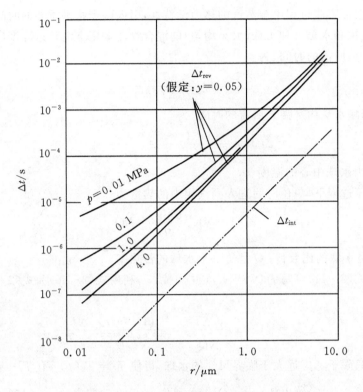

图 2 - 27　热效应的时间常数

2.5　水蒸气-水珠混合物的力学

2.5.1　水珠阻力与终极沉降速度

在湿蒸汽两相流动系统中,汽相的运动速度 c 和液相水珠的运动速度 w 是不同的,两相的速度差值称为相对速度(也称为滑移速度)。高速流动的蒸汽对低速运动的水珠产生一个作用力,称为粘性阻力,大小取决于两相的相对速度 $w_r = c - w$。目前,除相对速度很低以外,粘性阻力的解析式还不可能推导出来,解决的办法是利用阻力系数 C_D 来表示粘性阻力的大小。阻力系数 C_D 是根据相对流动的动压头以及水珠的迎风面积来定义,并通过试验方法来确定的。阻力系数 C_D 的定义式为

$$C_D = \frac{F_D}{\frac{1}{2}\rho_g (c - w)^2 \cdot A} \tag{2-73}$$

式中：F_D 是粘性阻力；ρ_g 是气体的密度；A 是水珠的迎风面积。$\frac{1}{2}\rho_g w_r{}^2$ 是相对流动的动压头。

颗粒（水珠）的雷诺数定义与式（2-62）有所不同，它是采用水珠直径 d 作为特征长度，为

$$Re = \frac{\rho_g d\,|c-w|}{\mu_g} \qquad (2-74)$$

式中：μ_g 是气体的粘性系数；d 是颗粒的直径。与式（2-62）相比，有 $Re = 2Re_r$。

图 2-28 是斯托克斯（Stokes）实验得到的阻力系数 C_D 与一般颗粒雷诺数 Re 之间的关系曲线。当然，不同的学者有各自的实验曲线和阻力系数的经验关联式。

阻力系数的一般表达式为

$$C_D = \frac{24}{Re}f(Re)$$

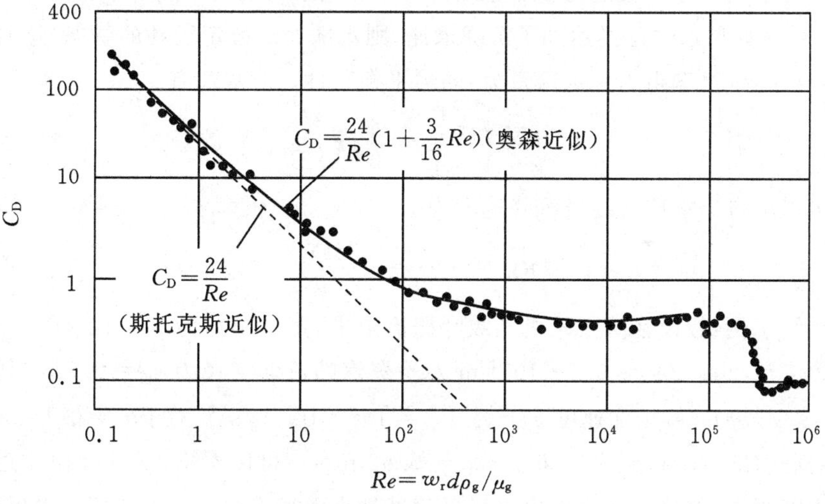

图 2-28　球形颗粒的 Stokes 标准阻力曲线

湿蒸汽中的液相水珠尺寸由于相变的关系可以长大或减小，但当水珠与蒸汽之间没有显著的热不平衡情况存在时，相变过程一般是比较缓慢的，因而在研究水珠运动特性时，可以忽略水珠尺寸的变化。假设湿蒸汽中的水珠为球形，并且水珠与周围蒸汽的相对速度为 $w_r = |c-w|$，根据阻力系数的定义式（2-73），可以得到作用于单个水珠上的阻力为

$$F_D = \pi r^2 C_D \frac{1}{2}\rho_g w_r^2 \qquad (2-75)$$

其中:水珠的阻力系数 C_D 取决于 Knudsen 数(即蒸汽分子平均自由程与水珠直径的比值)。

对于小水珠($Re \leqslant 2$, $M \leqslant 0.1$), C_D 可表示为

$$C_D = \frac{24}{Re} \times \frac{1}{1 + 2.70Kn} = \frac{12\mu_g}{\rho_g w_r (r + 1.35\bar{l})} \qquad (2-76)$$

将小水珠的 C_D 代入阻力表达式(2-75)中,可得

$$F_D = \frac{6\pi r^2 \mu_g w_r}{r + 1.35\bar{l}} \qquad (2-77)$$

对于较高的 Re 数($0 < Re < 10000$)且在连续流条件下, C_D 可用下式表示

$$C_D = 0.292 \left(\frac{12.81}{\sqrt{Re}} + 1 \right)^2 \qquad (2-78)$$

为了进一步了解阻力对水珠运动的重要性(如汽水分离过程中的水滴分离特性等),一个实用方法就是在场加速度为 g 或者离心力场内来确定水珠的终极沉降速度 w_{rt} 。如果水珠已经达到了沉降末速,则水珠处于稳定运动的状态,这时就满足 $F_D = mg$ (水珠阻力=水珠重力)的力平衡条件。对水珠有

$$\frac{6\pi r^2 \mu_g w_{rt}}{r + 1.35\bar{l}} = \frac{4}{3}\pi r^3 \rho_f g$$

可以求得小水珠的终极沉降速度为

$$w_{rt} = \frac{r(r + 1.35\bar{l})}{9\mu_g / 2\rho_f} g \qquad (2-79)$$

计算示例:假设在蒸汽轮机某级叶栅流道中,蒸汽压力为 $p = 10$ kPa(相应的 $\bar{l} \approx 10^{-6}$ m, $9\mu_g / 2\rho_f \approx 0.5 \times 10^{-7}$ m²/s);蒸汽的流动半径为 $r_{流} = 0.5$ m,切向速度为 $c_u = 300$ m/s,场加速度 $g = c_u^2 / r_{流} = 1.8 \times 10^5$ m/s²。对于 $r = 0.1$ μm 的水珠,根据式(2-79)得到终极速度 $w_{rt} = 0.52$ m/s。可以看出,尽管叶栅流道中的离心力场很强,但这些小水珠由于终极速度极小而很难被离心力从蒸汽中甩出。

2.5.2　聚合

两个或多个固体微粒粘接在一起的过程叫作粘合,固体微粒粘接在其他表面上的过程叫作粘附,而液体微粒或液珠粘接在一起的过程就叫作聚合或聚凝。液珠的聚合可分为热聚合、内力作用下的聚合和外力场作用下的聚合。如果液珠相互趋近的过程以及最后碰在一起,仅是由于 Brownian 热运动所造成的,这种聚合过程就叫作热聚合或扩散聚合。内力作用下的聚合是指液珠受到各种可能内力场

（如液珠与液珠间的相互吸引力，带静电荷液珠之间的吸引力或排斥力，偶极子液珠之间的吸引力或排斥力等）的作用而引起的聚合过程。外力场作用下的聚合则是指液珠受到各种可能外力场（如电磁场、重力场、离心力场、音速场以及流场等）的作用而引起的聚合过程。

湿蒸汽中所包含的水珠数量庞大，并且具有一定的直径分布范围。不同直径水珠的初始位置和运动轨迹也不相同。如果离散的水珠在自由运动中相互趋近并发生接触，则有可能存在以下的几种情况：一是水珠一接触就弹开；二是水珠可以先结合然后振荡，最后分裂开来；三是水珠结合后就保持在一起。至于会发生哪一种情况，除了与水珠碰撞时的偏心度（几何因素）有关外，水珠的大小以及水珠与蒸汽之间的相对速度对结合后会出现什么情况都起着非常重要的作用（见图 2-29）。通常认为：约 1 μm 的水珠在碰撞速度低于 20～30 m/s 时有可能结合在一起；对于更小的水珠，每一次碰撞都产生合并。

两个水滴的碰撞通常是一种巧合，并且服从统计规律。汽轮机湿蒸汽流动中只有一种情况例外：即当一个较大的水滴（直径为 d_t）在含有许多较小水珠（半径为 r）的水蒸气中移动时，大水滴会把某些小水珠从它的运动路径中清除出去。这种过程的效率定义为冲击（或碰撞）效率 E（见图 2-30），为

$$E = \frac{S_i}{\pi d_t^2/4} \qquad (2-80)$$

冲击效率 E 主要和两个无因次参数有关：惯性冲击参数 K 和修正靶雷诺数 Φ。表达式分别为

$$K = \frac{2\rho_f}{9\mu_g} \cdot \frac{r^2 w}{d_t/2}(1 + 2.70Kn) \qquad (2-81)$$

$$\Phi = \frac{9\rho_g}{\rho_f} \cdot \frac{w d_t \rho_g}{\mu_g} \qquad (2-82)$$

式中：w 是大水滴相对小水珠的运动速度；$Kn = \bar{l}/2r$。

图 2-31 是冲击效率 E 与惯性冲击参数 K 和修正靶雷诺数 Φ 的关系曲线。可以看出，当 $K \geqslant 10$ 时，清除过程的效率是很高的。如在低压汽轮机中，大水滴（$d_t \approx 100$ μm）以很高的相对速度（$w \approx 300$ m/s）穿过含有水珠（$r = 0.5$ μm）的薄雾，此时，$9\mu_g/2\rho_f = 0.5 \times 10^{-7}$ m²/s（见图 2-5），$\bar{l} = 5 \times 10^{-7}$ m，$\rho_g/\rho_f = 10^{-4}$（见图 2-7），$\rho_g = 0.1$ kg/m³，$\mu_g = 10^{-5}$ kg/(m·s)，可以得到 $K = 80$，$\Phi = 0.27$。可以看到此时的冲击效率实际上是接近 1 的。

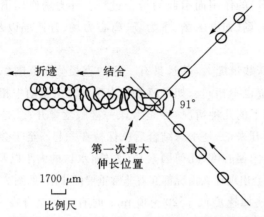

碰撞速度:1.155 m/s 和 1.295 m/s;来自雾化器的水滴直径:1245 μm

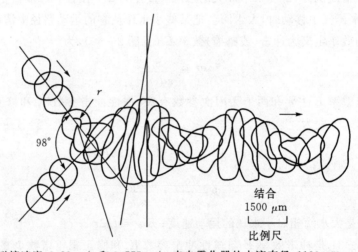

碰撞速度:0.83 m/s 和 0.775 m/s;来自雾化器的水滴直径:1130 μm

图 2-29　水珠碰撞的典型轨迹

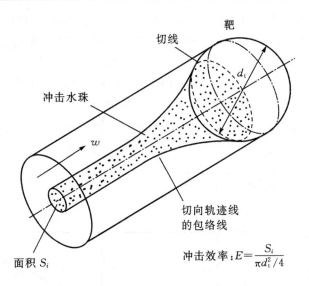

冲击效率：$E = \dfrac{S_i}{\pi d_t^2 / 4}$

图 2-30　大水滴清除小水珠过程的示意图

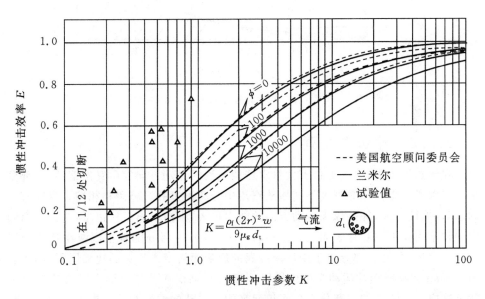

图 2-31　大水滴与小水珠之间的冲击效率

　　汽轮机中水珠冲击过程的重要性取决于汽流中大水珠的数量和运动情况。冲击过程在低蒸汽压力下好像并不重要，但在高压汽流中可能是比较重要的。当汽流通过汽轮机时，对于尺寸相差不大的水珠碰撞问题可以用统计方法来处理。如果水珠很小，热运动（Brownian 运动）是碰撞的主要原因。对于较大的水珠，湍流效应和流速大小及流向的变化可能起主要作用。计算表明:在低压汽轮机中,热聚合很难使水珠的平均直径发生大于百分之几的变化;对于高压汽轮机后疏汽管中的典型条件(压力 $p = 1.0$ MPa,湿度 $y = 0.10$),在假设时间 $t = 0$ 时,所有液相水分都是以半径为 r_0 的水珠形式均匀弥散的条件下,得到的计算结果如图 2-32 所示。可以看到,随着时间的推移,聚合现象促使水珠的平均半径 $\bar{r}$ 有所增大;不同初始半径 r_0 的曲线有一个随时间上升的底包络线。在对汽轮机有意义的时间尺度($10^{-3} \sim 10^{-2}$ s)上,聚合对水珠大小不会带来什么影响。

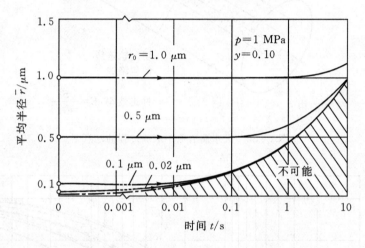

图 2-32　聚合引起的水珠尺寸增长

2.5.3　冲击与反弹

在湿蒸汽流中,如果夹带着大量水珠的蒸汽的流动方向发生突然偏转,一部分水珠将因离心力作用而程度不同地从汽流中分离出来并与障碍物相撞。直径较大的水珠,惯性力大,保持原来运动方向的能力也大,因而脱离汽流也早,这种分离倾向导致水滴撞击在叶片表面上。直径较小的水滴,一部分随着主汽流在叶栅通道中向下游运动,另一部分由于受汽流旋涡的影响而被带入流场的边界层附近,依靠 Brownian 运动或惯性运动穿越边界层而撞击并沉积在叶片表面上。汽轮机叶片就是这样将汽流中的一部分水分收集起来的。水珠的惯性和湍流扩散对这一过程有促进作用。

碰撞的结果不一定发生沉积,水珠或部分水珠可能被弹回去。实验研究表明(见图 2-33):以低于 6 m/s 的法向速度撞击在干金属壁面上的水珠全部附着在上面;在较大的法向速度下仅有约半数的水珠保留在壁面上;如果壁面是湿润的(如湿蒸汽汽轮机中的叶片壁面),所有以斜角方向射向壁面的小水珠会全部被表面液膜所捕获。

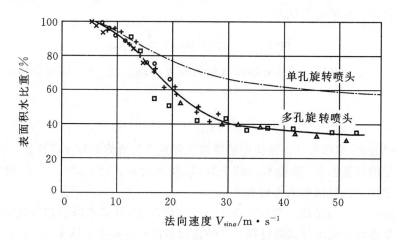

图 2 - 33   水珠击中静止表面的实验数据

2.5.4   沉积

一般来说,气悬浮体中的微粒不可避免地有一种与气体分离的倾向,这种分离倾向的结果是微粒的沉积。微粒沉积是自然界和工程领域中经常遇到的一种现象,如灰尘或沙粒被风夹带并在适当的情况下沉积下来;煤粉在输送管道的某些部分中沉积等。

在汽轮机内的湿蒸汽两相高速流动中,蒸汽中所含的大量水珠或水滴同样也有与汽流分离的倾向。根据水珠或水滴沉积运动的机制,可以分为重力沉积、惯性沉积、截获沉积和扩散沉积。

1. 重力沉积

重力沉积的机制就是重力作用下的微粒沉淀。Stokes 对球形微粒在静止水中的垂直下沉运动进行了研究,推导出了著名的微粒下沉速度方程式。推导过程中假设:微粒距离其他微粒以及容器的壁面都足够远,保证微粒的运动不受影响。

当微粒雷诺数很小时,可以忽略微粒的惯性作用。Stokes 得到了稳定状态下球形微粒在液体中运动的阻力公式为

$$F_D = 6\pi r \mu_f w_r \tag{2-83}$$

式中:F_D 是液体对球形微粒的阻力;r 是球形微粒的半径;μ_f 是液体的粘性系数;w_r 是微粒相对于液体的运动速度。

当球形微粒的下沉运动达到了稳定状态,则沉降速度将稳定在一个终极值 w_{rt}

（类似 2.5.1 节讨论的内容），这时液体对下沉微粒的阻力及浮力之和等于使微粒下沉的重力。力平衡方程为

$$6\pi r\mu_{\mathrm{f}}w_{\mathrm{rt}} + \frac{4}{3}\pi r^3\rho_{\mathrm{f}}g = \frac{4}{3}\pi r^3\rho_{\mathrm{s}}g \qquad (2-84)$$

式中：ρ_{f} 和 ρ_{s} 分别代表液体和固体微粒的密度。由式（2-84）可得微粒的终极沉降速度为

$$w_{\mathrm{rt}} = \frac{2r^2g}{9\mu_{\mathrm{f}}}(\rho_{\mathrm{s}} - \rho_{\mathrm{f}}) \qquad (2-85)$$

可以看出，球形微粒在液体中的终极沉降速度与液体的粘度成反比，与液体及固体微粒的密度差值、微粒半径的平方，以及重力成正比。式（2-85）叫作符合 Stokes 法则的微粒沉降的终极速度。

Stokes 研究的是球形微粒在液体中的沉淀现象，但基本原理和研究结果同样适用于湿蒸汽中的水珠沉降过程。对静止湿蒸汽中的单个水珠来说，式（2-85）可以改写为

$$w_{\mathrm{rt}} = \frac{2r^2g}{9\mu_{\mathrm{f}}}(\rho_{\mathrm{f}} - \rho_{\mathrm{g}})$$

由于蒸汽的密度 ρ_{g} 远小于液相水珠的密度 ρ_{f}，可以忽略。上式可以简化为

$$w_{\mathrm{rt}} = \frac{2r^2\rho_{\mathrm{f}}g}{9\mu_{\mathrm{g}}} \qquad (2-86)$$

式（2-86）就是湿蒸汽中水珠的终极沉降速度表达式。

2. 惯性沉积

对汽轮机内的高速流动湿蒸汽来说，重力作用下的水珠或水滴沉积现象并不是很重要，但惯性引起的水珠或水滴的沉积现象却相当强烈。每当蒸汽在流道中改变运动方向时，弥散在蒸汽中的水珠或水滴由于惯性力的作用，就有一种从蒸汽中分离出来的倾向。如图 2-34 所示，当蒸汽流在弯曲通道中运动时，大小不同的水珠或水滴都不同程度地从蒸汽中分离出来，撞击在通道壁面上并沉积下来。质量越大的水滴，惯性力越大，保持原来运动方向的能力越大，因而脱离汽流也越早。反之，小水珠的惯性力小，保持原来运动方向的能力差，因而脱离汽流也就越晚。图 2-35 是蒸汽绕流障碍物时，理想情况下的水珠或水滴在惯性力作用下的撞击过程。这种通过惯性力的作用而使水珠沉积在障碍物表面的方式称为惯性沉积。

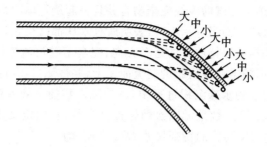

图 2-34 蒸汽通过弯曲通道时的水珠或水滴分离过程

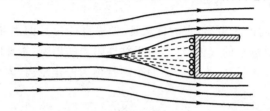

图 2-35 蒸汽绕流障碍物时的水珠或水滴分离过程

为了评价水珠在惯性力作用下的分离特性,可以将水珠从汽流中的分离过程反过来看作是障碍物对水珠的捕集过程。如图 2-36 所示,汽流中障碍物的捕集效率定义为

$$\eta = \frac{捕集面积}{障碍物投影面积}$$

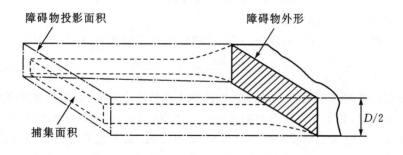

图 2-36 障碍物的捕集效率定义示意图

因为一个特定障碍物的投影面积是一个常数,所以捕集面积越大,对水珠的捕集效率就越大。捕集效率本来是各种水分离装置中使用的一个概念,捕集效率越高,表示水分离装置的去水能力越强,当然也越符合水分离装置的设置目的。但在湿蒸汽汽轮机中,水珠的惯性沉积越多,带来的相关问题也越大,所以有时并不希望水珠沉积多。两个极端情况可以进一步说明惯性沉积问题:当 $\eta = 0$ 时,这就意味着湿蒸汽中全部水珠的直径都极小,惯性力作用对水珠的运动基本没有什么影

响,水珠的运动轨迹与蒸汽的流线完全吻合并且一起绕过障碍物,反过来就是障碍物捕集不到任何水珠。而当 $\eta = 1$ 时,表明所有水珠都已长大到某一程度,水滴在惯性力的作用下基本上保持原有的运动方向,完全不随汽流流线方向的改变而变化,因而全部水滴都撞击在障碍物的迎流面积上,并被障碍物所捕集到。

在惯性力作用下的水珠沉积过程中,影响障碍物捕集效率的主要因素有 Sell 数和障碍物雷诺数。Sell 数是无因次惯性撞击参数,它的定义是水珠在静止气体中的"停止距离 s"与障碍物的特征尺寸 $D/2$ 之比,为

$$Se = \frac{s}{D/2}$$

其中,s 表示水珠的停止距离,它的含义是:如果直径为 d 的水珠以某初速度 c_0 沿水平方向射入相对静止的气体空间,由于粘性阻力的影响,水珠的运动速度将会逐渐降低直至完全停止运动,水珠运动的距离就称为停止距离,大小为

$$s = \frac{\rho_f d^2 c_0}{18\mu_g} \qquad (2-87)$$

采用障碍物的高度 $D/2$(见图 $2-36$)来表征障碍物的特征尺寸。将水珠的停止距离表达式($2-87$)代入 Sell 数定义式中,得

$$Se = \frac{\rho_f d^2 c_0 / 18\mu_g}{D/2} = \frac{\rho_f d^2 c_0}{9\mu_g D} \qquad (2-88)$$

因为水珠在静止气体中的"停止距离"是表示水珠惯性运动的一个指标,而障碍物特征尺寸是衡量汽流流线方向改变程度的一个指标,所以采用无因次 Se 数来描述障碍物的捕集效率 η 是适合的。

障碍物雷诺数(有时也称为 Albrecht 数)也是无因次参数,它的定义为

$$Al = \frac{g\rho_g Re_0}{\rho_f} = \frac{g\rho_g}{\rho_f} \cdot \frac{\rho_g d c_0}{\mu_g} \qquad (2-89)$$

障碍物雷诺数对于不服从 Stokes 法则的大水滴是非常重要的,但具体关系需要通过实验来确定,其中气体密度与液体密度的比值 ρ_g/ρ_f 是影响 Al 数的主要因素。

图 $2-37$ 是障碍物捕集效率 η 与 Se 数以及 Al 数的关系曲线。可以看出,对于一定的 Se 数,障碍物雷诺数 Al 越小,捕集效率 η 就越高。这可以从密度比值 ρ_g/ρ_f 来解释,由于液相水的密度变化不大,ρ_g/ρ_f 越小(相应的 Al 数也小),气体的密度就越小,说明水珠处于相对大的真空状态,气体对水珠产生的粘性阻力也越小,也就难以影响水珠的运动方向,因而障碍物的捕集效率 η 较高。

从图 $2-37$ 还可以看出,随着 Se 数的增大,捕集效率是逐渐增大的。当 Se 很小(如 $Se \approx 0.125$ 时),无论 Al 数多大,捕集效率 $\eta \approx 0$;随着 Se 数的进一步增大,捕集效率 η 增大较快;当 $Se > 10$ 时,捕集效率 η 仍是增大趋势,但几条曲线逐渐靠近;当 Se 增大到 1000 附近时,各种 Al 数下的捕集效率 η 都接近于 1。

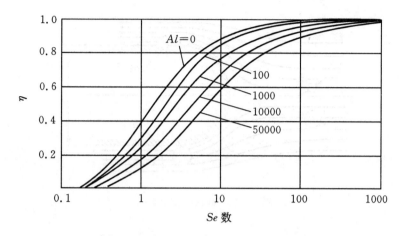

图 2 - 37　捕集效率 η 与 Se 数及 Al 数的关系曲线

在 Se 数和 Al 数的定义式中,都存在着水滴直径 d 和初始速度 c_0 两个参数,定义式也间接反映出 d 和 c_0 对捕集效率的影响。显然,d 和 c_0 越大(相应的 Se 数和 Al 数大),水珠的惯性力越大。一方面 Se 数的增大有利于捕集效率的增大,另一方面 Al 数的增大不利于障碍物对水珠的捕集。而 Se 数对捕集效率的影响大于 Al 数的影响,总体就表现出捕集效率随 d 和 c_0 的增大而增大的趋势。

3. 截获沉积

惯性沉积是建立在水珠只有质量(因而受惯性力的影响)而没有尺寸的假设之上。按照这种假设,图 2 - 34 中的大、中、小水滴只是代表不同水滴的质量,没有表示尺寸上的差别。现在假设水珠只有一定的大小,但没有质量,因而不受惯性力的支配,能够完全跟随气体流线绕障碍物而运动,如图 2 - 38 所示。在这种情况下,如果直径为 d 的球形水珠中心所在的那条流线距离障碍物表面小于 $d/2$,水珠就与障碍物相接触并沉积下来,这种通过截获而使水珠沉积在障碍物表面的方式称为截获沉积。

在截获沉积过程中,无因次特性参数 $R = d/D$(见图 2 - 38)是对截获沉积影响最大的一个参数。对一定形状的障碍物和特定的流动,截获效率是随着 R 的增大而提高的。

实际上,惯性沉积和截获沉积这两种水珠的沉积机制是同时发生并且相互影响的。前面认为这两种沉积机制各自独立发生并分别进行讨论和处理,只是为了分析问题的方便。比较准确的方法是确定出这两种沉积机制共同作用下的收集效率。图 2 - 39 所示是两种机制的联合收集效率 η_{1C} 与特性参数 R 及 ψ(修正后的 Se 数)之间的关系曲线。

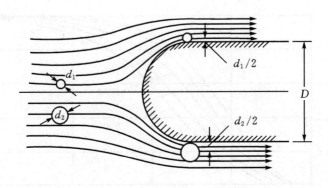

图 2 - 38　截获沉积示意图

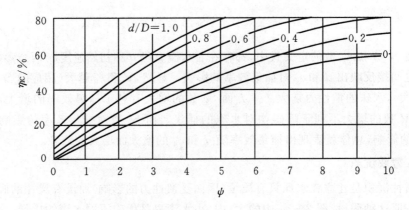

图 2 - 39　η_{rc} 与 R 及 ψ 之间的关系曲线

4. 扩散沉积

对于直径小于 $1~\mu\text{m}$ 的水珠,惯性沉积和截获沉积这两种机制很少能够造成它们在障碍物表面上的沉积,因为这些小水珠不但能随着汽流流线绕过障碍物,并且还可以在 Brownian 运动的作用下按很不规则的途径越过障碍物。由于扩散作用而使水珠沉积下来的方式叫作扩散沉积。

扩散沉积是一种质量迁移现象。图 2 - 40 是扩散沉积的示意图,当一个小水珠由气体旋涡从边界层的湍流区带到靠近层流区时(见图 2 - 40(a)),气体旋涡逐渐消散,小水珠就依靠 Brownian 运动穿过层流区沉积到壁面上。在湍流边界层区域中的扩散叫作旋涡扩散,在层流边界层区域中的扩散叫作分子扩散。而较大的水珠由气体旋涡携带到湍流边界层中的扩散运动与小水珠相同,但当较大水珠到达层流边界层时,由于大水珠的质量和惯性力大,就依靠惯性力直接撞击在壁面上而沉积下来。

在通常的条件下,湿蒸汽汽轮机中的扩散沉积现象不是很强烈,通过扩散沉积作用而沉积下来的水分也很有限。

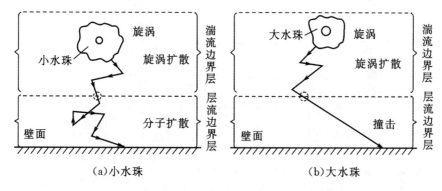

图 2-40　水珠的扩散沉积机制

5.计算示例

根据蒸汽中的水珠运动与沉积理论,采用轨迹方法数值计算了某 600 MW 汽轮机末级静叶栅流道内的水滴运动轨迹、沉积位置与沉积量。计算条件:进口总压 p_0^* =0.018 MPa;总温 T_0^* =330.98 K;进口蒸汽平均湿度值 $\bar{y}$ =6.33%;进口流量 G =9.554 kg/s;根部出口静压 p_{2h} =7.19 kPa;出口截面设定径向平衡条件,假定叶栅进口的水滴质量服从正态分布,并且水滴撞击在叶片表面即被壁面捕获。结果表明:水滴直径越小,运动惯性也小,汽流的跟随性越好,撞击并沉积到叶片表面的水滴数量就越少;水滴直径越大,保持原运动状态的能力越大,运动轨迹几乎是一条直线,撞击并沉积在叶片表面的可能性越大。小水珠主要撞击在叶片前缘和尾缘;较大水滴的撞击和沉积点则比较均匀地分布在叶片表面上。

图 2-41 和图 2-42 是蒸汽中的水滴沉积在静叶内弧和背弧的分布图。可以看出,水滴主要沉积在静叶内弧轴向相对叶宽的 0.9 以前,在 0.6~0.9 相对叶宽区间的水滴沉积量较大;在静叶背弧水滴主要沉积在轴向相对叶宽的 0.3 以前,在 0~0.1 相对叶宽区间的水滴沉积量较大。

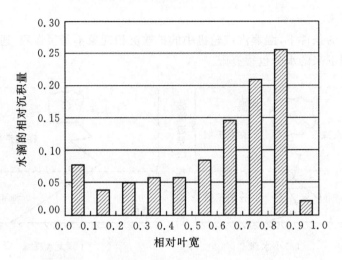

图 2-41　内弧的水滴沉积量与轴向位置关系图

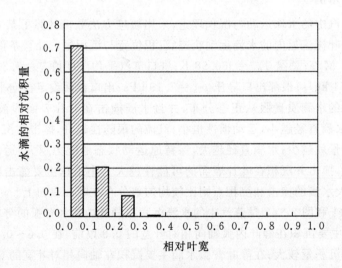

图 2-42　背弧的水滴沉积量与轴向位置关系图

图 2-43 是汽轮机级叶栅通道内的水滴运动轨迹的示意图。

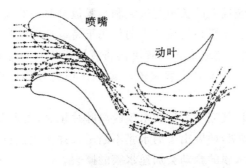

图 2-43　汽轮机级叶栅通道内的水滴运动轨迹示意图

2.5.5　水膜的流动与撕裂

汽轮机内湿蒸汽所携带的大量水珠或水滴会以各种机制沉积在固体金属壁面上。受高速汽流切应力的作用,沉积在叶片表面的水珠将形成膜状或溪流状的流动。流动水膜存在波动现象,当水膜波动足够大或流量足够小时,水膜变得不稳定,就会出现水膜的破裂及干斑的形成。F. G. Hamitt 通过分析大量的实验结果,提出叶片表面上的波动水膜在高速汽流作用下发生破裂并形成粗糙水滴的三种可能机理:一是波动水膜中较大波纹的波峰被汽流切去顶部;二是波动水膜被高速汽流切槽;三是水膜在静叶出口边被汽流撕裂,形成大分散度的液团或液滴。第一、二种情况发生在叶片出口边之前,如图 2-44 所示。对于汽轮机静叶表面上流动的薄水膜而言,第三种机理是产生粗糙水滴的主要原因。

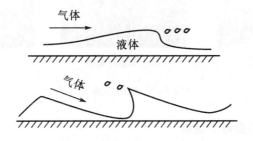

图 2-44　波动水膜示意图

沉积在动叶表面上的水膜,受气流力和离心力的综合作用被甩向汽缸内壁面,并通过汽缸上的疏水槽排出。沉积在静叶表面上的水膜,在高速膨胀蒸汽流切应力的作用下向静叶尾缘流动,并在尾缘处撕裂形成大分散度的粗糙水滴($d >$ 10 μm)。水膜撕裂过程是一个极其复杂的两相流动现象。研究表明:叶片尾缘的水膜撕裂是一个周期性过程,一个周期分为液块聚集、水膜伸长、水膜撕裂和撕裂衰减四个阶段,其撕裂周期的长短与气流和水膜流动参数有关。

在液块聚集阶段,水膜在气流切力的作用下持续地向叶片尾缘流动,在尾缘处受表面张力的作用而不断地聚集成液块。当液块积累到一定大小时,受液块前后两面气流切力、重力以及上游水膜来流动量的作用向外伸展出去,有脱离叶片的趋势。

在水膜伸长阶段,气流切力促使水膜脱离叶片尾缘,而表面张力则保持水膜的稳定。随着液块的积聚,伸展出去的水膜不断增长并伴随强烈地飘动,飘动的频率与气流的流态有关,水膜的飘动会加速水膜的撕裂。

在水膜撕裂阶段,当伸展出去的水膜长度达到一定程度时,气流力大于表面张力,水膜在最薄弱处撕裂。撕裂形式有膜状撕裂、纺锤状撕裂和丝线状撕裂,如图2-45所示。

在撕裂衰减阶段,随着叶片尾缘各处水膜的陆续撕裂,剩余在叶片尾缘的液块最终以较大液滴的形式剥离去。

可以看出,在水膜撕裂成液滴前的瞬间,水膜伸出部分完全是处在气流中,靠它的表面张力维系在静叶尾缘处。当气流力大于表面张力时,水膜就会在它的最薄弱处撕裂,而撕裂处则称为水膜的喉部。从喉部到水膜撕裂瞬间的最前点这段水膜长度称为撕裂长度,撕裂长度约为叶片尾缘处水膜伸出长度的三分之二,数量级为几毫米。

  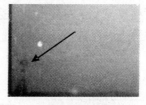

(a)膜状撕裂　　　　　　(b)纺锤状撕裂　　　　　　(c)丝线状撕裂

图2-45　液膜的撕裂形状

2.5.6　水滴的变形及破裂

水膜在静叶尾缘处撕裂形成的液团或液滴的尺寸分布较大,从几十微米到几毫米,且形态多种多样。这一撕裂过程称为液滴的"初次雾化",形成的水滴称为粗糙水滴。粗糙水滴在向下游的运动过程中不断地加速和变形。运动水滴主要受到两个力的作用,一个是保持水滴稳定的表面张力;另一个是气流与水滴的相对速度所形成的引起水滴变形,甚至破裂的气流阻力。当保持水滴稳定的表面张力小于使水滴变形的气流阻力时,粗糙水滴就会再次发生破裂,这个过程称为水滴的"二次雾化",形成的水滴称为二次水滴。图2-46是高速摄影机拍摄的实验叶片尾缘处典型的水滴二次雾化过程。液团或水滴的变形及二次破裂主要发生在叶片尾缘外的 80 mm 范围内,在 100 mm 以后的水滴已基本处于稳定。

图 2-46 静叶尾迹区水滴的二次雾化过程

水滴在随汽流一起运动时,其稳定性主要取决于使其变形的气动力和使其保持球形的表面张力两者之比,通常用韦伯(Weber)数表示,即

$$We = \frac{\rho_g w_r^2 d}{\sigma} \tag{2-90}$$

式中:ρ_g 为汽流密度;d 为水滴的直径;w_r 为汽流与水滴的相对速度(滑移速度);σ 为水滴的表面张力。

在较低 We 值(即相对速度或水滴直径较小)下,表面张力起主要作用,这时的水滴基本保持球状。当 We 值较高时,水滴受到的气动力远大于球形的表面张力,水滴很快就发生变形甚至破裂。一般认为:

(1)当 $We \leqslant 2$ 时,水滴基本不发生变形,保持球状;

(2)当 $2 < We < 16$ 时,水滴会变形但不发生破裂;

(3)当 $16 \leqslant We \leqslant 20$ 时,水滴发生变形,有的破裂,有的则不会破裂;

(4)当 $We > 20$ 时,水滴变形到一定程度时就发生破裂。

水滴破裂的类型除了取决于 We 数外,还与一些附加因素,如水滴的粘性、蒸汽的密度以及速度从零增加到 w_r 所需的时间等有关。水滴破裂的主要类型有袋状破裂、捧状破裂、碟状破裂(见图 2-47)。

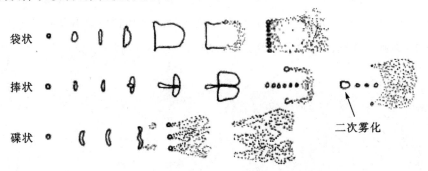

图 2-47 水滴破裂的三种类型

　　水滴破裂时的韦伯数称为临界韦伯数 We_{cr}。在汽轮机内的流动条件下,由叶片尾缘处撕裂下来的水珠通常以袋状方式破裂,产生破裂所需的最低临界韦伯数 $We_{cr} \approx 20$（不同学者的看法略有差异,如 Moore 等人认为 $We_{cr} \approx 22$）。与 We_{cr} 相对应的最大稳定水滴直径 d_{max} 为

$$d_{max} = We_{cr}\sigma / w_r^2 \rho_e \qquad (2-91)$$

　　低压汽轮机内（ $w_r = 200 \sim 400$ m/s）,最大的稳定水珠的直径量级 $< 0.1 \sim 0.4$ mm。因破裂而引起的水珠大小的分布如表 2-4 和图 2-48 所示。

表 2-4　二次雾化所形成的水滴尺寸及破裂条件

工况	临界 We 计算值	近似水滴速度 /m·s^{-1}	蒸汽速度 /m·s^{-1}	最大直径 /μm	质量平均直径 /μm
1	18.7	15	281	310	200
2	23.4	15	340	252	135
3	21.9	15	377	200	98

　　如果 $We \gg We_{cr}$,则破裂发生的典型时间范围是

$$\Delta t_{裂} = (0.3 \sim 1) \frac{\pi}{4} \sqrt{\frac{d^3 \rho_f}{\sigma}} \qquad (2-92)$$

对于 1 mm 的水珠, $\Delta t_{裂} \approx 1 \sim 3$ ms。

　　由于叶片尾迹区的存在,水滴的这种变形和破裂的机理更加复杂。从低压汽轮机叶片尾缘剥离出来的膜状或带状水开始是处于低速尾迹流中,首先被撕裂成相当大的粗糙水滴（初次雾化）,当这些粗糙水滴被汽流加速并带入高速汽流区时,又会发生二次雾化过程。流动条件和飞行距离通常能够使二次雾化发生于水滴到达下一级动叶之前。如果由于静动叶片的间距（即轴向间隙）过小以致二次雾化不能发生,则叶片受到的侵蚀危险就会大大增加。

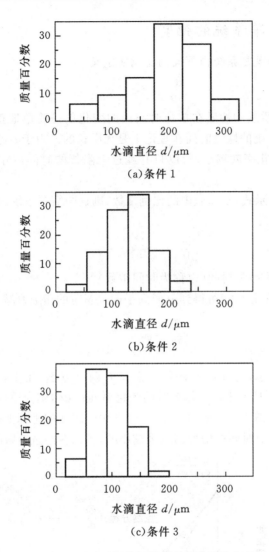

图 2-48　从叶片尾缘处撕裂的液滴尺寸分布

2.6　弛复现象

弛复现象是自然界和工程上一种经常遇到的现象。如果一种介质的某一性质 φ 偏离了它的平衡状态值 φ_0，而恢复平衡状态又只能以有限的速率进行的话，这种现象叫作弛复，这种介质就叫作弛复介质，为恢复平衡所需要的时间叫作弛复时间。

2.6.1　简单系统的弛复

一个最简单的弛复系统由下面的比例所定义

$$\frac{\mathrm{d}\varphi}{\mathrm{d}t} \propto (\varphi - \varphi_0) \qquad\qquad (2-93)$$

根据定义,物质某一性质在单位时间内的变化仅是简单地正比于($\varphi - \varphi_0$)。具有这种特性的系统的恢复时间在理论上是无限长的。由于φ越接近平衡状态的φ_0,φ随时间的变化率就越小,所以只有经过无限长的时间后才能完全恢复到平衡状态。

如果用τ来表示式(2-93)中的比例常数,则这个简单系统的微分方程式可以写为

$$\frac{\mathrm{d}\varphi}{\mathrm{d}t} = -\frac{1}{\tau}(\varphi - \varphi_0) \qquad\qquad (2-94)$$

式中:τ可以理解为弛复时间(也称为时间常数)。

对式(2-94)积分后就可得到φ回到平衡状态时的指数衰减率,为

$$\frac{\varphi - \varphi_0}{\varphi_1 - \varphi_0} = \mathrm{e}^{-t/\tau} \qquad\qquad (2-95)$$

式中:φ_1为初始偏离值。

如图2-49所示,弛复时间的物理意义有两个方面:第一,如果φ的变化率$\mathrm{d}\varphi/\mathrm{d}t$始终不变,并且等于最大偏差时的变化率$\mathrm{d}\varphi_1/\mathrm{d}t$,则介质性质从不平衡状态恢复到平衡状态所需要的有限时间就是τ(图中虚线在横坐标上的时间);第二,实际变化率$\mathrm{d}\varphi/\mathrm{d}t$是随时间的增加而越来越小的,所以在经过有限时间$\tau$后,$\varphi$对于

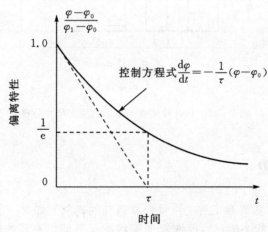

图2-49　偏离固定平衡状态的简单系统的响应曲线

平衡状态 φ_0 的偏离幅度 $\varphi - \varphi_0$ 并没有完全消除,而是仅减小为初始最大偏离值的 $1/e\,(=0.3679)$。由式(2-95)可得时间常数 τ 的表达式为

$$\tau = \frac{-(\varphi - \varphi_0)}{\left[\dfrac{\mathrm{d}(\varphi - \varphi_0)}{\mathrm{d}t}\right]_{t=0}} \qquad (2-96)$$

2.6.2　湿蒸汽的热弛复

对汽轮机中的湿蒸汽凝结两相流动来说,其本质就是一种不平衡过程。这个不平衡过程会产生两种不平衡现象,一是过饱和膨胀过程产生的热力不平衡;二是高速蒸汽流中所携带的具有不同动力学特征的液滴产生的动力不平衡。理论上,凝结相变过程可以使不平衡的过饱和蒸汽恢复到热力学平衡的湿蒸汽状态(即蒸汽与水珠的混合物),但这个恢复现象不是瞬间能够实现的,而是需要一定的时间,时间间隔取决于传热率的大小,因此称为热弛复。

如果汽相的温度与水的温度不同,汽水混合物就偏离了热力学平衡状态。在凝结相变过程中,可以认为凝结后的水珠温度为相应压力下的饱和温度 T_s(见图 2-16),未凝结蒸汽一开始仍处于过冷状态,温度为 T_g 且 $T_g < T_s$;正是一部分蒸汽凝结所释放出来的潜热将加热未凝结蒸汽,使蒸汽温度从 T_g 向 T_s 趋近(通过相变所传递的潜热使汽相温度趋近饱和温度)。

假设过饱和蒸汽的初始湿度为 y,液相水分以相同直径 d 的水珠形式均匀散布在混合物中(即单一均布水珠),则单位质量湿蒸汽中的水滴数目 n_m 为

$$n_m = \frac{y}{(\pi/6)d^3\rho_f} \qquad (2-97)$$

假设恢复平衡的过程是在等压下完成的,未凝结蒸汽接受的水珠潜热为

$$c_{pg}(1-y)\frac{\mathrm{d}T_g}{\mathrm{d}t} \approx n_m\pi d^2\alpha_r(T_s - T_g) \qquad (2-98)$$

公式(2-64)已给出水珠传热系数的表达式,如果取 $Pr_g = 1.2$,$\kappa = 1.3$,$\alpha_{th} = 1$,则可得到 α_r 简化表达式为

$$\alpha_r = \frac{2\lambda_g}{d}\left(\frac{1}{1 + 3.18Kn}\right) \qquad (2-99)$$

其中的 Knudsen 数由式(2-60)所定义,经推导得到

$$Kn = \frac{\bar{l}}{2r} = \frac{1.5\mu''}{d\rho_g}\left(\frac{1}{\sqrt{RT_g}}\right)^{\frac{1}{2}} \qquad (2-100)$$

联立公式(2-98)、(2-99)和(2-100),得到汽相温度的变化率方程为

$$\frac{\mathrm{d}T}{\mathrm{d}t} = -\left(\frac{y}{1-y}\right)\frac{12\lambda_g}{d^2c_{pg}\rho_f(1 + 3.18Kn)}(T_g - T_s) \qquad (2-101)$$

可以看出,此公式是线性的而且与式(2-94)相似。所以热弛复时间 τ_T 的表达式为

$$\tau_T = \frac{1-y}{y} \cdot \frac{d^2 c_{pg} \rho_f (1 + 3.18 Kn)}{12 \lambda_g} \tag{2-102}$$

2.6.3　水珠的惯性弛复

在湿蒸汽两相流动系统中,如果汽相速度 c 和液相速度 w 不同时,就出现另一种形式的不平衡。蒸汽对水滴的拖曳力使蒸汽相对于水滴的速度(滑移速度)趋于减少。单个水滴的运动方程为

$$\left(\frac{\pi}{6} d^3 \rho_f \right) \frac{\mathrm{d}u}{\mathrm{d}t} = F_D \tag{2-103}$$

其中的拖曳力(阻力) F_D 是由式(2-75)给出的,为

$$F_D = \frac{\pi d^2}{4} \cdot \frac{\rho_g (c-w)^2}{2} C_D$$

假定蒸汽速度 c 为常数,水滴速度 w 小于蒸汽速度 c,且相对速度(滑移速度) $u = |c - w|$ 很小,则由式(2-76)给出的阻力系数可以写为

$$C_D = \frac{24 \mu}{|c-w| \rho_g d} \left(\frac{1}{1 + 2.70 Kn} \right) \tag{2-104}$$

联立公式(2-103)、(2-104)以及阻力表达式可以得到一个线性的变化率方程,为

$$\frac{\mathrm{d}u}{\mathrm{d}t} = -\frac{1}{\tau_I} (c_0 - u)$$

其中的惯性弛复时间 τ_I 定义为

$$\tau_I = \frac{d^2 \rho_f (1 + 2.70 Kn)}{18 \mu} \tag{2-105}$$

2.6.4　弛复时间的典型值

从 τ_T 和 τ_I 的表达式可以看到,在汽轮机的一般工作范围内,蒸汽的压力和温度并不是特别重要。对于 $p < 0.1$ MPa 的低压蒸汽,各常数约为

$Kn = 4$

$c_{pg} = 1.9 \times 10^3$ J/(kg · ℃)

$\rho_f \approx 1.0 \times 10^3$ kg/m³

$\lambda_g \approx 0.024$ J/(m · s · ℃)

如果取湿度 $y = 0.10$,水珠直径 $d = 1.0~\mu m$,将上述各参数值分别代入式(2-102)和式(2-105)中,可以得到热弛复时间常数为 $\tau_T \approx 60~\mu s$,惯性弛复时间

常数为 $\tau_I \approx 5~\mu s$。如果规定 $t_T \approx 3\tau_T$ 作为恢复完全平衡状态的全部时间（见图 2-50），则有 $t_T \approx 200~\mu s$。此时，偏离幅度减小为初始最大偏离值的约 5%。

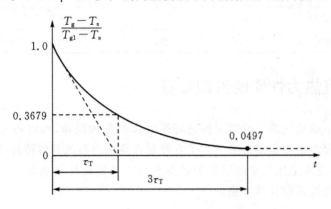

图 2-50　实际恢复平衡状态的条件

图 2-51 是早期几种典型汽轮机的结构尺寸和内部流动参数。蒸汽通过湿蒸汽汽轮机或汽轮机级所需要的时间如表 2-5 所示。由表中数据对比可以看出，热弛复现象对整个汽轮机机组的影响通常是很小的，但对一个低压或高压汽轮机级的影响是不能忽略的。

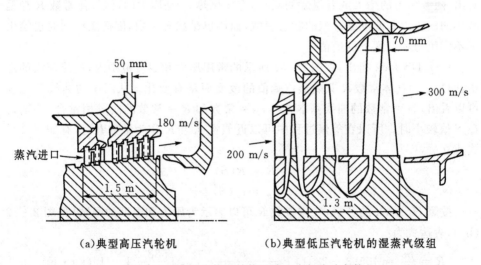

(a)典型高压汽轮机　　　　　　(b)典型低压汽轮机的湿蒸汽级组

图 2-51　典型汽轮机结构尺寸和内部流动参数

表 2−5　蒸汽通过汽轮机或汽轮机级所需要的时间

	高压汽轮机	低压汽轮机	与 t_T 的比较
流经整台汽轮机	8 ms	5 ms	约为 t_T 的 25～30 倍
流经汽轮机级	300 μs	200 μs	与 t_T 的数量级相当

2.7　蒸汽热力性质的近似计算

汽轮机中的蒸汽热力性质都偏离理想气体的各种规律,而将各种性质关联起来的状态方程组是非常复杂的。为了方便对汽轮机内蒸汽的各种流动现象作深入的理论分析,通常采用简单的函数关系将蒸汽的各种物性联系起来。本节介绍水蒸气的一些物性近似计算方法。

2.7.1　过热蒸汽方程组

对于过热蒸汽(含过饱和蒸汽),本章 2.1.2 节介绍的水蒸气物性公式(IFC 公式)或蒸汽表中提供的数据可以在较大的压力和温度范围内得到精确的数据。但是在湿蒸汽两相流动计算中,各种简单计算公式却更具实用性。

图 2−52 是过热蒸汽的定压比热和气体常数随压力与温度的变化规律。可以看出,随着压力的增大或者温度的减小,定压比热 c_p 是增大的,但气体常数 R 却是减小的。压力和温度是蒸汽的状态参数,而熵也是状态参数,因而图中同时也绘出了不同压力和温度下的熵值。

J. H. Horlock 指出,在图 2−52 所示的常用压力和温度范围内,过热蒸汽的定压比热 c_p 和气体常数 R 只随蒸汽熵值的改变而略有变化。从图中的曲线变化也可以看出,$S =$ 常数的曲线基本上与 $c_p =$ 常数和 $R =$ 常数的曲线相重合,特别是在 S 值较小时。所以在等熵过程中可以近似将 c_p 和 R 作为常数看待,有如下关系式成立

$$R = R(S)$$
$$c_p = c_p(S)$$

按照 Horlock 的分析,气体常数 R 可以表示为压力和温度的函数(见图 2−52(b)),表达式为

$$R = \frac{pv}{T} = 455.3 - 23.14 \left[\frac{p}{27.586 \times 10^5} \right]^{1.35} \left(\frac{588.9}{T} \right)^{5.85} \text{ J/(kg · K)}$$

$$(2-106)$$

式中:p 是压力(N/m^2);v 是比容(m^3/kg);T 是绝对温度(K)。

既然有 $R = R(S)$ 和 $c_p = c_p(S)$,所以定压比热和气体常数之间也存在一定

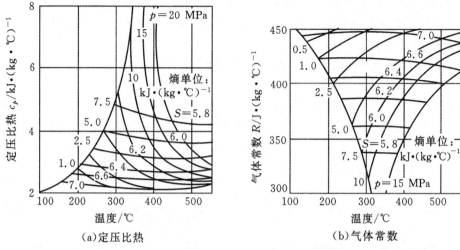

图 2-52　过热蒸汽的定压比热和气体常数

的关系。Horlock 给出的表达式为

$$c_p = 11542.0 - 21.026R \text{ kJ/(kg · K)} \tag{2-107}$$

对于过热蒸汽的等熵膨胀过程($pv^k = $ 常数),等熵指数也是一个常数为 $k = 1.30$。因此,当蒸汽温度变化 ΔT 较小时,焓值的变化 Δh 约为

$$\Delta h_s \approx \left(\frac{k}{k-1}\right)R\Delta T \tag{2-108}$$

按照 Horlock 给出的近似公式(2-108),计算得到的焓值变化的精度可以达到 $\pm$ 4 kJ/kg,比容变化的精度为 15%。

对于过热蒸汽的多变膨胀过程,如果多变效率 $\eta = \Delta h/\Delta h_s$,有

$$pv^n = 常数$$

$$n = \frac{k}{1 - kR(\eta - 1)/c_p} \tag{2-109}$$

注意公式(2-109)只适用于膨胀过程而不适用于压缩过程。

2.7.2　湿蒸汽方程组

平衡状态下的湿蒸汽热力学特性更加偏离理想气体的热力学特性。按照宗朗璇(Dzung)的分类法,平衡状态下的湿蒸汽属于半多变蒸汽的范畴,代表这种工质的三个热力学参数为

$$Z = Z(s)$$

$$m \approx 常数$$

$$n \approx 常数$$

式中：Z 叫作压缩性系数，是一个随熵值变化的系数，用这个系数去乘理想气体常数 R 就可以近似地表示实际气体的状态参数，即 $pv = ZRT$ ；m 是等焓膨胀指数；n 为等熵膨胀指数。

G. Zeuner 最早提出了表示平衡状态下的湿蒸汽等熵膨胀指数公式为

$$n = 1.035 + 0.10x \qquad\qquad (2-110)$$

式中：x 代表等熵过程的蒸汽初始干度。

后来，M. C. Nicola 也提出一个平衡状态下的湿蒸汽等熵膨胀指数近似公式，为

$$n = 0.603 + a_0 \left[1 - \left(\frac{p}{p_c} \right)^{\frac{3}{2}} \right]^{a_1} \qquad\qquad (2-111)$$

式中：$a_0 = 0.5220 - 0.1418y/(1-y)$ ；$a_1 = 1.34565 - 0.76825(1-y)$ ；临界压力 $p_c = 22.064$ MPa。

对于平衡状态下的湿蒸汽，式(2-6)给出了饱和蒸汽压力 p_s 与温度 T_s 的近似关系为

$$\lg p_s = 5.55 - \frac{2061}{T}$$

另外，也有学者提出了相对准确的饱和蒸汽压力与温度的表达式，为

当 $T_s < 373$ K 时，有

$$\lg(p_s) = a_0 + a_1 \lg\phi + a_2\phi + \frac{a_3}{\phi} \qquad\qquad (2-112a)$$

式中：$\phi = T_s$ ；$a_0 = 28.59051$ ；$a_1 = -8.20$ ；$a_2 = 2.4804 \times 10^{-3}$ ；$a_3 = -3142.31$。

当 $T_s > 373$ K 时，有

$$\lg(p_s) = b_0 + \frac{b_1}{\phi} + \frac{b_2(\phi^2 - b_3)(10^{b_4(\phi^2 - b_3)^2} - 1)}{\phi} + b_5 10^{b_6(647 - T_s)^{1.25}}$$

$$(2-112b)$$

式中：$\phi = T_s$ ；$b_0 = 5.432368$ ；$b_1 = 2.0057 \times 10^3$ ；$b_2 = 1.3869 \times 10^{-4}$ ；$b_3 = 2.9370 \times 10^5$ ；$b_4 = 1.1965 \times 10^{-11}$ ；$b_5 = -4.40 \times 10^{-3}$ ；$b_6 = -5.7148 \times 10^{-3}$。

2.7.3　过饱和蒸汽图表及其应用

1981 年，西安交通大学赵冠春教授应用国际公式化委员会(IFC)提出的过热蒸汽热力学性质计算公式(1967 年)，采用外推法计算出干饱和线和 95% 干度线之间，压力范围在 $p = 0.002 \sim 15.0$ MPa 区域内的过饱和水蒸气的热力学性质，计算结果如图 2-53 所示。在上述区域内，过饱和蒸汽的等压曲线都是过热蒸汽等压曲线的延长段。表 2-6 是过饱和水蒸气的部分热力学性质表。

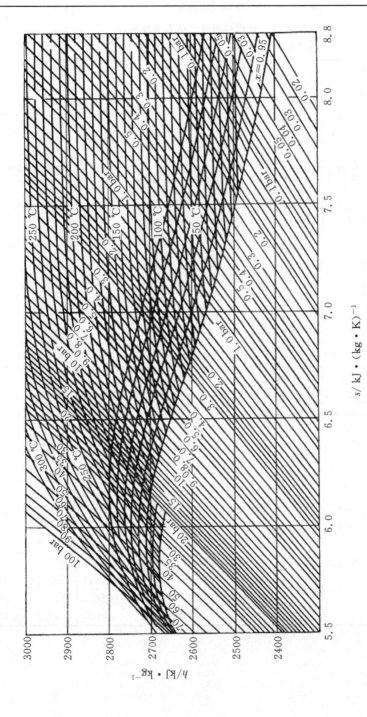

$s/\ \mathrm{kJ} \cdot (\mathrm{kg} \cdot \mathrm{K})^{-1}$

图 2 - 53　过饱和水蒸气焓熵图

表 2-6　过饱和水蒸气热力学性质表

t_s:饱和温度;v''、h''、s'':相应的饱和蒸汽性质

$t/℃$	0.1 bar,t_s＝45.83 ℃			0.5 bar,t_s＝81.35 ℃			1.0 bar,t_s＝99.63 ℃		
	v''	h''	s''	v''	h''	s''	v''	h''	s''
	14.67	2584.8	8.1511	3.240	2646.0	7.5947	1.694	2675.4	7.3598
	v	h	s	v	h	s	v	h	s
	$m^3 \cdot kg^{-1}$	$kJ \cdot kg^{-1}$	$kJ \cdot (kg \cdot K)^{-1}$	$m^3 \cdot kg^{-1}$	$kJ \cdot kg^{-1}$	$kJ \cdot (kg \cdot K)^{-1}$	$m^3 \cdot kg^{-1}$	$kJ \cdot kg^{-1}$	$kJ \cdot (kg \cdot K)^{-1}$
10	12.99	2517.0	7.925	—					
20	13.47	2535.9	7.9913	—					
30	13.93	2554.8	8.0547	2.740	2543.9	7.2836	—		—
40	14.40	2573.7	8.1162	2.839	2564.0	7.3489	1.392	2551.4	6.9949
50				2.937	2584.0	7.4116	1.445	2572.8	7.0641
60				3.035	2603.9	7.4722	1.496	2593.9	7.1284
70				3.131	2623.6	7.5307	1.547	2614.7	7.1901
80				3.227	2643.3	7.5872	1.597	2635.4	7.2494
90							1.646	2655.9	7.3066

$t/℃$	3.0 bar,t_s＝133.54 ℃			5.0 bar,t_s＝151.84 ℃			7.0 bar,t_s＝164.96 ℃		
	v''	h''	s''	v''	h''	s''	v''	h''	s''
	0.6056	2724.7	6.9909	0.3747	2747.5	6.8192	0.2727	2762.0	6.7052
	v	h	s	v	h	s	v	h	s
	$m^3 \cdot kg^{-1}$	$kJ \cdot kg^{-1}$	$kJ \cdot (kg \cdot K)^{-1}$	$m^3 \cdot kg^{-1}$	$kJ \cdot kg^{-1}$	$kJ \cdot (kg \cdot K)^{-1}$	$m^3 \cdot kg^{-1}$	$kJ \cdot kg^{-1}$	$kJ \cdot (kg \cdot K)^{-1}$
80	0.5076	2600.7	6.6635	—					
90	0.5269	2625.0	6.7315	—					
100	0.5456	2648.7	6.7959	0.3141	2617.9	6.4235	—		—
110	0.5639	2671.9	6.8574	0.3266	2644.6	6.5640			
120	0.5818	2694.6	6.9157	0.3386	2670.4	6.6304	0.2336	2643.8	6.4202
130	0.5994	2716.9	6.9716	0.3503	2695.3	6.6930	0.2429	2671.8	6.4905
140				0.3616	2719.6	6.7525	0.2518	2698.7	6.5565
150				0.3727	2743.2	6.8090	0.2603	2724.7	6.6185
160							0.2687	2749.8	6.6772

t/℃	10.0 bar, t_s=179.88 ℃			15.0 bar, t_s=198.29 ℃			20.0 bar, t_s=212.37 ℃		
	v''	h''	s''	v''	h''	s''	v''	h''	s''
	0.1943	2776.2	6.5828	0.1317	2789.9	6.4406	0.0995	2797.2	6.3366
	v	h	s	v	h	s	v	h	s
	$m^3 \cdot kg^{-1}$	$kJ \cdot kg^{-1}$	$kJ \cdot (kg \cdot K)^{-1}$	$m^3 \cdot kg^{-1}$	$kJ \cdot kg^{-1}$	$kJ \cdot (kg \cdot K)^{-1}$	$m^3 \cdot kg^{-1}$	$kJ \cdot kg^{-1}$	$kJ \cdot (kg \cdot K)^{-1}$
140	0.1687	2664.2	6.3237	—	—	—	—	—	—
150	0.1755	2694.1	6.3953	—	—	—	—	—	—
160	0.1820	2722.7	6.4621	0.1137	2671.2	6.1775	—	—	—
170	0.1883	2750.1	6.5246	0.1188	2704.6	6.2538	—	—	—
180				0.1235	2736.1	6.3243	0.08746	2689.8	6.1074
190				0.1281	2766.1	6.3897	0.09145	2725.3	6.1849
200							0.09519	2758.6	6.2560
210							0.09872	2790.0	6.3217

过饱和水蒸气性质表的一个应用实例,就是用于比较准确地计算过饱和蒸汽中凝结核的临界半径。在 2.2 节中已经通过不同途径推导出了确定凝结核临界半径的开尔文公式,为

$$\ln \frac{p}{p_s(T)} = \frac{2\sigma}{r\rho_t RT}$$

由于 $2\sigma/r\rho_t RT$ 总是一个正值,所以过饱和度 $S = p/p_s > 1$。开尔文公式表明与液滴处于热力学平衡状态的蒸汽必然是过饱和蒸汽(见图 2 - 16)。

由于在推导开尔文公式的过程中,将蒸汽简化为理想气体,取气体常数 R 为不变的常数,并且用理想气体状态方程 $pv = RT$ 来表示蒸汽的状态,显然,利用开尔文公式来确定蒸汽的过饱和度或凝结核临界半径存在一定的误差。

按照汽液界面为球形时的相平衡关系式(克劳修斯-克拉贝龙方程),有

$$(v'' - v')\mathrm{d}p'' - (s'' - s')\mathrm{d}T = v'\mathrm{d}(\frac{2\sigma}{r}) \tag{2-113}$$

式中的上标""和"'"分别表示气液两相的参数。对蒸汽的等熵膨胀过程,将式(2-113)积分,赵冠春得到比开尔文公式更加准确的公式,为

$$\int_{p_s}^{p} v''\mathrm{d}p = \frac{2\sigma v'}{r} + v'(p - p_s) \tag{2-114}$$

根据式(2-114)可以得到

$$r_{cr} = \frac{2\sigma v'}{\int_{p_s}^{p} v''\mathrm{d}p - v'(p - p_s)} \tag{2-115}$$

公式(2-115)虽然能够得到相对准确的凝结核临界半径,但由于需要积分,所以应用起来不甚方便。为此将式(2-114)中的积分项改为下面的形式,即

$$\int_{p_s}^{p} v'' \mathrm{d}p = \int_{p_s}^{p} (pv)_{\mathrm{m}} \frac{\mathrm{d}p}{p} = (pv)_{\mathrm{m}} \ln \frac{p}{p_s} \qquad (2-116)$$

式中:$(pv)_{\mathrm{m}}$ 是在给定温度下,过饱和蒸汽在饱和压力 p_s 和过饱和压力 p 之间的 (pv) 的平均值。将式(2-116)代入式(2-114)中,有

$$\ln \frac{p}{p_s} = \frac{1}{(pv)_{\mathrm{m}}} \left[\frac{2\sigma}{\rho_{\mathrm{f}} r} + v'(p-p_s) \right] \qquad (2-117)$$

式中:$(pv)_{\mathrm{m}}$ 的取值直接影响计算的准确度。最简单的方法就是取算术平均值,即

$$(pv)_{\mathrm{m}} = \frac{1}{2} \left[(pv) + (pv)_s \right] \qquad (2-118)$$

实际计算结果表明:在较大的过饱和参数范围(温度到 250 ℃,压力到 6.0 MPa)内,给定温度下的压力与 pv 的关系接近于线性关系(见图 2-54),这就保证了在这一区域内公式(2-117)的准确性。

根据式(2-117)可以得到凝结核临界半径的表达式为

$$r_{\mathrm{cr}} = \frac{2\sigma v'}{(pv)_{\mathrm{m}} \ln(p/p_s) - v'(p-p_s)} \qquad (2-119)$$

在利用式(2-119)进行计算时,可以不进行积分而仅查阅过饱和蒸汽表的数据,并求取 pv 平均值来确定一定的过饱和度相对应的凝结核临界半径 r_{cr}。

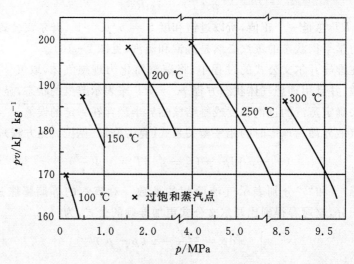

图 2-54　不同温度下过饱和蒸汽的压力与 pv 的对应关系

采用积分法(式(2-115))和平均值法(式(2-119))计算得到的凝结核临界半径在较大的参数范围内的误差小于 1%。表 2-7 是两种方法在不同参数下的比较结果。

表 2-7　积分法和平均值法的计算临界半径值比较（ r_{cr} : 平均法； r'_{cr} : 积分法）

$t/\text{℃}$	p/MPa	p/p_s	$r_{cr}\times10^{10}$ m	$r'_{cr}\times10^{10}$ m	$\dfrac{r'_{cr}-r_{cr}}{r_{cr}}$ %
50	0.39380	3.1925	8.000	8.007	0.088
50	0.71056	5.7604	5.321	5.335	0.282
100	2.5315	2.4982	8.000	8.017	0.213
100	3.4607	3.4154	6.000	6.029	0.483
150	7.7141	1.6206	12.00	12.02	0.167
150	9.9008	2.0800	8.000	8.035	0.438
200	22.822	1.4678	12.00	12.03	0.250
200	28.021	1.8021	8.000	8.064	0.800
250	53.585	1.3472	12.00	12.04	0.333
250	57.369	1.4423	9.934	10.01	0.765

本章参考文献

[1]MOORE M J,SIEVERDING C H. 透平和分离器中的双相流[M]. 蔡颐年,译. 北京:机械工业出版社,1983.

[2]蔡颐年,王乃宁. 湿蒸汽两相流[M]. 西安:西安交通大学出版社,1985.

[3]苏长荪,谭连城,刘桂玉. 高等工程热力学. 北京:高等教育出版社,1987.

[4]沈维道,蒋智敏,童钧耕. 工程热力学[M]. 3 版. 北京:高等教育出版社,1982.

[5]MORAGA F J, VYSOHLID M, GERBER A G, et al. CFD Predictions of efficiency for non equilibrium steam 2D cascades[C]. Proceedings of ASME Turbo Expo 2012, GT 2012—68368.

[6]韩中合,陈柏旺,刘刚,等. 湿蒸汽两相凝结流动中水滴生长模型的研究[J]. 中国电机工程学报,2011,31(29):79-84.

[7]王新军,卢澄,李振光,等. 缝隙吹扫对静叶出口二次水滴直径影响的实验研究[J]. 西安交通大学学报,2007,41(7):764-767.

[8]CALDWELL J. Description of the damage in steam turbine blading due to erosion by water droplets[J]. Phil. Trans. A, 2007,260:201-208.

[9]孔琼香. 静叶出口边液膜的撕裂及液滴的二次破裂[M]. 西安:西安交通大学出版社,1990.

[10]MAZZA R A, ROSA E S, YOSHIZAWA C J. Analyses of liquid film models applied to horizontal and near horizontal gas-liquid slug flows [J]. Chem-

ical Engineering Science，2010(65)：3876 - 3892.

[11]AMIR A H, KLAUS D, RAINER K, et al. CFD methods for shear driven liquid wall films[C]. ASME paper，GT 2010—23532.

[12]HAZUKU T，TAKAMASA T，MATSUMOTO Y. Experimental study on axial development of liquid film in vertical upward annular two-phase flow [J]. International Journal of Multiphase Flow，2008，34：111 - 127.

[13]LIU C，HELGE I，ANDERSSON. Heat transfer in a liquid film on an unsteady stretching sheet[J]. International Journal of Thermal Sciences，2008 (47)：766 - 772.

[14]WILLIAMS J，YOUNG J B. Movement of deposited water on turbomachinery rotor blade surfaces[J]. Journal of Turbomachinery，2007，129：394 - 403.

[15]WANG X J,XU Q X, LI Y F. Effects of water suction on water film tearing at trailing blade edges[J]. Heat Transfer-Asian Research,2005,34(6)：380 - 385.

[16]CRANE R I. Droplet deposition in steam turbines[J]. Proc. Instn. Mech. Engrs，Part C:J. Mechanical Engineering Science, 2004, 218(8)：859 - 870.

[17]OZAR B, CETEGEN B M, FAGHRI A. Experiments on the flow of a thin liquid film over a horizontal stationary and rotating disk surface[J]. Experiments in Fluids，2003(34)：556 - 565.

[18]杜占波.湿蒸汽透平静叶栅通道中汽液两相三维运动的试验和数值研究[D]. 西安:西安交通大学，2003.

[19]SAHA S,TOMAROV G V,POVAROV O A. Experimental investigation into the flow of liquid film under saturated steam condition on a vibrating surface[J]. Int. J. Heat Mass Transfer，1995，38(4)：593 - 597.

[20]李学来，于瑞侠. 旋转平板上水膜流动的数值模拟[J]. 热能动力工程,1994,9 (2)：98 - 103.

[21]于瑞侠，张志俭,李学来.核汽轮机内平板叶片上水膜流动研究[J].核科学与 工程,1993,13(3)：204 - 210.

[22]王新军. 汽流切力作用下水平固体表面运动液膜特性的研究[D]. 西安:西安 交通大学,1989.

第3章 流动水蒸气的凝结动力学

人类对水蒸气过饱和现象及凝结过程的观察和研究由来已久。早在 1887 年 H. von Helmholtz 就发现水蒸气射流进入大气时会推迟呈现雾状;C. T. R. Wilson 在云雾室实验中直接观察到了过饱和现象;1913 年 Stodola 在拉瓦尔喷管中完成了水蒸气流的试验。系统研究高速汽流中的凝结现象约始于 1930 年以后,Yellott 等人找出了过饱和的极限位置(称为 Willson 线)。对凝结现象的理论解释是利用热力学的基本概念(如水珠与周围蒸汽的平衡)以及气体动力论完成的。第一个描述饱和蒸汽中水珠形成的理论是经典成核理论;1942 年 Oswatitsch 第一个将成核理论与气体动力学方程相结合,得出了完整的凝结流动理论。对流动水蒸气中的凝结动力学研究是多方面的,内容包括膨胀率对雾珠尺寸的影响;低超音速下冲波的出现及凝结时的脉动现象;外来凝结核心的影响;有关成核理论的研究以及测试方法的研究等方面。

水蒸气凝结动力学的核心问题是成核理论(Nucleation Theory)和水珠生长理论(Droplet Growth Theory)。成核是蒸汽进入过饱和状态后继续发展变化而自发产生的一种结果。本章将介绍过饱和蒸汽产生的条件及过程,成核理论和自发成核率、水珠的生长等内容。

3.1 过饱和蒸汽产生的条件与过程

3.1.1 过饱和蒸汽在 p-V-T 图上的状态点

在不受外界影响的条件下,一个热力系统的状态如果能够始终保持不变,系统的这种状态称为平衡状态。只有平衡状态才能用状态参数图上的一点来表示,不平衡状态因系统各部分的物理量一般不相同,在状态参数图上是无法表示的。p-V-T 相图就是表示平衡状态下物质各相态与参数的相互关系的。

在第 1 章 1.2 节中阐述了纯水的 p-V-T 图,图 3-1 则是简化示意图。图中的等温过程线 T 和等压过程线 p 分别表示了平衡状态下的两个过程线。无论是沿着等温过程线还是等压过程线,当水物质由气相区到达干饱和线上 a 点时,水蒸气中就应该有水珠凝结出来,同时工质就从过热蒸汽变为平衡的湿蒸汽。由于平衡湿蒸汽的压力与温度是一一对应的,因此等温过程和等压过程中的湿蒸汽状态都将沿着 a—c 线变化下去,湿度逐渐增大,直至到 c 点变成饱和的液相水,两个过程中的各状态点始终处在 p-V-T 的表面上。

但如果出现了过饱和现象,蒸汽到达 a 点后并没有马上凝结产生水珠,仍然保持气相状态,过程将不再沿着 a—c 线方向进行。这时的等温过程将沿着 a—b_T 方向进行到 b_T 点;而等压过程将沿着 a—b_p 方向进行到 b_p 点。过饱和状态是热力学上的不平衡状态,无法在状态参数图上表示。因此,a—b_T 过程和 a—b_p 过程上的所有点(a 点除外)都在 p-V-T 表面之外。当然,以上的分析适用于任何热力学过程。

汽轮机中的理想膨胀过程是等熵过程;实际膨胀过程则是熵增的过程。等熵膨胀过程线介于等温和等压这两个极限过程线之间。图 3-1 中也表示了蒸汽沿等熵过程到达干饱和线上 a 点的情况。同样,如果蒸汽达到 a 点以后仍然保持热力学平衡状态,膨胀过程将沿着 a—c 线方向进行,并有水分凝结出来;但如果出现过饱和状态,膨胀过程将沿着 a—b_s 线方向达到 b_s 点。b_s 点也是热力学上的不平衡状态点,因此,a—b_s 线上的各状态点(a 点除外)也代表热力学上的不平衡状态,都在 p-V-T 表面之外。

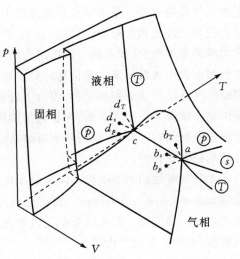

图 3-1　纯水 p-V-T 图上的过饱和状态点

当过饱和到一定程度,蒸汽就开始凝结。凝结出的液体状态点如图 3-1 中的 d_T、d_s 和 d_p 各点所示,这些凝结液体状态点都在代表液相的表面上,所以也都是热力学平衡状态。可以看出,由于过饱和蒸汽的温度低于压力所对应的饱和温度,所以 d_T、d_s 和 d_p 三个点都不在饱和液体线上,且温度都低于 a—c 线的温度,这说明液相水是过冷的。但随着凝结的进行和水珠的形成,汽化潜热使液相温度立即就升到 c 点的温度,工质就恢复到热力学上平衡的湿蒸汽状态。

3.1.2　均质性与相变

从上节的分析中可以看出,当蒸汽状态到达图 3-1 中的 a 点后,有可能向两个方向发展:一是立刻开始并逐步凝结产生液相(热力学平衡过程);二是产生了过饱和现象(热力学非平衡过程)。至于蒸汽状态向哪个方向发展主要取决于蒸汽是均质性物质还是非均质性的物质。

均质性物质。如果物质非常洁净完全不包含任何外来杂质,并且又没有任何壁面来帮助物质分子在上面凝结,在从气相向液相的冷却过程中,到了凝结温度时,物质并不是马上就开始凝结的,而是保持原有的相态(气相)继续降温,直至温度降低到某一极限程度才开始凝结。这种到了凝结温度而不凝结的现象就是过饱和现象。从凝结温度开始到某个限度为止,物质就处于过饱和状态(或称为过冷状态)之中。同样,当液相物质继续冷却到凝固温度时,也会发生过饱和现象。

非均质性物质。如果物质中包含有许多外来杂质(灰尘的粒子、离子等),则当冷却到凝结温度或凝固温度时,物质就立刻开始凝结或凝固,整个冷却过程则始终处于热力学上的平衡状态。

结合上面的论述和一般物质的 p-T 图(见图 3-2),可以看出,对于非均质性物质的冷却过程,AC 线是从气相转变为液相的分界线,AB 线是从液相转变为固相的分界线。对于均质性物质且缺少壁面条件的冷却过程,相变(从气相转变为液相或从液相转变为固相)发生的位置在 AC 或 AB 分界线左方一点,图中的阴影部分就代表物质的过饱和区域或过冷区域。

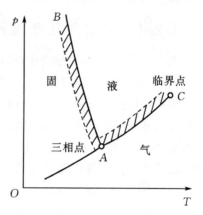

图 3-2　一般物质的相图

对汽轮机中的高速膨胀汽流来说,当非常洁净的水蒸气从过热状态膨胀到干饱和线时,也不会马上就发生凝结产生水珠,同样会发生过饱和现象。只有当过饱和度到一定的程度($S \approx 4$)时,水蒸气才开始凝结形成小水珠。这里有两点需要说明:一是时间问题,时间条件对过饱和状态的产生与否似乎并没有关系,高速膨胀的水蒸气因时间极短而来不及凝结的说法是不正确的,就是在静止的蒸汽中也会产生过饱和现象(如 Wilson 的云雾室实验);二是壁面问题,汽轮机中的工质是纯洁度很高的水蒸气,但通流部分却有许多可供蒸汽在上面凝结的金属壁面。实际上,壁面的存在并不能完全阻止过饱和状态的产生。究其原因,可能是蒸汽分子与壁面的接触仅仅局限在表面上,壁面虽然有助于蒸汽的凝结,但较小的蒸汽-壁面接触点相对叶栅通道中大量的洁净蒸汽流来说作用还是有限的,因此仍然发生过饱和现象。反之,如果蒸汽中包含有大量杂质,则杂质是分散在蒸汽之中且四周被蒸汽所包围的,相应的蒸汽分子与杂质表面接触的总面积大,更加有利于蒸汽的凝结。也就是说,均匀分散的杂质颗粒对蒸汽凝结的有利作用要大于壁面的作用。

在常规火电汽轮机中,蒸汽一般在低压级中膨胀越过干饱和线;在核电湿蒸汽汽轮机中,蒸汽的工作范围全部或大部分(安装有汽水分离再热器的机组)在湿蒸汽区域内。这两种汽轮机中都有产生过饱和蒸汽的条件。

3.2　喷管中的蒸汽膨胀与凝结

拉瓦尔喷管是一个缩放流道,汽流在喷管中的膨胀程度很大,可以从进口的亚音速一直膨胀加速到出口的超音速。在正常工作状态下,喷管中的蒸汽不但包括了过热蒸汽和过饱和蒸汽,还包括了蒸汽的凝结以及凝结之后的湿蒸汽。本节以一个拉瓦尔喷管中的蒸汽流动来分析过饱和现象。

3.2.1　从过热区开始的膨胀过程

图 3-3 是将拉瓦尔喷管中的蒸汽流动过程表示在 $h-s$ 图上。为了简化问题的分析,这里仅考虑等熵膨胀的流动过程。

在喷管的进口截面 a'' 处,蒸汽处于过热状态(对应 $h-s$ 图上的 a 点)。过热蒸汽从 a 点状态开始膨胀,压力和温度逐渐降低,在喷管喉部截面之后的 b'' 处达到饱和(对应 $h-s$ 图上的 b 点)。在从 a'' 截面到 b'' 截面区间的流动过程中,蒸汽始终处于过热状态且按等熵过程的规律膨胀,是热力学上的平衡状态,膨胀过程线与 $h-s$ 图上的 $a—b$ 线相一致。

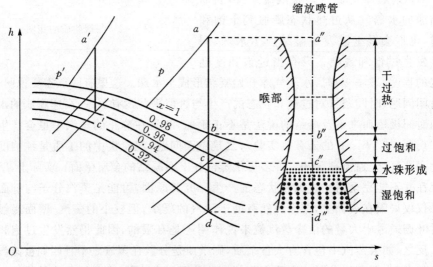

图 3-3　拉瓦尔喷管中的蒸汽膨胀

当蒸汽膨胀到饱和点 b 时(喷管的 b'' 截面),如果蒸汽中包含有足够多的分散的外来质点作为蒸汽的凝结核心,一部分蒸汽应该可以围绕这些核心凝结成水珠,此后随着膨胀的继续进行,蒸汽的湿度逐渐增大,也即蒸汽应该保持热力学的平衡状态,膨胀过程与 h-s 图上的 b—c 过程线一致。但实际情况是喷管中的蒸汽相当纯净,不包含任何外来杂质(即使含有少量质点,也不足以帮助蒸汽分子凝结成水珠),所以蒸汽达到饱和点 b 时并没有开始凝结,而是继续膨胀成为过饱和或过冷蒸汽。

众所周知,蒸汽分子凝结成水珠的过程需要一定的条件才能实现。蒸汽分子一方面随主流运动,另一方面也在不停地进行布朗运动,当若干个气态分子偶然碰撞在一起才有可能形成热力学平衡的并且具有一定半径的凝结核心。在纯净蒸汽中要自发形成大量凝结核心,基本条件是当地温度低于当地压力对应的饱和温度(即发生过饱和现象),而且只有当过饱和度 S(过冷度 ΔT)达到一定程度时凝结核心才能出现。原因如 2.3 节所述,过饱和度 S 越大,水珠的半径 r 就越小,水珠所含的分子数目也越少。在一定数量随机运动的蒸汽分子中,很少几个分子相互碰撞在一起的几率肯定比多数分子碰撞到一起的几率大得多,而许多蒸汽分子碰撞在一起的结果就形成水珠核心。只有当蒸汽中的凝结核数目足够多时,其他蒸汽分子才能迅速地在凝结核表面大量地凝结,宏观上即表现为蒸汽的湿度增加。这就是纯净蒸汽必须在过饱和状态下继续膨胀一个阶段才会发生凝结的原因。

这样在从 b'' 截面到 c'' 截面区间的流动过程中,各点的实际蒸汽状态(即过饱和状态)就不可能与 h-s 图上的热力学平衡态过程线(b—c 线)相一致了。也就是说,纯净蒸汽在膨胀过程中,在饱和线下方的一定区域内并不立即凝结产生液相水,仍然是按照过热蒸汽的膨胀规律进行膨胀,绝热指数 k 仍然是过热蒸汽的 1.3 而不是湿蒸汽的 $1.035+0.1x_{\mathrm{m}}$,蒸汽的实际温度也低于当地压力对应的饱和温度。

当过饱和蒸汽膨胀到 c'' 截面(对应 h-s 图上的 c 点)时,过饱和度 S 达到一定的极限程度,才会发生部分蒸汽的突然凝结,有大量凝结核的产生,这时蒸汽分子就以这些凝结核为中心而迅速地凝结下来。蒸汽分子凝结释放出的潜热使其他蒸汽分子被加热,因而体积膨胀、压力升高,甚至发生压力的急剧升高而导致产生凝结冲波的程度。同时加热作用也使得蒸汽温度恢复到当地压力对应的饱和温度,蒸汽就从不平衡的过饱和状态很快地恢复到热力学上平衡的湿蒸汽状态。

在从 c'' 截面到 d'' 截面区间的流动过程中,由于已经形成大量的凝结核,蒸汽分子以这些凝结核为中心而不断凝结下来,相应的蒸汽湿度也不断增大。因此,蒸汽按照平衡湿蒸汽状态的规律进行等熵膨胀,膨胀过程中的各点实际蒸汽状态与 h-s 图上的过程线(c—d 线)相一致。

　　过饱和极限位置点（对应平衡态下的湿度约为 3.5%～4%）称为 Wilson 点。从不同进汽状态点开始的喷管等熵膨胀过程线上都有这样一个标志着凝结开始的 Wilson 点（如图 3-3 中的 c 点和 c' 点），将许多 Wilson 点的连线称为 Wilson 线。图 3-4 分别是 $\lg p$-T 图、T-s 图和 h-s 图上的 Wilson 线走向。

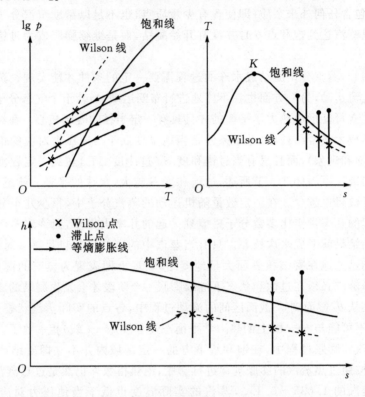

图 3-4　三种热力学曲线图上的 Wilson 线走向

　　图 3-5 是实验得到的部分 Wilson 线。但由于研究的参数范围并不全面以及各研究者的实验条件与参数测量方面的差异，另外还有喷管进口参数和膨胀速率的不同，其结果是图 3-5 中给出的 Wilson 点的连线不是曲线而是呈现出很窄的带状结构且不连续。

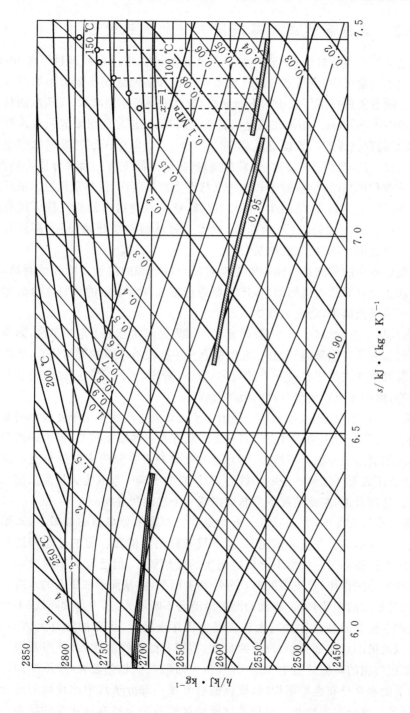

图 3 - 5　实验得到的部分 Wilson 线

3.2.2　从饱和线或湿蒸汽区开始的膨胀过程

在火电凝汽式汽轮机中,一般只有一个低压级的膨胀过程线越过干饱和线。但在核电饱和汽轮机中,高压缸的进汽状态就是饱和蒸汽或是湿度很小的湿蒸汽($y \approx 0$)。随着蒸汽在高压缸中的不断膨胀,蒸汽的湿度不断增大,高压缸的排汽湿度约达到 $10\% \sim 13\%$。如果在核电汽轮机的高/低压缸之间仅安置一台水分离器,则分离后的蒸汽干度一般能够达到 $98\% \sim 99\%$,也即低压缸的进汽状态也是湿度很小的湿蒸汽(见图 1-32)。如果在高/低压缸之间安置一台水分离再热器,则经过水分离和再热的过程,低压缸的进汽状态为过热蒸汽,过热蒸汽进入低压缸继续膨胀并越过干饱和线(见图 1-16)。这样,核电汽轮机内的蒸汽就可能有两处从饱和线(高、低压缸进口)开始膨胀,或者一处从饱和线开始膨胀(高压缸进口),另一处越过饱和线(低压缸内某级)。

核电汽轮机中的蒸汽是否还需要先经过一个过饱和的过程才能开始凝结,这个问题目前还没有非常明确的结论,还需要进行更加深入细致的研究。但根据一些学者发表的研究结果,情况大致如下。

(1)蒸汽从干饱和线($y = 0$)开始膨胀。如果进汽状态是干饱和蒸汽,则高压缸中的蒸汽膨胀是从饱和线开始的,此时的蒸汽中并没有水珠的凝结核心,所以最可能的情况就是蒸汽先要经过一个过饱和或过冷阶段,通过这个过程形成足够多的凝结核心,然后才真正实现蒸汽的凝结过程。

(2)蒸汽从较小湿度($y \approx 0.02$)开始膨胀。如果进汽状态是湿度很小的湿蒸汽,则高压缸或低压缸中的蒸汽在膨胀开始时就存在一些凝结核心,但可以推测蒸汽中所形成的凝结核心数目不够多,而且这些凝结核心在蒸汽中的分布也可能很不均匀,所以还需要再继续产生一些核心,与原有的水珠一起成为大量凝结蒸汽分子的核心。这就是说,在此情况下仍然会出现一个过饱和过程。

(3)蒸汽从较大湿度($y \approx 0.04$)开始膨胀。如果水分离器的效果不好,则低压缸的进汽湿度偏大。在这种情况下,似乎没有理由再需要一定的过饱和过程来形成额外的凝结核心了。虽然不会出现新生的凝结核心,但已有的不同大小的水珠能够发挥核心的作用,让更多的蒸汽分子在上面凝结,从而形成更大的水珠。这时,喷管内是稳定的湿蒸汽流,蒸汽的湿度沿流向不断增大,压力连续降低(不会出现使压力产生突跳的凝结冲波),水珠直径也将逐渐增大,水珠的数目大体不变。但在实际汽轮机的通流部分中,汽流的参数(特别是湿蒸汽的参数)分布是很不均匀的,例如在弯曲的叶栅通道中,吸力面和压力面的汽流相差较大,在不同的压力梯度条件下的水珠分布也很不相同,很可能会形成一部分蒸汽中比较均匀地分布着水珠,而另一部分蒸汽则处于饱和蒸汽或湿度较低甚至略有过热的状态。这样就不能排除这部分蒸汽再度发生过饱和膨胀的可能性。对于实验性湿蒸汽汽轮机所进行的科学观察,已经证实确有这种二次甚至多次过饱和现象的存在。

(4)蒸汽从过热状态开始膨胀。如果核电汽轮机的高/低压缸之间安置了水分离再热器,则低压缸的进口就是过热蒸汽状态,蒸汽在低压缸中膨胀,压力和温度逐渐降低,到某级时就越过了饱和线。这种情况如上节所讨论的内容,蒸汽凝结过程是必须产生过饱和现象的。

3.2.3　过饱和蒸汽在 h-s 图上的表示方法

过饱和状态是一种热力学上的不平衡状态,它的状态参数无法在正常的平衡态 h-s 图上表示出来。但过饱和蒸汽在不同压力下的状态参数完全可以从 h-s 图上的过热蒸汽等压线在湿蒸汽区内的延伸线来确定(见图 3-6)。从图中可以清楚看出过饱和蒸汽与原来平衡态下的湿蒸汽之间的相互关系。图中的 A 、A' 和 B 三点的压力均是 p,并且 A 点和 A' 点的熵值相等。BA 线是 B 点以上过热蒸汽等压线的延长,需要按过热蒸汽的计算公式来计算。BA' 虚线则是原来平衡态下 B 点饱和等压线的一部分。

从图 3-6 中也可以看出,过饱和区的等温线也都是过热区等温线的延长线。如果蒸汽膨胀到饱和线上的 B' 点时立刻开始凝结,则继续膨胀到 A' 点时的蒸汽温度应该等于 B 点的饱和温度 $T_s(p)$ 。但实际上蒸汽在 B' 点并没有开始凝结,而是作为过饱和蒸汽从 B' 点膨胀到 A 点,相应的温度降低到 T_g,低于 B 点的温度 $T_s(p)$ 。

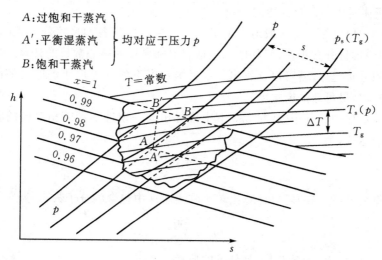

图 3-6　过饱和蒸汽与平衡态湿蒸汽的关系

3.3　蒸汽凝结理论

根据 3.1 和 3.2 节的分析可知,洁净无杂质是水蒸气产生过饱和的条件,而过饱和状态又是水蒸气分子凝结为液态水珠的前提条件。从拉瓦尔喷管中的蒸汽膨胀过程(见图 3-3)也可以看到,在过饱和区之后又分为水珠形成区(成核区)和水珠生长区。成核的过程非常短暂,水珠的生长过程则相对长得多。实际上,在整个的成核与生长过程中,蒸汽的凝结与水珠的蒸发这两种相反的过程都存在,处于热力学的动态平衡状态。但因为膨胀汽流的条件更加有利于凝结过程的实现,所以蒸汽中的分子最后还是凝结下来。本节将探讨成核理论和水珠的生长理论。

3.3.1　平衡态下的临界水珠数目

1926 年,Volmer 和 Weber 假定蒸汽分子聚团(即由两个或多个蒸汽分子碰巧结合在一起组成的)的可能数目可以应用 Boltzamann 分布定律来计算。根据这个定律,在一个容积不变、能量不变的系统内,单位质量气体内的 i 分子体平衡态数目的表达式(见 2.3 节)为

$$N_{i,\mathrm{eq}} = N_m \exp\left(-\frac{\Delta G_i}{k T_g}\right) \tag{3-1}$$

式中:$N_{i,\mathrm{eq}}$ 是 i 分子体的平衡态数目;N_m 是单位质量过饱和蒸汽的分子总数;$k = 1.38 \times 10^{-23}$ J/K 是 Boltamann 常数;T_g 是气相温度;ΔG_i 是 i 个分子变成一个 i 分子体时吉布斯自由焓的变化。

式(3-1)虽然只是一般地表示了一定过饱和度下各种尺寸分子聚团(亦即凝结核心)的数目分布规律,但其中也包括着对临界尺寸核心数目的计算。应用这个分子聚团分布定律,就可以计算出一定过饱和度下的临界尺寸水珠的平衡状态密集度(也就是最可能的密集度)。

临界水珠中的分子数:在 2.3 节中推导出与一定过饱和度相对应的临界水珠半径的表达式,为

$$r_{\mathrm{cr}} = \frac{2\sigma/\rho_f R T_g}{\ln S} \tag{3-2}$$

根据公式(2-10)可以计算出单个临界水珠中包含的分子数 i_{cr} 为

$$i_{\mathrm{cr}} = \frac{4\pi\rho_f}{3m_m} r_{\mathrm{cr}}^3 \tag{3-3}$$

式中:$m_m = 2.99 \times 10^{-26}$ kg 是分子的质量。

自由焓的变化:当半径为 r 且包含 i 个分子的水珠在可逆条件下形成时,吉布

斯自由焓的变化为

$$\Delta G_i = -im_m RT_g \ln S + 4\pi\sigma r^2 \tag{3-4}$$

图 3 - 7 是不同蒸汽状态下的自由焓变化与水珠半径(水珠的分子数)的关系曲线。对于过饱和蒸汽($S > 1$),在一定过饱和度 S 下, $\Delta G_i - r$ 的关系曲线出现一个最大值,这个最大值就是凝结核形成时的自由焓变化量 ΔG_{cr} ,相应凝结核的半径称为临界半径 r_{cr} 。

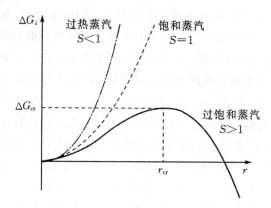

图 3 - 7　不同蒸汽状态下的 ΔG_i 与 r 的关系

将式(3 - 2)和式(3 - 3)代入式(3 - 4)中,可得到 ΔG_{cr} 的表达式为

$$\frac{\Delta G_{cr}}{kT_g} = \frac{i_{cr}}{2}\ln S = \frac{4\pi\sigma}{3kT_g}r_{cr}^2 \tag{3-5}$$

将式(3 - 5)代入式(3 - 1)中,得到临界水珠在平衡态下的数目为

$$N_{cr,eq} = N_m \exp\left(-\frac{i_{cr}}{2}\ln S\right) = N_m \exp\left(-\frac{4\pi\sigma}{3kT_g}r_{cr}^2\right) \tag{3-6}$$

根据式(3 - 6)对典型的饱和状态和过饱和蒸汽进行了计算(见图 2 - 24),可以看出,临界尺寸的水珠数目的数量级比单体分子小很多。

3.3.2　经典成核率表达式

成核率的定义有两种,一是单位时间内,单位质量的过饱和蒸汽中自发产生的临界和超临界尺寸水珠数目 I ;二是单位时间内,单位容积的过饱和蒸汽中自发产生的临界和超临界尺寸水珠数目 J 。两种定义的成核率表达式分别为

$$I = K_m \exp\left(-\frac{\Delta G_{cr}}{kT}\right) \tag{3-7a}$$

$$J = K_v \exp\left(-\frac{\Delta G_{cr}}{kT}\right) \tag{3-7b}$$

　　成核率 I 和 J 的表达形式是完全相同的,差别在于单位,式中的 K_m 和 K_v 分别是单位质量和单位容积计算成核率时的比例系数,因此可以统一用 K 来表示。

　　对于静止的两相物质系统,因为水珠所占的容积与蒸汽相比较可以忽略不计,用 J 表示成核率比较严格一些,因此多为物理学家所采用。对于流动的两相物质系统来说,因为其他所有的参数都是以蒸汽质量为单位,所以采用 I 表示成核率比较方便一些。本书后续内容将采用 I 来表示过饱和蒸汽的成核率。

　　从公式(3-6)可以看出,随着分子聚团尺寸 i 的增加,过饱和状态中分子聚团平衡态数目从单分子时的最大值急剧地向临界尺寸时的最低值减小(见图2-24),然后又随 i 的增加而增大,直到 $i \to \infty$ 时增加到无穷大。既然从有限数目的分子形成无限多个无限大的水珠在物理上是不可能的,那么这种平衡态的分布也永远不可能实现。实际上,与某一过饱和状态相当的平衡态分布 $N_{i,\mathrm{eq}}$ 只有对很小的分子聚团($i \ll i_{临界}$)才能够真实存在。这就需要确定出实际的临界核数目 N_{cr}。

　　1927 年 Farkas 设想了一个稳定状态的模型系统,在这个系统内存在着聚团的一个特殊不平衡态分布。正是由于这种不平衡分布,才有一定数目的聚团生长到并超过临界尺寸。在某一尺寸下,设想聚团不断地由系统排出并由同等数目的单分子补充。稳定状态要求净分子流与聚团的大小无关,从这一条件出发,就可以采用考虑不同大小的聚团由于单个分子的吸收和逸散而同时生长和衰退的办法将分布函数推导出来。相应的净生长流就给出了成核率,表达式为

$$I = \beta \cdot 4\pi r_{\mathrm{cr}}^2 \cdot N_{\mathrm{cr,eq}} \sqrt{\frac{1}{2\pi k T_{\mathrm{g}}} \left(\frac{\partial^2 \Delta G_i}{\partial i^2}\right)_{\mathrm{cr}}} \qquad (3-8)$$

式中:β 是单位时间内碰撞到单位壁面上的气体分子数,它可以根据分子动力学理论由压力、温度和分子质量计算得到,表达式为

$$\beta = \frac{p}{\sqrt{2\pi m_m k T_{\mathrm{g}}}} = \frac{p}{m_m \sqrt{2\pi R T_{\mathrm{g}}}} \qquad (3-9)$$

在式(3-9)中,理想气体常数 R 等于玻尔兹曼常数 k 乘以阿伏伽德罗常数 N_m,且有恒等式 $N_m = 1/m_m$。

　　将自由焓变化 ΔG_i 的方程式(3-4)进行微分,并将微分结果和式(3-9)一起代入式(3-8)中,可以得到经典成核率的最终表达式为

$$I = K\exp\left(-\frac{4\pi\sigma}{3kT_{\mathrm{g}}}r_{\mathrm{cr}}^2\right) = \sqrt{\frac{2\sigma}{\pi m_m^3}} \frac{\rho_{\mathrm{g}}}{\rho_{\mathrm{f}}} \exp\left(-\frac{4\pi\sigma}{3kT_{\mathrm{g}}}r_{\mathrm{cr}}^2\right) \qquad (3-10)$$

　　计算示例:对于水珠半径 $r_{\mathrm{cr}} = 10^{-9}$ m,其他数据分别为:$m_m = 3 \times 10^{-26}$ kg,$\rho_{\mathrm{g}} = 1$ kg/m³,$\rho_{\mathrm{f}} = 1 \times 10^3$ kg/m³,$\sqrt{RT_{\mathrm{g}}} \approx 500$ m/s,$T_{\mathrm{g}} = 300$ K,$\sigma = 0.06$ N/m。则式(3-10)中的指数值为

$$\left(-\frac{4\pi\sigma r_{cr}^2}{3kT_g}\right)\approx-\frac{4\pi\times0.06\times10^{-18}}{3\times1.38\times10^{-23}\times300}\approx-60$$

与式(3-7a)相对应的比例系数 K 值为

$$K=\sqrt{\frac{2\sigma}{\pi m_m^3}}\frac{\varrho_g}{\rho_f}=\sqrt{\frac{2\times0.06}{\pi\times27}\times10^{78}}\times\frac{1}{1000}\approx4.0\times10^{34}$$

利用式(3-10)估算出的成核率为

$$I_{估算}=4.0\times10^{34}\times e^{-60}\approx3.5\times10^8 \text{ 个}/(kg\cdot s)$$

在上述条件下,每公斤质量的过饱和蒸汽中,每一秒钟将自发产生 3.5×10^8 个临界水珠。虽然 3.5×10^8 是一个很大的数字,但与基数 $K=4.0\times10^{34}$ 相比较又小得微不足道。如果再考虑到成核过程延续的时间也许只有亿分之几秒,那么由于凝结而减少的蒸汽分子数目即使不补充,对基数 K 的影响也非常之小,完全可以将 K 作为常数来处理。

3.3.3　成核率的影响因素

从成核率表达式(3-10)可以看出,影响成核率 I 大小的因素有许多,如分子质量 m_m、表面张力 σ、液体密度 ρ_f 和气体密度 ρ_g 等物性常数,表示状态的气体温度 T_g 以及表示非平衡程度的过饱和度 S。从 3.3.2 节的计算示例数据知道,比例系数 K 之所以非常庞大,原因是分子质量 m_m 是一个很小的数值,且在分母中为三次方。虽然 σ、ρ_f 和 ρ_g 对系数 K 也有影响,但这三个参数的变化与 $\sqrt{10^{78}}$ 的数量相比较影响甚微,所以完全可以将 K 作为一个常数看待。另外,指数项的数值也影响成核率 I,其中的 σ 和 T_g 都是以三次方起作用的,而过饱和度则是以 $\ln(S)$ 形式起二次方作用。

值得注意的是,有些物性参数(尤其表面张力 σ)是随着温度变化的,对成核率 I 数值的影响相对较大。由于临界水珠半径与表面张力是同数量级(即 $r_{cr}\approx\sigma$)的,所以成核率 I 表达式对于所采用的表面张力的数值是很敏感的。在利用公式(3-10)来计算成核率时,可以通过略微改变表面张力值来达到计算的收敛。

过饱和度 S 或过冷度 ΔT 在自发凝结过程中是起决定作用的,对成核率的影响以 $\ln(S)$ 形式出现。函数 $I=I(\ln S)$ 或 $I=I(\Delta T)$ 就表征了自发凝结过程的特性。图 3-8 给出了几个不同压力下的成核率与过冷度的关系曲线。图中的横坐标是过冷度 ΔT,纵坐标是成核率 I,压力 p 作为参变量。其中的四条实线对应于表面张力取平面水的数值 σ_∞ 的情况,四条虚线则是根据公式(1-10)来确定水珠表面张力 σ_r 而计算的结果。

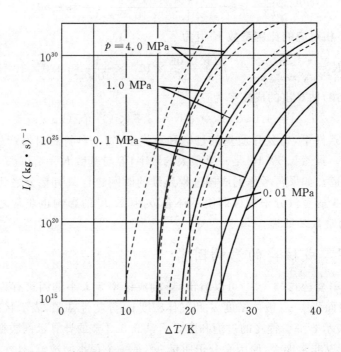

实线：表面张力取为 σ_∞；虚线：表面张力取为 σ_r

图 3-8　成核率 I 与压力 p 和过冷度 ΔT 之间的关系曲线

　　图 3-8 中不同压力下的曲线均表明：在低过冷和中等过冷情况下，随着过冷度 ΔT 的增大，成核率均急剧增大，但增长率逐渐下降，正是这种成核率的高速增长，导致自发成核的突然出现。压力越高，对应成核开始时的过冷度越小；反之，较小压力发生自发凝结则需要更大的过冷度。从四条实线和四条虚线的对比来看表面张力的影响，按照公式（1-10），水珠的表面张力 σ_r 要小于平面水的表面张力 σ_∞，所以表面张力越小，相同条件下形成临界水珠的半径 r_{cr} 就越小，相应的成核率就越大。这与公式（3-10）的预测完全一致。表 3-1 是计算成核率曲线的实例数据。

　　图 3-9 是另外一种表示成核率与过饱和度及过饱和蒸汽温度三者之间关系的曲线。图中的横坐标是过饱和蒸汽的温度 T_g，纵坐标以 $\ln p_s/p_\infty$ 的形式来反映过饱和度的影响。图中绘出了两组曲线，一组实线是等成核率 J 变化曲线（J 是指单位时间、单位容积内的过饱和蒸汽中产生的凝结核心数目）。一般情况下，每一公斤质量的蒸汽占据多个单位容积，所以图 3-9 中的成核率 J 值比图 3-8 中

的 I 值要小一些,但两者的数量级是相同的。从图 3-9 可以看出,过饱和蒸汽的温度 T_g 越高,相同条件下产生的临界水珠的半径就越小,形成的凝结核心也越多。随着 $\ln p_s/p_\infty$ 的增大,成核率 J 非常急剧地增大。$\ln p_s/p_\infty$ 对 J 的影响是巨大的,$J=1$ 和 $J=10^{20}$ 这两条相差 10^{20} 倍的曲线在 $\ln p_s/p_\infty$ 坐标上也不过相差 1 到 2,而且 T_g 越大,$\ln p_s/p_\infty$ 就相差越小。另外一组虚线是 r_{cr}/d_m 的变化曲线(r_{cr} 为水珠的临界半径,d_m 则代表分子直径)。r_{cr}/d_m 以分子直径的倍数来表示临界水珠的尺寸。曲线变化规律同样表明:随着 T_g 和 $\ln p_s/p_\infty$ 的增大,产生的临界水珠的半径是减小的。从图 3-9 中的实线和虚线两组相互位置和交叉情况来看,在一般碰到的 J 值范围内,只有较小的临界水珠才能稳定的存在。

表 3-1　成核率 I 的计算结果示例($p=4.0$ MPa)

名　称	单　位	计算点					
		1	2	3	4	5	6
平面水的表面张力 σ_∞	N/m	0.0283					
水珠的表面张力 σ_r	N/m	0.0149					
平面水计算式常数 K	个/(kg·s)	2.58×10^{34}					
水珠计算式常数 K'	个/(kg·s)	1.87×10^{34}					
饱和温度 T_s	K	523.3					
过饱和温度 T_g	K	513.3	505.3	503.3	500.8	505.8	498.3
过冷度 ΔT	K	10.0	15.0	17.5	20.0	22.5	25.0
水珠临界半径 r_{cr}	m	2.2×10^{-9}	1.6×10^{-9}	1.3×10^{-9}	1.05×10^{-9}	0.9×10^{-9}	0.83×10^{-9}
平面水计算指数 B	——	81.0	43.3	28.7	18.8	13.9	11.7
水珠计算指数 B'	——	42.7	22.2	15.1	9.9	7.3	6.2
平面水 σ_∞ 下的成核率 I	个/(kg·s)	0.17	4.05×10^{15}	8.87×10^{21}	1.77×10^{26}	2.38×10^{28}	2.14×10^{29}
水珠 σ_r 下的成核率 I	个/(kg·s)	5.35×10^{15}	2.35×10^{24}	5.09×10^{27}	9.31×10^{29}	1.24×10^{31}	1.75×10^{31}

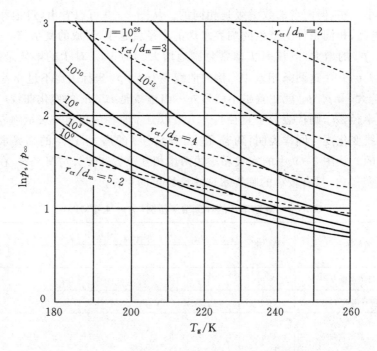

图 3-9　单位时间、单位容积内的成核率曲线

3.3.4　成核过程的延续时间

在蒸汽的快速膨胀中,过饱和度增大的速率是很高的,这对于建立稳态成核所需的时间可能不够。一些研究者对这种成核过程延续时间的影响进行了研究并给出了估算公式。Wakeshima 在 1954 年推导出的成核率反应表达式为

$$I(t) = I\left(1 - \exp\frac{-t}{\Delta t_{成核}}\right)$$

式中:I 是由方程式(3-10)确定的成核率;$\Delta t_{成核}$ 是成核过程的延续时间。经过一定的推导,Gyarmathy 给出了 $\Delta t_{成核}$ 的表达式为

$$\Delta t_{成核} = \frac{kT_g}{2\beta \cdot 4\pi r_{cr}^2}\left(\frac{\partial^2 \Delta G_i}{\partial i^2}\right)_{cr}^{-1}$$

将上式与方程式(3-2)、(3-4)和(3-9)联合得到

$$\Delta t_{成核} = \sqrt{\frac{\pi}{2}} \cdot \frac{\rho_f}{\rho_g} \cdot \frac{r_{cr}}{\ln S \sqrt{RT_g}} \tag{3-11}$$

对于典型条件($r_{cr} = 10^{-9}$m, $\rho_f = 1000$ kg/m, $\rho_g = 1.0$ kg/m, $\ln S \approx 2$, $T_g = 400$ K, $R = 461.5$ J/kg·K)来说,利用式(3-11)可得成核的延续时间为

$$\Delta t_{成核} \approx \sqrt{\frac{3.14}{2} \times 10^3 \times \frac{10^{-9}}{2 \times \sqrt{461.5 \times 400}}} = 1.46 \times 10^{-9} \text{ s}$$

在蒸汽轮机或缩放喷管中,膨胀蒸汽的速度一般最大也不超过 500 m/s。如果喷管的过饱和区长度为 0.01 m,则蒸汽通过过饱和区的时间约为 2×10^{-5} s。所以成核的延续时间 $\Delta t_{成核}$ 约为过饱和膨胀过程时间的万分之几,是完全可以忽略的。由此可见,在计算成核率时并不需要考虑成核延续时间的影响,方程式(3-10)所给出的成核率公式可以用来计算喷管中的蒸汽流的成核过程。

以上计算实例表明:在计算成核率时并不需要将成核过程真正看作是一个有时间延续的过程,因为延续时间 $\Delta t_{成核}$ 太短暂了。可以这样假设:当过饱和蒸汽达到一定的过饱和度 S 值时,在瞬间就产生了由式(3-10)所确定的数量庞大的临界半径凝结核。图 3-8 和图 3-9 中的曲线以及表 3-1 中的数据都是将成核率作为不同条件下突然发生的现象对待的。所以在计算成核率时,实际上是将成核过程当作孤立的独自发生的事件,而没有考虑其他可能同时发生的一些问题,比如传热问题。当蒸汽分子碰撞在一起形成数量巨大的临界核心时,当然也会同时产生一定的凝结潜热,使凝结核心的温度从过冷状态下的 T_g 突升到与蒸汽压力 p 相对应的饱和温度 T_s,这就是从不平衡的过饱和状态恢复到平衡的湿蒸汽状态的过程,但在成核率的计算中假设这个过程是在瞬间完成的。这里所牵涉的传热学问题将在后面章节中加以论述。

3.3.5　经典成核率理论的局限性

经典成核率理论是在 Volmer 理论的基础上发展而成的。通过成核率理论在高速汽流凝结问题上的应用可以看到这种理论的一些不足之处,具体表现在以下几个方面。

(1)表面张力问题。在应用经典成核率理论研究水蒸气、氧和氮的凝结时,对于低温下的表面张力与温度的关系所知甚少,而在成核率公式(3-10)中,表面张力 σ 主要以三次方的形式出现在指数项中,所以表面张力 σ 的微小误差都会对成核率产生很大的影响。

(2)凝结核心问题。经典成核率理论只考虑了自发凝结产生液珠的一种可能性,但实际应用的蒸汽不可能是完全洁净无杂质的,在蒸汽凝结过程中可能会存在一些外来核心。在这种情况下,要将该理论应用于成核率的计算就更加困难。通常认为,如果蒸汽中含有外来杂质(灰尘的粒子、离子等)或者在进口气流中就含有水珠,那么凝结可以在通过饱和线时或者紧接通过之后就发生,凝结强度与外来杂质的各种因素(例如数量、大小、滑移速度、杂质的物性和形状等)有关。一个外来杂质一旦被凝结水覆盖后,就与一个相同大小的水珠十分相似。可以用假定在进口气流中存在一定数量水珠的方法来研究外来杂质对凝结的影响。

(3)连续体问题。在通常过饱和度的范围内,自发凝结产生的临界水珠的尺寸总是很小的,因而水珠所包含的分子数目相对也是很少的。对于这些小水珠是否还能应用连续体的概念,将有限差分方程改为微分方程还需要斟酌。目前还不清楚水珠最少应包含多少个分子才能应用连续体的概念。

(4)能量问题。对随机运动的蒸汽分子相互碰撞并形成小临界水珠时的自由焓变化并不是十分清楚。式(3-5)虽然给出了临界水珠形成时自由焓变化 ΔG_{cr} 的表达式,但这个公式只有在表面张力为常数时才能够推导出来,这个公式肯定不适用于仅包含几十个分子的小临界水珠。对于小曲率半径水珠的表面张力,一般应用式(1-10)来进行修正。H. G. Stever 和 K. C. Rathbun 采用式(1-10)修正了表面张力 σ 值,并直接引入到成核率公式的推导中,他们的计算结果表明:考虑 σ 修正得到的成核率远远大于不考虑 σ 修正得到的成核率。但也有学者的研究结果与此相反。这有力地说明对表面张力 σ 在成核率公式中所起的真正作用的认识还是很不完全的。

经典成核理论具有一定的局限性,其根本原因在于这种理论所依据的出发点和基本假设。目前人们对于液态物质的认知还不完整,尤其是对凝结核的认识十分有限。具有临界尺寸的凝结核心是非常小的,接近于分子的尺寸,这种极小液珠核心是否容许应用连续体概念也是问题。另外,经典成核理论所考虑的是稳定状态模型,即假想这样一个系统,其中蒸汽的过饱和度是不变的,达到了临界尺寸的分子聚合体不断地离开系统并不断地被当量的单分子体所置换。成核率的基本公式就是基于这样一个物理模型进行数学分析而得到的,因此分析结果也就不能保证完全反映了客观实际。很显然,无论是在物理学家所用的静止云雾室中或者在工程应用的蒸汽缩放喷管中,这样的物理模型都不完全适用。

经典成核率理论是经过许多物理学家(Volner,Farkas,Becker,Döring,Flood等)的努力建立起来的。针对经典成核率理论的局限性,后来的学者又陆续提出了一些新的成核理论和模型(如 1962 年 W. G. Courtney 提出了非稳态成核理论和水蒸气凝结动力学的数学模型;1968 年苏联莫斯科动力学院的 М. Е. дейч 等人应用一种非稳定状态的物理模型推导出新的成核率表达式;Deich 等人根据一种不稳定的物理模型,推导出新的成核率表达式,M. J. Moore 等人应用这个公式得到的成核率数值与蒸汽试验的结果十分符合),但他们各自的研究结果仍有较大的差异,很难确定哪个理论和模型更加准确。

Feder 等人对经典成核理论进行了研究,认为分子聚团与蒸汽之间的温度不同会导致成核率降低,并提出了一个修正系数为

$$I_{\text{Feder}} \over I = \left[1 + \frac{2(\kappa - 1)}{\kappa + 1} \left(\frac{L}{RT_g} - \frac{1}{2} \right)^2 \right]^{-1} \tag{3-12}$$

修正系数接近于 $1/50$，也就是说与方程式（3-10）相比较，成核率有所降低。

3.4　水珠生长理论

从 3.2 节介绍的蒸汽在拉瓦尔喷管中的膨胀过程知道，当蒸汽膨胀到一定的过饱和度时就产生自发凝结现象。凝结核形成的区域很短（见图 3-3），延续时间约为蒸汽通过喷管时间的百分之一。在凝结核形成区之后直到喷管的出口截面都是水珠生长区。如果把凝结核的形成看作是一个瞬时现象的话，那么整个水珠生长过程就需要相对长的时间。

临界尺寸的凝结核产生之后，由于更多的蒸汽分子在这些水珠的表面上不断凝结，这些水珠就经历尺寸不断增长的过程。蒸汽分子在水珠表面凝结时必然要释放汽化潜热，如果这些热量不能迅速地由水珠传递到周围的蒸汽中去，水珠温度很快就会升高以至于达到一种热力学平衡状态：即有多少蒸汽分子凝结到水珠上，就有多少水分子重新蒸发为蒸汽，这样水珠的增长过程就停止了。而实际上水珠的增长过程在流道中并没有停止，可以推断水珠增长时的热交换过程也一直在进行着。

理论上讲，水珠与水珠在蒸汽中的相互碰撞、合并也会造成水珠尺寸的增长。但根据成核模型的基本假设，凝结核都是与当时过饱和度相对应的临界半径尺寸，它们的生长率也基本一样。这些凝结核在汽流中以相同的速度运动，受到蒸汽分子的阻力也相同。所以在整个生长阶段，水珠彼此相互碰撞的机会是很小的。由3.3 节的分析也可知，凝结核心的数量级与蒸汽分子总数的数量级相比是相当小的。因此，水珠的相互碰撞及合并不会是水珠增长的重要原因。可以认为，汽流中的水珠数目在生长阶段基本保持不变，凝结量的增加仅仅表现为每颗水珠质量和半径的增大。

3.4.1　水珠生长率方程

水珠的生长率可以用单位时间内水珠半径的增大值 dr/dt 来表示。dr/dt 的大小取决于蒸汽潜热从水珠表面传递到较冷蒸汽中的速率（假如蒸汽温度比水滴温度高，就出现蒸发）。

在处理水珠与蒸汽之间的热交换问题时，忽略蒸汽与水滴的相对速度，并且假定水滴为球形且处于四周是无限大的蒸汽空间。如图 3-10 所示，水滴周围蒸汽区域中的温度 T 从远离水滴的 T_g 连续变化到水滴表面的 T_r 值。但当水珠尺寸与蒸汽分子平均自由程差不多大小或者小于平均自由程时，这种连续体的概念就无效了，这种情况下也就只能用分子规律来描述热量的交换了。

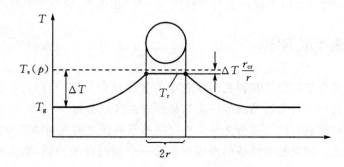

图 3 - 10　过冷蒸汽内水珠附近的温度场

在上述假设条件下，水珠的表面温度为 T_r，周围蒸汽的温度为 T_g，水珠表面温度 T_r 与水珠半径 r、过冷度 ΔT 等有关（见 2.3.1 节），表达式为

$$T_r = T_s(p) - \Delta T \frac{r_{cr}}{r} = T_s(p) - \left[T_s(p) - T_g \right] \frac{r_{cr}}{r}$$

显然，水珠半径 r 越大，其表面温度 T_r 就越接近 $T_s(p)$。

水珠与蒸汽热交换过程的传热温差 $T_r - T_g$ 可以写为

$$T_r - T_g = \Delta T \left(1 - \frac{r_{cr}}{r} \right) \tag{3-13}$$

如公式（2-10）所示，单个水珠的质量为

$$m = \frac{4}{3} \pi \rho_f r^3$$

单位时间内蒸汽分子在单个水珠表面上凝结而释放的热量 $\dot{Q}_l$ 与水珠质量 m 和汽化潜热 Δh_{fg} 有关，表达式为

$$\dot{Q}_l = \Delta h_{fg} \frac{dm}{dt} = \Delta h_{fg} 4\pi r^2 \rho_f \frac{dr}{dt}$$

根据传热方程（见 2.4 节），单位时间内一个水珠传给周围蒸汽的热量 $\dot{Q}$ 为

$$\dot{Q} = 4\pi r^2 \alpha_r (T_r - T_g)$$

当水珠半径 $r \ll 1 \ \mu m$ 时，由于水珠的质量很小，可以证明单个水珠的热容量 $(4\pi/3) r^3 \rho_f c_f$ 与凝结释放的汽化潜热相比可以略去不计，那么 $\dot{Q}_l$ 在任何时候都等于通过热交换传递给较冷蒸汽的热量 $\dot{Q}$，热平衡方程为

$$4\pi r^2 \alpha_r (T_r - T_g) = \Delta h_{fg} 4\pi r^2 \rho_f \frac{dr}{dt} \tag{3-14}$$

对于小 Re_r（$\leqslant 1$）和小 M_r（$\leqslant 0.1$），球形水珠的传热系数 α_r 表达式（2-64）为

$$\alpha_r = \frac{\lambda_g}{r} \cdot \frac{1}{1 + \frac{2}{1.5 Pr_g} \frac{\sqrt{8\pi}}{\kappa + 1} \frac{\kappa}{\alpha_{th}} Kn}$$

将传热系数代入式（3-14）中，经推导得到

$$\frac{dr}{dt} = \frac{\lambda_g}{\rho_f \Delta h_{fg}} \cdot \frac{1}{1 + \frac{2}{1.5 Pr_g} \frac{\sqrt{8\pi}}{\kappa + 1} \frac{\kappa}{\alpha_{th}} Kn} \cdot \frac{T_r - T_g}{r} \qquad (3-15)$$

或将式（3-13）代入，得

$$\frac{dr}{dt} = \frac{\lambda_g}{\rho_f \Delta h_{fg}} \cdot \frac{1 - \dfrac{r_{cr}}{r}}{1 + \frac{2}{1.5 Pr_g} \frac{\sqrt{8\pi}}{\kappa + 1} \frac{\kappa}{\alpha_{th}} Kn} \cdot \frac{\Delta T}{r} \qquad (3-16)$$

式（3-16）就是水珠生长率的基本方程。正是水珠表面温度 T_r 与蒸汽温度 T_g 的差值（传热温差）保证了水珠中的热量及时传递给周围蒸汽，以便水珠和蒸汽之间取得热力学平衡而使水珠不断地增长。由于公式（2-64）给出的传热系数 α_r 对自由分子流和连续流都能适用，因此式（3-16）也适用于自由分子流区和连续流区的水珠增长计算。

对于水珠和水蒸气，如果撞击在水珠上的分子热容纳性是完善的，取 $Pr_g = 1.2$，$\kappa = 1.3$，$\alpha_{th} = 1$，利用式（2-65）可以进一步得到水珠生长率为

$$\frac{dr}{dt} = \frac{\lambda_g}{\rho_f \Delta h_{fg}} \frac{1 - r_{cr}/r}{r + 1.59 \bar{l}} \Delta T \qquad (3-17)$$

为了更为清楚地了解水珠的生长过程，在假定水蒸气的状态（压力和过冷度）为常数；$t = 0$ 时，$r = r_0 = 1.1 r_{cr}$ 的条件下，根据式（3-17）计算了接近临界尺寸水珠的生长率。图 3-11 是在四种压力和 $\Delta T = 20$ K 下得到的水珠生长曲线 $r(t)$，从图中可以看出以下几点。

（1）蒸汽压力对水珠生长率的影响是很大的，低压力时的水珠生长比高压力时的生长要缓慢。原因就是不同的压力下蒸汽分子的平均自由程相差很大，压力越高，蒸汽分子的平均自由程就越小（见图 2-7），这就决定了压力对水珠生长率的影响。

（2）在给定的压力下，水珠的半径是加速增大的，相应的水珠生长率也是很大的。即使在低压力下（如 $p = 0.1$ MPa、$p = 0.03$ MPa），水珠直径大约在 20 μs 内就能够增加约 10 倍（质量增加 1000 倍）。

（3）在水滴尺寸仍然接近临界尺寸时，水珠的生长过程是比较缓慢的。

如方程式（3-17）所示，水珠的生长率是正比于过冷度 ΔT 的。过冷度越小，

水珠的生长就越缓慢。对于大尺寸水滴($r>1~\mu m$)来说,需要考虑蒸汽与水滴之间的相对速度,应对上述方程进行修正。

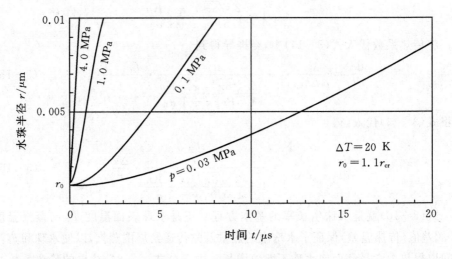

图 3 - 11　水珠的生长曲线

3.4.2　水珠生长率的动力表达式

上一节是根据气体热传导推导出的适用于连续流的水珠生长率方程(3-16),但当水珠尺寸与蒸汽分子的平均自由程差不多大小甚至小于分子的平均自由程时(如低压下的蒸汽凝结),则需要考虑分子的热交换和质量交换。本节在水珠表面温度 T_r 未知(即不采用式(2-56))的条件下,将从分子动力论的基本概念出发,讨论并推导出适用于自由分子流($Kn>4.5$)的水珠生长率公式。

在球形水珠的传热系数 α_r 表达式(2-64)中,对于 $Kn\to\infty$ 的情况,传热系数 α_r 变为

$$\alpha_r = \frac{\lambda_g}{r}\cdot\frac{1.5\,Pr_g}{2\sqrt{8\pi}}\cdot\frac{\kappa+1}{\kappa}\cdot\frac{\alpha_{th}}{Kn} \tag{3-18}$$

在蒸汽压力为 p 的过饱和状态下,普朗特数可以写为

$$Pr_g = Pr'' = \frac{\mu''c_p}{\lambda''} = \frac{\mu''R}{\lambda''}\cdot\frac{\kappa}{\kappa-1}$$

根据 Knudsen 数的定义式(2-60)以及式(2-9)表示的过饱和蒸汽内分子的平均自由程概念,有

$$Kn = \frac{\bar{l}}{2r}$$

$$\bar{l} = \bar{l}'' \equiv \frac{1.5\mu'' \sqrt{RT_g}}{p}$$

得到 Knudsen 数为

$$Kn = \frac{1.5\mu'' \sqrt{RT_g}}{2rp}$$

将普朗特数 Pr_g 和 Kn 的表达式代入公式(3-18)中,可以得到球形水珠的传热系数为

$$\alpha_r = \alpha_{th} \frac{\kappa+1}{\kappa-1} \cdot \frac{Rp}{\sqrt{8\pi RT_g}} \qquad (3-19)$$

将传热系数 α_r 应用到 $\dot{Q} = 4\pi r^2 \alpha_r (T_r - T_g)$ 中,则在分子状态下的水珠热交换率为

$$\dot{Q} = 4\pi r^2 \alpha_{th} \frac{\kappa+1}{\kappa-1} \frac{Rp}{\sqrt{8\pi RT_g}} (T_r - T_g) \qquad (3-20)$$

同样忽略水珠的热容量,根据热平衡方程,有 $\dot{Q}$(热交换率)$= \dot{Q}_l$(潜热释放率),即

$$4\pi r^2 \alpha_{th} \frac{\kappa+1}{\kappa-1} \frac{Rp}{\sqrt{8\pi RT_g}} (T_r - T_g) = \Delta h_{fg} 4\pi r^2 \rho_f \frac{dr}{dt}$$

简化得到

$$\frac{dr}{dt} = \frac{\alpha_{th}}{\rho_f \Delta h_{fg}} \cdot \frac{\kappa+1}{\kappa-1} \cdot \frac{Rp}{\sqrt{8\pi RT_g}} (T_r - T_g) \qquad (3-21)$$

式中:水珠表面的温度 T_r 是未知数。热容纳系数可采用经验值 $\alpha_{th} \approx 1$。

水珠的质量平衡可以从碰撞到水珠表面上的蒸汽分子数目方面来加以考虑。根据分子动力学理论中的气体分子数表达式(3-9),得到单位时间内碰撞的气体分子数总质量为

$$\dot{m}_{碰撞} = 4\pi r^2 m_m \beta = \frac{4\pi r^2 p}{\sqrt{2\pi RT_g}}$$

在这些碰撞到水珠表面上的分子中,假设有 ξ 份额的分子附着在水珠上,而 $1-\xi$ 份额的分子则立即反弹回去,把因子 ξ 称为凝结系数,它的数值必须根据实验测量得到。实验结果表明:对于水表面上的蒸汽分子来说,ξ 接近 1。于是单位时间内粘附在水珠上的蒸汽分子质量可写为

$$\dot{m}_{粘附} = \xi \frac{4\pi r^2 p}{\sqrt{2\pi RT_g}} \qquad (3-22)$$

为了得到单位时间内液滴蒸发掉的分子量,假设:从水珠上逸出(蒸发)的分子数目仅与水珠本身的尺寸和温度有关,而与蒸汽的状态无关;逸出的分子数必须等于平衡态下碰撞并粘附上去的分子数目,也就是当 $T_g = T_r$, $p = p_s(T_r)$ 时,满足曲界面相平衡的 Kelvin-Helmholtz 表达式(1-15)。

在平衡蒸汽状态下, $\xi = \xi_{eq}$,得到

$$\dot{m}_{蒸发} = \dot{m}_{粘附,eq} = \xi_{平衡} \frac{4\pi r^2 p_s(T_r)}{\sqrt{2\pi RT_g}} \exp\left(\frac{2\sigma}{r\rho_f RT_r}\right) \qquad (3-23)$$

在水珠生长的不平衡过程中,水珠的质量平衡就可以表示为

$$\dot{m}_{粘附} - \dot{m}_{蒸发} = \frac{dm}{dt} = 4\pi r^2 \rho_f \frac{dr}{dt}$$

将式(3-22)和式(3-23)代入,并使 $\xi = \xi_{eq}$,得到

$$\frac{dr}{dt} = \xi \frac{p}{\rho_f \sqrt{2\pi RT_g}} \left[1 - \frac{p_s(T_r)}{p} \sqrt{\frac{T_g}{T_r}} \exp\left(\frac{2\sigma}{r\rho_f RT_r}\right) \right] \qquad (3-24)$$

公式(3-24)就是第二种水珠生长速率表达式。

令两个水珠生长率表达式(3-24)和式(3-21)相等,就可以得到用于确定未知的水珠表面温度 T_r 的方程,为

$$\frac{\alpha_{th}R}{2\Delta h_{fg}}\frac{\kappa+1}{\kappa-1}(T_r - T_g) = \xi\left[1 - \frac{p_s(T_r)}{p} \sqrt{\frac{T_g}{T_r}} \exp\left(\frac{2\sigma}{r\rho_f RT_r}\right) \right] \qquad (3-25)$$

水珠生长过程的计算步骤大致如下:首先需要确定热容纳度和凝结系数(例如 $\alpha_{th}=1$, $\xi=1$);其次是利用方程(3-25)确定水珠的表面温度 T_r ;最后按照式(3-21)或式(3-24)计算出水珠生长率 dr/dt ,对 dr/dt 积分就得到水珠生长过程 $r(t)$ 。

为了与前面的计算结果(见图3-11)进行比较,选取相同的计算条件,即 $p = 0.1$ MPa, $\Delta T = 20$ K 为不变的蒸汽状态,假定 $\alpha_{th}=1$,并使用 $\xi=0.3$ 和 $\xi=1$ 两种数值。计算结果如图3-12所示,图中也给出了方程式(3-17)的计算结果。可以看出,这两种方法得到的 $r(t)$ 和 $T_r(t)$ 曲线几乎相同,尤其是在 $\xi=1$ 时。

方程式(3-16)或式(3-17)表示的水珠生长规律的优点是不需要对 T_r 进行迭代计算,因此将优先采用3.4.1节中介绍的计算方法。

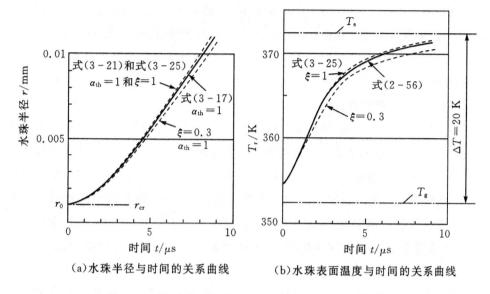

(a)水珠半径与时间的关系曲线　　　　(b)水珠表面温度与时间的关系曲线

图 3-12　水珠半径和水珠表面温度与时间的关系曲线

3.5　一元凝结流动的理论与实验

3.5.1　拉瓦尔喷管的流动特征

拉瓦尔(Laval)喷管的结构特点是缩放流道,气流的工作压差和膨胀程度较大。当气体或蒸汽在喷管中流动且无凝结现象发生时,流动速度可以从亚音速加速到超音速。随着喷管背压与进口滞止压力比值的不同,喷管中会出现几种不同的流动情况,也导致气动参数沿流道方向的变化规律发生改变。

图 3-13 是气流在拉瓦尔喷管中的流动示意图。对一个特定的拉瓦尔喷管,设计工况下的喷管进口滞止压力为 p_0^*,滞止温度为 T_0^*,出口压力为 $p_{1,\text{des}}$,喷管的设计压比为 $\varepsilon_{1,\text{des}} = p_{1,\text{des}}/p_0^*$。假设该喷管在实际运行过程中,进口滞止压力 p_0^* 和温度 T_0^* 保持不变,但背压 p_1 会发生变化,喷管的运行压比为 $\varepsilon_1 = p_1/p_0^*$。下面根据运行背压 p_1 的变化来分别讨论喷管中的基本流动特征。

(1)如果运行背压 p_1 等于设计背压 $p_{1,\text{des}}$(即 $\varepsilon_1 = \varepsilon_{1,\text{des}}$),气流在喷管收缩段膨胀加速,为亚音速流动;在喉部截面达到临界(马赫数 $M = 1$);在扩张段内继续膨胀直到出口截面的设计背压值 $p_{1,\text{des}}$,为超音速无激波流动(见图 3-13(a))。这时的喷管是在设计参数下运行。

（2）如果运行背压 p_1 低于设计背压 $p_{1,\text{des}}$（即 $\varepsilon_1 < \varepsilon_{1,\text{des}}$），则气流在整个喷管中的流动过程及压力变化规律如同设计工况。但由于喷管出口截面的压力 $p_{1,\text{des}}$ 高于实际运行的背压 p_1，这就存在一个压差 $p_{1,\text{des}} - p_1$，导致喷管出口发生膨胀波，从而使压力从 $p_{1,\text{des}}$ 降低到 p_1（见图 3 - 13(e)）。在这种情况下，喷管扩张段中仍为无激波的超音速流动。

（3）如果运行背压 p_1 略高于设计背压 $p_{1,\text{des}}$（见图 3 - 13 中的 B 区间），则气流在喷管中的流动过程及参数变化规律也如同设计工况。但由于喷管出口截面的压力 $p_{1,\text{des}}$ 低于运行背压 p_1，在出口截面发生的斜激波（见图 3 - 13(d)）使压力从 $p_{1,\text{des}}$ 升高到 p_1，此时的扩张段中为无激波超音速流动；随着运行背压的继续升高，斜激波强度逐渐增大；当运行背压升高到某一压力值时，斜激波就转变成正激波。当背压在 B 区间之间变化时，由于扰动无法逆超音速汽流传播，故扩张段中仍为无激波超音速流动。

（4）如果运行背压 p_1 高于设计背压 $p_{1,\text{des}}$ 较多时（见图 3 - 13 中的 C 区间），正激波位置将逆汽流方向向喷管内部推进，激波前的流动过程如同设计工况且已达到超音速；在激波面上的气流压力发生突跳，使气流从超音速变为亚音速流动；激波后的气流为减速扩压亚音速流动，气流压力逐渐升高直到出口的运行背压值（见图 3 - 13(c)）。

（5）如果运行背压 p_1 升高到某一极限压力 p_c，正激波正好前移到喷管的喉部截面，正激波转化为马赫波。此时，气流在收缩段为膨胀加速亚音速流动；在喉部达到音速，马赫波没有使压力发生突跳；在扩张段为减速扩压亚音速流动，气流压力逐渐升高直到出口的运行背压值。

（6）如果运行背压 p_1 大于极限压力 p_c（见图 3 - 13 中的 D 区间），则气流在收缩段为膨胀加速流动；在喉部未达到音速；在扩张段为减速扩压流动。气流在整个喷管内全为亚音速流动。

通过上述分析不难发现，当喷管运行背压小于或等于极限背压（$p_1 \leqslant p_c$）时，通过拉瓦尔喷管的质量流量只取决于喷管的进口参数和喉部面积，与背压无关；但当 $p_1 > p_c$ 时，运行背压的大小也影响通过喷管的质量流量。

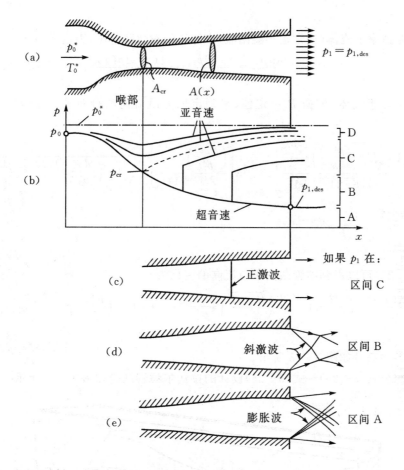

图 3-13　无凝结气流在拉瓦尔喷管中的流动

3.5.2　一元凝结流动的实验装置

拉瓦尔喷管是研究水蒸气凝结问题的最基本实验装置。在进行蒸汽凝结试验时,工质是由锅炉提供的过热蒸汽,通过喷水或膨胀的方法将蒸汽的过热度降低到合适程度,然后再将低过热度的蒸汽引入到拉瓦尔喷管中膨胀到低压状态,这样就会在喷管喉部的下游出现蒸汽的凝结现象。

对拉瓦尔喷管型线设计有一定的要求:一是要避免喷管形状从曲线到直线之间突然过渡;二是加工精度要高,以保证喷管宽度和高度的边界层厚度小。另外,为了将进口状态的影响从膨胀速率的影响中分离出来,需要采取恒定膨胀速率来设计喷管的型线。恒定膨胀速率下的压力和喷管面积变化可通过以下几个公式计算。

膨胀速率是流体(通常是不凝结流)中静压的对数降低率,表达式为

$$\dot{P} = -\frac{\mathrm{d}\ln p}{\mathrm{d}t} = -\frac{1}{p}\frac{\mathrm{d}p}{\mathrm{d}t} = -\frac{c(x)}{p}\frac{\mathrm{d}p(x)}{\mathrm{d}x} \tag{3-26}$$

对于理想气体,根据 $\dot{P}$ = 定值,来确定压力沿流向的分布关系 $p(x)$,关系式为

$$\ln\left[\frac{1+\sqrt{1-\left(\frac{p(x)}{p_0^*}\right)^{(k-1)/k}}}{1+\sqrt{(k-1)/(k+1)}}\right] - \frac{1}{2}\ln\left[\frac{\left(\frac{p(x)}{p_0^*}\right)^{(k-1)/k}}{2/(k+1)}\right] - \sqrt{1-\left(\frac{p(x)}{p_0^*}\right)^{(k-1)/k}} + \sqrt{\frac{k-1}{k+1}}$$

$$= \frac{k-1}{2k}\frac{\dot{P}}{\sqrt{2c_p T_0^*}}(x - x_{\mathrm{cr}}) \tag{3-27}$$

由式(3-27)可以得到喷管截面积沿流向的变化为

$$\frac{A(x)}{A_{\mathrm{cr}}} = \left(\frac{2}{k+1}\right)^{1/(k-1)}\sqrt{\frac{k-1}{k+1}}\left(\frac{p(x)}{p_0^*}\right)^{-1/k} \cdot \left[1-\left(\frac{p(x)}{p_0^*}\right)^{(k-1)k}\right]^{-1/2} \tag{3-28}$$

式中的各项符号如图 3-13 所示。

按照公式(3-26)～式(3-28)设计的拉瓦尔喷管结构如图 3-14 所示。

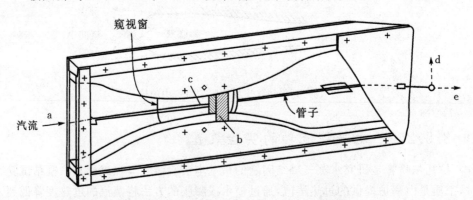

图 3-14　实验用的拉瓦尔喷管结构示意图

为了能够在不同条件下,可以精确地测量过饱和极限程度 Wilson 点的位置及过冷度 ΔT,需要精确确定喷管的进口滞止压力 p_0^* 和滞止温度 T_0^*,以及气流静压 $p(x)$ 与静温 $T(x)$ 沿流道的分布。为此,可采用具有快速反应的高精度压力传感器和温度传感器来进行压力和温度测量。通过对 p_0^* 和 T_0^* 的精确测量与控制,来保持喷管进口的蒸汽状态不变。沿喷管轴向静压分布 $p(x)$ 的测量采取这样一

个方式,即将一个静压测孔安装在可移动的管子上,管子布置在喷管的中心线上并可以沿中心线移动,通过移动管子来完成对不同位置的静压测量并得到 $p(x)$。实验过程中,随时都要用清洁空气清除压力管路中的液相水分,避免液相水产生的压力传递信号失真。

另外,采用干涉仪进行密度的测量;采用光学方法(见图 3-15)测量水滴的尺寸;采用细线电阻温度计测量蒸汽的湿度;采用 Pitot 管测量横向或轴向的边界层。

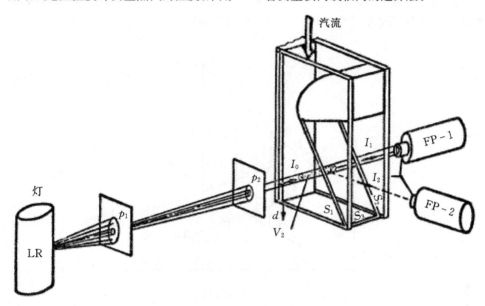

图 3-15   测量水珠尺寸的光学装置

3.5.3   喷管中的一元凝结流动

在蒸汽凝结流动实验过程中,需要将过热蒸汽从喷管进口滞止压力 p_0^* 膨胀到足够低的出口压力,以保证喷管中的无激波超音速流动。具体做法:保持喷管进口滞止压力 p_0^* 为恒定值,改变进口滞止温度 T_0^*。首先选取的进口滞止温度较高,使蒸汽在膨胀过程中能够一直维持过热状态直至喷管出口,然后再逐渐降低进口滞止温度。实验中只考虑边界层以外的主流流动,并将膨胀看作是等熵的过程。

在无外来凝结核心的情况下,拉瓦尔喷管的实验展示了各种条件下的蒸汽凝结流动现象。图 3-16 表示一系列典型的喷管进口状态 $(A,B,\cdots,E)$ 以及各自的膨胀线(见图 3-16(a))和静压力分布(见图 3-16(b)),每一种情况的主要特点如下。

A:全是过热膨胀(蒸汽行为如同气体);

B:靠近下游末端时发生过饱和现象,流动与 A 一样;

C:接近喷管出口有压力"冲击",表明已经到达 Wilson 点(Wilson 线);

C'、C'':Wilson 点移向上游,压力冲击变得比较陡峭;

D:压力冲击很陡峭(凝结与冲波同时发生);

E:压力冲击在喉部或附近开始。

汽轮机叶栅中的膨胀率在 $\dot{P}=1000\sim5000\ \mathrm{s}^{-1}$ 范围内,低压下的 Wilson 线基本处于平衡态下的湿度为 $2.9\%\sim3.3\%$ 的范围内。

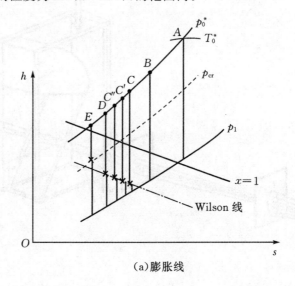

(a)膨胀线

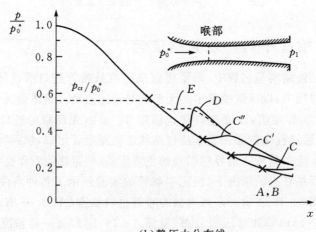

(b)静压力分布线

图 3-16　各种进口过热度下的凝结蒸汽流动

图 3-17 是通过光干涉测量方法得到的具有更清晰空间和时间分辨率的凝结流动细节。从图中可以看出,对于情况 A 和 B,喷管中完全是气体流动过程,没有发生凝结现象,密度连续降低。对于情况 C,光干涉图显示喉部下游的密度场中有一个连续的扰动(压力测量显示有冲击的地方),这种扰动散布到气流的全部,就是雾形成区。对于情况 D(图中未画出),在这一区域出现了凝结冲波(密度发生突跃)。对于情况 E,光干涉图显示出一个高频的周期过程:在(a)图中凝结区出现在 Z 处,然后凝结区随时间向前移动逐渐变得陡峭((b)、(c)、(d)各图),直到形成一个凝结冲波,凝结冲波将逆汽流方向传播进入并经过喉部至 S 处((a)、(b)、(c)、(d)各图中的 S 处),并且在亚音速中消失。凝结冲波传播了一段微小的距离后立刻就有新的扰动在它的后面开始,如同(a)图中一样。冲波形成的频率为 $500 \sim 1000$ Hz,频率与进口状态及喷管的几何形状有关。

图 3-18 是在不同条件下,采用光学测量方法得到的水珠平均半径 $\bar{r}$ 沿喷管流向的变化曲线。可以看出,不同参数下的膨胀率有相当大的差别,但沿喷管流向上的水珠平均尺寸的发展情况却显示出某些共同的特性:即在凝结起始阶段,水珠尺寸急剧增大;随后的水珠增长变得缓慢,水珠的最终尺寸在 $0.05 \sim 0.2$ μm 范围内。水珠增长缓慢说明在喷管后段区域的过饱和接近消失,而水珠数量的增加反映出湿度由于继续膨胀而增大。

在 Wilson 线上形成的水珠数目与膨胀率有极大的关系,图 3-19 是采用光学方法确定的水珠数目随压力及膨胀率的变化规律。在典型的低压喷管中,每公斤蒸汽约含有 $10^{15} \sim 10^{18}$ 个雾珠。

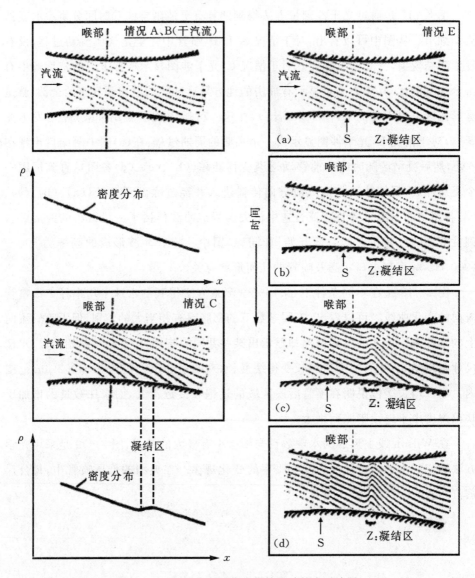

图 3-17　不同状态下蒸汽凝结流动的光干涉图

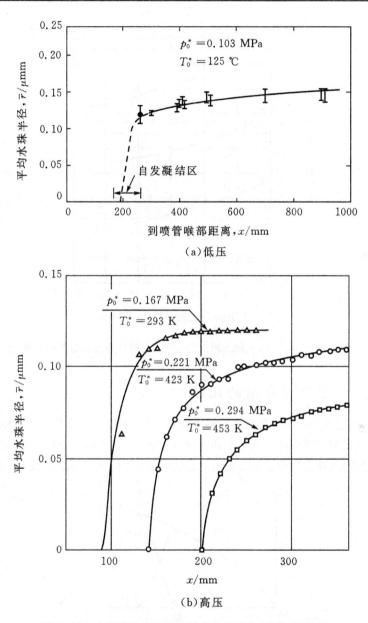

（a）低压

（b）高压

图 3-18　水珠平均半径沿喷管流向的变化（光学法测量）

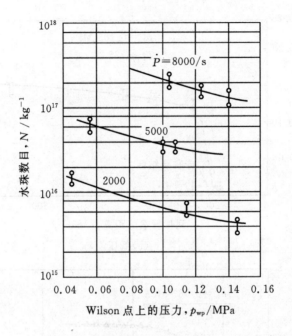

图 3 - 19　在 Wilson 线上形成的水珠数目随压力及膨胀率的变化

3.5.4　理论与实验的比较

图 3 - 20 是两种凝结模型的蒸汽湿度随着膨胀时间 t 的变化规律。一种是平衡凝结模型(相变过程在蒸汽膨胀到干饱和线时就立即发生)的湿度变化 $y_\infty(t)$；另一种是非平衡凝结模型(相变过程需要膨胀到一定过冷度时才会出现)的湿度变化 $y(t)$。

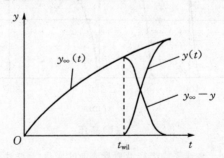

图 3 - 20　湿度随时间 t 的变化曲线

汽轮机内发生的蒸汽凝结是典型的非平衡相变凝结过程。G. Gyarmathy 和 H. Meyer 理论研究了过饱和极限位置(Wilson 点)的确定方法,并给出了 Wilson

点位置的数学模型,表达式为

$$\left[\frac{\mathrm{d}}{\mathrm{d}t}(y_\infty - y)\right]_{t=t_{\mathrm{wil}}} = 0 \qquad (3-29)$$

式中:t_{wil} 表示与 Wilson 点相应的膨胀进行时间;$y_\infty(t)$ 表示湿饱和平衡态蒸汽的湿度;$y(t)$ 表示膨胀汽流实际的湿度;$y_\infty - y$ 则表示湿饱和平衡状态与过饱和非平衡状态下的蒸汽湿度差值。

在 Wilson 点上,膨胀汽流湿度 $y(t)$ 的变化率与该瞬间相应的湿饱和蒸汽湿度 $y_\infty(t)$ 的变化率相同。差值($y_\infty - y$)在 Wilson 点($t = t_{\mathrm{wil}}$)具有最大值。因此,式(3 - 29)可以写为

$$\left[\frac{\mathrm{d}y}{\mathrm{d}t}\right]_{t_{\mathrm{wil}}} = \left[\frac{\mathrm{d}y_\infty}{\mathrm{d}t}\right]_{t_{\mathrm{wil}}} \qquad (3-30)$$

式中:$\left[\dfrac{\mathrm{d}y}{\mathrm{d}t}\right]_{t_{\mathrm{wil}}}$ 表示膨胀汽流达到 Wilson 点时的凝结强度(包括单位时间内产生的凝结核质量和在超临界水珠上继续凝结的质量);$\left[\dfrac{\mathrm{d}y_\infty}{\mathrm{d}t}\right]_{t_{\mathrm{wil}}}$ 可以改写为

$$\left[\frac{\mathrm{d}y_\infty}{\mathrm{d}t}\right]_{t_{\mathrm{wil}}} = \dot{P}\left[\frac{\mathrm{d}y_\infty}{\mathrm{d}(-\ln p)}\right]$$

其中的 $\dot{P} = -\dfrac{\mathrm{d}\ln p}{\mathrm{d}t} = -\dfrac{1}{p}\dfrac{\mathrm{d}p}{\mathrm{d}t}$ 是汽流沿喷管轴向的膨胀率。

Oswatitsch 是第一个利用可压缩流动的基本方程式,并借助于成核理论和水珠生长理论来考虑凝结问题的科学家,以后提出的全部计算方法在本质上都是以他的方法为基础的。

由于凝结流动是湿蒸汽两相流动系统,在数值求解凝结流动时,假设:喷管中的流动是一元稳定绝热理想流动;不考虑重力场的影响;液相完全由水珠组成,不可压缩,所占容积忽略,速度与周围的蒸汽速度相同(无滑移),焓值等于饱和液体的焓值;水珠全是自发凝结形成的;不认为亚临界水珠是液相。在上述各项假设条件下,可以写出各守恒方程式(状态方程、连续方程、能量方程、动量方程)和凝结方程、水珠生长率方程,以及其他需要的补充方程,并利用这些方程式进行数值计算。关于各项控制方程以及计算方法,将在第 4 章中详加介绍,本节不赘述。

图 3 - 21 和图 3 - 22 分别是在恒定膨胀率($\dot{P} = 10000\ \mathrm{s}^{-1}$)下,Wilson 点上的过冷度和临界水珠半径的比较结果。可以看出,低压区的计算值与试验值符合较好,但高压区的偏差较大。

图 3 - 23 是数值计算得到的凝结区开始和终结时的水珠质量分布图。凝结产生的液相是由大小相当、均匀一致的水珠构成的。

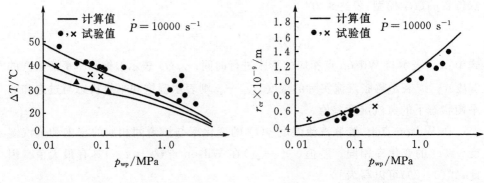

图 3-21　Wilson 点的过冷度比较　　　　　　图 3-22　临界水珠半径的比较

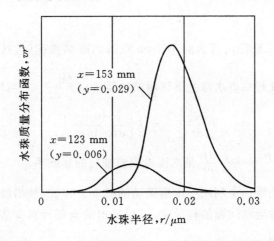

图 3-23　水珠质量分布与水珠半径的关系曲线

图 3-24 是在喷管进口滞止压力 p_0^* 保持不变，不同进口滞止温度条件下的凝结区内压力分布测量值与计算值对比图。计算中发现，如果采用液团的表面张力数据，则经典成核率公式预测的凝结发生偏早。因此采用人为的修正（即采用比液团的表面张力 σ 高约 10%）来计算。

A. G. Gerber 和 M. J. Kermani 数值计算了拉瓦尔喷管中的超音速非平衡均相成核的流动过程，图 3-25 和图 3-26 分别是低压和高压条件下喷管中心流线上的压力与凝结水珠半径的变化曲线，并与 Moore 和 Bakhtar 等人的试验数据进行了对比。可以看出，数值预测的蒸汽压力沿中心流线的变化与试验数据非常吻合；在高进口压力条件下，预测的水珠半径与试验结果也是一致的，但低进口压力下的预测结果与试验数据则有所偏差。

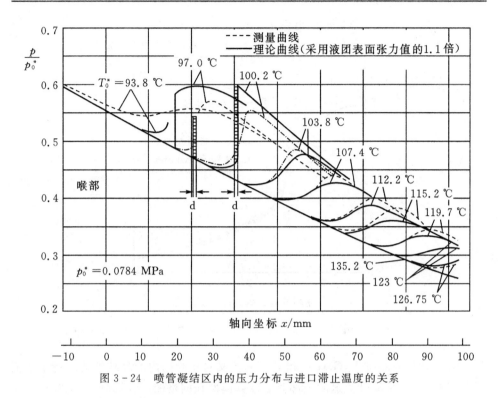

图 3 - 24　喷管凝结区内的压力分布与进口滞止温度的关系

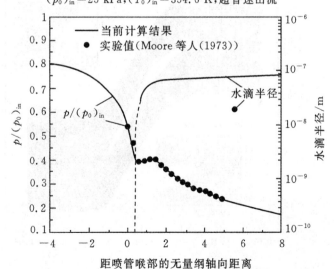

图 3 - 25　喷管中心流线上的压力与水滴半径的变化(低进口压力)

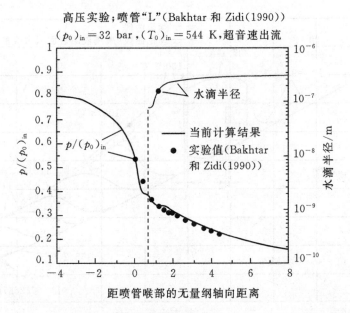

图 3-26　喷管中心流线上的压力与水滴半径的变化(高进口压力)

在上述研究基础上,Gerber 和 Kermani 又对动叶栅内的凝结流动进行了数值计算,图 3-27 是动叶流道的顶部截面计算模型和网格图。计算时,给定叶栅进口

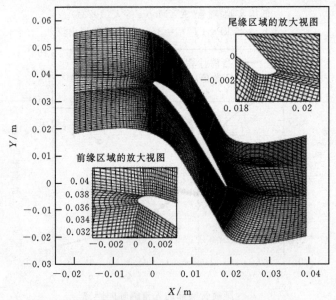

图 3-27　计算模型和网格划分(顶部截面)

总压为 0.999 bar,过冷度为 10 K,出口压力为 0.427 bar。图 3-28 是动叶顶部截面的表面压力分布。在叶片的压力面,数值预测的表面压力分布与 Bakhtar 等人的试验结果吻合很好;吸力面的凝结冲波也被很好的捕获到,但吸力面尾缘附近的压力分布与试验结果的吻合并不是太好。

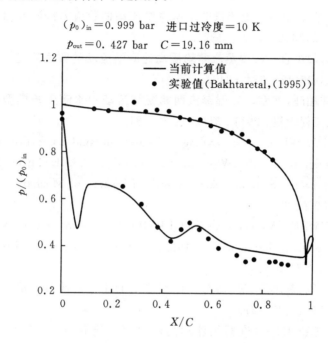

图 3-28 动叶表面压力分布(顶部截面)

本章参考文献

[1]MOORE M J,SIEVERDING C H. Two-phase steam flow in turbines and separators[M]. London:Hemisphere Publishing Corporation,1976.

[2]MOORE M J,SIEVERDING C H.透平和分离器中的双相流[M].蔡颐年,译. 北京:机械工业出版社,1983.

[3]蔡颐年,王乃宁. 湿蒸汽两相流[M].西安:西安交通大学出版社,1985.

[4]苏长苏,谭连城,刘桂玉. 高等工程热力学[M].北京:高等教育出版社,1987.

[5]沈维道,蒋智敏,童钧耕.工程热力学[M].3 版.北京:高等教育出版社,1982.

[6]SLAWOMIR Dykas,WLODZIMIERZ Wróblewski. Two-fluid model for pre-diction of wet steam transonic flow [J]. International Journal of Heat and

　　　　Mass Transfer, 2013(60): 88 - 94.

[7]MORAGA F J, VYSOHLID M, GERBER A G, et al. CFD Predictions of efficiency for non-equilibrium steam 2D cascades[C]. Proceedings of ASME Turbo Expo 2012, GT 2012—68368.

[8]朱晓峰,林智荣,袁新. 湿蒸汽非平衡凝结流动的数值方法研究[J]. 工程热物理学报,2012,33(8):1317 - 1321.

[9]王智,罗彦,韩中合,等.湿蒸汽非均质高速凝结流动的数值研究[J]. 动力工程学报,2012, 32(12):934 - 940.

[10]韩中合,陈柏旺,刘刚,等.湿蒸汽两相凝结流动中水滴生长模型的研究[J]. 中国电机工程学报, 2011, 31(29): 79 - 84.

[11]LI L, LI Y, WU L, et al. Numerical study on condensing flow in low pressure cylinder of a 300MW steam turbine[C]. ASME Turbo Expo 2010: Power for Land, Sea, and Air. American Society of Mechanical Engineers, 2010: 2289 - 2296.

[12]WROBLEWSKI W, DYKAS S, GEPERT A. Steam condensing flow modeling in turbine channels[J]. International Journal of Multiphase Flow, 2009, 35: 498 - 506.

[13]徐亮,颜培刚,黄洪雁,等.湿蒸汽两相流动的非定常数值模拟[J].汽轮机技术,2009,51(1):45 - 47.

[14]张峰. 汽轮机末级蒸汽凝结流动的数值模拟研究[D]. 长沙:长沙理工大学,2007.

[15]吴晓明,李国君,丰镇平,等. SST k-co-kp 两相湍流模型及其在湿蒸汽凝结流动数值模拟中的应用[J]. 西安交通大学学报,2007,41(5): 526 - 529.

[16]巫志华,李亮,丰镇平.低压汽轮机三维叶栅通道内湿蒸汽两相流动的数值模拟与分析[J].工程热物理学报,2007,28(5):763 - 765.

[17]李亮,程代京,丰镇平,等.汽轮机湿蒸汽级中凝结流动的三维数值分析[J].工程热物理学报,2006, 27(4):571 - 573.

[18]巫志华,李亮,丰镇平.三维湿蒸汽自发凝结流动的数值模拟[J].动力工程,2006,26(6):814 - 817.

[19]林智荣,袁新.自发凝结流动数值模拟方法及其在 Laval 喷管中的应用[J].工程热物理学报,2006,27(1): 42 - 44.

[20]BAKHTAR F, YOUNG J B, WHITE A J, et al. Classical nucleation theory and its application to condensing steam flow calculations[J]. Proc. IMechE, 2005(219): 1315 - 1333.

[21]DOBES J，FORT J，HALAMA J. Numerical solution of single and multi-phase internal transonic flow problems[J]. Int. J. Numer. Meth. Fluids，2005，48:91 – 97.

[22]红梅,李亮,丰镇平.透平级中自发凝结及叶栅中非均质凝结流动的初步研究[J].工程热物理学报，2005,26(6):65 – 68.

[23]SCHNERR G H. Unsteadiness in condensing flow: dynamics of internal flows with phase transition and application to turbomachinery[J]. Proc. IMechE Part C: J. Mechanical Engineering Science,2005, 219:1369 – 1410.

[24]STASTNY M, SEJNA M. The effect of expansion rate on the steam flow with Hetero-homogeneous condensation in nozzles[J]. Proc. IMechE Part A: J. Power and Energy, 2005, 219: 491 – 497.

[25]XIE Heng, SEIICHI Koshizuka, YOSHIAKI Oka. Simulation of drop deposition process in annular mist flow using three-dimensional particle method [J]. Nuclear Engineering and Design, 2005, 235:1687 – 1697.

[26]BAKHTAR F, WHITE A J, MASHMOUSHY H. Theoretical treatments of two-dimensional two-phase flows of steam and comparison with cascade measurements[J]. Proc. IMechE, 2005(219): 1335 – 1355.

[27]SIMPSON D A，WHITE A J. Viscous and unsteady flow calculations of condensing steam in nozzles[J]. International Journal of Heat and Fluid Flow,2005, 26:71 – 79.

[28]MASHMOUSHY H, MAHPEYKAR M R, BAKHTAR F. Studise of nu-cleating and wet steam flows in two-dimensional cascades [J]. Proc. Instn Mech. Engrs, 2004(218): 843 – 858.

[29]GERBER A G,KERMANI M J. A pressure based Eulerian-Eulerian multi-phase model for non-equilibrium condensation in transonic steam flow[J]. International Journal of Heat and Mass Transfer,2004(47) 2217 – 2231.

[30]FORD I J. Statistical mechanics of nucleation: a review[J]. Proc. Instn. Mech. Engrs Part C: J. Mechanical Engineering Science, 2004, 218: 883 – 899.

[31]韩中合,王智,杨昆,等.膨胀率对湿蒸汽自发凝结流动影响的数值分析[J].华北电力大学学报，2004, 31(2): 36 – 39.

[32]陈红梅,李亮,丰镇平,等.一维喷管中湿蒸汽非均质凝结流动的研究[J].工程热物理学报,2004, 25(3): 395 – 398.

[33]BOHN D E, SURKEN N, KREITMEIER F. Nucleation phenomena in a

multi-stage low pressure steam turbine[J]. Proc. Instn Mech. Engrs Part A: J. Power and Energy,2003, 217:453 – 460.

[34]WHITE A J. A comparison of modelling methods for polydispersed wet-steam flow[J]. Int. J. Numer. Meth. Engng 2003; 57:819 – 834.

[35]李亮,丰镇平,李国君.平面叶栅中的湿蒸汽两相凝结流动数值模拟[J].工程热物理学报, 2002,23(3):309 – 311.

[36]李亮,李国君,丰镇平.湿蒸汽两相流动的数值方法及其在喷管中的应用[J].西安交通大学学报,2001, 25(11):1113 – 1116.

[37]BOLM D, KERPICCI H, REN J, et al. Homogeneous and Heterogeneous Nucleation in a Nozzle Guide Vane of a LP-Steam Tuebine[C]. 4th European Conference on Turbomachinery. Firenze, Italy, 2001.

[38]MATIDA E A, NISHINO K, TORII K. Statistical simulation of particle deposition on the wall from turbulent dispersed pipe flow[J]. International Journal of Heat and Fluid Flow,2000, 21: 389 – 402.

[39]WHITE A J. Numerical investigation of condensing steamfow in boundary layers[J]. International Journal of Heat and Fluid Flow, 2000, 21:727 – 734.

[40]GUHA A. Computation analysis and theory of two-phase flows[J]. The Aeronautical,1998:71 – 82.

[41]BAKHTAR F, MASHMOUSHY H, BUCKLEY J. On the performance of a cascade of turbine rotor tip section blading in wet steam Part 1:generation of wet steam of prescribed droplet sizes[J]. Proceedings of the Institution of Mechanical Engineers, Part C: Journal of Mechanical Engineering Science, 1997, 211(7): 519 – 529.

[42]WHITE A J, YOUNG J B, WALTERS P T. Experimental validation of condensing flow theory for a stationary cascade of steam turbine blades[J]. Philosophical Transactions of the Royal Society of London, Series A, 1996, 354(1): 59 – 88.

[43]HUANG L, YOUNG J B. An analytical solution for the Wilson point in homogeneously nucleating flows[J]. Proceedings: Mathematical, Physical and Engineering Sciences, 1996, 452(1949): 1459 – 1473.

[44]BAKHTAR F, EBRAHIMI M, WEBB R A. On the Performance of a Cascade of Turbine Rotor Tip Setion Blading in Nucleating Steam-Part 1: Surface Pressure Distributions[J]. Proc Instn Mech Engrs,Part C, 1995, 209: 115 – 124.

[45]GUHA A，YOUNG J. The effect of flow unsteadiness on the homogeneous nucleation of water droplets in steam turbines[J]. Philosophical Transactions：Physical Sciences and Engineering，1994，349(1691)：445 - 472.

[46]GUHA A. Thermal choking due to nonequilibrium condensation[J]. ASME,Transactions，Journal of Fluids Engineering，1994,106(3)：599 - 604.

[47]WHITE A J，YOUNG J B. Time-marching method for the prediction oftwo-dimensional，unsteady flows of condensing steam[J]. Journal of Propulsionand Power，1993,9(4)：579 - 587.

[48]BAKHTAR F，WEBB R A，SHOJACE-FARD M H，et al. An investigation of nucleation flows of steam in a cascade of turbine blading[J]. Transaction of the ASME. 1993,115:128 - 134.

[49]黄跃,蔡颐年.膨胀率对拉瓦尔喷管超音速湿蒸汽流动凝结过程的影响[J].西安交通大学学报,1984,18(2):51 - 61.

[50]徐廷相,黄跃.过饱和水蒸气自发凝结现象实验装置的研制及实际流动 Wilson 点位置的确定[J].西安交通大学学报,1984,18(4):53 - 64.

[51]俞茂铮,陈孝隆.存在自发凝结的超音速湿蒸汽双相流[J].西安交通大学学报,1983,17(1):23 - 31.

[52]RYLEY D J，AI-AZZAWI H K. Suppression of the deposition of nucleated fog droplets on turbine stator by blade heating[J]. Int. J. Heat & Fluid Flow,1983，4(4):207 - 216.

[53]冯奇境.缩放喷管中膨胀蒸汽流的过饱和极限位置的理论计算和分析[J].西安交通大学学报，1981，15(5)：91 - 102.

[54]SNOECK J. Calculation of mixed flows with condensation in one dimensionalNozzle[J]. Aero-Thermodynamics of Steam Turbines，ASME，1981：11 - 18.

[55]BAKHTAR F，MOHAMMADI T. An investigation of two-dimensional flows of nucleating and wet steam by the time-marching method[J]. International Journal ofHeat and Fluid Flow，1980,2(1)：5 - 18.

第 4 章　湿蒸汽流动问题的计算流体动力学分析

计算流体动力学已经渗透到叶轮机械的各个领域,在湿蒸汽非平衡凝结流动、水滴的运动与沉积等方面,计算流体动力学同样发挥着重要的作用。本章从计算流体动力学的途径出发,对湿蒸汽非平衡凝结流动及水滴的运动与沉积进行分析。实际上,这涉及湿蒸汽问题中相对独立又紧密联系的两部分内容。湿蒸汽汽轮机中水分的出现首先是由于非平衡凝结产生一次水滴,一次水滴在叶栅通道内和叶片排之间运动并部分沉积在叶片和汽缸等表面形成水膜;水膜在气流力的作用下向叶片尾缘聚集并撕裂形成二次水滴;二次水滴继续在通流内运动和沉积。上述过程是连续发生的,最终引起湿汽损失和叶片水蚀两个重要问题。湿蒸汽非平衡凝结流动的计算侧重考虑非平衡凝结对气动参数的影响,同时得到一次水滴的粒径和数量分布等参数;水滴运动与沉积的计算则侧重考虑湿蒸汽中携带的水滴在通流中的运动过程与在叶片和汽缸等表面的沉积位置。两方面的计算存在先后顺序,因而可以相对独立地进行。本章首先介绍湿蒸汽非平衡凝结流动的数值分析方法,再对叶栅通道中水滴的运动与沉积计算进行介绍。在介绍每部分内容之前,都首先介绍一些相关的基本概念。

4.1　湿蒸汽非平衡凝结流动的气动热力学

4.1.1　加热对可压缩流动的影响

汽轮机内非平衡凝结的特点是随着水蒸气的持续膨胀,其偏离平衡态的程度也逐渐增加,体现为水蒸气的过冷度越来越大,当过冷度达到极限值时在极短的时间内水蒸气中突然形成数量巨大的凝结核心,水蒸气分子随之在凝结核心表面沉积形成小水滴。在一般常规蒸汽透平中,蒸汽的膨胀过程基本上可以视为绝热过程,差不多有 90% 的蒸汽仍旧保持为气态。凝结后的 10% 左右的水分所让出来的空间对蒸汽密度的影响是不太重要的。这与冷凝器中全部蒸汽凝结成水,体积迅速收缩至数千分之一因而造成高度真空的情况完全不同。但是,在凝结核形成的过程中,沿着流动方向在很短的距离内有大量的凝结潜热释放出来;随后的水滴生长过程中同样伴随着凝结潜热的释放,只是相对于成核过程要缓和一些。大量凝结潜热除了加热水滴本身,也对周围流动的气流进行加热,这对气流流动产生的影响是十分明显的,因而需要特别注意。从气动热力学的角度看,成核过程和水滴生长过程对气流流动的影响,本质上就是加热对可压缩流动的影响。

对完全气体,流量不变时有加热的一元流动基本关系式为

$$\frac{\mathrm{d}Q}{a^2} = \frac{1-M^2}{\gamma-1}\frac{\mathrm{d}u}{u} \tag{4-1}$$

式中:Q 为加热量;a 为音速;M 为马赫数;γ 为理想气体的等熵指数;u 为气流流动的速度。该式表明,对于亚音速气流($M<1$),加热的影响是使得气流加速,其马赫数向 1 靠近;而对于超音速气流($M>1$),加热的影响则使气流减速,其马赫数同样向 1 靠近。上述过程可以用焓熵图上的瑞利线来表示,如图 4-1 所示。式(4-1)和图 4-1 同时也给出了冷却对流动速度的影响,只不过在凝结流动中并不涉及冷却过程。

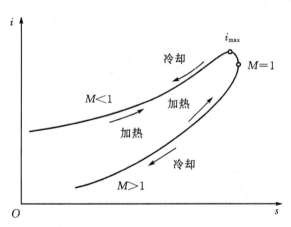

图 4-1 焓熵图上的瑞利线

在有加热的一元流动中,气流压力的变化由下式描述

$$\frac{p_2}{p_1} = \frac{1+\gamma M_1^2}{1+\gamma M_2^2} \tag{4-2}$$

式中:p_1 和 p_2 分别表示加热前、后的气流压力;M_1 和 M_2 分别是加热前、后的马赫数。根据式(4-1)和式(4-2)可知水蒸气凝结潜热对气流速度和压力的影响,对于亚音速气流是使得流速(马赫数)增加,压力降低;而对于超音速气流则是使得流速(马赫数)降低,压力增加。另外,不论是亚音速气流还是超音速气流,加热都使得气流的滞止压力降低。

4.1.2　湿蒸汽凝结引起的凝结冲波

由上节内容知道,在超音速流动中水蒸气发生凝结时凝结潜热释放出来对气流加热的影响是导致压力升高。如果加热发生的空间和时间尺度都很小,则气流压力的上升就很突然,局部压力梯度很大,从而形成与气动激波类似的流动现象,可以称之为凝结冲波。需要指出的是,凝结冲波与气动激波的特征并不完全一致。气流通过气动激波时压力是突变的,而气流通过凝结冲波时压力通常是渐变的,如图 4-2 所示。图中给出三种工况下沿某缩放喷管轴线压力变化的测量结果,其中压力上升的区域对应湿蒸汽中成核及随后的水滴生长过程。

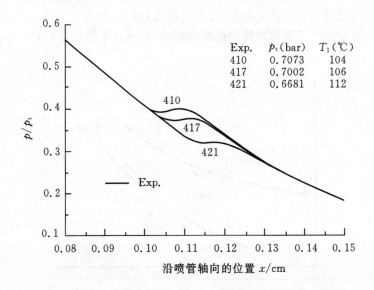

图 4-2　缩放喷管中湿蒸汽自发凝结流动的压力变化

4.1.3　湿蒸汽流动中的音速

汽轮机中的湿蒸汽流动处于跨音速和超音速的可压缩范围,马赫数是流动分析中的一个关键参数,因而确定湿蒸汽的音速就很重要。湿蒸汽是由干饱和蒸汽和数量巨大的微小水滴组成的混合物,湿蒸汽的这种特殊结构使得音速这样一个看似简单的问题变得相当复杂。例如,1 个大气压下干饱和水蒸气中的音速为 472 m/s,而饱和水中的音速为 1543.5 m/s,二者相差巨大。当声波进入干饱和蒸汽和大量饱和小水滴组成的混合介质中时,不仅存在气态和液态介质中的传播过程,还存在气液两相界面上的反射和折射等现象,因而湿蒸汽的音速并不能由饱和水蒸气和饱和水中的音速简单平均得到。

　　Petr 由线性小扰动方程出发推导了湿蒸汽中的音速,这里略去推导过程,而仅引用他的结论。

$$\frac{a}{a_f} = \left\{ \frac{\left(\frac{1}{X} + \omega^2\tau_I^2\right)^2 + \frac{Y^2}{X^2}\omega^2\tau_I^2}{1 + X^2 + \omega^2\tau_I^2} \left[\left(\frac{1}{X} + \omega^2\tau_I^2\right) + \frac{\frac{1}{X} + \omega^2\tau_I - \frac{Y}{X}\omega^2\tau_I\tau_T}{1 + \omega^2\tau_T^2} \cdot \left(X\frac{a_f^2}{a_e^2} - 1\right) \right]^{-1} \right\}^{\frac{1}{2}}$$

$$(4-3)$$

$$\gamma_\lambda = \pi\frac{a^2}{a_f^2} \left[\frac{Y}{X}\omega\tau_I + \frac{\frac{Y}{X}\omega\tau_I + \omega\tau\left(\frac{1}{X} + \omega^2\tau_I^2\right)}{1 + \omega^2\tau_T^2} \cdot \left(X\frac{a^2}{a_f^2} - 1\right) \right] \cdot \left[\frac{\left(\frac{1}{X} + \omega^2\tau_I^2\right)^2 + \left(\frac{Y}{X}\omega\tau_T\right)^2}{\frac{1}{X^2} + \omega^2\tau_I^2} \right]^{-1}$$

$$(4-4)$$

式中:X 和 Y 分别为干度和湿度;ω 为角频率;ω_I 和 ω_T 分别为惯性驰复时间和热驰复时间。上述两个表达式是以声波的"冻结"速度 a_f 和"平衡"速度 a_e 来表示的。"冻结"音速定义为

$$a_f^2 = \frac{kp}{\rho_g} \tag{4-5}$$

式中:ρ_g 为干饱和水蒸气的密度。上式表明,"冻结"音速就是气相的音速,即与液相相关的相互作用全部被"冻结"时的音速。"平衡"音速的表达式为

$$a_e^2 = \frac{\gamma_m p(1-Y)}{\rho_g} \tag{4-6}$$

式中:γ_m 为湿蒸汽混合物的等熵指数。"平衡"音速的含义是,当声波通过时,气相和液相之间的滑移为零而保持平衡。

　　Petr 计算了湿蒸汽的音速与水滴尺寸、湿度、压力以及角频率的关系,结果如图 4-3 所示。当声波的频率增大时,湿蒸汽的音速从"平衡"音速 a_e 增大到"冻结"音速 a_f。小粒径水滴的湿蒸汽,音速趋近于"平衡"音速 a_e。湿度下降而气相密度(压力)增加的情况,湿蒸汽的音速就向"冻结"音速 a_f 靠近。图 4-3(a)还表明,能量吸收的峰值出现在频率等于 $1/\tau_I$ 和 $1/\tau_T$ 处。

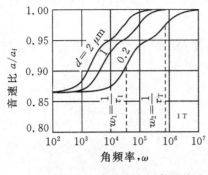　　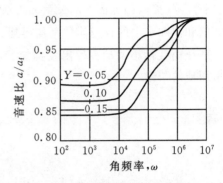

（a）音速与水滴尺寸和频率的关系　　　　（b）音速与湿度和频率的关系

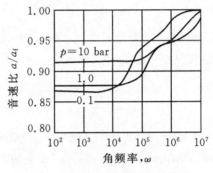

（c）音速与压力和频率的关系

图 4-3　湿蒸汽中音速的变化

　　Petr 的分析并未指明对叶片排之间的间隙和叶栅通道中的音速该如何计算。并且需要注意，Petr 的分析是在假设湿蒸汽中的气相和液相之间零滑移的条件下才导出上述结论的。

4.2　湿蒸汽非平衡凝结流动的数值模型

　　在上一章建立了湿蒸汽非平衡凝结过程的成核模型和水滴生长模型后，就可以进一步建立描述湿蒸汽非平衡凝结流动的数值模型。按照液相的描述方法不同，湿蒸汽两相凝结流动的数值模型可以分为欧拉/欧拉、欧拉/拉格朗日两种。在欧拉/欧拉模型中，汽液两相流动均在欧拉坐标系中求解，各个流动变量都有相应的守恒型控制方程。对于欧拉/拉格朗日模型，汽相流动在欧拉坐标系中求解，而液相流动则是在拉格朗日坐标系中被跟踪并求解的。本节给出的非平衡凝结流动数值模型属于欧拉/欧拉模型。

　　湿蒸汽是蒸汽和大量小水滴的混合物。蒸汽透平中的两相凝结流动,由于自发凝结形成的水滴半径很小(通常小于 1 μm),通过估算,这样尺度的小水滴被高速汽流夹带,与蒸汽的速度差别在数米的量级,相对于透平叶栅末级和次末级的跨音速流动,水滴与当地汽流的速度差可以忽略不计,即可以假设水滴随汽流一起流动。考察无滑移假设下的凝结过程,将成核及水滴生长过程孤立为一个黑箱,并将汽、液两相都视为与周围环境存在质量、动量和能量交换的开口系统,可以建立如图 4-4 所示的非平衡凝结流动数值模型。

　　这个模型包括了三个相对独立的模块:汽相流动计算模块、液相流动计算模块和蒸汽成核及水滴生长计算模块。三个模块间的相互作用及参数传递关系表示在图中。汽相流动计算模块提供 n 时刻凝结流场的气动参数,根据无滑移假设,液相具有与汽相相同的速度场;n 时刻的气动参数以及液相状态分布参数传递给成核及水滴生长计算模块,计算该时刻的成核率、水滴生长率、凝结质量以及凝结潜热等参数;凝结质量和凝结潜热结果反馈到汽相流动计算模块,更新汽相流动计算中连续方程、动量方程以及能量方程的源项,从而计算凝结过程中从汽相转移到液相的质量、动量以及凝结放热对汽相流动的影响;凝结质量和成核率则传递给液相流动计算模块,由成核率计算水滴数的分布,由凝结质量计算湿度的分布。在此基础上可以计算 $n+1$ 时刻的流场。

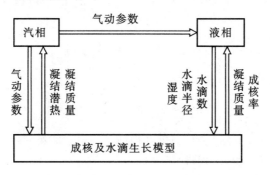

图 4-4　湿蒸汽非平衡凝结流动数值模型

4.2.1　汽相流动控制方程

　　考察湿蒸汽流场中任意一微元控制体 τ 内发生的凝结过程。当自发凝结发生时,在控制体 τ 中蒸汽以质量凝结速率 $\dot{m}$ 凝结为水滴离开汽相系统。这里质量凝结速率 $\dot{m}$ 的含义是单位时间内,单位质量湿蒸汽中凝结出的液相质量。这样,微元控制体 τ 内蒸汽的质量守恒定律可以表示为

$$\frac{d}{dt} \int_{\tau} \rho_g \delta\tau = \int_{\tau} -\rho\dot{m}\,\delta\tau \tag{4-7}$$

其中：ρ_g 为湿蒸汽中汽相的密度；ρ 为湿蒸汽的密度。由微元体 τ 的任意性以及被积函数的连续性，从方程（4-7）可以得到

$$\frac{d\rho_g}{dt} = -\rho\dot{m}$$

根据全微分的定义，令 U 为速度矢量，将上式展开即得到汽相流动的质量连续方程

$$\frac{\partial\rho_g}{\partial t} + \nabla\cdot(\rho_g U) = -\rho\dot{m} \tag{4-8}$$

控制体 τ 中质量为 $\dot{m}$，速度为 U 的蒸汽凝结为水滴，在质量转移的过程中伴随着动量转移。很显然，从汽相转移到液相的动量为 $\dot{m}U$。令 $\varPi$ 为应力张量，p 为压力，通过和上文类似的推导可以得到汽相流动的动量方程

$$\frac{\partial(\rho_g U)}{\partial t} + \nabla\cdot(\rho_g UU) = -\nabla p + \nabla\cdot\varPi - \rho\dot{m}U \tag{4-9}$$

凝结过程中两相间发生质量、动量交换的同时也存在能量交换。总焓 $\dot{m}h_t$ 随着蒸汽凝结为水滴从汽相转移到液相，同时凝结过程中释放出凝结潜热 $\dot{m}h_{fg}$，由于小水滴的热容很小，可以假设凝结潜热全部用来加热蒸汽，这样可以导出汽相流动的能量方程

$$\frac{\partial E_g}{\partial t} + \nabla\cdot(E_g U) = -\nabla\cdot pU + \nabla\cdot\varPi\cdot U - \rho\dot{m}(h_t - h_{fg}) \tag{4-10}$$

令 e 为内能，则总能 E_g 的表达式为

$$E_g = \rho_g\left(e + \frac{1}{2}U\cdot U\right)$$

上述质量连续方程（4-8）、动量方程（4-9）以及能量守恒方程（4-10）就构成了描述凝结流动中汽相运动的控制方程组。

为了使方程组封闭，还需要一个气体状态方程。对于低压透平中的湿蒸汽流动，采用理想气体状态方程已经不再合适，而必须采用实际气体状态方程。水蒸气的状态方程有多种形式，不同的状态方程计算精度和计算时间也各不相同，最为精确的当属国际水和水蒸气协会发布的 IAPWS—IF97 中给出的计算公式，当然其计算量也非常大，尤其是对于数值计算中需要反复迭代的情况更是如此。本节采用了水蒸气的维里型状态方程，其形式为

$$p = \rho_g RT(1 + B\rho_g + C\rho_g^2 + D\rho_g^3 + \cdots) \tag{4-11}$$

式中：R 为气体常数；B、C、D 等为维里系数。水蒸气的维里状态方程在大大减小计算量的同时还能保证较高的计算精度。

4.2.2　液相状态分布控制方程

单位质量湿蒸汽中的水滴数目很多,典型的数值为 10^{18} 个/kg 或更多,因而湿蒸汽中的液相可以视为连续介质。此外,自发凝结形成的水滴尺寸很小,水滴与当地汽流场间的速度滑移可以忽略不计,即可认为水滴跟随汽流一起运动。这样液相的控制方程只需要描述水滴状态的分布即可。描述水滴分布的状态参数有水滴数 N 和水滴半径 r。

首先考虑水滴数的分布。令 J 为成核率,分析任意微元控制体 τ 中的凝结过程。假定控制体 τ 中已有的水滴数目为 $\int_\tau \rho N \delta\tau$,由于凝结发生,$\tau$ 中新产生了 $\int_\tau \rho_g J \delta\tau$ 个水滴,引起控制体 τ 中的水滴数目发生变化,这一过程描述为

$$\frac{\mathrm{d}}{\mathrm{d}t}\int_\tau \rho N \delta\tau = \int_\tau \rho_g J \delta\tau \qquad (4-12)$$

由方程(4-12)即可得到描述水滴数目分布的控制方程

$$\frac{\partial(\rho N)}{\partial t} + \nabla \cdot (\rho N U) = \rho_g J \qquad (4-13)$$

为了确定水滴的状态分布,还需要知道水滴半径 r 的分布。然而直接描述水滴半径的分布并不容易,这可以归结为两个方面的原因。首先,有两个物理过程影响水滴的大小,一是自发凝结形成具有临界半径的凝结核心,二是蒸汽分子在这些凝结核心上继续凝结而使得水滴半径不断增大;其次,湿蒸汽中的水滴是一系列具有不同半径的水滴族,每个水滴族中包含的水滴数目又各不相同。这两方面构成了直接描述湿蒸汽中水滴尺寸的主要困难。例如,很容易直接写出如下的错误方程式

$$\frac{\partial(\rho r)}{\partial t} + \nabla \cdot (\rho r U) = \rho \frac{\mathrm{d}r}{\mathrm{d}t}$$

有两方面的原因使得这个方程不能用来描述水滴大小的分布。首先,考虑凝结流场微元控制体 τ 中的凝结过程,某一时刻在 τ 中生成 J 个具有临界半径 r_c 的凝结核,随后水分子在这些凝结核上凝结使得水滴半径增大,但上面的方程并不能描述这部分刚刚由于自发凝结形成的凝结核从起始的临界半径 r_c 开始增大的物理过程。其次,从成核及水滴生长理论知道,只要存在过冷度的地方,水滴生长率 $\mathrm{d}r/\mathrm{d}t$ 就不为零,但凝结核心却是在过冷度达到一定量值时才出现的,按照这个方程,在凝结核心还没有形成以前,水滴就开始生长了,显然这描述了一种不真实的物理过程。

直接描述水滴的大小分布很困难,但可以间接地由湿度来计算水滴的大小分

布。考虑湿度 Y 的定义式

$$Y = \frac{4}{3}\pi r^3 \rho_l N \qquad (4-14)$$

该定义式描述了湿度 Y、水滴数 N、水滴半径 r 和液相密度 ρ_l 的关系。将其改写为

$$r = \sqrt[3]{3Y/(4\pi\rho_l N)} \qquad (4-15)$$

上式表明水滴半径可以从湿度和水滴数目求得,因而可以先求解湿度,然后间接地得到水滴半径的分布。微元控制体 τ 中,质量凝结速率 $\dot{m}$ 引起湿度 Y 的增加,表示为

$$\frac{\mathrm{d}}{\mathrm{d}t}\int_\tau \rho Y \delta\tau = \int_\tau \rho\dot{m}\delta\tau \qquad (4-16)$$

由方程(4-16)得到描述湿度分布的控制方程

$$\frac{\partial(\rho Y)}{\partial t} + \nabla\cdot(\rho Y U) = \rho\dot{m} \qquad (4-17)$$

这样,由方程(4-13)和(4-17)求解得到水滴数 N 和湿度 Y,再由式(4-15)就可以求得水滴的半径分布。质量凝结速率 $\dot{m}$ 和成核过程以及水滴生长过程相关,表示为

$$\dot{m} = (1-Y)J\rho_l \frac{4\pi r_c^3}{3} + 4\pi r^2 \frac{\mathrm{d}r}{\mathrm{d}t}\rho_l N \qquad (4-18)$$

其中等式右边第一项表示由于自发成核而产生的相变质量,第二项表示由于水滴生长而产生的相变质量。

应当注意到,湿蒸汽流中的液相是一系列具有不同半径的微小水滴族,每一族水滴中包含的水滴数目又各不相同。理想情况下,应当采用分组的方法对具有不同半径的水滴族分别描述($N_i, r_i, i = 1,2,3,\cdots$),即对各族水滴都求解其相应的水滴状态分布方程。然而这无疑会大大增加计算的复杂程度和计算量。实际上,不少实验结果都表明湿蒸汽中的水滴分布遵循一定的分布规律,这就为采用平均参数来描述水滴的状态分布提供了依据。

令 $f(r')$ 为具有半径 r' 的水滴数目,则平均的水滴数目 N 和水滴半径 r 可以表示为

$$N = \int_{r_c}^\infty f(r')\mathrm{d}r'$$

$$r^3 = \frac{3}{4\pi\rho_l}\int_{r_c}^\infty \frac{4\pi r'^3\rho_l}{3}f(r')\mathrm{d}r' \bigg/ \int_{r_c}^\infty f(r')\mathrm{d}r'$$

可以看到采用平均的参数 N 和 r 与采用分组的方法($N_i, r_i, i = 1,2,3,\cdots$)描述

凝结流场中的液相是等效的。因此,本章中的参数 N 和 r 都可以视为这种平均意义上的状态参数。

4.2.3　自发凝结成核及水滴生长模型

蒸汽自发凝结成核和水滴生长的物理过程发生在微米量级。在这样尺度下的热物理性质和传热流动过程正是目前国际上研究的热点问题。微小水滴的表面张力和发生在水滴表面的传热过程对成核和水滴生长模型的建立至关重要。由于经典的自发凝结和成核模型建立在 20 世纪 20 年代左右,自发凝结和水滴生长理论存在不少争议。然而很多的对比研究工作表明,依据经典凝结模型得到的计算结果目前仍然是最为可靠的。在 2015～2016 年间由剑桥大学牵头,来自 12 个国家的 13 个研究组进行了一项旨在对各种凝结模型进行对比的国际合作研究项目,其结果在 2016 年 9 月于捷克布拉格技术大学召开的湿蒸汽国际会议上公布。对比结果证实目前并无更好的模型来取代经典凝结模型。

本章中成核率 J 和水滴生长率 dr/dt 由经典的成核理论和水滴生长理论计算。成核率采用 Kantrowitz 考虑非等温效应对经典成核理论修正后得到的成核率表达式。水滴生长率则采用由 Gyarmathy 提出、经 Young 进行低压修正的表达式

$$J = \frac{1}{1+\varphi} q_c \sqrt{\frac{2\sigma}{\pi m_m^3}} \frac{\rho_g}{\rho_l} \exp\left(-\frac{4\pi r_c^2 \sigma}{3 K_n T}\right) \tag{4-19}$$

$$\varphi = \frac{2(\gamma-1)}{\gamma+1} \frac{h_{fg}}{RT}\left(\frac{h_{fg}}{RT} - \frac{1}{2}\right)$$

$$r_c = \frac{2\sigma T_s}{\rho_l h_{fg} \Delta T}$$

$$\frac{dr}{dt} = \frac{\lambda_g \Delta T}{\rho_l r h_{fg}\left(\dfrac{1}{1+4K_n} + 3.78(1-\nu)\dfrac{K_n}{P_{rg}}\right)} \tag{4-20}$$

$$\nu = \frac{R_g T_s}{h_{fg}}\left[\alpha - \frac{1}{2} - \frac{2-q_c}{2q_c}\left(\frac{\gamma+1}{2\gamma}\right)c_p \frac{T_s}{h_{fg}}\right]$$

$$\Delta T = T_s - T$$

式中：σ 为表面张力系数；m_m 为水分子质量；ρ_g 和 ρ_l 分别为汽相和液相的密度；r_c 为临界半径；h_{fg} 为凝结潜热；R 为水蒸气的气体常数；T 为温度；T_s 为饱和温度；ΔT 为过冷度；K_n 为波尔兹曼常数；p_{rg} 为普朗特常数；C_p 为气体比热；λ_g 为热传导系数。在式(4-19)和式(4-20)中有两个系数 q_c 和 α,其中 q_c 为凝结系数,α 为液滴生长校正系数,α 的取值范围为 0～9。这两个系数用于对凝结模型进行调整,以便更好地与实验结果吻合。出现这两个调整系数的原因是经典凝结模型并

不是一个非常完善的模型,这源于人们对微米尺度条件下微小水滴的表面张力以及微小水滴表面凝结过程中发生的传热特性的认识不足。

4.3　缩放喷管中的一元湿蒸汽非平衡凝结流动

缩放喷管中的一元湿蒸汽非平衡凝结流动是研究叶栅中凝结流动的基础。本节给出一元湿蒸汽非平衡凝结流动的控制方程和两个典型的计算实例。

4.3.1　流动控制方程

考虑一元无粘凝结流动,设流道截面积为 $A(x)$,气流沿 x 向流动,用 $A(x)\delta x$ 替换 4.2.1 节中的 $\delta\tau$,可以得到一元凝结流动中汽相流动的控制方程

$$\frac{\partial \boldsymbol{U}_{\mathrm{g}}}{\partial t} + \frac{\partial \boldsymbol{F}_{\mathrm{g}}}{\partial x} = \boldsymbol{S}_{\mathrm{g}} \tag{4-21}$$

式中: $\boldsymbol{U}_{\mathrm{g}} = A(x)\begin{bmatrix} \rho_{\mathrm{g}} \\ \rho_{\mathrm{g}}u \\ E_{\mathrm{g}} \end{bmatrix}$; $\boldsymbol{F}_{\mathrm{g}} = A(x)\begin{bmatrix} \rho_{\mathrm{g}}u \\ \rho_{\mathrm{g}}u^2 + p \\ (E_{\mathrm{g}}+p)u \end{bmatrix}$; $\boldsymbol{S}_{\mathrm{g}} = \begin{bmatrix} 0 \\ p\dfrac{\partial A(x)}{\partial x} \\ 0 \end{bmatrix} +$

$A(x)\begin{bmatrix} -\rho\dot{m} \\ -\rho u\dot{m} \\ \rho h_{\mathrm{fg}} - \rho\dot{m}h_{\mathrm{f}} \end{bmatrix}$ 。

同样可得液相参数分布的控制方程为

$$\frac{\partial \boldsymbol{U}_{\mathrm{l}}}{\partial t} + \frac{\partial \boldsymbol{F}_{\mathrm{l}}}{\partial x} = \boldsymbol{S}_{\mathrm{l}} \tag{4-22}$$

式中: $\boldsymbol{U}_{\mathrm{l}} = A(x)\begin{bmatrix} \rho N \\ \rho Y \end{bmatrix}$; $\boldsymbol{F}_{\mathrm{l}} = A(x)\begin{bmatrix} \rho u N \\ \rho u Y \end{bmatrix}$; $\boldsymbol{S}_{\mathrm{l}} = A(x)\begin{bmatrix} \rho_{\mathrm{g}}J \\ \rho\dot{m} \end{bmatrix}$ 。

方程(4-21)、(4-22)、状态方程(4-11)和描述水滴数、水滴半径及湿度关系的方程(4-15)就构成了求解一元凝结流动的全部控制方程组。采用合适的数值方法即可进行求解。这里采用二阶 TVD 格式进行空间离散,时间推进法进行求解。

4.3.2　凝结系数和液滴生长校正系数的确定

由上一节看到,经典的自发凝结成核模型及水滴生长模型中涉及到两个经验系数 q_{c} 和 α , q_{c} 为凝结系数, α 为液滴生长校正系数。在开始对凝结流动进行计算以前,需要首先确定这两个参数的数值。这与实验中对仪器进行标定类似,首先

对喷管中的凝结流动进行一组计算,通过调整这两个参数的取值对计算结果和实验结果进行比较,从而选定这两个参数的数值。这样做并无任何物理意义,只是由于凝结模型的不完善而不得不为之。

图 4-5 给出了喷管的几何参数,喉部位置在 $x=0.822$ m 处。对不同进口压力和温度下的凝结流动进行了三组计算,通过比较,当选取 $q_c=100$, $\alpha=1.0$ 时得到的计算结果总体上与实验结果最为接近。计算结果显示在图 4-6～图 4-8 中,图 4-6 对沿喷管轴向的压力分布进行了实验结果和计算结果的比较,图 4-7 给出了沿喷管轴向的马赫数分布,图 4-9 比较了湿度的计算结果和实验结果。

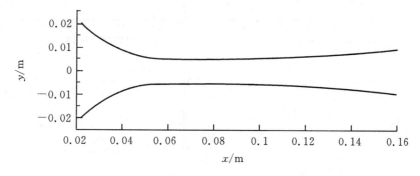

图 4-5　缩放喷管的几何参数

在三组凝结流动中,自发凝结都发生于喷管的超音速扩张段。当自发凝结发生时,凝结放热对超音速气流加热导致压力曲线中相应于大量凝结核心突然形成的位置发生压力跳跃,因而从压力曲线的分布规律可以看到自发凝结发生的位置。图 4-6(a) 和图 4-6(b) 中各自三例凝结流动中,喷管进口的总压基本维持不变而进口总温改变。从这两幅图可以看到,提高进口总温导致自发凝结发生的位置后移。分别对图中实验编号为 424、417 和 411、421 以及 428、434 的压力曲线进行对比,可以看到进口总压增加,自发凝结发生的位置提前,并且自发凝结发生的位置越靠近喷管喉部,由于凝结放热引起的压力升高越明显。实际上从下文 4.4.1 节的分析可以看到,一定条件下当自发凝结的位置向上游移动时,喷管中的凝结放热会导致稳定或不稳定的气动激波产生。但是在图 4-6 和图 4-7 所示的所有凝结流动中,凝结放热引起的压力跳跃都不是气动激波,而属于“凝结冲波”。从图 4-7 所示的马赫数分布可以看到,马赫数没有出现像气动激波一样的间断,而且凝结引起的流速变化都发生在超音速区,只是马赫数有所减小而已。关于喷管凝结流动中凝结放热引起稳定或不稳定气动激波的现象将在第 4.4 节中进行详细分析。

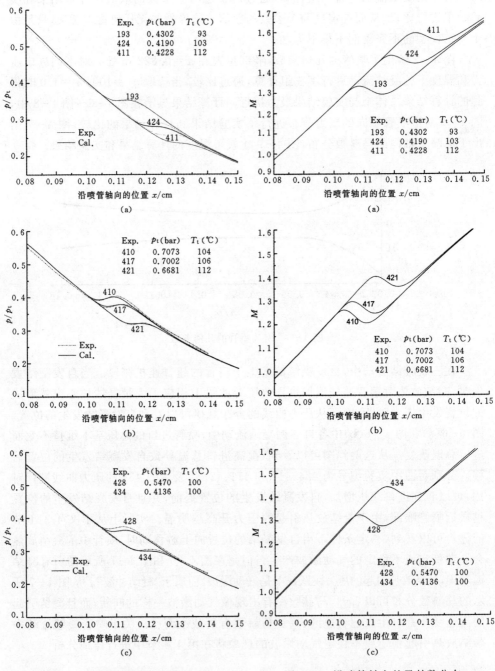

图 4 - 6　沿喷管轴向的压力分布　　　　图 4 - 7　沿喷管轴向的马赫数分布

　　此外,还对实验编号为 252 的凝结流动进行了湿度计算,并与实验结果进行了比较。流动进口条件和比较结果显示在图 4-8 中。在纯净蒸汽中发生的自发凝结流动,凝结区的液相质量几乎全部来自成核过程。从图 4-8 所示的湿度的实验数据看,湿度曲线明显分为两个区域,即快速成核区和随后的水滴生长区。在快速成核区发生的主要是自发成核过程,这个区域湿度曲线的斜率很大,湿度的增加非常迅速,在极短的轴向距离内湿度就从零增加到 2% 左右,伴随着大量凝结潜热的释放,过冷的水蒸气被迅速加热,其过冷度也快速减小。在水滴生长区,蒸汽分子继续在凝结核心上凝结从而使水滴半径不断增大,在这个区域,湿度曲线的斜率明显减小,因而大致上可以将湿度曲线上的拐点作为成核和水滴生长两个物理过程的分界点。对比湿度曲线的实验和计算数据可以看到,与实验结果相比,计算得到的湿度分布曲线也可以明显地分为两个区域,但是区分两个区域之间的拐点位置与实验结果不完全相同,湿度曲线两段的斜率变化也存在差异,这是凝结模型不完善的一种体现。

　　尽管这个算例是用来对凝结模型中的经验系数进行标定的,但是由于凝结流动的复杂性,特别是对于透平中的凝结流动,可能并没有普遍适用的经验系数。根本的解决方法还是要在微尺度条件下热物理性质、流动、传热等方面的认识取得突破后建立更为精确的成核和水滴生长模型。

　　下文中,如不特别指出,凝结流动计算中凝结系数和液滴生长校正系数的取值均为 $q_c = 100$, $\alpha = 1.0$。

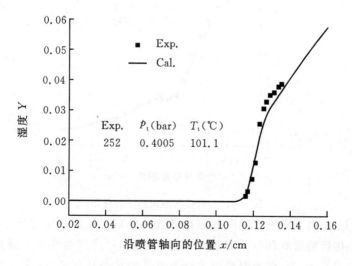

图 4-8 沿喷管轴向的湿度分布

4.3.3　缩放喷管中的一元凝结流动

图 4-9 为另一个缩放喷管的几何数据。进口总压 $p_t = 0.802$ bar，总温 $T_t = 390.15$ K，出口静压与进口总压之比为 $p_b/p_t = 0.2369$。

图 4-10 给出了沿喷管轴向的压力分布。在喉部下游约 4 cm 处为自发凝结快速成核的区域。由于流动中大量凝结潜热突然释放出来对气流进行加热，导致这里压力出现跳跃；与 4.3.2 节中的情形类似，压力曲线上出现的压力跳跃现象也属于凝结放热引起的凝结冲波。

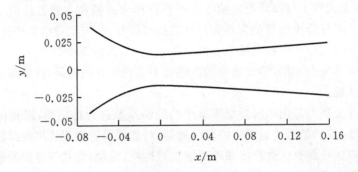

图 4-9　喷管几何参数

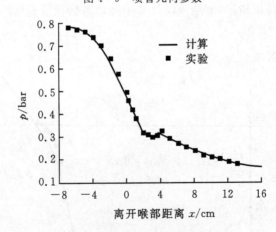

图 4-10　沿喷管轴向的压力分布

图 4-11 给出了沿喷管轴向各液相参数的分布。从过冷度的分布看，初始过热的蒸汽在接近喷管喉部时开始进入过饱和状态，过冷度很快上升到接近 30 K，达到所谓的 Wilson 点，即此时蒸汽的热力不平衡状态达到极点，蒸汽突然开始凝结。可以看到，对应于最大过冷度出现的位置，成核率从 0 急剧上升到 10^{23} 量级，蒸汽流中出现大量具有临界半径的凝结核心，水滴数目急剧增加；另外，凝结流中

的水滴数目在成核区下游几乎保持不变,这表明水滴数目在快速成核过程结束时就已经基本确定。同时,在较高的过冷度下,蒸汽分子在凝结核上迅速凝结,水滴半径随之快速增加,根据流速和成核率的位置分布可以算出,在刚开始成核的约 $13\,\mu s$ 内水滴半径就增大到原来的 5 倍左右。大量凝结核的形成及水滴半径的增加使湿度也很快上升。

随着凝结过程的进行,过冷度在很短的距离内(约占喷管总长的 8%)就迅速降到 5 K 以下,此后蒸汽继续膨胀,剩余过冷度只有不到 2 K,两相间基本恢复到热力平衡状态。从成核率曲线可以看到,成核率对过冷度非常敏感,成核率从峰值到接近零所对应的过冷度之差只有 5 K 左右。因此,当过冷度迅速下降后,成核率也急剧下降,这个过程中水滴数基本上不再增加,但由于蒸汽分子仍在已有水滴表面不断凝结,水滴半径继续缓慢增加,湿度也继续缓慢上升。

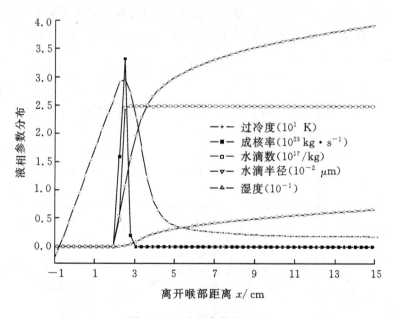

图 4 - 11　液相参数的分布

4.3.4　一元凝结流中超临界加热引起的自激振荡流动

在 4.1.1 节中已经分析了加热对可压缩流动的影响。在缩放喷管的非平衡凝结流动中,凝结过程与超音速气流的相互作用会引起一种特殊的自激振荡流动。本节对这一流动现象进行分析。

对有热交换的一元流动,热量的加入使得亚音速和超音速气流都向音速点靠近。等熵流动情况下缩放喷管中喉部下游的流动进入超音区,但是当流动中出现凝结时,凝结潜热对气流加热使得气流减速。由于进口条件的不同,凝结发生的位置和成核发生时水蒸气的压力、过冷度等条件也不同,导致对气流的加热量也不同。对于一定马赫数的超音速流动,存在一个临界加热量 Q_c ,这些热量加到气流中,正好使得超音速气流减速到音速流动。凝结放热与这个临界加热量 Q_c 存在各种大小对比关系,因而导致的结果也不相同,如图 4-12 所示。

当凝结潜热对气流的加热量 $Q < Q_c$ 时,不足以使得气流减速到亚音速,这种情况下凝结的影响只是使得压力出现升跃,即出现所谓的"凝结冲波"现象,流动是稳定的。当 $Q \geqslant Q_c$ 时,会在凝结区出现气动激波,此时流动仍然是稳定的。当 $Q \gg Q_c$ 时,气动激波会向上游移动,甚至移动到很靠近喷管喉部的位置,导致凝结区前的温度升高,凝结进程减弱,随之凝结潜热释放减少,气动激波形成的条件消失,此时蒸汽流中的过冷度上升,凝结进程再度增强,新的流动周期开始发生。这种由于非平衡凝结和超音速气流相互作用而引起的非定常流动属于一种自激振荡流动现象。

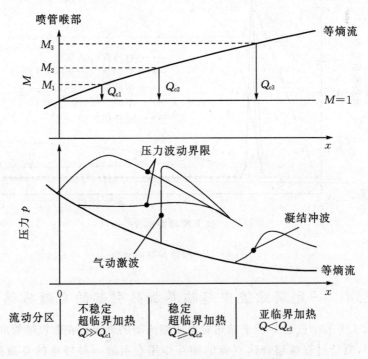

图 4-12　一元凝结流中的流动分区结构

对于马赫数为 M 的超音速气流,使气流减速为音速流动的临界加热量 Q_c 为

$$Q_c = \frac{(M^2 - 1)C_p T_t}{2(\gamma - 1)M^2 \left(1 + \dfrac{\gamma - 1}{2}M^2\right)} \qquad (4-23)$$

在蒸汽透平中,凝结引起的流场周期性振荡可能导致叶片的颤振问题,一些研究人员也找到了凝结流动不稳定性引起透平动叶颤振的根据。同时也可以看到,在湿蒸汽两相流动中,除了过冷现象产生的非平衡损失之外,还可能存在由于凝结潜热对气流的超临界加热而导致的激波损失,并且激波可能引起边界层分离,从而引发新的损失。

为了模拟自激振荡凝结流动,4.3.1 节中给出的一元非平衡凝结流动控制方程仍是适用的,只是数值方法中对时间项的处理上需要采用二阶精度的差分格式。

图 4-13 给出了某实验喷管的几何参数,在进口总压 $p_t = 35140$ Pa,进口总温 $T_t = 347.9$ K 的非平衡凝结流动中出现了自激振荡流动现象。

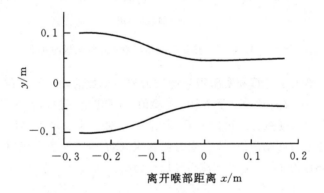

图 4-13　实验喷管几何形状

表 4-1 给出了计算和实验得到的自激振荡凝结流动的振荡频率 f 和压力振幅 Δp。压力振幅 Δp 的预测与实验值偏差较大,其中一个主要的原因可能仍然是成核模型和水滴生长模型的不足。但从另一方面看,经典的成核和水滴生长模型仍然正确反映了自激振荡凝结流动的基本规律。

表 4-1　凝结流动波动频率和压力振幅

	波动频率 f/Hz	压力振幅 Δp/Pa
实验	380.00	2000
计算	384.86	1305

图 4-14 对比了临界加热量 Q_c 和凝结流动中的实际加热量 Q_1、Q_2,Q_1 为不稳定凝结流中加热量下限,Q_2 为上限,临界加热量由式(4-23)计算。可以看到凝结流动中凝结潜热对气流的实际加热量 Q_1、Q_2 均远远大于临界加热量 Q_c,满足

自激振荡凝结流动的条件。

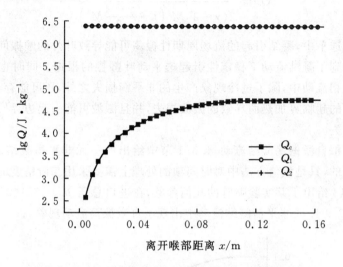

图 4-14　临界加热量和凝结流中实际加热量的对比

　　图 4-15 给出了计算和实验得到的压力和马赫数沿轴向的分布。其中计算值只给出压力、马赫数波动的上下界限，实验值为喷管壁面静压。参照图 4-14，从图 4-15 所示的马赫数分布可以看到，凝结潜热对气流的超临界加热使得凝结区内产生了不稳定的气动激波，波后变为亚音速流动，但是随着蒸汽继续在凝结核上凝结放热，加热作用使得亚音速气流再度加速为超音速气流。应当注意到图 4-13 中喷管几何形状的特点，在喉部下游壁面型线变化平缓，气流膨胀率很小，只有在这种情况下，亚音速气流在加热作用下才有可能在喷管扩张段再度加速为超音速气流。

　　图 4-16 给出了喷管中轴向压力随时间的发展过程。图 4-17 给出了凝结流动中马赫数、过冷度以及湿度随着时间的变化过程。

　　进一步的分析表明，喷管进口过冷度是影响自激振荡凝结流动的主要因素。图 4-18 给出了几个典型条件下一维凝结流动马赫数随时间的发展过程，可以看到不同进口过冷度下，凝结流动随时间发展的过程是不同的，凝结不稳定流动开始的位置也不同。

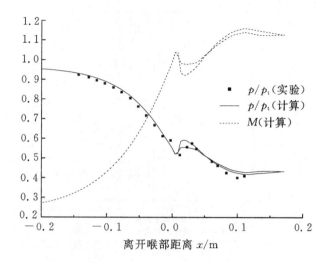

图 4-15 压力和马赫数沿轴向的分布

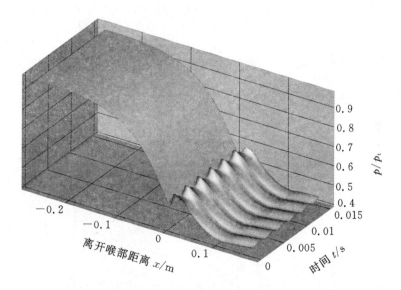

图 4-16 喷管中轴向压力随时间发展的过程

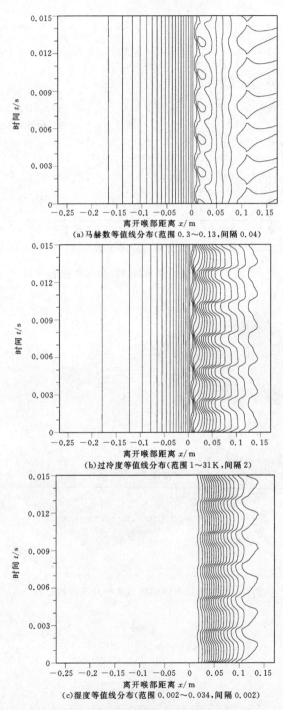

(a)马赫数等值线分布(范围 0.3～0.13,间隔 0.04)

(b)过冷度等值线分布(范围 1～31 K,间隔 2)

(c)湿度等值线分布(范围 0.002～0.034,间隔 0.002)

图 4-17　凝结流动参数随时间的发展过程

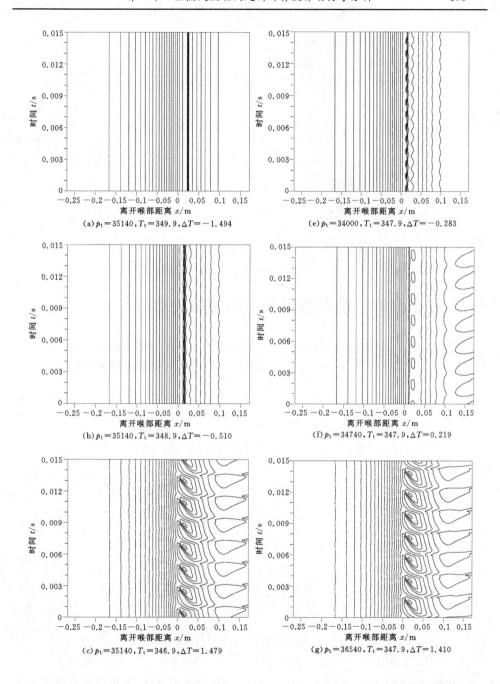

(a) $p_t = 35140, T_t = 349.9, \Delta T = -1.494$

(b) $p_t = 35140, T_t = 348.9, \Delta T = -0.510$

(c) $p_t = 35140, T_t = 346.9, \Delta T = 1.479$

(e) $p_t = 34000, T_t = 347.9, \Delta T = -0.283$

(f) $p_t = 34740, T_t = 347.9, \Delta T = 0.219$

(g) $p_t = 36540, T_t = 347.9, \Delta T = 1.410$

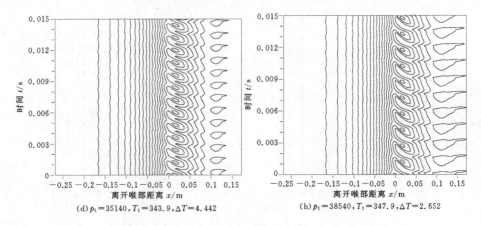

(d) $p_t = 35140$，$T_t = 343.9$，$\Delta T = 4.442$　　　(h) $p_t = 38540$，$T_t = 347.9$，$\Delta T = 2.652$

图 4 - 18　凝结流动马赫数随时间的发展过程

4.4　叶栅中的二维湿蒸汽非平衡凝结流动

可以用 4.2 节中建立的模型进行二维湿蒸汽非平衡凝结流动的模拟。将方程(4 - 8)～(4 - 10)、方程(4 - 13)和(4 - 17)在二维直角坐标系中展开可得

$$\frac{\partial U_g}{\partial t} + \frac{\partial E_g}{\partial x} + \frac{\partial F_g}{\partial y} = \frac{\partial E_v}{\partial x} + \frac{\partial F_v}{\partial y} + S_g \qquad (4-24)$$

$$U_g = \begin{bmatrix} \rho_g \\ \rho_g u \\ \rho_g v \\ E_g \end{bmatrix} \quad E_g = \begin{bmatrix} \rho_g u \\ \rho_g u^2 + p \\ \rho_g uv \\ (E_g + p)u \end{bmatrix} \quad F_g = \begin{bmatrix} \rho_g v \\ \rho_g uv \\ \rho_g v^2 + p \\ (E_g + p)v \end{bmatrix}$$

$$E_v = \begin{bmatrix} 0 \\ \tau_{xx} \\ \tau_{xy} \\ q_x \end{bmatrix} \quad E_v = \begin{bmatrix} 0 \\ \tau_{yx} \\ \tau_{yy} \\ q_y \end{bmatrix} \quad S_g = \begin{bmatrix} -\rho \dot{m} \\ -\rho u \dot{m} \\ -\rho v \dot{m} \\ \rho \dot{m}(h_{fg} - h_t) \end{bmatrix}$$

$$\frac{\partial U_1}{\partial t} + \frac{\partial E_1}{\partial x} + \frac{\partial F_1}{\partial y} = S_1 \qquad (4-25)$$

$$U_1 = \begin{bmatrix} \rho N \\ \rho Y \end{bmatrix} \quad E_1 = \begin{bmatrix} \rho u N \\ \rho u Y \end{bmatrix} \quad F_1 = \begin{bmatrix} \rho v N \\ \rho v Y \end{bmatrix} \quad S_1 = \begin{bmatrix} \rho_g J \\ \rho \dot{m} \end{bmatrix}$$

方程(4 - 24)、(4 - 25)、状态方程(4 - 11)和描述水滴数、水滴半径及湿度关系的方程(4 - 15)就构成了求解二维凝结流动的全部控制方程,采用适当的数值方法就可以求解二维非平衡凝结流动。本节给出一个二维平面叶栅中湿蒸汽非平衡凝结

结流动的计算实例。

　　图 4-19 为某透平动叶顶部截面叶型。流动条件在表 4-2 中给出。图 4-20 给出了过热蒸汽流动计算和两相凝结流动计算得到的叶片表面压力分布曲线。凝结流动中的叶片表面压力分布与过热蒸汽流动中的叶片表面压力分布明显不同，在大约 40% 轴向弦长处，吸力面处压力出现跳跃，其产生原因和缩放喷管中的情形相同，是由于成核和水滴生长过程中凝结潜热对气流加热的结果。

图 4-19　叶栅几何形状

表 4-2　叶栅进、出口流动条件

	p_t /bar	T_t /K	p_t / p_b
过热蒸汽流动	0.997	419.3	2.36
凝结流动	1.015	370.1	2.33

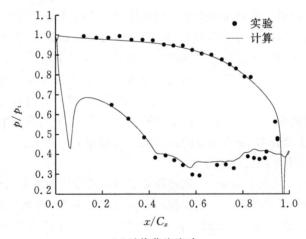

（a）过热蒸汽流动

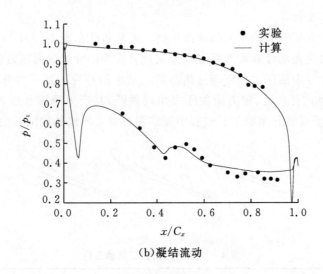

(b)凝结流动

图 4 - 20　叶片表面压力分布

　　图 4 - 21 给出了过热蒸汽流动和凝结流动计算得到的叶栅通道中的马赫数分布。在凝结流动中,吸力面大约 40% 轴向弦长处可以观察到马赫数等值线分布存在弯曲,这与表面压力分布曲线上吸力面处压力出现跳跃是一致的,反映了凝结放热对流动的影响,与拉瓦尔喷管相比,叶栅中压力和马赫数的分布显然要复杂得多。此外,凝结流动的尾迹与过热蒸汽流动的尾迹也存在差异。更细致的分析可以得到,这种差异实际上是由于凝结流动中吸力面附近靠近出气边处发生的分离引起的。图 4 - 22 给出了过热蒸汽流动计算和凝结流动计算得到的叶片出气边附近的流线图,过热蒸汽流动中吸力面上没有发生分离,而凝结流动中吸力面靠近出气边处发生了流动分离,分离形成的涡团向下游流动,并且与尾迹发生掺混,从而形成了图 4 - 21 中不同的尾迹分布。

　　从上述分析中也可以看到,凝结过程除了引起通常所说的湿汽损失外,还可能改变流动结构,从而引起附加的气动损失。同时可以预测,流动结构的改变,对下一列叶栅中的流动也会产生影响。表 4 - 3 给出了两种流动条件下计算得到的叶栅进、出口气流角。凝结流动与过热蒸汽流动的进口气流角基本相同,但是二者的出口气流角则相差 3.2°。当然,这个算例是在给定进出口压力的条件下进行的,两种流动的流量并不相同,但从中也能看到非平衡凝结对叶栅通流能力的影响程度。

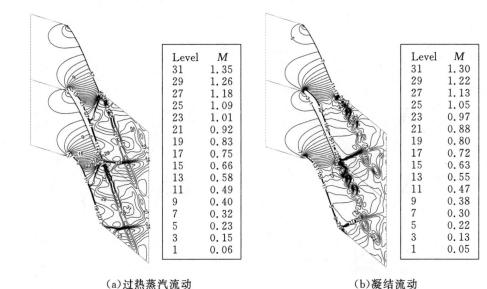

Level	M
31	1.35
29	1.26
27	1.18
25	1.09
23	1.01
21	0.92
19	0.83
17	0.75
15	0.66
13	0.58
11	0.49
9	0.40
7	0.32
5	0.23
3	0.15
1	0.06

Level	M
31	1.30
29	1.22
27	1.13
25	1.05
23	0.97
21	0.88
19	0.80
17	0.72
15	0.63
13	0.55
11	0.47
9	0.38
7	0.30
5	0.22
3	0.13
1	0.05

（a）过热蒸汽流动　　　　　　　　　　（b）凝结流动

图 4-21　马赫数分布

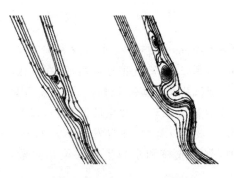

（a）过热蒸汽流动　　　　（b）凝结流动

图 4-22　叶片出气边附近的流线

表 4-3　叶栅进、出口气流角

	进口气流角/°	出口气流角/°
过热蒸汽流动	54.6	21.4
凝结流动	54.8	24.6

　　图 4-23 对过热蒸汽流动和凝结流动的熵增进行了比较。可以看到，凝结流动中成核区域的熵增非常迅速。另外，凝结流动中熵增的最大值也比过热蒸汽流动中熵增的最大值高出 38.9%。

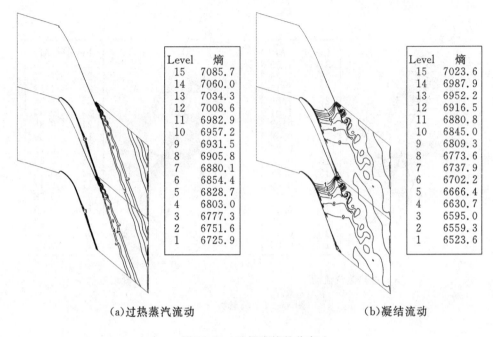

(a)过热蒸汽流动　　　　　　　　　　(b)凝结流动

图 4-23　叶栅中熵的分布

　　图 4-24 给出了凝结流动中过冷度、水滴数和湿度的分布。由图 4-24(a)看到,随着流动中蒸汽不断膨胀,过冷度也逐渐增加,在叶栅喉部达到最大值,随后自发凝结过程迅速发生,蒸汽从非平衡态很快向平衡态过渡,过冷度随之迅速降低。由图 4-24(b)看到,在自发凝结快速发生的区域,水滴数从零非常迅速地增大到相当大的量值。由图 4-24(c)看到,在自发凝结开始发生的区域,湿度就迅速增大到具有意义的量值,表明成核和水滴生长的最初阶段对湿度的贡献占了相当比例。

　　总体来看,凝结理论模型和现代计算流体动力学的发展为湿蒸汽非平衡凝结流动的数值研究提供了条件,以上给出一些一维和二维非平衡凝结流动的计算实例展示了数值分析工具的能力,同时也对非平衡凝结流动的基本特征进行了分析。实际上,目前已经可以对三维多级条件下的非平衡凝结流动开展定常和非定常的数值计算,在实际工程实践中也有很多的应用。但是有必要指出,目前计算湿蒸汽非平衡凝结流动的数值模型和数值方法都在进一步发展之中。在具体应用某种求解湿蒸汽非平衡凝结流动的数值方法时,了解其在水和水蒸气物性计算尤其是表面张力的计算、成核模型和水滴生长模型等方面的适用条件和限制范围是很有必要的。

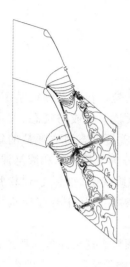

Level	DT
21	40
20	36
19	32
18	28
17	24
16	20
15	16
14	12
13	8
12	4
11	0
10	−4
9	−8
8	−12
7	−16
6	−20
5	−24
4	−28
3	−32
2	−36
1	−40

(a)过冷度分布

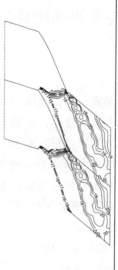

Level	WN
22	8.90E+22
21	8.02E+21
20	7.23E+20
19	6.51E+19
18	5.87E+18
17	5.29E+17
16	4.77E+16
15	4.29E+15
14	3.87E+14
13	3.49E+13
12	3.14E+12
11	2.83E+11
10	2.55E+10
9	2.30E+09
8	2.07E+08
7	1.87E+07
6	1.68E+06
5	1.52E+05
4	1.37E+04
3	1.23E+03
2	1.11E+02
1	1.00E+01

(b)水滴数分布

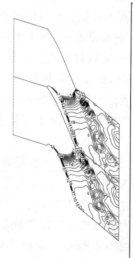

Level	Y
21	4.80E−02
20	4.57E−02
19	4.34E−02
18	4.11E−02
17	3.88E−02
16	3.65E−02
15	3.42E−02
14	3.19E−02
13	2.96E−02
12	2.73E−02
11	2.50E−02
10	2.27E−02
9	2.04E−02
8	1.81E−02
7	1.58E−02
6	1.35E−02
5	1.12E−02
4	8.90E−03
3	6.60E−03
2	4.30E−03
1	2.00E−03

(c)湿度分布

图 4 - 24　叶栅中液相参数的分布

4.5　水滴运动与沉积的统计学基础

4.5.1　概述

湿蒸汽中的一次水滴和二次水滴也是特殊类型的颗粒。在广义颗粒学中,颗粒是指分割状态下的固体或液体。颗粒系统是由各种颗粒单独或与气态、液态物质共同构成的集合体。例如,精盐、水泥、奶粉等粉末物质是干态固体颗粒的集合体。弥散体是颗粒在流体中悬浮的一种状态,弥散体可分为气悬浮体和液悬浮体。气悬浮体是指固体或液体颗粒在气体中悬浮所构成的物质状态,如空气-煤粉弥散体、湿蒸汽、喷水湿空气等;液悬浮体则是固体或液体颗粒在液体中悬浮所构成的物质状态,如各种乳胶体等。

颗粒一般具有固定的尺寸和质量。由于分割状态使颗粒表现出许多在整体状态下不需要特别考虑的特性。虽然颗粒形状、密度、成分等对颗粒特性有一定的影响,但尺寸大小对颗粒特性的影响是最直接和最重要的。颗粒的大小一般用某种代表性尺寸的平均值或有效值来表示,通常以微米为单位。另外一种方法是利用网筛孔口与颗粒尺寸相对应的网筛号来表示颗粒的大小,网筛号一般指每单位面积中的网孔数目。

颗粒系统很少由单一尺寸的颗粒组成,通常覆盖一定的颗粒尺寸范围;颗粒系统中尺寸相同的颗粒可以称为一族,每族又包含一定数量的颗粒。所以在描述某一颗粒系统时,不但需要定义每一族颗粒的尺寸和形状,还要定义每族颗粒的数量。

汽轮机湿蒸汽中的水滴是蒸汽自发凝结过程的产物,凝结产生的各种尺寸的水滴在形态上和物质特性上都和一般颗粒很相似。由于液体表面张力的存在,尺寸很小的水滴几乎都呈球形。

根据颗粒系统的定义,湿蒸汽就是一种典型的微小水滴在干饱和蒸汽中的多尺寸弥散体。在亚稳态的过饱和蒸汽恢复到热力学平衡的湿蒸汽两相状态过程中,在很短的时间内,对应一系列不同的过饱和度产生了一系列不同半径的凝结核心;在蒸汽的后续膨胀中,这些大小不同的凝结核心又以不同的速率通过蒸汽分子的不断凝结而生长起来。所以新产生的微小水滴有一定的尺寸分布范围,在形成阶段就出现了多尺寸水滴系统。其次,极小的水滴(小于 $0.01\ \mu m$)会受到各种力的作用,结果是促使水滴与水滴发生聚合,但液体表面张力的存在使得水滴的聚合并不像固体颗粒的粘合,而是发生水滴的合并,即由数个小尺寸水滴合并为尺寸较大的水滴,进一步带来水滴尺寸的差异。这些由于水蒸气凝结形成的微小水滴统称为一次水滴。另一方面,湿蒸汽汽轮机级的级间部分和出口部分,由于通流部分壁面上一次水滴沉积形成的水膜破碎形成许多尺寸不一的较大水滴,这些大水滴在高速蒸汽流的剪切作用下形成更多的小水滴,这又构成性质不同的多尺寸的水滴弥散体。这些由于水膜破碎而形成的较大水滴统称为二次水滴。由于一次水滴和二次水滴的平均尺寸相差较大,因此对汽轮机级的影响也不相同。大体而言,一次水滴弥散体对汽轮机级的运行效率和金属材料的磨蚀作用影响很小;而二次水滴弥散体对运行效率和材料磨蚀产生明显的不利影响。

　　颗粒系统中的颗粒数目庞大且尺寸很不均匀,逐一测量每个颗粒是不现实的,应用统计学的原理和概念对颗粒群的尺寸和尺寸分布进行统计学描述是唯一可行的办法。采用统计学方法时,单个颗粒的特性(包括颗粒直径或特征尺寸、几何形状、密度等)不是主要的研究对象,而颗粒群的平均特性才是统计学讨论的内容。

4.5.2　颗粒尺寸的统计平均值

1. 单个颗粒的直径

　　单个颗粒的尺寸是指最能描述颗粒分割程度的代表性尺寸。对于球形颗粒,代表性尺寸就是它的直径(见图 4 - 25(a)),对于一般的非球形颗粒来说,通过不规则颗粒重心的直径 d_i 有无穷多个(见图 4 - 25(b)),所有 d_i 处在一个最小值和一个最大值之间且是连续分布的。这样就需要采用统计方法来计算不规则颗粒尺寸的统计平均值,并用统计平均值作为代表性尺寸对颗粒进行描述。表 4 - 4 是不规则单个颗粒直径的三种统计平均值的计算方法。其中,d_m 代表不规则颗粒的最大直径;d_s 代表不规则颗粒的最小直径;n 代表所取直径的数目。

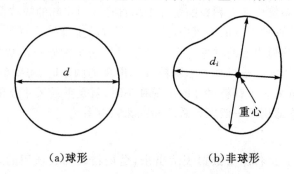

(a)球形　　　　　　　　　(b)非球形

图 4 - 25　球形与非球形颗粒直径

表 4 - 4　三种计算单个颗粒统计平均直径的方法

直径平均值	计算平均值公式
直径的几何平均值	$d_1 = \left(\prod\limits_{d_s}^{d_m} d_i \right)^{1/n}$

直径平均值	计算平均值公式
直径的算术平均值	$d_2 = \dfrac{1}{n} \displaystyle\sum_{d_s}^{d_m} d_i$
直径的调谐平均值	$d_3 = \dfrac{1}{n} \displaystyle\sum_{d_s}^{d_m} \dfrac{1}{d_i}$

2. 颗粒群的平均直径

由于颗粒系统中弥散的颗粒大小不均匀,需要用一个平均值来代表整个颗粒群的尺寸。通常以颗粒直径为 d_{ab} 的等价单一均布体来代表颗粒群的尺寸更为方便,其表达式为

$$d_{ab}^{a-b} = d_{max}^{a-b} \cdot \frac{\displaystyle\int_0^1 \left(\frac{d}{d_{max}}\right)^a \frac{\mathrm{d}N^*}{\mathrm{d}(d/d_{max})} \mathrm{d}(d/d_{max})}{\displaystyle\int_0^1 \left(\frac{d}{d_{max}}\right)^b \frac{\mathrm{d}N^*}{\mathrm{d}(d/d_{max})} \mathrm{d}(d/d_{max})} \tag{4-26}$$

式中: N^* 是直径小于 d 的颗粒累计数目的百分数。例如,有最大数目频率的平均直径为 d_{10} ,最大质量频率的平均直径为 d_{30} 。

4.5.3　数据表达和分布曲线

一般的颗粒系统和液滴悬浮体系统都有一个尺寸数据的表达问题。如果是单一尺寸的颗粒系统,只需要测量系统中任何一个颗粒的尺寸,并用一定的平均方法就可以得到整个系统中所有颗粒的统计平均直径。而实际的颗粒系统基本都是多尺寸的,在多尺寸颗粒系统的测量中,除了各颗粒的统计平均直径外,还需要确定具有一定尺寸的颗粒出现的频率。出现频率可以表示为颗粒的数目,或者表示为颗粒的重量。当用颗粒数目来表示颗粒尺寸出现的频率时,得到的是数目尺寸分布;当用颗粒重量来表示颗粒尺寸的出现频率时,就是重量尺寸分布。本节介绍的两种表达方法,均适用于一般颗粒系统和液珠颗粒系统。

1. 表格法

表格法能够直接将测量数据表示出来,是最精确和最通用的表示方法之一。在表格中可以按颗粒尺寸或尺寸变化范围列出一种或多种表示颗粒分布特征的数据,如尺寸出现频率或尺寸累计数据等。表 4 - 5 和表 4 - 6 是某玻璃球系统的抽样尺寸累计分布及频率分布。从表 4 - 5 可以看到,这些被抽样到的玻璃球尺寸范围在 $5 \sim 100~\mu m$ 之间,但绝大多数玻璃球的尺寸小于 $60~\mu m$ 。按数目计算,有 99.91% 的玻璃球尺寸小于 $60~\mu m$;但按重量计算,有 98.1% 的玻璃球尺寸小于 $60~\mu m$ 。从表 4 - 6 看到,最高的数目频率百分数出现在 $15 \sim 25~\mu m$ 的尺寸范围内;但最高的重量频率百分数出现在 $20 \sim 35~\mu m$ 的尺寸范围内。

表 4 - 5　玻璃球颗粒系统的抽样尺寸分布

尺寸/μm	累计数目分布		累计重量分布	
	大于/%	小于/%	大于/%	小于/%
5	100.0	0.0	100.0	0.0
10	99.0	1.0	99.9	0.1
15	86.0	13.8	98.4	1.6
20	58.0	42.0	89.5	10.5
25	32.0	68.0	71.5	28.5
30	15.0	85.0	50.0	50.0
35	7.0	93.0	32.1	67.9
40	2.8	97.2	19.2	80.8
45	1.2	98.8	10.8	89.2
50	0.5	99.5	6.0	94.0
55	0.15	99.85	3.0	97.0
60	0.09	99.91	1.9	98.1
100	0.0	100.0	0.0	100.0

表 4 - 6　玻璃球颗粒系统的抽样尺寸频率分布

尺寸范围/μm	数目频率分布	重量频率分布
0～5	0.0	0.0
5～10	1.0	0.1
10～15	12.8	1.5
15～20	28.2	8.9
20～25	26.0	18.0
25～30	17.0	21.5
30～35	8.0	17.9
35～40	4.2	12.9
40～45	1.6	10.4
45～50	0.7	2.8
50～55	0.35	3.0
55～60	0.06	1.1
60～100	0.09	1.9
0～100 总计	100.0	100.0

2. 几率曲线图

几率曲线图有几种,其中一种是直方矩形图,简称直方图。在直方图中,横坐标表示颗粒的尺寸范围,可以根据需要绘制不同的坐标,如线性坐标、对数坐标等;纵坐标表示某一尺寸颗粒的特征参数百分比,如质量百分比、数目百分比、面积百分比或体积百分比等。图 4-26 是某颗粒系统的质量分布直方图。

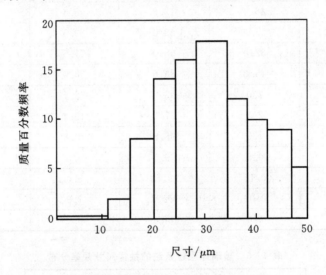

图 4-26　某颗粒系统的质量分布直方图

如果将不规则的直方图用光滑曲线连接起来,就得到频率曲线图。这种频率曲线只有当测量数目相当大时才比较准确合理。图 4-27 是某一水滴颗粒系统的单峰值数目尺寸分布曲线。

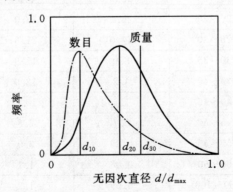

图 4-27　水滴颗粒系统的单峰值数目尺寸分布曲线

累计曲线是对颗粒的尺寸坐标绘制的大于(或小于)某一给定颗粒尺寸的特征参数百分比。特征参数也可以代表颗粒的面积、质量、数目等;纵坐标的范围为 0~100%。图 4-28 是某水滴颗粒系统的累计曲线。

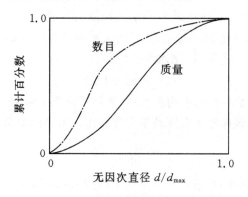

图 4-28　水滴颗粒系统的累计曲线

4.6　叶栅通道中水滴的运动与沉积

水滴在汽轮机叶栅通道内的运动规律与叶片型线、叶栅几何尺寸以及叶栅进、出口的蒸汽条件、蒸汽湿度和水滴尺寸分布等许多因素有关。叶型和叶栅几何尺寸确定了通道截面积的变化,叶栅的进、出口蒸汽条件确定了汽流在通道中的膨胀程度以及流动情况,蒸汽湿度意味着汽流所含水滴的数目,而水滴尺寸分布则确定了水滴的大小。本节以某 600 MW 汽轮机的末级为对象,介绍水滴在叶栅通道中的运动规律。

4.6.1　分析水滴运动规律的数值模型与计算方法

叶栅中的水滴是在水蒸气的夹带作用下运动的,因此要分析水滴的运动规律需要同时求解汽相流场和水滴的运动轨迹。汽液两相流动的求解可以分为单向耦合和双向耦合两种方式。单向耦合是指水滴在气流的作用下运动,但不考虑水滴对汽相流场的影响;双向耦合则需要同时考虑水滴对汽相流动的影响。汽轮机叶栅内的水滴所占据的体积分数实际上是非常微小的,例如湿度为 10% 的湿蒸汽中,全部水滴所占的体积分数只有约万分之一左右,因此可以合理地假设水滴在湿蒸汽中的分布非常稀疏,水滴对汽相流场的影响可以忽略不计。这样,就可以采用简单的单向耦合计算方法,首先计算汽相流场,在此基础上分析汽相流场作用下水滴的运动特性。汽相流场的求解并无特殊之处,这里不再描述。

计算水滴的运动轨迹,通常采用在拉格朗日坐标系中跟踪单个水滴运动轨迹的方法。实际的湿蒸汽流中,水滴的数目巨大,跟踪每个水滴进行计算是不现实的,因此通常取一些特定尺寸的水滴样本,计算中只跟踪样本水滴的轨迹,从而获得对湿蒸汽中全部水滴运动规律的了解。

水滴的位移通过对时间步长内的水滴速度进行积分计算得到。令 x 为水滴的位移,t 为时间,U_P 为水滴的速度,三者的关系为 $\mathrm{d}x/\mathrm{d}t = U_P$。假设在积分时间步长 δt 内水滴的速度 U_P 不变,则水滴的位移为

$$x^n = x^\circ + U_P \delta t \tag{4-27}$$

式中:x° 表示积分开始时刻的水滴位移;x^n 表示积分终了时刻的水滴位移。在积分时间步末尾,新的水滴速度由水滴动量方程获得。水滴的动量方程为

$$m_p \frac{\mathrm{d}U_p}{\mathrm{d}t} = F \tag{4-28}$$

式中:m_p 为水滴的质量;F 为作用在水滴上的合力,合力的表达式为

$$F = F_D + F_B + F_R + F_{VM} + F_P + F_{BA} \tag{4-29}$$

式中:F_D 为蒸汽对水滴的拖曳力;F_B 为浮力;F_R 为旋转引起的科氏力和离心力;F_{VM} 为虚拟质量力;F_P 为压力梯度力;F_{BA} 为巴斯特力。

考察汽轮机中的湿蒸汽两相流动,弥散在蒸汽中的水滴在运动时除受到上述各种作用力之外,还存在水滴之间的碰撞和聚合。如果全部考虑这些影响因素将使得求解极其复杂,因此可以首先进行如下合理假设:

(1)湿蒸汽中的水滴是球形的,并且是刚性的,在运动过程中不发生变形以及水滴之间的聚合;

(2)水滴的尺寸在运动过程中不发生变化,不考虑其生长和破裂;

(3)水滴的尺寸很小,并且密度远大于蒸汽,因此不考虑重力、虚拟质量力和压力梯度力的影响;

(4)水滴碰撞到固体壁面时不发生反弹而是立即被壁面捕获。Gyarmathy 根据试验研究结果认为,低压汽轮机末几级通道壁面均是湿润的,此时以斜角撞击壁面的水滴均附着在壁面上;然而 Shcheglyaev 的研究则表明情况要复杂得多,水滴撞击在水膜上时会产生反射和飞溅。由于这种复杂的物理现象还很难进行计算,因此这里采用 Gyarmathy 的假设,认为水滴撞击在壁面上时均被捕获。

根据上述简化假定,合力 F 的表达式中右边项只包含 F_D 和 F_R 两项,即只考虑蒸汽对水滴的拖曳力和旋转的影响。拖曳力 F_D 由以下公式进行计算

$$F_D = \frac{1}{2} C_D \rho_F A_F |U_F - U_P| (U_F - U_P) \tag{4-30}$$

式中:ρ_F 为蒸汽的密度;A_F 为水滴的有效迎风面积;U_F 为蒸汽的速度;U_P 为水滴的速度;C_D 为阻力系数。对于球形水滴,阻力系数 C_D 由 Schiller-Naumann 公式

计算

$$C_D = \max\left[\frac{24}{Re}(1+0.15Re^{0.687}),0.44\right] \qquad (4-31)$$

旋转产生的作用力计算公式为

$$F_R = m_p(-2\boldsymbol{\Omega}\times U_p - \boldsymbol{\Omega}\times\boldsymbol{\Omega}\times r_P) \qquad (4-32)$$

式中：m_p 为水滴的质量；$\boldsymbol{\Omega}$ 为角速度；U_p 为水滴的速度矢量；r_P 为水滴的位置矢量。

　　实际汽轮机叶栅通道中的流动基本上为充分发展湍流。当考虑一次水滴在汽流作用下的运动轨迹时，湍流脉动的影响不能忽略。假定一个水滴位于某个湍流涡团内，每个湍流涡团具有脉动速度 v_f'、生存周期 τ_e 和尺度 l_e 三个特征参数，其表达式如下

$$v_f' = \Gamma (2k/3)^{0.5} \qquad (4-33)$$
$$l_e = C_\mu^{3/4} k^{3/2}/\varepsilon \qquad (4-34)$$
$$\tau_e = l_e/(2k/3)^{1/2} \qquad (4-35)$$

式中：C_μ 为湍流常数，将特征长度与涡耗散长度联系起来；Γ 为服从正态分布的随机数，用来考虑湍流脉动的随机性。当水滴位于某个湍流涡团内时，即受该湍流涡团脉动速度的影响从而发生轨迹的改变，直到该旋涡消失或水滴进入下一个涡团。

4.6.2　湿蒸汽透平级前水滴参数的分布

　　将湿蒸汽透平级组中的某一级孤立出来分析其叶栅通道中的水滴运动规律，需要确定该级的进口条件，除气动参数外，还包括级前的湿度分布、水滴的尺寸和分布等。由于一次水滴在上游各湿蒸汽级中运动时其位置发生变化，同时各湿蒸汽级中二次水滴不断产生并在气流力和离心力作用下向叶尖方向移动，均会对所分析的湿蒸汽级前的水滴尺寸和分布产生影响。除了对上游所有湿蒸汽级进行逐级计算以获得所分析级前的边界条件外，还可以采用一些经验方法。

1. 凝结核与一次水滴的直径

　　凝结核来源于水蒸气的自发凝结，出现在汽轮机通流部分中从过热蒸汽向湿蒸汽膨胀的区域。凝结水滴的大小与过饱和度 S 有确定的关系，过热蒸汽的过饱和度 $S<1$，饱和蒸汽的过饱和度 $S=1$，而过饱和蒸汽的过饱和度 $S>1$。过饱和度 S 越大，凝结形成的水滴半径越小。影响汽轮机通流部分中凝结核大小的因素有蒸汽的膨胀率以及膨胀的均匀性。由于汽轮机叶栅通道的结构特点，叶栅通道内各处的膨胀率不同，因此各处产生的凝结核直径也不相同，凝结核的直径大约为 $0.001~\mu m$。

　　蒸汽由于自发凝结及凝结核生长而形成的水滴称为一次水滴，其直径约在

$0.01\sim1.0\ \mu m$，但数目可达 10^7 个/cm^3，且运动速度与汽流速度基本一致，可达 $200\sim400\ m/s$。通常将 $0\sim3\ \mu m$ 范围内的水滴称为一次水滴。水滴直径大小不仅与最初凝结核的尺寸有关，还与从 Wilson 点到达计算点之前的水滴生长过程有关。采用理论方法是可以详细计算汽轮机中的成核和水滴生长过程的，但当对某一湿蒸汽级进行孤立计算时，由于上游的流动过程未知而无法采用理论方法详细计算。此时，作为估算，湿蒸汽中的一次水滴平均直径 d 可由下式求得

$$d = d_{\text{Wilson}}\sqrt[3]{\frac{y}{y_{\text{Wilson}}}} \tag{4-36}$$

式中：d 和 d_{Wilson} 分别表示级前和 Wilson 点上的水滴平均直径；y 和 y_{Wilson} 分别表示级前和 Wilson 点上的蒸汽平均湿度。假定直径为 d_i 的水滴群质量 m_i 与直径等于平均直径 d_{m} 的水滴群质量 m_{m} 之比近似服从正态分布，即有

$$\frac{m_i}{m_{\text{m}}} = \exp\left[-\pi\left(\frac{d_i}{d_{\text{m}}}-1\right)^2\right] \tag{4-37}$$

2. 湿蒸汽级前大水滴质量比例的估算方法

由于湿蒸汽在多级透平中流动时，每流过一个叶栅通道就会有一部分一次水滴沉积在壁面上，这些水分随后被汽流撕裂成为二次水滴，因此大水滴在全部水分中的质量比例 λ 逐级增大。精确地计算 λ 涉及很多因素。图 4-29 是综合试验结果与理论分析得到的 λ 分布曲线，图中 z 表示汽轮机末级为第 z 级，$z-x$ 表示发生自发凝结的级为 $z-x$ 级，λ'、K_P 为修正系数。当在分析中缺少某湿蒸汽级前湿蒸汽的详细参数时，可以根据该图估算级前湿度的分布。例如，设末级背压为 $0.006\ MPa$，自发凝结发生于倒数第三级，即 $z-2$ 级，由图 4-29(a)查得 $z-2$ 级后 $\lambda'=0.075$，$z-1$ 级后 $\lambda'=0.15$，z 级后 $\lambda'=0.23$。由图 4-29(b)查得末级背压为 $0.006\ MPa$ 时 $K_p=0.94$。由 $\lambda=\lambda'K_p$ 计算得到三级后大水滴在水分中的质量比例 λ 分别为 0.071、0.14、0.22。

采用上述方法得到级前湿蒸汽流中大水滴的质量比例后，就可以确定级前湿度沿叶高的分布。图 4-30(a)是在试验结果上结合理论分析给出的级出口湿度 y 沿叶高的分布与大水滴质量比例 λ 的关系曲线，图 4-30(b)是对应的试验结果。为了确定沿相对叶高 $\bar{l}_i$ 处大水滴的质量比例 λ_i，可近似认为 $\lambda_i = \lambda \cdot \bar{y}_i$，$\bar{y}_i$ 可由图 4-30(a)查得。按照以上方法估算的大水滴分布和湿度分布有一定的近似性，但它们基本上反映了湿蒸汽透平机械中水分在逐级流动中沿径向变化的规律。

3. 湿蒸汽级前二次水滴尺寸的确定

二次水滴主要是由沉积在静叶表面的水膜或溪流在叶片尾缘被汽流撕裂而产生的，其中尺寸较大的水滴还可能发生二次雾化。二次水滴的形成方式、产生频率

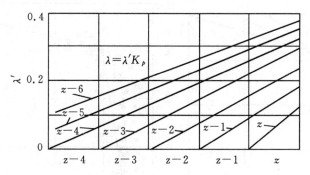

(a)第 z 级背压为 0.004 MPa 时的 λ' 曲线

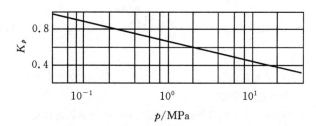

(b)第 z 级背压不为 0.004 MPa 时的修正系数 K_p

图 4 - 29　级后大水滴质量比例 λ 的分布曲线

及尺寸大小与蒸汽湿度、流速、密度及叶栅几何参数等因素有关。尺寸不同的水滴具有显著不同的加速特性,因此需要对不同尺寸水滴分别进行运动规律的计算。通常将直径大于 3 μm 的水滴称为二次水滴,二次水滴的直径在几微米到几百微米之间。

　　二次水滴的大小与当地韦伯数的大小密切相关。定义 ρ_s 为汽相的密度,d 为水滴直径,C_s 和 C_w 分别为汽相和水滴的速度,σ 为水的表面张力,则韦伯数的表达式为

$$We = \rho_s d \, (C_s - C_w)^2 / \sigma \qquad (4-38)$$

　　试验数据表明,当 $We \leqslant 2$ 时,水滴基本不发生变形;当 $2 < We < 16$ 时,水滴会变形但不会破裂;当 $16 < We \leqslant 20$ 时,水滴发生变形,部分水滴破裂;当 $We > 20$ 时,水滴变形到一定程度就会破裂。将水滴破裂时的韦伯数定义为临界韦伯数,通常认为韦伯数的临界值在 $18 \sim 22$ 之间。

　　在静叶片尾缘刚形成的二次水滴的初始速度很小,约 $0.3 \sim 0.5$ m/s,在尾迹区的加速过程中,如反映气流作用力与水滴表面张力比值的无因次准则数——韦

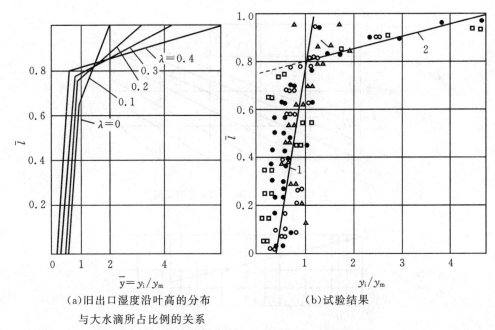

(a)旧出口湿度沿叶高的分布　　　　(b)试验结果
　　与大水滴所占比例的关系

图 4-30　湿蒸汽透平级出口湿度沿叶高分布的近似规律

λ—大水滴质量比例；$\bar{l}$—相对叶高；y_i—一级后实际湿度；y_m—一级后平均湿度

伯数 We 大于临界值 20，水滴即趋向于破裂，即发生二次雾化。

　　但是，水滴雾化破碎需要一定的变形时间，如果在变形过程中，水滴被气流加速到使 We 数小于临界值，则水滴尺寸就趋于稳定，不会破碎，并随着相对速度的减小变成球形。在低压级的工作条件下，水滴破裂所需的变形时间 Δt_{ru}，可以按以下半经验公式估算

$$\Delta t_{ru} = (0.3 \sim 1)\frac{\pi}{4}\sqrt{\frac{d^3 \rho_w}{\sigma}} \qquad (4-39)$$

大水滴二次雾化后形成的小水滴数目及尺寸与分裂时的韦伯数有关。We 越大，小水滴数目越多，尺寸也越小。分裂后形成的小水滴的最大直径可根据临界 We 数由式(4-37)求得。

　　气流对水滴加速的力为

$$F = \psi \frac{\pi d^2 (C_s - C_w)^2}{8} \qquad (4-40)$$

式中：ψ 为阻力系数，与气流绕过水滴的雷诺数 Re 及反映水滴变形特性的无因次系数 Ag 有关，而

$$Re = \frac{\rho_s d(C_s - C_w)}{\mu} \qquad (4-41)$$

$$Ag = \frac{\sigma^3 \rho_s^2}{\mu^4 (\rho_w - \rho_s) g} \qquad (4-42)$$

式中：μ 为运动粘性系数；g 为重力加速度。当 $Re \leqslant 1.0$ 时，$\psi = 24/Re$；$1.0 \leqslant Re \leqslant 4.55Ag^{0.21}$ 时，$\psi = 12.5/\sqrt{Re}$；$Re \geqslant 4.55Ag^{0.21}$ 时，$\psi = 0.73Re^{1.4}Ag^{-0.4}$。

　　静叶出口边上水膜撕裂出来的二次水滴可能落入尾迹中心，也可能落入尾迹边缘。对叶片最有危害的尺寸较大的水滴来说，其直径与尾迹的宽度属于同一数量级，水滴迎风截面上的汽流速度也是变化的，因此，对于大部分水滴，取尾迹中心线上每点的汽流速度与主流速度的平均值作为相应截面上的蒸汽速度进行计算比较合理。

　　假如忽略水滴的重力，且认为水滴运动方向与蒸汽的运动方向一致，则尾迹区的水滴运动微分方程有如下形式

$$\frac{dC_w}{dt} = 0.75\psi \frac{\rho_s (C_s - C_w)^2}{\rho_w d} \qquad (4-43)$$

水滴直径 d 沿运动路程是否改变取决于水滴在加速过程中是否破裂。

　　用数值解法求解水滴的运动速度 C_w 与运动路程 s 或时间 t 的关系时，可取 s 或 t 作为自变量。计算前应给出水滴的初始直径 d_0、初始速度 C_{w0}、初始位置 s_0、主流汽速 C_{s1} 及其他有关物性参数。如取 t 为自变量，应给定计算步长 Δt。首先从初始位置点 s_0 算起，由前述关系式求出该点上的蒸汽计算速度 C_s 及阻力系数 ψ，然后由式（4-42）得出差商 $\Delta C_w/\Delta t$，再算得 ΔC_w。下一计算点的水滴速度即为 $C_w + \Delta C_w$。在 Δt 时间内，水滴运动路程为

$$\Delta s = \left(C_w + \frac{\Delta C_w}{2}\right) \Delta t \qquad (4-44)$$

所以水滴在新的计算点上的位置坐标为 $s + \Delta s$。如此，对每一新的计算点重复上述计算步骤，直到水滴运动路程大于规定的计算路程 s_{max} 为止。

　　在每一步计算中，要核算 We 数是否超过临界值 20。如大于 20，则应求出水滴破裂所需的变形时间 Δt_{ru}，假如水滴分离出来后的运动时间小于 Δt_{ru}，水滴尚未破裂，水滴计算直径不变；如运动时间大于 Δt_{ru}，则水滴分裂成更小的水滴。

　　从动叶尾缘脱离的二次水滴与动叶的相对速度很小，从图 4-31 可以看到，此时二次水滴与汽流的速度差约等于汽流的相对速度 w_s。水滴脱离动叶后在汽流的作用下逐渐加速，韦伯数逐渐减小，水滴保持稳定。因此上一级动叶尾缘到下一级静叶进口间隙内的最大水滴尺寸 d_{max} 即由水滴刚刚从动叶尾缘脱离时的汽流参数决定，即

$$d_{max} = \frac{We\sigma}{\rho_s w_s^2} \qquad (4-45)$$

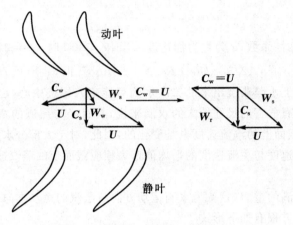

图 4 - 31　动叶出口汽流和水滴的速度三角形

　　湿蒸汽透平中的二次水滴呈现为大量不同尺寸水滴组成的分散系,水滴尺寸从几微米到几百微米不等,因此它们的动力学特性相差很大,对透平级所起的作用也各不相同。根据一些试验结果(见图 4 - 32),从叶片尾缘水膜撕裂形成的各种尺寸二次水滴的质量分布规律近似符合以 $d_{max}/2$ 为均值的正态分布;然而根据另外一些研究,在弯曲的叶栅通道中水滴的尺寸分布曲线更趋向于向较小的直径方向偏移(见图 4 - 33),并且受到拉金、围带等结构的影响,水滴的尺寸分布曲线会呈现出多个峰值。由此可见,对于不同的湿蒸汽透平,由于具体结构不同,透平级内的二次水滴直径分布应当具有独特性。作为近似,可以认为二次水滴的直径满足正态分布规律。

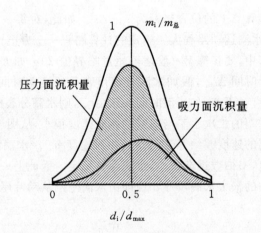

图 4 - 32　二次水滴的质量和沉积比例与直径的关系

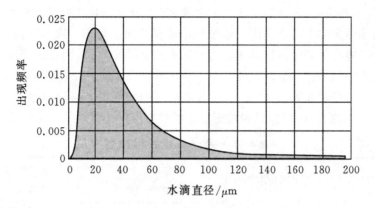

图 4-33　静叶尾缘二次水滴的直径分布

4.6.3　叶栅通道中水滴的运动与沉积

直径不同的水滴,其惯性也不相同,在叶栅通道中运动时的轨迹也呈现出不同的特点。按照 4.6.1 节的计算方法,可以计算不同直径水滴的运动轨迹和在叶栅通道中的沉积情况。图 4-34 给出了某 600 MW 汽轮机末级静叶栅中不同直径水滴的运动轨迹。可以看到,水滴的直径越小,对汽流的跟随性越好;水滴的直径越大,保持自身运动轨迹的能力越强,在弯曲叶栅通道中也越容易撞击叶片从而被叶片表面捕获。

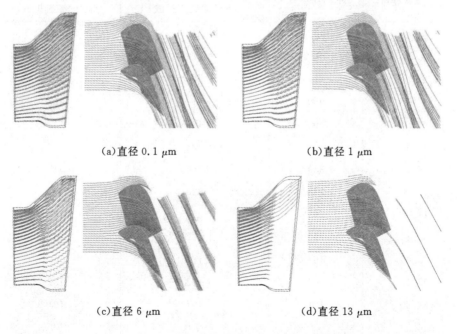

(a)直径 0.1 μm　　　　　　　　　　(b)直径 1 μm

(c)直径 6 μm　　　　　　　　　　(d)直径 13 μm

图 4-34　叶栅通道内不同直径水滴的运动轨迹

　　表4-7和表4-8分别统计了一次水滴和二次水滴撞击叶片表面的情况。表中还比较了考虑和不考虑湍流扩散效应的计算结果。对于一次水滴,由于其直径小,惯性小,容易受到湍流脉动速度的影响而改变运动轨迹,因此是否考虑湍流扩散效应得到的结果存在显著差异。对于较小的二次水滴,情况与一次水滴类似;当二次水滴的直径增加到约 $10~\mu m$ 时,湍流扩散的影响基本可以忽略,当二次水滴的直径增加到约 $20~\mu m$ 时,是否考虑湍流扩散效应对计算结果已无影响。

表 4-7　一次水滴撞击叶片情况

平均直径/μm	水滴样本数	撞击叶片个数（不考虑湍流扩散）	撞击叶片个数（考虑湍流扩散）
0.1	18148	104	1148
0.5	1843	11	149
1.0	310	3	33
2.1	27	1	4

表 4-8　二次水滴撞击叶片情况

平均直径/μm	水滴样本数	撞击叶片个数（不考虑湍流扩散）	撞击叶片个数（考虑湍流扩散）
3.65	14822	2070	3507
6.25	1054	404	475
7.25	811	395	439
8.43	689	417	444
9.73	560	408	412
11.25	470	397	388
13.10	389	364	349
15.20	323	320	313
17.60	264	264	262
20.40	212	212	212
23.65	167	167	167
27.45	132	132	132
31.80	101	101	101
36.80	79	79	79

平均直径/μm	水滴样本数	撞击叶片个数（不考虑湍流扩散）	撞击叶片个数（考虑湍流扩散）
42.65	57	57	57
49.40	39	39	39
57.25	27	27	27
66.50	17	17	17
77.00	9	9	9
89.25	5	5	5
103.50	2	2	2
120.00	1	1	1

根据不同直径水滴运动轨迹的计算结果,可以得到水滴撞击在叶片表面上的坐标位置,进而统计出叶片内弧和背弧面不同位置处水滴的沉积量,同时得到叶片表面各个位置上水滴撞击的密集程度。水滴沉积率定义为

$$P(x) = \frac{m(x)}{m_{\mathrm{t}}} \qquad (4-46)$$

式中:m_{t}为沿整个叶宽的沉积量;$m(x)$为从 $0 \sim x$ 叶宽范围内的沉积量。

图 4-35～图 4-38 分别给出了静叶内弧面和背弧面上一次水滴沉积量和沉积率沿轴向的分布。一次水滴在静叶内弧面和背弧面都有沉积,其中沉积最密集的区域位于内弧面相对叶宽 0.7～1.0 范围内;在静叶背弧面,水滴主要沉积在相对叶宽为 0～0.3 的范围内,沉积密集区域集中在相对叶宽 0.0～0.2 之间。

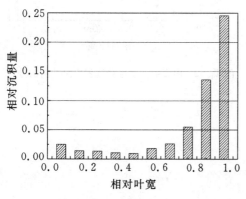
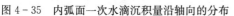

图 4-35　内弧面一次水滴沉积量沿轴向的分布

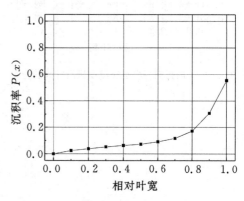

图 4-36　内弧面一次水滴沉积率沿轴向的分布

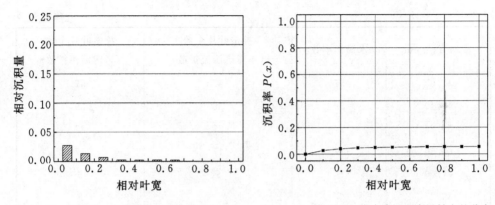

图 4-37　背弧面一次水滴沉积量沿轴向的分布　　　图 4-38　背弧面一次水滴沉积率沿轴向的分布

　　图 4-39~图 4-42 给出了内弧面和背弧面上一次水滴沉积量和沉积率沿叶高的分布。一次水滴在内弧面的沉积位置主要集中在相对叶高为 0.3~0.9 的范围内；在背弧面的沉积位置主要集中在相对叶高为 0.5~0.8 的范围内。沉积在叶片内弧面的一次水滴总水量远大于沉积在背弧面的一次水滴总水量。

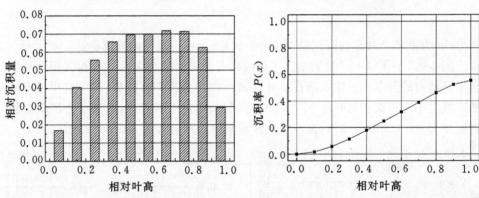

图 4-39　内弧面一次水滴沉积量沿叶高的分布　　　图 4-40　内弧面一次水滴沉积率沿叶高的分布

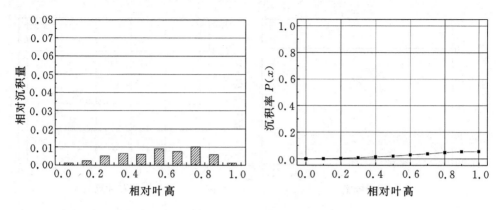

图 4-41　背弧面一次水滴沉积量沿叶高的分布　　图 4-42　背弧面一次水滴沉积率沿叶高的分布

　　对二次水滴在静叶栅内的运动进行类似计算，即可得到二次水滴在静叶内弧面和背弧面上的沉积情况。图 4-43～图 4-46 给出了二次水滴在叶片内弧面和背弧面沿轴向的沉积分布结果。二次水滴在静叶背弧面和内弧面上的沉积率分别为 5.5% 和 33.7%，总沉积率为 39.2%。从相对沉积量分布图看，背弧上的沉积主要发生在相对叶宽 0～0.3 这一段，内弧上的沉积则发生在所有叶宽范围内，其中沉积最密集区发生在相对叶宽 0.7～1.0 之间。

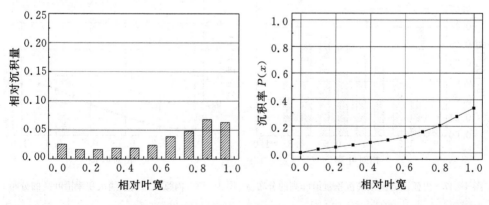

图 4-43　内弧面二次水滴沉积量沿轴向的分布　　图 4-44　内弧面二次水滴沉积率沿轴向的分布

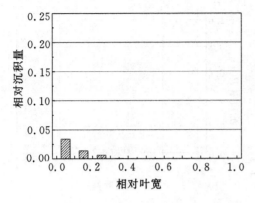 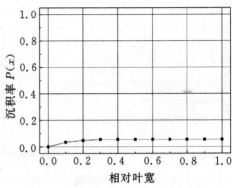

图 4-45　背弧面二次水滴沉积量沿轴向的分布　　图 4-46　背弧面二次水滴沉积率沿轴向的分布

　　图 4-47～图 4-50 给出了二次水滴在叶片内弧面和背弧面沿径向的沉积情况。二次水滴在内弧面的沉积主要集中在相对叶高 0.3～0.9 之间；在背弧面的沉积主要集中在相对叶高 0.3～0.8 之间。沉积在叶片内弧面的二次水滴总量大于沉积在背弧面的总量，内弧面上二次水滴沉积总量约占沉积在叶片表面总水量的 33.7%。

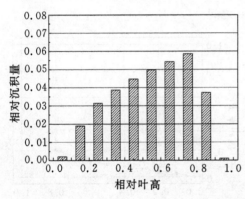 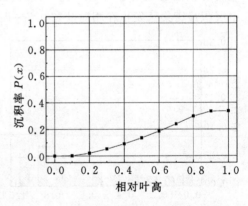

图 4-47　内弧面二次水滴沉积量沿叶高的分布　　图 4-48　内弧面二次水滴沉积率沿叶高的分布

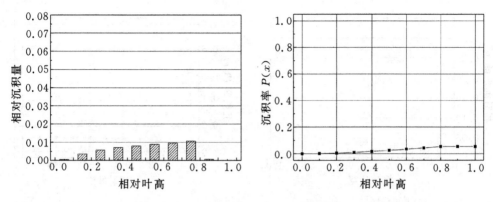

图 4-49　背弧面二次水滴沉积量沿叶高的分布　　图 4-50　背弧面二次水滴沉积率沿叶高的分布

综合上述计算结果可以得到一次水滴和二次水滴在叶片表面沉积总量的分布。图 4-51～图 4-54 给出了沉积总水量沿叶片轴向的分布。所有沉积的水滴主要集中在叶片进口段和内弧面出口段，所有水滴在内弧面的沉积率大约为 89%。

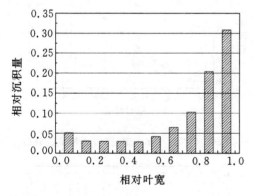

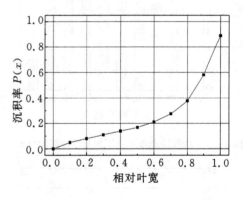

图 4-51　内弧面全部水滴沉积量沿轴向的分布　　图 4-52　内弧面全部水滴沉积率沿轴向的分布

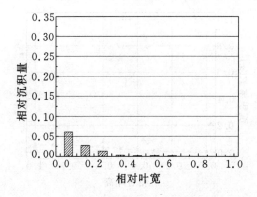

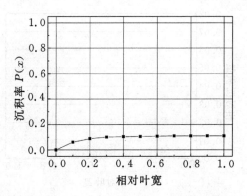

图 4-53　背弧面全部水滴沉积量沿轴向的分布　　　图 4-54　背弧面全部水滴沉积率沿轴向的分布

　　图 4-55～图 4-58 给出了沉积总水量沿叶片径向的分布。所有沉积的水滴主要集中在相对叶高 0.3～0.9 的范围内。

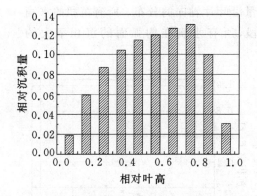

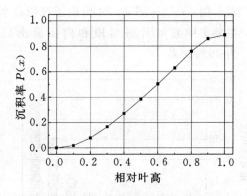

图 4-55　内弧面全部水滴沉积量沿叶高的分布　　　图 4-56　内弧面全部水滴沉积率沿叶高的分布

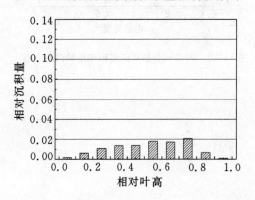

图 4-57　背弧面全部水滴沉积量沿叶高的分布　　　图 4-58　背弧面全部水滴沉积率沿叶高的分布

对于所分析的静叶栅,进口水分中一次水滴的质量比例为 94%,二次水滴的质量比例为 6%。根据上述计算,沉积在静叶内弧面和背弧面的一次水滴在进口总水分中所占比例分别为 7.6% 与 0.8%;沉积在静叶内弧面和背弧面的二次水滴在进口总水分中所占比例分别为 4.6% 与 0.8%。静叶栅进口全部水分中,在内弧面发生沉积的质量比例为 12.2%,在背弧面发生沉积的质量比例为 1.6%。另外,叶片内弧面出汽边处累计水分沉积量最大,背弧面上相对叶宽 0.3 处累计水分沉积量最大;内弧面上水滴主要沉积在相对叶高 0.3~0.9 范围内,背弧面上则主要沉积在相对叶高 0.3~0.8 范围内。

叶栅通道中水滴运动与沉积规律的计算分析结果,一方面为除湿结构的设计提供了重要的参考依据,另一方面也是定量计算湿蒸汽汽轮机中湿汽损失的重要依据。

本章参考文献

[1]江宏俊. 流体力学[M]. 北京:高等教育出版社,1985.

[2]蔡颐年,王乃宁. 湿蒸汽两相流[M]. 西安:西安交通大学出版社,1985.

[3]STARZMANN J, HUGHES F, WHITE A J, et al. Results of the international wet steam modelling project. Wet Steam Conference, Prague, Sept. 12 - 14, 2016.

[4]LI L, FENG Z P, LI G. Numerical simulation of wet steam condensing flow with a Eulerian/Eulerian model[J]. Chinese Journal of Mechanical Engineering, 2003, 16(2): 156 - 159.

[5]李亮,丰镇平,李国君. 湿蒸汽两相流中超临界加热引起的非定常凝结流动一维数值分析[J]. 自然科学进展, 2003,13(2): 210 - 213.

[6]MOORE M J, SIEVERDING C H. Two-phase steam flow in turbines and separators[M]. Washington:Hemisphere,1976.

[7]YOUNG J B, YAU K K, WALTERS P T. Fog droplet deposition and coarse water formation in low-pressure steam turbines: a combined experimental and theoretical analysis[J]. Trans. ASME, J. Turbomachinery, 1988, 110: 163 - 172.

[8]PETR V,KOLOVRATNIK M. Modelling of the droplet size distribution in a low-pressure steam turbine[J]. Proc. Instn Mech. Engrs, Part A: J. Power and Energy, 2000, 214 (A2):145 - 152.

[9]YAU K K, YOUNG J B. The deposition of fog droplets on steam turbine

blades by turbulent diffusion[J]. Trans. ASME, J. Turbomachinery, 1987, 109:429 – 435.

[10]YOUNG J B,YAU K K. The inertial deposition of fog droplets on steam turbine blades [J]. Trans. ASME, J. Turbomachinery, 1988, 110: 155 – 162.

[11]YOUNG J,LEEMING A. A theory of particle deposition in turbulent pipe flow[J]. J. Fluid Mechanics, 1997, 340:129 – 159.

[12]GUHA A. A unified Eulerian theory of turbulent deposition to smooth and rough surfaces[J]. J. Aerosol Sci. , 1997, 28:1517 – 1537.

[13]YAMAMOTO S, MIYAKE S, FURUSAWA T, et al. Simulation of thermo-physical flows with non-equilibrium condensation[C]. Baumann Centery Conference, Cambridge, Sept. 10 – 11, 2012.

[14]LEE H, KIM H, CHOI C, et al. Modelling of non-equilibrium condensation effects and analysis on flow around longer blades in low-pressure steam turbine[C]. Wet Steam Conference, Prague, Sept. 12 – 14, 2016.

第5章　汽轮机中的湿汽损失

　　湿蒸汽流动问题几乎伴随着汽轮机的出现而产生。汽轮机以水蒸气为工质，当水蒸气膨胀至饱和线下方时进入湿蒸汽区。在湿蒸汽区运行的透平级除了存在气动损失外，还存在由于湿蒸汽流动而产生的湿汽损失。图 5-1 示意性地给出了湿蒸汽区水分的形成、形态演变及运动过程。在湿蒸汽汽轮机中，非平衡凝结导致一次水滴的出现，非平衡凝结过程中伴随的蒸汽过冷现象引起不可逆的熵增。一次水滴在自身惯性作用和汽相的湍流扩散作用下运动，部分沉积在叶片表面和汽缸壁面形成水膜或溪流。在高速蒸汽的夹带作用下，叶片表面和汽缸壁面的水膜被汽流力撕裂形成大水滴重新回到流场，这些大水滴称为二次水滴。二次水滴的初速很小，其直径在几微米到几百微米之间分布，可能的变化范围很大。由于二次水滴直径大，惯性大，在汽流力作用下加速较慢，因此二次水滴的速度三角形和汽相的速度三角形之间存在明显的差异。这不仅会引起水滴的阻力损失，还导致从静叶尾缘处产生的二次水滴撞击到下游动叶前缘附近的吸力面上，对动叶形成制动作用，使得透平的输出功减少。此外，动叶表面的水膜跟随动叶旋转还会消耗一部分透平输出功。这些都是引起湿蒸汽汽轮机效率降低的原因。

　　湿蒸汽流动问题中一个重要的内容就是定量计算湿汽损失的大小。本章首先介绍了一百多年来估算湿汽损失所广泛采用的 Baumann 公式，然后根据近年来一些新的研究成果，介绍湿汽损失的定量计算方法。

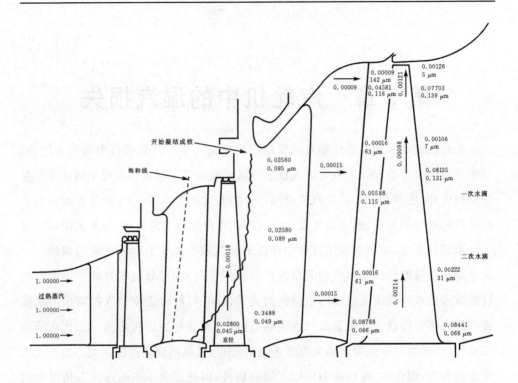

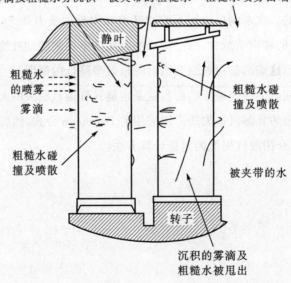

图 5-1　蒸汽透平中水分的形成、形态演变及运动过程

5.1　估算湿汽损失的经验方法——Baumann 公式

1912 年 Baumann(鲍曼)最早研究了湿汽损失,他在总结大量汽轮机实验数据后认为湿汽损失的大小和湿度值有直接的关系,据此给出了 Baumann 公式

$$\eta = \eta_{\mp}(1 - 0.5\alpha y) \tag{5-1}$$

式中:η 为湿蒸汽流动的效率;$\eta_{\mp}$ 为过热蒸汽流动的效率;y 为排汽湿度;α 为 Baumann 因子。Baumann 根据实验数据得出 α 的值应接近 1。上述关系相当于每 1‰的平均湿度就会引起级效率下降 1‰。在 Baumann 之后,很多研究人员根据各自的实验数据对 Baumann 因子提出了不同的修订值,如表 5-1 所示。

表 5-1　Baumann 因子 α 的平均值

年份	作者	透平型式	α
1912	K Baumann	反动式	1.0
1925	W Blowney & H Warren	冲动式	1.15
1926	H Guy	冲动式	1.03
1927	Ivon Freudenrich	反动式	1.40
1938	D Smith	—	1.0
1939	F Flatt	冲动式	0.4~2.0
1954	N Beldecos & K Smith	反动式	1.2
1958	W Traupel	冲动式	1.15
1958	W Traupel	反动式	1.40

可以看到,不同研究者得出的 Baumann 因子的值是不同的。近年来一些学者对三维透平实验数据的湿汽损失和湿度值经过研究和分析后认为 Baumann 公式的修正系数在不同的湿度情况,以及在高压或低压湿蒸汽汽轮机中的值是不一样的,不存在一个统一的数值。针对特定的湿蒸汽汽轮机和特定的修正系数,Baumann 公式在一定程度上符合实验测量和计算的结果;但是更换成其他透平或修正系数,其结果就不一致。

造成这种现象的根本原因在于 Baumann 公式只考虑了湿汽损失和湿度之间的联系,而忽略了湿汽损失和湿蒸汽结构之间的联系。湿蒸汽是由饱和蒸汽和弥散在其中的大量小水滴构成的,即使湿蒸汽的湿度不变,其所含水滴的大小和数量分布也可能很不相同。显然,不同大小的水滴在透平叶栅通道中运动产生的损失是不同的,例如,图 5-2 就显示水滴对气流造成的阻力损失是和水滴的尺寸紧密

相关的。因此,要比较精确地计算湿汽损失的大小,必须同时考虑湿蒸汽的平均湿度和湿蒸汽的结构两个因素,即需要考虑一定湿度条件下湿蒸汽中不同尺寸的水滴族所引起的损失差异。

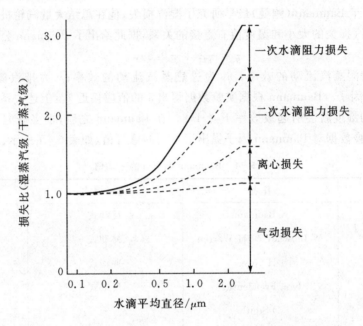

图 5-2　湿汽损失中动力不平衡损失与湿度和水滴半径的关系

5.2　湿汽损失的定量计算方法

　　研究湿蒸汽流动问题的先驱学者 Gyarmathy 最早对湿汽损失进行了分类,将其分为雾滴损失、粗糙水损失、汽相损失、过冷损失和成核损失等,对某湿蒸汽汽轮机的湿汽损失进行了计算,并给出了在级平均湿度为 7% 时,透平的湿汽损失大小和雾滴直径的关系,如图 5-2 所示。法国电力(EDF)对湿汽损失进行了研究,将湿汽损失分为热力学损失、水滴阻力损失、制动损失、沉积水损失、附加两相流摩擦损失以及变工况损失,以流线曲率法为基础计算了某核电汽轮机低压缸和高压缸中的湿汽损失,并和 Baumann 公式计算的结果进行了比较,指出二者存在显著差异。GE 公司也对湿汽损失进行了分类,将湿汽损失分为阻力损失、制动损失和泵损失,以半解析法为基础计算了某湿蒸汽汽轮机的非平衡凝结流动,根据惯性沉积和湍流扩散沉积的计算结果,对湿汽损失进行了实验验证,并以湿汽损失为目标函数对透平进行了优化。另外一些日本学者也对湿汽损失进行了研究,其分类方法大致相同,不再一一介绍。

从上述研究可以看到,对湿汽损失进行分类,并建立定量计算各项湿汽损失的理论模型并不困难,关键在于如何获得湿蒸汽汽轮机内一次水滴和二次水滴的详细分布数据。在目前的技术水平下,通过试验测量来获得汽轮机内一次水滴和二次水滴的详细分布还不现实。但是另一方面,CFD 的迅速发展和广泛应用则为这一问题的解决提供了可能。

目前采用非平衡凝结流动计算模型已经可以对湿蒸汽流动中蒸汽的过冷和成核现象进行模拟,并得到一次水滴的详细分布。二次水滴的产生来源于一次水滴在叶片和汽缸表面的沉积、运动与变形,采用一定的简化假设,也可以对一次水滴在叶片和汽缸表面的沉积过程进行模拟,并得到二次水滴的大小和流量在级内的空间分布。本节所介绍的湿汽损失的定量计算方法,正是基于上述数值分析技术。

5.2.1　水滴运动模型

为了计算湿汽损失,首先要计算凝结流场中水滴的运动轨迹,并统计水滴在叶片表面的沉积情况。水滴在汽相流场中的运动主要受到惯性作用和湍流扩散的作用,以下分别对这两方面进行分析。

1. 惯性作用

惯性作用下水滴受力的微分方程为

$$\frac{\pi d^3}{6}\rho_{\mathrm{d}}\frac{\mathrm{d}V}{\mathrm{d}t}=F_{\mathrm{D}}+F_{\mathrm{B}}+F_{\mathrm{VM}}+F_{\mathrm{P}}+F_{\mathrm{BA}} \tag{5-2}$$

式中:d 为水滴直径;ρ_{d} 为水滴密度;V 为水滴运动速度;F_{D} 为拖曳力;F_{B} 为浮升力;F_{VM} 为虚拟质量力;F_{P} 为压力梯度力;F_{BA} 为巴斯特力。

在汽轮机的凝结流场中,考虑到汽相密度远小于水滴密度,一次水滴的直径在微米量级,以及动叶高速旋转等因素,因此可以忽略水滴受到的浮升力、虚拟质量力、压力梯度力和非定常作用的巴斯特力,只保留拖曳力,于是水滴受力的微分方程(5-2)可以简化为

$$\frac{\pi d^3}{6}\rho_{\mathrm{d}}\frac{\mathrm{d}V}{\mathrm{d}t}=F_{\mathrm{D}}=\frac{C_{\mathrm{D}}}{2}\frac{\pi d^2}{4}\rho_{\mathrm{g}}(U-V)\,|U-V| \tag{5-3}$$

式中:C_{D} 为阻力系数;ρ_{g} 为汽相密度;U 为汽相时均速度。

阻力系数 C_{D} 和雷诺数 Re 的关系如图 5-3 所描述。根据雷诺数的不同范围,可以将阻力系数写成式(5-4)所述的解析表达式。

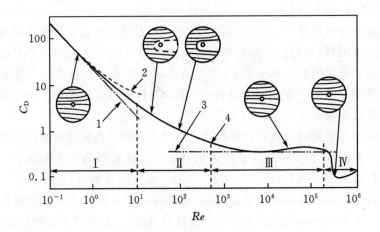

图 5-3　阻力系数与雷诺数的关系

$$C_D = 24.0/Re \qquad\qquad\qquad\qquad\qquad Re \leqslant 0.1$$

$$C_D = 22.73/Re + 0.0903/Re^2 + 3.69 \qquad\qquad 0.1 < Re \leqslant 1.0$$

$$C_D = 29.1667/Re - 3.8889/Re^2 + 1.222 \qquad 1.0 < Re \leqslant 10.0$$

$$C_D = 46.5/Re - 116.67/Re^2 + 0.6167 \qquad 10.0 < Re \leqslant 100.0$$

$$C_D = 98.33/Re - 2778/Re^2 + 0.3644 \qquad 100.0 < Re \leqslant 1000.0 \tag{5-4}$$

$$C_D = 148.62/Re - 47500/Re^2 + 0.357 \qquad 1000.0 < Re \leqslant 5000.0$$

$$C_D = -490.546/Re + 578700/Re^2 + 0.46 \qquad 5000.0 < Re \leqslant 10000.0$$

$$C_D = -1662.5/Re + 5416700/Re^2 + 0.5191 \qquad 10000.0 < Re \leqslant 50000.0$$

雷诺数 Re 根据如下关系计算

$$Re = \frac{\rho_g |U - V| d}{\mu_g} \tag{5-5}$$

式中：μ_g 为汽相的动力粘性系数。

将直角坐标系下水滴受力的微分方程(5-3)改写为圆柱坐标下的表达式可得

$$\frac{\pi d^3}{6}\rho_d \frac{d^2 R}{dt^2} = F_{DR} + R\left(\frac{d\theta}{dt} + \omega\right)^2 \frac{\pi d^3}{6}\rho_d$$

$$\frac{\pi d^3}{6}\rho_d R \frac{d^2 \theta}{dt^2} = F_{D\theta} - 2\frac{dR}{dt}\left(\frac{d\theta}{dt} + \omega\right)\frac{\pi d^3}{6}\rho_d \tag{5-6}$$

$$\frac{\pi d^3}{6}\rho_d \frac{d^2 Z}{dt^2} = F_{DZ}$$

式中：R 为径向坐标；θ 为周向坐标；Z 为轴向坐标；F_{DR} 为水滴在径向受力；$F_{D\theta}$ 为水滴在周向受力；F_{DZ} 为水滴在轴向受力；ω 为动叶旋转角速度。

2. 湍流扩散作用

湍流扩散作用是由于脉动速度叠加在时均速度上而引起的。汽相流场的脉动速度可以根据如下公式进行计算

$$u' = \zeta\sqrt{\frac{2}{3}k}, v' = \zeta\sqrt{\frac{2}{3}k}, w' = \zeta\sqrt{\frac{2}{3}k} \qquad (5-7)$$

式中:ζ 为服从标准正态分布的随机数;k 为汽相的湍动能。

若汽相的脉动速度是各向同性的,则可认为 $u' = v' = w'$。汽相的瞬时速度可由时均速度与脉动速度之和得到

$$u = U + u', v = V + v', w = W + w' \qquad (5-8)$$

因此,若考虑湍流扩散作用就需要将微分方程(5-3)中汽相的时均速度改为瞬时速度,这样就可以计算在湍流扩散作用下水滴的受力。方程(5-3)或(5-6)可以采用欧拉法或四阶龙格-库塔法进行求解。

5.2.2　湿汽损失模型

按照损失产生机理的不同,可以将湿汽损失分为三大类,分别是能量损失、流量损失和机械损失。其中,能量损失是指非平衡凝结过程中蒸汽过冷产生的热力学损失;流量损失是指由于水分被排出通流不再做功而产生的疏水损失;机械损失包括水滴对气流产生的阻力损失、对动叶的制动损失和动叶表面水分由于科氏力作用而产生的离心损失,它们之间的关系如图5-4所示。

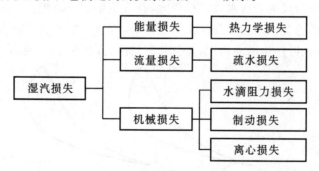

图 5-4　湿汽损失的分类

如前所述,建立各项湿汽损失定量计算的理论模型并不困难,实际上湿蒸汽流动问题研究的经典文献中已经进行了这样的工作。这里综合各方面文献,给出如下湿汽损失的定量计算模型。

1. 热力学损失

在非平衡凝结流动中，蒸汽高速膨胀产生的过冷现象以及非平衡凝结产生的成核现象引起不可逆的传热传质过程，从而导致热力学损失。这项损失主要和蒸汽的过冷度以及潜热有关，可由如下公式计算

$$\Delta P_{\text{thermo}} = \int_{Z_1}^{Z_2} L \frac{\text{d}Q_1}{\text{d}z} \frac{\Delta T}{T_{\text{S}}} \text{d}z \qquad (5-9)$$

式中：L 为凝结潜热；Q_1 为一次水滴的质量流量；Z_1，Z_2 为轴向坐标位置；ΔT 为过冷度；T_{S} 为饱和温度。

根据式（5-9）沿轴向积分就可以计算热力学损失。

2. 水滴阻力损失

湿蒸汽流动中，水滴受到惯性作用和湍流扩散作用在汽相流场中做加速或减速运动，与汽相速度产生差异，因而对汽相流动产生阻力，由此引起的损失称为水滴阻力损失。这项损失可以按照如下公式在静叶和动叶区域采用二重积分进行计算

$$\Delta P_{\text{drag}} = \int_{R_1}^{R_2} \int_{Z_1}^{Z_2} \frac{3\pi}{2d} C_{\text{D}} \rho_{\text{g}} (U-V)^3 (1-\alpha) r \text{d}r \text{d}z \qquad (5-10)$$

式中：R_1 为叶根径向坐标；R_2 为叶顶径向坐标；$1-\alpha$ 为水滴的体积分数；r 为径向坐标。

3. 制动损失

静叶尾缘处形成的二次水滴直径较大，在汽流中加速较慢。二次水滴的速度三角形和汽相的速度三角形之间存在明显差异，因此二次水滴会撞击到动叶吸力面前缘附近，对动叶产生制动作用，并引起制动损失，如图 5-5 所示。

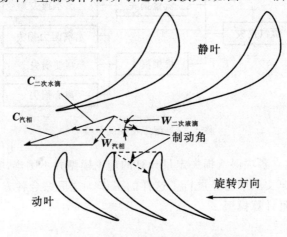

图 5-5　汽相和二次水滴的速度三角形

取微元控制体 $dr-l_r$，dr 为径向微元，l_r 为径向 r 位置上的轴向制动长度，在微元控制体上动叶受到的周向制动力可以表示为

$$dF = P \cdot l_r \cdot dr(1-\alpha) \tag{5-11}$$

式中：P 为根据水锤公式计算的水锤压强；$1-\alpha$ 为二次水滴的体积分数。

完整的水膜运动比较复杂，一次水滴在叶片表面沉积形成水膜，水膜中绝大部分在叶片尾缘处被气流力撕裂形成二次水滴，在叶片表面其余位置脱落或通过反弹作用产生的二次水滴比例较小。因此假设沉积在叶片表面的一次水滴在叶片尾缘处完全转化为二次水滴，那么二次水滴的体积分数就是发生沉积的一次水滴的体积分数。在整个动叶区域的制动损失可以按照如下公式沿叶高积分进行求解

$$\Delta P_{\text{braking}} = M \cdot \omega \int_{R_1}^{R_2} P \cdot l_r \cdot r(1-\alpha)\,dr \tag{5-12}$$

式中：M 为动叶叶片个数；ω 为角速度。

4. 疏水损失

水滴在叶片表面沉积形成水膜，由于各种原因离开通流部分，引起做功工质的减少。这部分由于工质减少而损失的输出功称为疏水损失，可以按照如下公式对每支叶片分别计算

$$\Delta P_{\text{draining}} = P_{\text{stage}} \frac{Q_l}{Q_{\text{wetsteam}}} \tag{5-13}$$

式中：P_{stage} 为级输出功；Q_l 为叶片表面上沉积的一次水滴质量流量；Q_{wetsteam} 为湿蒸汽总的质量流量。

5. 离心损失

沉积在动叶表面的水滴形成水膜，这部分水膜会跟随动叶一起旋转，在科氏力作用下消耗一部分透平输出功，称之为离心损失。取径向微元控制体 dr，在微元控制体上损失的功率为

$$\Delta P_{\text{centrifugal}} = dQ_l(V_{\text{tip}}^2 - V^2) \tag{5-14}$$

式中：dQ_l 为微元控制体上沉积的一次水滴的质量流量；V_{tip}，V 为旋转线速度。

dQ_l 可以根据沉积率进行计算，因此在动叶区域的离心损失可由如下公式计算得到

$$\Delta P_{\text{centrifugal}} = \int_{R_1}^{R_2} dQ_l(V_{\text{tip}}^2 - V^2) = Q_l \omega^2(R_2^2 - R_1^2) \tag{5-15}$$

5.2.3　湿汽损失的计算流程

要进行湿汽损失的定量计算，前提是需要获得汽轮机湿蒸汽流场内一次水滴和二次水滴的详细分布数据。下面给出的计算流程假设已经完成了汽轮机非平衡

凝结流动的全三维数值模拟,得到了一次水滴的详细分布。

湿汽损失的计算流程如图 5-6 所示。首先将非平衡凝结流动的三维计算结果进行周向平均,各变量数据存储在子午面的结构化网格节点中。

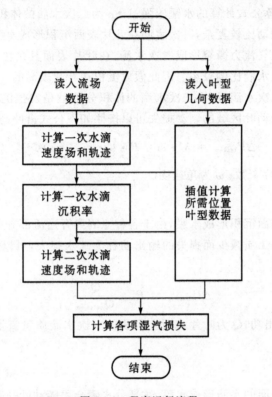

图 5-6　程序运行流程

计算湿汽损失时,首先读入叶型的几何数据及周向平均后的子午面流场参数。然后根据一次水滴产生的初始位置(成核位置)和初始速度(与汽相的速度相同),采用四阶龙格-库塔法求解一次水滴受力的微分方程(5-6),计算一次水滴在不同时刻的速度和位移,得到一次水滴在汽相流场中的速度和运动轨迹。然后结合叶型压力面和吸力面的几何数据,统计一次水滴由于惯性作用和湍流扩散作用在叶片表面的沉积率。一次水滴在叶片表面沉积形成水膜或溪流,在汽流力作用下沿着叶片表面流动,并在叶片尾缘处再次被汽流力撕裂形成二次水滴。假设沉积在叶片表面的一次水滴在叶片尾缘处完全转化为二次水滴,因此可以获得二次水滴流量沿叶高的分布。二次水滴的最大直径 d_{max} 可以根据叶片尾缘处的气动参数、物性参数以及临界韦伯数 We 计算

$$d_{max} = \frac{We \cdot \sigma}{\rho_g (U - V)^2} \qquad\qquad (5-16)$$

式中：σ 为表面张力系数。对于汽轮机低压条件下的流动,临界韦伯数约在 20 左右。由式(5-16)可计算出最大的二次水滴直径 d_{max}。根据实验测量结果,二次水滴的直径近似满足正态分布规律,因此取最大直径的一半作为二次水滴的平均直径 d_{avg},即 $d_{avg} = d_{max}/2$。对于静叶,其尾缘处二次水滴的初速度为零；对于动叶,其尾缘处二次水滴的初速度等于叶片的旋转速度。最后采用和一次水滴同样的计算方法计算二次水滴的运动轨迹。这样,就可以得到湿蒸汽流场中一次水滴和二次水滴的详细分布。采用 5.2.2 节中介绍的湿汽损失计算模型就可以定量计算出各项湿汽损失的大小。

5.3　湿汽损失的计算实例

5.3.1　某火电汽轮机低压缸中的湿汽损失

计算对象为某 600 MW 火电汽轮机的低压缸。首先采用 $k-\omega$ 湍流模型对低压缸内的湿蒸汽非平衡凝结流动进行了计算,在此基础上计算该低压缸中的湿汽损失。

1. 子午面内一次水滴的分布

该低压缸共包含 7 级透平,其中前 4 级运行在过热区,后 3 级运行在湿蒸汽区。图 5-7 和图 5-8 分别给出了低压缸子午面内的湿度和一次水滴的直径分布。图中 5s 表示第五级静叶区域,7r 表示第七级动叶区域,其余符号与此类似。可以看到,在第五级静叶出口首先发生了非平衡凝结,湿度为 0.005,同时流场中产生了一次水滴,其直径较小；到低压缸出口位置湿度增加到 0.115,同时一次水滴直径的最大值达到 0.4 μm。从图 5-7 还可以看到,非平衡凝结产生的一次水滴直径在整个叶高范围内并不均匀,只有最初成核位置形成的一次水滴直径比较大,其余位置的一次水滴直径则较小。

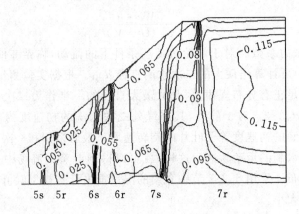

图 5-7　子午面上的湿度分布

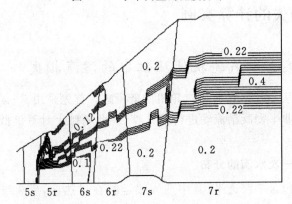

图 5-8　子午面上一次水滴的直径分布/μm

2.湿汽损失的计算结果

图 5-9 给出了按照临界韦伯数计算的末三级各列叶栅出口二次水滴平均直径沿叶高的分布。第五级静叶叶顶附近非平衡凝结还没有发生,这个位置处二次水滴的平均直径为 0;其余位置二次水滴的平均直径为 6 μm。总体上,沿着轴向二次水滴的平均直径呈递增趋势;静叶出口二次水滴的平均直径由叶根到叶顶是增加的,而动叶出口二次水滴的平均直径由叶根到叶顶是减小的;二次水滴平均直径的最大值出现在末级动叶叶根处,约为 190 μm。

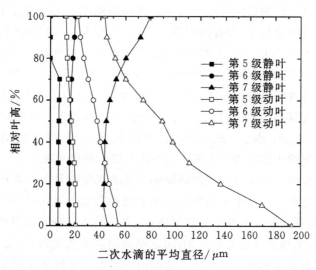

图 5 - 9　末三级各列叶栅出口二次水滴平均直径沿叶高分布

图 5 - 10 给出了子午面内末三级各列叶栅出口二次水滴的轨迹分布。程序中计算的二次水滴运动轨迹从叶片尾缘处产生一直持续到下一列叶片前缘或汽缸壁为止。可以看到,越靠近低压缸出口,二次水滴的径向速度分量越大,在末级透平中二次水滴基本上沿着径向运动;第五级静叶出口的二次水滴完全被第五级动叶捕获,第五级动叶出口的二次水滴大部分被第六级静叶捕获;第六级和第七级动叶出口的二次水滴在离心力作用下基本完全沉积到汽缸壁面上;第七级静叶上基本上没有二次水滴的沉积,但是第七级动叶 40% 叶高以上范围基本都会受到第七级静叶出口产生的二次水滴的影响;在第六级和第七级动叶的出口位置,二次水滴向汽缸壁方向流动,因此从叶根到叶顶湿蒸汽中水分质量的比例会逐渐增加。

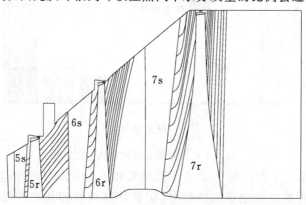

图 5 - 10　子午面内末三级各列叶栅出口二次水滴的轨迹分布

　　图5-11以功率的形式给出了低压缸各级的湿汽损失。该低压缸共有七级,前四级工作在过热蒸汽区,没有湿汽损失产生,只有末三级在湿蒸汽区流动,湿汽损失也在这三级中产生。热力学损失与过冷和成核有关,成核发生前过冷度最大,因此第五级中的热力学损失比较大并且为该级最主要的湿汽损失项;末级中的超音速流动会导致成核现象再次发生,因此该级中的热力学损失也较大;其余中间级的热力学损失较小。结合图5-7可以看到,一次水滴直径的最大值出现在低压缸出口,只有0.4 μm,由于一次水滴的直径较小,和汽相之间的速度滑移很小,因此一次水滴引起的水滴阻力损失基本上可以忽略。静叶尾缘产生的二次水滴平均直径从6 μm到80 μm,主要引起制动损失。制动损失的大小取决于二次水滴的质量流量和平均直径。非平衡凝结发生的第五级中二次水滴的流量较小,直径也较小,因此该级的制动损失基本上可以忽略;在之后的次末级和末级中,二次水滴的质量流量增加,平均直径也明显增加,因此制动损失的值比较大,尤其是末级中制动损失占总损失的比例很大。疏水损失是由一次水滴沉积导致的汽相工质减少造成的,一次水滴在各个叶片表面的沉积率都不到2%,因此疏水损失的比例也较小。离心损失是沉积在动叶表面的水分跟随动叶旋转造成的,这一部分损失所占比例比较可观。总体上看,湿汽损失沿着流动方向逐级增加,在首次发生非平衡凝结的透平级中热力学损失占的比例最大;在其余各级中,制动损失是主要的湿汽损失项。

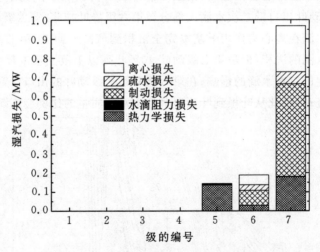

图5-11　火电汽轮机低压缸各级的湿汽损失

　　图5-12给出了湿汽损失定量计算结果和Baumann公式估算结果的对比。除开始发生非平衡凝结的第五级以外,定量计算得到的其余各级湿汽损失都比Baumann公式估算的值小。Baumann公式于1912年发表,是在当时汽轮机发展

水平下一种经验性的总结结果,对湿汽损失的估算仅依靠湿度的大小,而忽略了湿蒸汽中各种尺寸水滴的构成及不同形态水分引起湿汽损失的机理差异。例如,在开始发生非平衡凝结的第五级中,由于湿度很小,由于过冷和成核引起的热力学损失就不能被 Baumann 公式准确计算;在同样的平均湿度条件下,末级中二次水滴的分布会由于结构和气动设计特点的不同而出现较大程度的变化,由此引起的各项损失的变化同样不能被 Baumann 公式正确处理。对于所分析的火电汽轮机低压缸,定量计算得到的湿汽损失占低压缸总功率的 1.63%,小于 Baumann 公式估算得到的 2.29%。

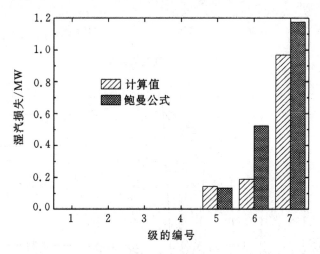

图 5 - 12　湿汽损失定量计算结果与 Baumann 公式的对比

5.3.2　某核电汽轮机低压缸中的湿汽损失

本节给出某 1000 MW 核电汽轮机低压缸中湿汽损失的定量计算结果。其分析流程与上节相同,需要首先完成低压缸内湿蒸汽非平衡凝结流动的计算。

1. 子午面内一次水滴的分布

该核电汽轮机低压缸共有十个透平级,低压缸进口为过热蒸汽,末级采用了空心静叶除湿结构。图 5 - 13 和图 5 - 14 分别给出了低压缸子午面内一次水滴湿度和直径的等值线分布。图中各个符号的表示意义与上节一致。可以看到,在第六级静叶中开始发生非平衡凝结,湿度为 0.03,凝结产生的一次水滴直径为 0.22 μm;三维计算中根据热力设计结果给定末级空心静叶的除湿量,因此末级后的湿度是考虑空心静叶除湿后的湿度值,为 0.12,一次水滴直径达到 0.4 μm。

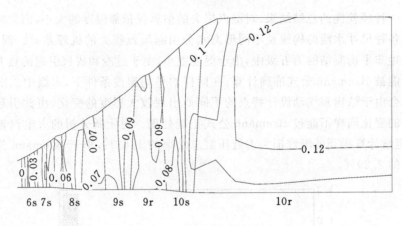

图 5-13　湿度的分布

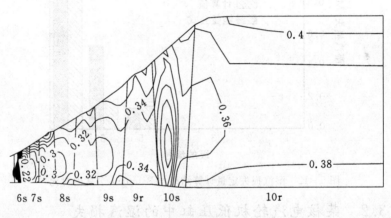

图 5-14　一次水滴直径的分布(μm)

2. 湿汽损失的计算结果

图 5-15 给出了按照临界韦伯数计算得到的低压缸各列叶栅出口二次水滴平均直径沿叶高的分布。在凝结开始发生的第六级中,二次水滴的平均直径只有 6 μm左右;沿着流动方向二次水滴的直径逐级增加,第十级动叶叶根附近二次水滴的平均直径增加到约 120 μm;静叶出口二次水滴的平均直径从叶根到叶顶是增加的,而动叶出口二次水滴的平均直径从叶根到叶顶是减小的。

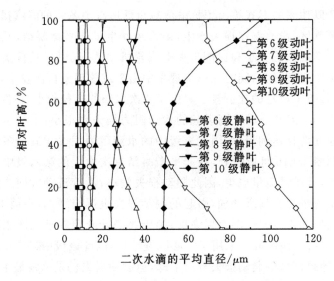

图 5-15　各列叶栅出口二次水滴平均直径沿叶高分布

图 5-16 给出了某核电汽轮机子午面内末五级各列叶栅出口二次水滴的轨迹分布。二次水滴的运动轨迹从叶片尾缘处产生一直持续到下一列叶片前缘或汽缸壁为止。与火电汽轮机低压缸中二次水滴的运动规律相似，越靠近低压缸出口位置，二次水滴的径向速度分量越大，尤其在末级中最为明显；由于该核电汽轮机低压缸中上、下游两列叶片之间的距离较短，因此上一列叶栅尾缘产生的二次水滴会完全或部分被下一列叶栅捕获，这和火电汽轮机中大量二次水滴被汽缸壁面所捕获的情况有所不同。

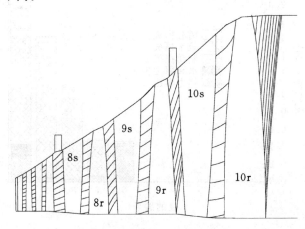

图 5-16　某核电汽轮机子午面内末五级各列叶栅出口二次水滴的轨迹

　　图 5-17 以功率的形式给出了核电汽轮机低压缸中各级的湿汽损失。前五级工作在过热蒸汽区,没有湿汽损失产生,第六级发生了非平衡凝结,开始有湿汽损失产生。热力学损失的大小和比例与火电汽轮机中情况类似,在首次发生非平衡凝结的透平级中比例最大;同时在末级透平中由于成核现象再次发生,热力学损失也较大;其余各级中所占的比例较小。由于一次水滴的直径较小,在低压缸出口最大直径为 0.4 μm,因此一次水滴引起的水滴阻力损失也很小;末级透平中一次水滴与汽流的速度滑移达到最大,因此末级中的水滴阻力损失比其余各级都大。结合图 5-14 和图 5-16 可以看到,在非平衡凝结首次发生的第六级中二次水滴的平均直径较小,且质量流量也少,因此制动损失较小;沿着流动方向二次水滴的平均直径和质量流量都在逐级增加,引起的制动损失也逐级增加;在第七、第八和第九级中制动损失都为主要的湿汽损失项;第十级静叶叶顶附近二次水滴的直径增加到 95 μm,但由于该级静叶采用了空心除湿结构,因此该级中二次水滴的质量流量有所减少,导致该级的制动损失有所下降,但制动损失仍是该级最主要的湿汽损失项。疏水损失和离心损失沿着流动方向逐级增大,但在湿汽损失中所占的比例均相对较小。

　　图 5-18 给出了湿汽损失定量计算结果和 Baumann 公式估算结果的对比。与火电汽轮机低压缸中的分析结果类似,核电汽轮机低压缸中的湿汽损失占低压缸总功率的 3.1%,小于 Baumann 公式计算得到的 3.9%。Baumann 公式未考虑各种尺寸水滴分布的不均匀性,是造成定量计算结果与 Baumann 公式估算结果相差较大的原因。

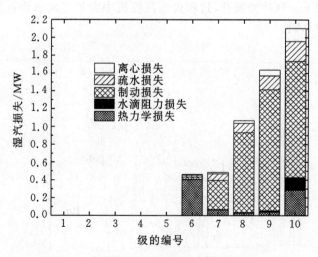

图 5-17　核电汽轮机低压缸各级的湿汽损失

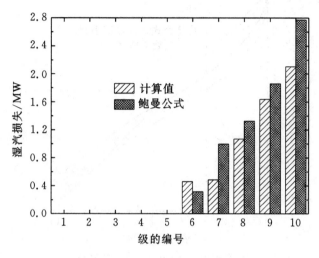

图 5-18　定量计算结果与 Baumann 公式估算结果的对比

5.3.3　湿汽损失定量计算方法的评估

　　由于缺乏全面而详细的实测数据,目前还无法对所发展的湿汽损失计算方法进行直接验证。但通过前人总结的一些实测数据,至少可以说明上述湿汽损失的定量计算方法更为准确地反映了湿蒸汽汽轮机中水分引起损失分布的特点。图 5-19(a)中给出通过大量数据总结得到的湿汽损失的实测值和 Baumann 公式计算结果的对比。图中阴影区域是实测得到的湿汽损失值。这些统计数据表明,当湿度较小时,湿汽损失的测量值比 Baumann 公式计算的结果要大,当湿度大于5%左右时,湿汽损失的测量值反而比 Baumann 公式计算的结果小。图 5-19(b)是前面两节中对火电汽轮机和核电汽轮机低压缸进行湿汽损失定量计算得到的效率降低的幅度和 Baumann 公式估算结果的对比,可以看到,图中反映的趋势和实测结果是一致的。

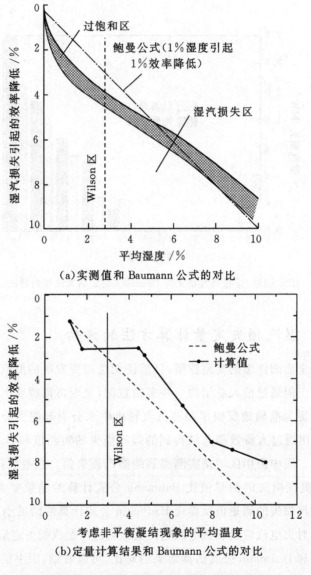

（a）实测值和 Baumann 公式的对比

（b）定量计算结果和 Baumann 公式的对比

图 5-19　定量计算结果和实测值的对比

5.4　多级湿蒸汽汽轮机减小湿汽损失的一个优化实例

　　火电汽轮机和核电汽轮机低压缸的做功能力大,对整个机组的性能有重要影响。低压缸的末几级透平工作于湿蒸汽区,不仅存在气动损失,还存在由于湿蒸汽流动而导致的湿汽损失,对低压透平的性能和运行产生重要影响。减小湿蒸汽汽轮机中的湿汽损失一直是叶轮机械两相流研究中的一个主要目标。目前多级透平优化的研究中,绝大部分工作以减小气动损失为目标。当可以对湿汽损失进行定量计算时,就可以以降低湿汽损失为目标对多级透平进行优化。本节以某 300 MW 火电汽轮机低压缸为对象,给出一个通过多级透平优化减小湿汽损失的例子。对于优化过程中用到的一些优化方面的知识,由于不属于本章的主要内容,仅给出简略介绍。另外,以降低湿汽损失为目标的优化不可避免地会涉及到气动参数和气动损失的改变,优化后气动特性的变化也一并作简略介绍。

5.4.1 优化策略和优化方法

所分析的低压缸共包含 6 个透平级,其中末三级工作在湿蒸汽区。为了将优化计算量控制在合理的规模,同时也突出湿汽损失的影响,仅对末三级透平的静叶进行优化。即使这样,由于低压透平每级静叶均由十几个截面构成,其变量数依然相当可观。因此,仅选取末三级静叶的安装角和沿叶高的积叠规律这两组参数作为优化变量。

安装角变化同时影响进口攻角和出口气流角,透平叶栅的气动性能对进口攻角不敏感,但出口气流角的变化会改变级间压力的平衡,从而起到重新分配各级焓降的目的;各级焓降的改变不仅影响低压透平的气动特性,也影响湿蒸汽的成核和水滴生长过程,从而对湿汽损失产生影响。另一方面,各截面叶型沿叶高的积叠规律是控制静叶三维成型的关键参数,对端壁二次流和级的泄漏特性产生影响,级内流动特性的改变也可能进一步影响级内的凝结过程,从而改变湿汽损失的大小。

按照上述优化策略,优化过程分为两个步骤,首先对末三级静叶的安装角进行优化,为了考虑多级透平之间的相互影响,气动特性的计算在整缸(六级透平)环境下进行;在此基础上,冻结各级进出口边界条件,依次对末三级静叶各截面叶型沿叶高的积叠规律进行优化。

优化中采用了响应面方法。该方法通过正交设计确定样本空间,进而建立优化变量和目标函数之间的数理统计关系。其基本步骤包括建立优化变量的响应面,限制变量范围和在响应面上寻找目标函数的极值。假定优化变量数目为 m,共需要计算 $(2^m + 2m + 1)$ 个样本。在建立响应面函数后进行显著性检验,如果响应面函数对优化变量的变化不敏感,则需要重新选取样本空间以及重新建立响应面函数关系。最后,目标函数的最大值和相应的优化变量值都通过响应面获得。本节中低压透平优化的目标函数为效率,约束条件为流量的变化须小于 ±1‰,功率不能减小。

低压蒸汽透平内的流动采用非平衡凝结流动模型模拟,其数值方法在上一章中有详细介绍,这里不再给出。在获得多级蒸汽透平非平衡凝结流动的计算结果后,利用上一节所介绍的湿汽损失定量计算方法得到各湿蒸汽级的湿汽损失。图 5-20 给出了低压缸 6 级透平的几何模型,在前 4 级后分别设有 4 个抽汽口。低压透平计算中给定进口流量、总温,出口背压,各抽汽口的流量和转速。对于带抽汽口的低压透平,考虑湿汽损失后其效率 η 的计算公式如下

$$\eta = \frac{W - \Delta W}{(G_{in} - \sum_{k=1}^{4} G_{ex, k}) H_s^* + \sum_{k=1}^{4} G_{ex, k} H_{1s, k}^*} \tag{5-17}$$

式中:W 为气动流场计算结果中由扭矩×角速度得到的功率;ΔW 为由湿汽损失计算程序得到的湿汽损失导致的功率损失;G_{in} 为透平的进口流量;$G_{ex, k}$ 为第 k 个抽汽口的抽汽流量;H_s^* 为透平的等熵滞止焓降;H_{1s}^* 为从进口到抽汽口的等熵滞止焓降。

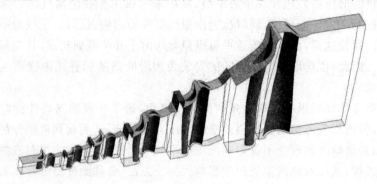

图 5-20 低压透平的几何模型

5.4.2 以减小湿汽损失为目标的多级透平优化

1. 末三级静叶安装角优化后的总体性能

末三级静叶安装角优化前后低压缸的总体性能变化如表 5-2 所示。可以看到,低压透平流量的变化可以忽略,而功率和效率均有提高;湿汽损失显著降低了 20.71%。

表 5-2 末 3 级静叶安装角优化后总体性能的变化

	功率/MW	湿汽损失/MW	流量/kg·s⁻¹	效率
原始结果	68.19	0.53	95.85	89.47%
优化结果	68.32	0.42	95.87	89.67%
变化幅度	+0.19%	−20.71%	+0.01%	+0.20%

图 5-21 给出了末三级静叶安装角优化前后各级焓降的变化。前 2 级焓降变

化可以忽略，后 4 级焓降变化较大。其中第 3 和第 5 级焓降增加明显，第 4 级焓降减小明显。

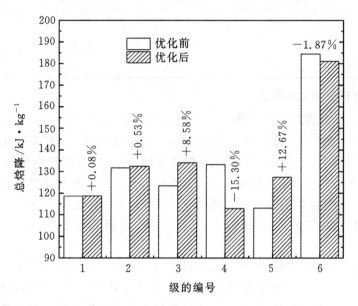

图 5 - 21　优化前后各级焓降变化

2. 末三级静叶积叠规律优化后的总体性能

在上节优化结果基础上对末三级静叶各截面叶型沿叶高的积叠规律进行了优化，这里的积叠规律仅涉及叶片的弯曲和扭转。优化前后各级静叶叶型的变化如图 5 - 22 所示，其中末级静叶叶型的变化最大。表 5 - 3 给出了静叶积叠规律优化后低压透平总体性能的变化。在流量变化可以忽略的条件下，低压透平的功率、效率进一步提高，湿汽损失进一步减小。

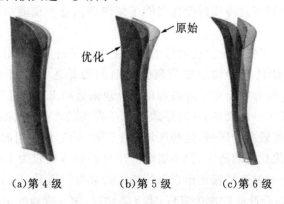

(a)第 4 级　　　　(b)第 5 级　　　　(c)第 6 级

图 5 - 22　优化前后静叶叶型对比

表 5 - 3　静叶优化前后低压透平总体性能参数的对比

	功率/MW	湿汽损失/MW	流量/kg·s^{-1}	效率
原始结果	68.19	0.53	95.85	89.47%
优化结果	68.73	0.37	95.87	90.19%
变化幅度	+0.79%	−30.19%	+0.01%	+0.72%

3.湿汽损失减小的原因

由表 5 - 2 看到,改变末三级静叶安装角的主要影响是使得湿汽损失大幅度降低了 20.71%,效率和功率的提高基本上是由于湿汽损失减小的结果。再由表 5 - 3 看到,改变静叶各截面叶型沿叶高的积叠规律,不仅使得湿汽损失进一步降低 9.48%,功率和效率也进一步提高了 0.6% 和 0.52%。纯粹气动损失的降低是功率和效率提高的主要原因,这可以从功率和湿汽损失的变化看出:末三级静叶积叠规律优化后,功率进一步增加了 0.41 MW,而湿汽损失只进一步减少了 0.05 MW。

在湿蒸汽问题的研究中,设法减少湿蒸汽汽轮机的湿汽损失一直是一个努力方向。在上述两个优化步骤后,湿汽损失一共降低了 30.19%,其幅度相当可观。对于本文所优化的低压透平,由于六个透平级中真正工作在湿蒸汽区的仅为末两级,因此湿汽损失减小对低压透平总体性能的提高并不显著。但是对于核电汽轮机的高压缸,由于全部级都工作在湿蒸汽区,降低湿汽损失对高压缸性能的影响将相当可观。因此,从机理上分析清楚湿蒸汽汽轮机湿汽损失和气动损失降低的原因,对于提高湿蒸汽汽轮机的设计水平无疑具有重要意义。

(1)优化安装角降低湿汽损失的原因。

改变安装角后多级透平各级间的压力重新平衡,各级内汽流的膨胀率随之改变,从而引起过冷度的变化。过冷度是湿蒸汽非平衡凝结过程中成核和水滴生长的直接原因,因此观察过冷度的变化就能了解湿蒸汽非平衡凝结过程的主要变化特点。

图 5 - 23 给出了安装角优化前后子午面上末三级过冷度的分布。在第 4 级静叶出口过冷度开始缓慢增加。安装角优化前的原始透平中第 4 级动叶出口约 80% 叶高处、第 5 级静叶沿整个叶高和动叶叶顶附近均出现了过冷度 20 K 左右的区域,这些位置发生一次成核,同时导致热力学损失的产生;在末级静叶和动叶出汽边也出现过冷度较高的区域,这些区域发生二次成核,同样引起热力学非平衡损失。反观安装角优化后的透平,第 4 级动叶出口的过冷度仅为 10 K 以下,不足以引起凝结,因此与原始透平相比出现湿度的位置会推迟到下一级;第 5 级静叶中的过冷度达到 20 K,沿叶高均发生成核;第 5 级动叶、第 6 级静叶中过冷度较高的区

域消失,第 6 级动叶叶顶附近过冷度较高的区域也显著缩小。

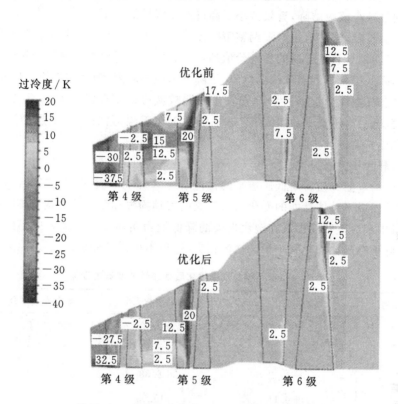

图 5-23 安装角优化前后末三级过冷度的变化

过冷度的上述变化,一方面直接引起非平衡热力学损失的降低;另一方面也推迟了凝结发生的位置,水滴生长的时间减少,一次水滴的平均粒径降低;此外,叶栅尾缘二次水滴的平均粒径也发生了降低。这些均是导致级组中湿汽损失减小的原因。要将末三级中上述参数的变化一一呈现出来,需要大量的篇幅,因此本节仅给出过冷度的变化,在下节中将以末级为例给出液相其他参数的变化情况。

为了给湿蒸汽汽轮机的设计提供降低湿汽损失的具体操作方法,对比图5-23所示的过冷度变化情况和图 5-21 所示的各级焓降调整情况,可以得到有益的启发。在原始透平中,第 5 级静叶是发生成核的主要区域,但在第 4 级动叶出口附近也出现了大范围的高过冷度区域,通过增加第 3 级(最后一个过热蒸汽透平级)的焓降和减小第 4 级(第一个湿蒸汽级)的焓降消除了第 4 级动叶出口的高过冷度区,使得第 4 级动叶出口后的过冷度仅缓慢增加;该透平采用冲动式设计,焓降主要发生于静叶中,通过增加第 5 级的焓降,将一次成核限制在了第 5 级静叶中,同时消除了该级动叶顶部的高过冷度区域。此外,原始透平中末级也出现高过冷度区域,通过减小该级焓降,有效减小了高过冷度区域的范围。

优化程序给出的上述焓降调整策略无论对火电汽轮机还是核电汽轮机的低压缸设计可能都是具有普遍的参考价值的,可以总结为:①增加最后一个过热蒸汽级的焓降,降低第一个湿蒸汽级的焓降;②降低末级的焓降,增加次末级的焓降;③对于设计完成的机组,仅通过静叶安装角的调整就可以实现降低湿汽损失的目标。但对于核电的高压透平,由于所有透平级均工作于湿蒸汽区,与低压透平显著不同,因此还需要进一步分析。

(2)静叶积叠规律优化降低气动和湿汽损失的原因。

静叶的弯曲和扭转对低压透平的性能有显著影响。表 5 - 4 首先给出了优化后各级低压透平总体性能的变化。末三级的气动损失和湿汽损失均有不同程度的减少,其中末级效率的提高和湿汽损失的降低最为明显。气动损失减小的主要原因是静叶积叠规律优化减小了二次流损失,这里不再详细分析。

表 5 - 4　静叶积叠规律优化后各级性能参数的变化

级编号	效率变化/%	功率变化/%	湿汽损失变化/kW
1	+0.06	+0.10	0
2	+0.00	+0.57	0
3	+0.03	+8.88	0
4	+0.11	-15.93	-7.76
5	+0.26	+9.96	-10.98
6	+1.99	+1.91	-138.49

图 5 - 24 和图 5 - 25 以末级为例给出了子午面上一次水滴的直径和叶片尾缘二次水滴的直径。为了对比,也同时给出了上节中仅对安装角优化后的结果。可以看到,安装角优化后一次水滴的直径明显减小,其最大值从优化前的 0.33 μm 减小到 0.21 μm;积叠规律的优化进一步减小了一次水滴,但幅度较小,表明积叠规律优化仅对级内的过冷度分布起到局部调整作用。

图 5 - 25 中静叶尾缘形成的二次水滴直径在安装角优化后略有增大,动叶尾缘二次水滴直径基本不变,这是由于叶片尾缘二次水滴的大小取决于尾缘处蒸汽的气动剪切力和水滴表面张力的对比关系,安装角优化后末级焓降降低,使得蒸汽流速也有所降低,其气动剪切力相应降低,从而造成静叶尾缘二次水滴的增大。但静叶积叠规律的优化却可以显著改变级内出口汽流速度沿叶高的分布,从而显著影响二次水滴的大小。积叠规律优化后静叶尾缘叶顶附近的二次水滴直径明显减

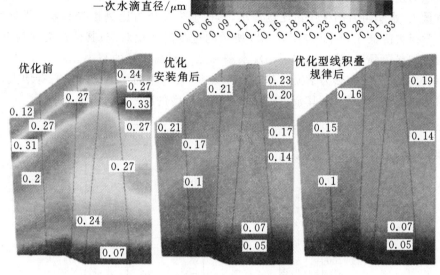

图 5-24　优化前后末级中一次水滴直径的分布

小,对于动叶,尽管叶顶附近的二次水滴直径增加,但 60%叶高以下均是大幅度减小的,在叶根附近尤为显著。积叠规律优化后,一次水滴和二次水滴的直径总体上减小是湿汽损失进一步降低的原因。

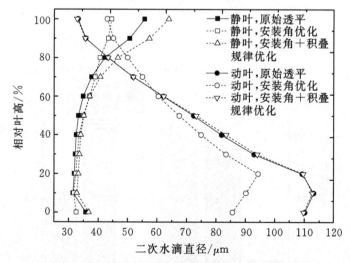

图 5-25　优化前后末级静、动叶出汽边二次水滴的分布

最后,图 5-26 和图 5-27 给出了优化前后末三级湿汽损失的总体变化和各损失项的详细变化情况。各湿汽损失项中,热力学损失取决于过冷度的大小,而其

他四项的损失均与水滴的大小相关。从图 5-26 看到,末三级中热力学损失所占比例最大,水滴阻力损失所占比例最小,其他损失项所占比例相差不多。优化后,热力学损失降低 6.56%,与图 5-23 所示的过冷度变化对应;其他损失项均有不同程度的显著降低,其原因在于一次水滴和二次水滴直径的减小。从图 5-27 看到,优化后第 4 级的热力学损失基本上降为零,第 5 级的热力学损失略有增大,而末级的热力学损失减小;其余损失项均有不同程度的减小。

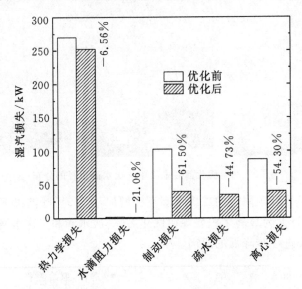

图 5-26　优化前后末三级湿汽损失的总体变化

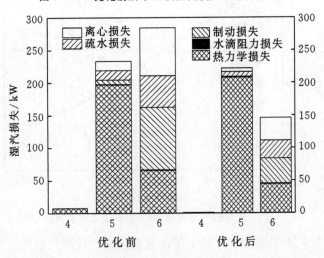

图 5-27　优化前后末三级湿气损失的详细变化

最后需要说明的是,现代 CFD 技术和优化技术的发展为多级透平优化提供了很大的自由度,其可能的优化策略并不限于本节中所介绍的内容。这里给出多级湿蒸汽汽轮机优化实例的目的在于说明汽轮机中的湿汽损失存在很大的减小空间,采用适当的优化策略,可以显著减小湿汽损失的大小,从而提高湿蒸汽汽轮机的性能。

本章参考文献

[1]BAUMANN K. Recent developments in steam turbine practice[J]. Journal of the Institution of Electrical Engineers, 1912, 48 (213): 768 – 842.

[2] SKILLINGS S A, MOORE M J, et al. A reconsideration of wetness loss in LP steam turbines[C]. Proceedings of the International Conference Organized by the British Nuclear Energy Society in Association with the Institution of Mechanical Engineers and theEuropean Nuclear Society: Technology of Turbine Plant Operating with Wet Steam. 1988, 11 – 13 October, London.

[3]LAALI A. A new approach for assesment of the wetness losses in steam turbines[D]. Ph. D. thesis, Electricité de France, 1991.

[4]CRANE R. Droplet deposition in steam turbines[J]. Proceedings of the Institution of Mechanical Engineers, Part C: Journal of Mechanical Engineering Science, 2004, 218 (8): 859 – 870.

[5]YOUNG J B, YAU K. The inertial deposition of fog droplets on steam turbine blades[J]. Transactions of the ASME, Journal of Turbomachinery, 1988, 110: 155 – 162.

[6]YAU K, YOUNG J B. The deposition of fog droplets on steam turbine blades by turbulent diffusion[J]. Journal of Turbomachinery, 1987, 109 (3): 429 – 435.

[7]LI L, LI Y , XIE X,et al. Quantitative evaluation of wetness losses in steam turbines based on three-dimensional simulations of non-equilibrium condensing flows[J]. IMechE, Part A: Journal of Power and Energy, 2014, 228 (6): 708 – 716.

[8]LI L, DU C, FAN X, et al. Optimisation of a low-pressure multistage steam turbine towards decreasing the wetness losses and aerodynamic losses[J]. Proc IMechE part A: Journal of Power and Energy, 2016, 230(4):345 – 353.

[9]GYARMATHY G. Nucleation of steam in high-pressure nozzle experiments

[J]. Proc IMechE part A: Journal of Power and Energy, 2005, 219 (6): 511 – 521.

[10]GUO T, SUMNER W, HOFER D. Development of highly efficient nuclear HP steam turbines using physics based moisture loss models[C]. ASME Paper, GT2007 – 27960, 2007.

[11] CHANDLER K, WHITE A, YOUNG J. Comparison of unsteady non-equilibrium wet-steam calculations with model turbine data[C]. Baumann Centery Conference, Cambridge, Sept. 10 – 11, 2012.

[12] STARZMANN J, CASEY M, MAYER J, et al. Wetness loss prediction for a low pressure steam turbine using CFD[C]. Baumann Centery Conference, Cambridge, Sept. 10 – 11, 2012.

第6章 湿蒸汽的侵蚀与防护

蒸汽轮机中的湿蒸汽工质产生的能量损失和金属材料侵蚀问题由来已久。随着大功率火电汽轮机、水冷堆核电汽轮机以及核动力舰用汽轮机的快速发展,湿蒸汽问题也愈加严重。能量损失使机组的效率降低,而材料侵蚀则会导致机组发生强烈振动,甚至叶片断裂破坏等恶性事故。因此,金属材料侵蚀的有效防护是保证汽轮机安全与经济运行的基础。

材料侵蚀的防护措施应用于汽轮机已经有百年历史,从最初简单的材料选取发展到目前的各种表面抗蚀技术及水分离装置。采取各种防护措施的主要目的是减小材料的侵蚀损伤,而不是改善湿蒸汽级的效率。本章介绍蒸汽轮机中的材料侵蚀过程与机理以及各种防护技术。

6.1 材料侵蚀与防护

6.1.1 侵蚀过程与机理

从火电汽轮机的设计特征来看,蒸汽一般是以高能(高压高温)的过热蒸汽形式进入汽轮机,通过在通流中的流动与能量转换,在排入凝汽器时变成了低能量的湿蒸汽,整个过程中大约 5%～15% 的蒸汽质量转变为凝结水。从蒸汽的自发凝结产生小水珠(过饱和极限位置 Wilson 点)到凝汽器的出口,蒸汽必须经历一个快速而又曲折的过程,流经一系列静叶栅和动叶栅,流动时间有可能小于 0.01 s。如1.5.2 节所述,流动蒸汽由于方向的不断变化且具有很高的速度,因而促使汽液两相的分离,分离倾向导致水滴撞击在叶片表面上,除极小部分反弹回到蒸汽中外,大部分则沉积在叶片表面。动叶表面上的沉积水分由于旋转产生的离心力被甩向汽缸内壁面,通过疏水槽收集并排出汽轮机外,因此静叶并不会发生大量水滴的撞击现象和侵蚀现象(即使有一些小水珠随蒸汽流出动叶栅并撞击在后面的静叶上,但由于撞击速度很低,也不会造成静叶的水蚀侵害);而静叶和其他固体表面上的沉积水分,受汽流切应力作用向出汽边运动并在出汽边撕裂形成大分散度的液团或液滴,这些较大水滴与后面旋转的动叶片不可避免地发生碰撞。上述过程在汽轮机运行中不断地重复,最终导致动叶发生侵蚀现象。图 6-1 是在平均蒸汽湿度为 12.6％,叶顶圆周速度为 382 m/s 条件下,无防护不锈钢动叶片(含 12％Cr,0.1％C)受到水滴冲击的范围和侵蚀程度的照片。

图 6-1　无防护不锈钢叶片(含 12％Cr、0.1％C)的侵蚀损害

　　汽轮机内部凝结水的存在形态有两种:第一种是离散的水滴,它是由于蒸汽自发凝结及生长而形成的细小水珠(称为一次水滴),或者是由于叶片表面上的流动水膜/溪状流在叶片出汽边的撕裂以及雾化而产生的大水滴(称为二次水滴),这些大大小小的水滴弥散在干饱和蒸汽中并且随着蒸汽一起运动。第二种是由于蒸汽中的各种尺寸水滴沉积在固体表面上而形成的整体自由水,通常整体自由水是以膜状或溪状形式与蒸汽分相流动。随着湿蒸汽在叶栅通道内的流动,这两种凝结水形态是可以相互转换的,而蒸汽的自发凝结是产生凝结水的根源。

　　相应于凝结水的两种存在形态,水的侵蚀(水蚀)过程也分为两类,即整体自由水的冲刷式侵蚀和蒸汽中离散水滴的冲击式侵蚀。

　　冲刷式侵蚀是由于金属表面与流体之间的相对高速运动而引起的材料局部损伤现象,是金属表面受冲刷和腐蚀交互作用的结果。冲刷侵蚀是一个非常复杂的过程,侵蚀程度与金属材料的化学成分、机械性能以及流体的性质和状态参数等一系列因素有关。汽轮机中的冲刷式侵蚀问题一般发生在高压湿蒸汽汽轮机中。如果汽轮机是采用双层汽缸结构来减小汽缸应力的话,在内、外汽缸之间的支撑面上或水平中分面上就会存在压差。这些接触面上的凝结水可能接近当地的饱和温度,当饱和凝结水通过各种间隙发生泄露流动而使压力降低时就可能发生汽化,结果尚未蒸发的凝结水就会产生很高的速度,这样就对金属表面产生压力冲击和高温冲击,长期作用的结果就是使金属表面形成破坏区,且两相流体与金属之间产生的切应力能剥离侵蚀产物,加大了侵蚀速度,最终使金属表面受到损伤(见图

6-2)。汽轮机中这种侵蚀方式就称为冲刷式侵蚀。由沸水反应堆和压水反应堆提供饱和蒸汽的汽轮机都易遭受这种冲刷式的侵蚀作用。

对于汽缸的冲刷式侵蚀，可以通过设立防护措施部分克服。经过实践发现，可以采用高铬含量的零件或者不锈钢来镶嵌所有的连接处(见图6-3)，使其持续存在一个压差来控制冲刷式侵蚀。

 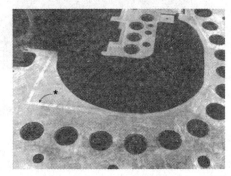

图6-2 汽缸水平中分面上的冲刷式侵蚀图 图6-3 典型高压缸横向连接处的不锈钢焊缝镶嵌

冲击式侵蚀就是弥散在蒸汽中的高速运动水滴持续不断地撞击在金属材料(如旋转动叶片的顶部和根部、汽缸内壁面、蒸汽管道等)表面上产生的材料损伤现象。这种侵蚀方式在所有湿蒸汽级(如火电汽轮机低压级、核电以及核动力汽轮机的大部分级)中都会发生。相对于冲刷式侵蚀，水滴冲击产生的侵蚀问题对汽轮机的危害性更大。一般认为，蒸汽所携带的数量庞大的水滴与金属材料表面以很高的相对速度发生撞击时，在水滴与材料接触部位会产生很高的压力，其值超过了材料的屈服极限，使材料产生局部的塑性变形和表面硬化。这种瞬态高压力反复作用于材料上，当材料达到疲劳极限时，局部即开始产生疲劳裂纹；当水滴冲击到这种裂纹时，产生的压力将加剧裂纹向更深处发展，最终促使材料从表面脱离形成水蚀现象。因此，通常认为水蚀是疲劳磨损的一种派生形式。

一个关于液滴高速撞击金属表面的实验给出了水蚀过程理论解释的依据。实验中采用高速摄影技术拍摄到了液滴撞击在固体表面的完整过程，结果显示：当一个球形水滴以一定速度与固体表面相撞时，撞击之处产生瞬态高压并分布在一个圆环上，在水滴和固体内部都产生激波。对水滴来说，以撞击点为中心出现一个压力波，这个激波的波前与液固接触面之间的液体受压缩，其余则未受扰动。开始时波前的前行速度低于液固接触面边缘在固体表面的扩散速度；但随着液体的扩散，激波逐渐赶上液固边缘并沿着汽液相界面向上运动。由于激波后的高压，液体以极大的速度向四周射出，即在水滴四周产生极高速的边缘侧向射流。撞击产生的压力大于水锤压力，侧向射流速度则是撞击速度的4～5倍以上。

图6-4是液滴撞击不锈钢和铝金属表面过程的系列照片。可以看出，当液滴

撞击材料表面后,形成的外缘呈圆形状向外传播直到达到某一最大直径。固体内部的压力峰值出现在边缘圆环上,压力值约是水锤压力的 2.5 倍。在大量水滴持续不断地撞击之下,最终发生材料的水蚀现象。

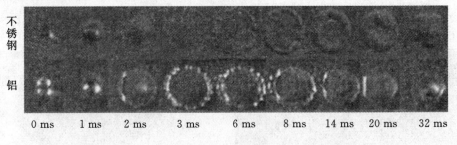

图 6-4　液滴与不锈钢和铝金属表面的撞击行为系列照片

已有的经验和研究均揭示出直径小于 50 μm 的水滴是无害的,直径大于 400 μm 的水滴不在低压汽轮机中出现。对动叶片产生水蚀的水滴直径范围在 50～400 μm 之间,这种水滴只出现在静叶出汽边的下游,是静叶片上的水膜或溪流在出汽边撕裂形成的。

6.1.2　动叶的水蚀

在湿蒸汽汽轮机级中,因水滴冲击引起的水蚀现象大多发生在动叶顶部和根部以及汽缸内壁面等位置,与湿蒸汽的状态参数和流动状况密切相关。

(1)动叶顶部进汽边的水蚀。当过热蒸汽膨胀到过饱和极限位置时,由于自发凝结及生长形成一次水滴,部分水滴随蒸汽通过静叶栅通道时发生沉积现象并在静叶表面形成流动水膜,流动水膜在静叶栅出口发生撕裂及雾化,又形成直径约为几十微米到数百微米的二次水滴。这时蒸汽中就包含有各种直径的水滴,这些数量庞大的水滴就以一定的负冲角和很高的相对速度撞击在动叶前缘背弧区域上(见图1-21),从而造成动叶片顶部进汽边的严重水蚀,如图 6-5 所示。

小水滴的运动速度较高(与蒸汽的滑移速度小),负冲角小,撞击点离叶片前缘较远,产生的冲击压力也小;而大水滴由于质量较大,难以加速到汽流的速度(与蒸汽的滑移速度大),就以较大负冲角撞击在动叶背弧,撞击点接近叶片前缘,产生的冲击压力也较大。另外,由于动叶上部的旋转速度高,与水滴相撞的相对速度大,更容易产生水蚀现象,因而动叶片进汽边的水蚀大多发生在动叶顶部约 1/3 的区域,其外观为蜂窝状,边缘为锯齿形,水蚀严重时会出现缺口。二次水滴虽然仅占整个湿度的 10% 以下,但却是影响动叶顶部水蚀的主要因素。

(2)动叶根部出汽边的水蚀。动叶根部水蚀现象在调峰的大型机组和热电联产的凝汽式机组中表现尤为明显。当汽轮机或低压级组在低负荷运行时,容积流量急剧减少,各级的运行工况发生较大变化,尤其是末级的运行工况变化最大。研究表明:当末级在小容积流量工况下工作时,原设计流场被破坏,热力参数将沿叶高重新分布,叶片根部区域就有可能产生负的反动度,致使动叶根部附近出现逆压梯度(即动叶后的静压力大于动叶前的静压力)并引起气流分离与回流,负荷越低,回流区越大。回流蒸汽会将湿蒸汽中的水滴(回流本身具有的湿度、回流从凝汽器中抽吸回来的水滴、排汽缸及导流板上沉积水膜被汽流撞击而反溅回来的细小水滴、叶轮侧面上的凝结水分受离心力作用而被抛向排汽通道的水滴以及排汽缸喷雾降温水滴等)带入动叶栅,并与动叶根部吸力面的出汽边高速撞击,致使根部出汽边产生严重水蚀(见图 6-6)。由于动叶根部尾缘承受着较大的静应力与动应力,尾缘的水平向水蚀缺口会萌生疲劳裂缝并迅速扩展,对机组的安全性构成很大威胁。

末级动叶根部出汽边的水蚀根源在于低负荷下的回流现象,因此,防止根部水蚀可以从三个方面来考虑。一是将末级设计成具有较大的根部反动度和较小的反动度梯度,这样可以减小产生回流的工况和回流的范围;另外,较小的静叶根部子午面张角可减少动叶根部脱流现象。二是通过结构设计,减少水滴的来源。三是对动叶根部出汽边进行强化保护。

图 6-5　动叶顶部进汽边的水蚀照片

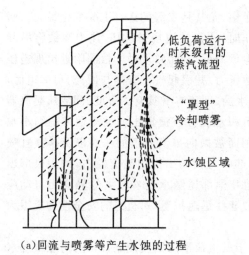
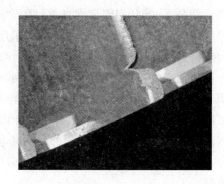

（a）回流与喷雾等产生水蚀的过程　　　　　　　　　　（b）水蚀照片

图 6-6　动叶根部出汽边的水蚀过程与照片

　　研究表明：在水滴撞击金属表面产生水蚀的过程中，影响因素很多且它们之间的关系也非常复杂。水滴直径，水滴法向撞击速度，单位时间、单位面积水滴撞击在材料表面的次数或撞击水量以及材料性能等是影响水蚀过程的根本因素，其中水滴参数又与蒸汽的状态参数、气动参数和级的结构参数有关。通常认为上述影响因素最终体现在水滴的法向撞击压力、边缘侧向射流以及应力波的传播对水蚀的影响。主要因素的影响如下。

　　（1）法向撞击速度的影响。图 6-7 是在一定条件下得到的撞击压力随撞击速度的变化曲线。虽然由于水滴的形状与尺寸、金属材料性质与表面的情况以及水在高压缩率下的水力学和热力学特性等因素的影响而有所不同，但该曲线仍可以表明撞击压力的数量级。在 600 m/s 的速度下（这是许多低压汽轮机末级的叶顶速度），即使是水锤作用所产生的压力（实际的撞击压力远大于水锤压力）也高达 1000 MPa，这一数值对大多数材料来说，都已大大超过了屈服极限。

　　由于水滴撞击压力随着撞击速度的增长很快，所以在极高速（＞1000 m/s）的水滴撞击下，金属即发生屈服变形；在较低（约几百米/秒）的撞击速度下，则需经过一段时间大量水滴撞击后，才会出现明显的破坏；当水滴的撞击速度低于某一数值后，无论经过多长时间的撞击，都不发生水蚀现象。发生水蚀的下限速度称为水蚀破坏的门槛速度。

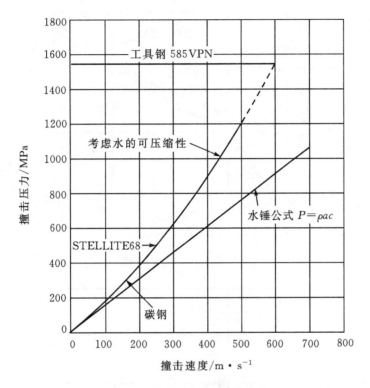

图 6-7　撞击压力随速度的变化

如果用 v 表示水滴的法向撞击速度,用 v_{th} 表示水蚀破坏的门槛速度,用 m 表示水蚀产生的材料重量损失,有 $m \propto (v - v_{th})^{n_1}$, n_1 约为 2.5;当撞击速度接近门槛速度时,有 $m \propto v^{n_2}$, n_2 约为 5。

Heaton 厂在对转式侵蚀试验机上实验研究了工具钢和司太立合金钢两种材料的侵蚀过程。在保持法向撞击速度和撞击水量不变的条件下,材料的重量损失和侵蚀率(单位撞击水量引起的重量损失率,即 dm/dw)变化曲线如图 6-8 所示。当试样受到高于门槛速度的水滴冲击时,材料的侵蚀并不是连续进行的。开始时并无重量的损失,随后重量损失增大较快,侵蚀率上升到最大值,最后重量损失随撞击水量基本成线性变化,侵蚀率又降低到一个基本的稳定值。

(2)水滴直径的影响。当水滴尺寸较大(直径 $d > 1$ mm)时,水滴尺寸的变化对水蚀性能没有显著影响。当水滴直径小于 1 mm 时,随着水滴尺寸减小,水蚀程度将减轻。原因在于较小水滴与材料发生撞击时,撞击压力作用的时间缩短,压力峰值的强度有所减弱,水滴在固体表面介质的压力梯度和速度梯度下进一步分解,材料强度的尺寸效应开始发生作用。水滴直径 d 与门槛速度 v_{th} 之间的关系为

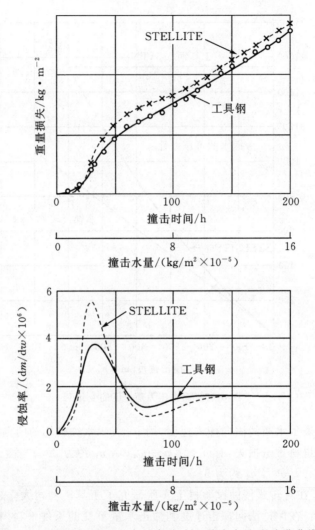

图 6-8　材料重量损失和侵蚀率随时间(撞击水量)的变化曲线

$d \cdot v_{th} =$ 常数。在撞击水量保持不变时,水滴直径越大,相应的水滴数目就越小,因而材料经受的应力周期的次数也就减少了。

　　(3)材料表面特征的影响。如果材料表面十分光洁,则水蚀不易发生;如果材料的表面略微粗糙则会很快发生水蚀;但如果材料表面是非常粗糙的话,水蚀又变得不易发生,这是由于粗糙表面液膜的缓冲作用。研究已经证实,当液膜厚度相对于水滴尺寸较厚时,水滴的撞击能够使液膜变形,从而使固体表面所受到的压力降低,压力波穿过液膜时会被耗散,侧向射流的产生和发展受到液膜抑制。

（4）冲角的影响。由于撞击后会产生高速侧向射流，所以撞击速度中的切向分量作用不大，起主要作用的是垂直分量。

（5）材料机械性能。许多研究者都试图把材料的水蚀性能与某种机械性能联系起来。Heyman 总结了前人的工作，指出材料的水蚀性能与硬度的 8/3 次方成正比，但钴合金例外。目前尚未找到材料抗水蚀性能与其机械性能（应变能、屈服应力、弹性模量、硬度等）之间的完整关系。由于材料的机械性能实验均在低应力变化率下进行，并且应力分布在相当大的体积之上，这与水蚀过程中加载率极高，加负荷范围极小的情况截然不同，所以用宏观尺度上的性能来衡量材料的水蚀性能恐怕不会十分准确。

（6）金相组织结构。金属材料的晶体结构、合金成份、晶粒度与水蚀性能有密切关系。以钴基合金为例，钴在室温平衡态时结构为密排六方型，在多晶钴内常保持一些面心立方晶体，这些相在受到冲击时会很快转变成稳态的密排六方结构。由于密排六方型晶体结构钴的晶格参数比接近于理论值，容易发生滑移和产生孪晶，所以钴不但能吸收和耗散大量冲击能量，而且能够产生孪晶，把晶粒分为若干小片，从而限制了位错的自由程。此外，钴的破坏属于塑性破坏机理，不会出现高应变率下的塑脆转变，所以钴能够承受较大的变形而不会出现裂纹。在钴基合金中，碳化物和母体结合良好，使得裂纹不易产生。实践表明，钴基合金是汽轮机叶片的最佳材料，在任何硬度水平下，钴基合金都比钛合金和不锈钢的抗冲蚀性能高，但从多个角度考虑，工程实施中还有很大的难度。

6.1.3　水蚀特性

金属材料受到侵蚀后最显著的变化就是重量的流失，通常采用水蚀率（单位时间、单位面积的水蚀量）来表示水蚀的严重程度。图 6-9 是一定条件下的典型汽轮机叶片材料的水蚀率-时间特征曲线图。通常可将叶片材料的水蚀过程大体分为四个阶段，各阶段的成因通过力学分析作如下解释。

（1）潜伏期。水滴撞击叶片表面产生的压力可达到水锤压力的 3 倍左右，当法向撞击速度达到 150 m/s（水蚀疲劳的门槛速度）时，撞击引起的材料内部应力即可达到叶片材料疲劳极限。因此在水滴的连续撞击下，裂纹在叶片的内部萌生和扩展，直至表面上出现裂纹。在这一阶段中，叶片表层不出现破坏的迹象，也没有材料流失。

（2）加速期。随着冲击时间的延续，材料表面出现裂纹，使原来光滑的表面出现间断的凸台。水滴撞击时产生的极高速侧向射流（可达到撞击速度的 4～5 倍）冲刷材料表面上的凸出部分，使裂缝进一步扩大或使材料剥落。在射流冲刷表面的同时，水滴对表面的撞击压力仍然发挥作用。在剪切和垂直冲力的联合作用下，

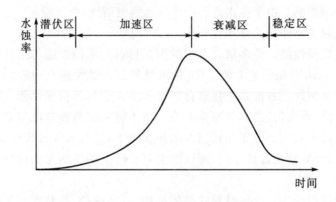

图 6 - 9　叶片材料的水蚀率-时间曲线

当裂纹相互连通时,材料表面就会迅速剥落,直到表面上出现许多较深的凹坑。这一阶段的材料失重很快,水蚀速率达到最大值。

(3)衰减期。材料水蚀率急速减小,叶片水蚀的发展变缓。

(4)稳定期。材料表面出现许多较深的凹坑,凹坑里面的积水构成了一层较厚的水膜。这层水膜能大大减小水滴的撞击压力,同时对侧向射流的产生和发展也有抑制作用。因此材料流失缓慢下来,失重速度有所减小,甚至不再出现剥落。

材料的水蚀率在汽轮机叶片设计中有十分重要的意义,它决定着叶片的使用寿命。到了材料水蚀的稳定期,叶片实际上已严重损坏而必须更换,所以认为水蚀的加速期甚至潜伏期的长短才更加合理地反映了叶片的使用寿命。另外有种观点则认为材料失重和时间(或撞击次数)的关系不能完全准确地反映水蚀破坏的情况。Heymann 提出用平均水蚀深度(单位面积上的体积损失)来代替材料失重,用平均撞击高度(单位面积上撞击到的水的体积)来代替时间或撞击次数。当然也有采用平均水蚀深度与时间的关系来表示叶片材料的水蚀破坏特性(见图 6 - 10)的,图 6 - 10 中的横坐标表示撞击时间,纵坐标表示平均侵蚀深度;Y_M 是 Y 随时间变化率为最大值时所对应的侵蚀深度;Y_0 是标志材料特性的虚拟侵蚀深度;τ_{inc} 是潜伏期的时间,由于材料在潜伏期内即发生疲劳破坏,因此 τ_{inc} 可由疲劳理论确定。类似前面对水蚀过程的阶段划分,这种表示方法根据侵蚀深度的变化曲线 $Y = Y(\tau)$,将侵蚀过程分为潜伏区、增长区(包括加速区和衰减区)和稳定区三个阶段。

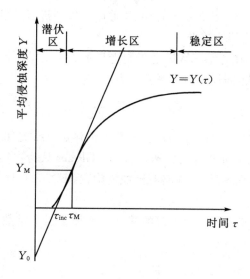

图 6 - 10　特征侵蚀曲线

6.1.4　叶片水蚀准则

水滴直径,水滴对叶片表面的法向撞击速度,单位时间、单位面积叶片表面上的水滴撞击次数或撞击水量是影响动叶水蚀的根本因素。对特定的汽轮机级,水滴直径与蒸汽的压力及速度等参数有关;水滴对动叶表面的法向撞击速度与二次水滴被汽流加速的程度、动叶圆周速度 u 以及动叶进口几何角等参数有关;水滴在动叶进口处的相对速度又与蒸汽压力和速度、水滴直径及轴向间隙有关;水滴撞击次数或撞击水量与蒸汽湿度 y、二次水滴在全部水量中所占的比例 λ、蒸汽速度、静叶出口角 α_1、栅距 t_1、静叶数目 z_1 与动叶数目 z_2 等参数有关。综上所述,除了材料性能之外,动叶的水蚀程度与汽轮机级的热力参数和结构参数相关联,并且各因素之间又是相互影响的。

合理的叶片水蚀准则应该直接或间接地考虑各种物理因素对水蚀破坏特性的影响。虽然目前还没有获得一个准确通用的叶片水蚀准则表达式,但汽轮机制造商和一些学者根据各自的研究与机组运行经验,提出了各自的叶片水蚀准则。

1967 年,瑞士 EW 公司在汽轮机运行经验的基础上提出了一个叶片侵蚀系数的公式,表达式为

$$E = \frac{y_0}{\eta \nu_2} \cdot \frac{c_{2a}}{200} \left(\frac{u}{100}\right)^4 \tag{6-1}$$

式中:E 是叶片侵蚀系数;y_0 是蒸汽的湿度;η 是考虑除湿效果的系数;u 是动叶

顶部的圆周速度。认为：当 $E < 1$ 时，叶片可以工作到折旧期限；当 $E > 1$ 时，叶片的工作期限与 E 成比例地减少。

　　1970 年，Gloger 在总结 KWU 透平制造厂的经验时，提出了一个衡量末级叶片侵蚀危险性的公式，同样用侵蚀系数来表示，为

$$E = \frac{y_0^2}{p_0} \left(D \, \frac{n}{3000} \right)^3 \qquad (6-2)$$

式中：E 是侵蚀系数，$\mathrm{m^4/(s \cdot kg)}$；$y_0$ 是蒸汽的湿度；p_0 是末级前的压力，Pa；D 为末级叶轮的外径，m；n 是叶轮转速，$\mathrm{r/min}$。Gloger 认为：当 $E < 0.2$ 时，叶片没有侵蚀危险；当 $E = 0.8$ 时，叶片略有侵蚀危险；当 $E > 3.0$ 时，叶片就出现侵蚀危险。

　　1976 年，Engelke 在公式 $(6-2)$ 的基础上增加了一个常数来考虑叶片设计和汽缸设计的影响，为

$$E = \frac{y_0^2 u^3}{p_0} K \qquad (6-3)$$

式中：u 是末级叶片的叶顶圆周速度，$\mathrm{m/s}$；K 是考虑叶片设计和汽缸设计的因素。当 $E < 8 \, \mathrm{m^4/(s \cdot kg)}$ 时，侵蚀程度轻微，叶片的设计不需要采取防水蚀措施；当 $E > 8 \, \mathrm{m^4/(s \cdot kg)}$ 时，会发生侵蚀危险，叶片的设计就必须采取除湿或表面硬化等防水蚀措施。

　　上面的三个准则式中，叶片顶部圆周速度的增大意味着侵蚀危险程度的增加，这在一定程度上反映了叶片水蚀的状况。但以圆周速度替代水滴对叶片表面的法向撞击速度，将导致过分估计侵蚀的危险。另外，准则式没有直接或间接考虑到水滴直径对叶片水蚀程度的影响。

　　瑞士 ABB 公司的 Somm 根据水滴在动叶进口的速度三角形，建立了无量纲形式的水蚀率准则式，为

$$\varepsilon = \frac{E_{\max}}{(E_{\max})_0} \qquad (6-4a)$$

$$E = KP\nu = \frac{2}{3} K \rho_w w_w \nu \qquad (6-4b)$$

式 $(6-4a)$ 中：ε 表示有问题机组的水蚀率 $E_{\max}$ 与参考机组水蚀率 $(E_{\max})_0$ 之比。机组的设计目标应使 $\varepsilon \leqslant 1$。式 $(6-4b)$ 中的 K 为材料特性常数，w_w 为水滴相对运动速度，ρ_w 为水的密度，ν 为撞击频率，P 为撞击压力。显然 Somm 简单地认为水滴对材料表面的撞击压力是流体滞止压力，但可以证明流体的滞止压力达不到材料的疲劳极限。

　　前苏联的学者显然注意到了水滴撞击叶片表面时的撞击压力高于水锤压力的情况，以及水滴撞击时的材料疲劳破坏过程，他们通过材料表面变形与脉冲压力的

两次方来描述叶片的水蚀危险程度,为

$$E = KP^2\nu \qquad (6-5a)$$

并根据接触疲劳理论,给出了叶片材料的侵蚀深度关系式,为

$$Y = Kmw_{\mathrm{wn}}^2 - Y_0 \qquad (6-5b)$$

式中:w_{wn} 是水滴的法向撞击速度;m 是单位面积上的撞击水量;Y_0 是标志材料特性的虚拟侵蚀深度。表达式(6-5a)和(6-5b)虽然考虑了水滴撞击速度的影响,但水滴尺寸的影响没有考虑在内。

日本三菱公司提出了衡量动叶侵蚀程度的公式,为

$$E = C_{\mathrm{t}} \frac{P}{\sigma_{\mathrm{e}}} \qquad (6-6)$$

式中:σ_{e} 是叶片材料在湿蒸汽中的疲劳极限;P 是水滴对动叶表面的最大撞击压力(取水锤压力的 3 倍);$C_{\mathrm{t}} = f(d)$ 为水滴直径的影响系数。当 $E < 1$ 时,说明在机组运行中不会发生水蚀现象;当 $E \geqslant 1$ 时,说明在机组运行中将会出现明显的水蚀。

侵蚀系数反映了叶片侵蚀的严重性。对某个特定的汽轮机,侵蚀系数是运行状态的函数。如果知道了机组额定负荷下的侵蚀系数 E 的数值以及运行方式和部分负荷的运行程度,就可以帮助设计者决定为防止汽轮机叶片发生过度侵蚀所需要采取的各种措施。以 Engelke 提出的水蚀准则式(6-3)作为计算的依据,图 6-11 给出了化石燃料汽轮机和核电汽轮机在凝汽器冷却水量保持常数的条件下,作为运行方式和

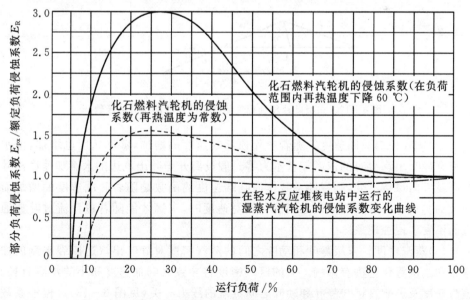

图 6-11　侵蚀系数随运行负荷的变化曲线

运行负荷函数的侵蚀系数变化曲线。可以看出,湿蒸汽汽轮机在部分负荷下的侵蚀系数是比较低的;对化石燃料汽轮机来说,如果机组的再热温度在部分负荷下均保持不变,则相对侵蚀系数较低,而如果再热温度随负荷的降低而下降的话,则相对侵蚀系数就有所偏高。

几个参数对末级叶片侵蚀系数的影响如下。

(1)湿度。湿度大小直接影响静叶表面的沉积水量和形成水滴的数量与分布,这就意味着末级叶片的侵蚀系数取决于末级进口的蒸汽湿度及湿度分布(见图 6-12)。

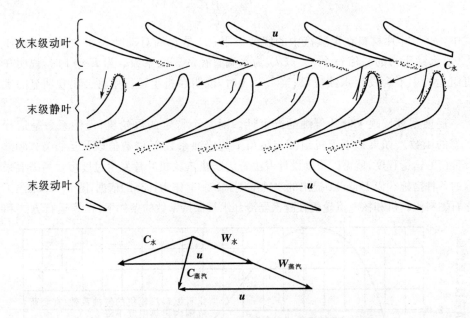

图 6-12　末级叶片侵蚀程度是次末级静叶前水分的函数

(2)动叶顶部圆周速度。随着叶片顶部线速度的增加,蒸汽速度也增加,但水珠离开静叶出汽边时的速度却基本为零。假设离开静叶出汽边的水滴加速度沿叶片高度方向保持不变,则侵蚀系数作为叶端速度的函数是随着叶端速度的增加而增大的。只有当水滴与蒸汽之间没有相对速度时,水滴才能随着蒸汽流过叶栅通道而不发生侵蚀现象。

(3)蒸汽密度。末级静叶和动叶之间的蒸汽密度对静叶出汽边撕裂水滴的加速度和二次雾化过程有影响。大的蒸汽密度将导致大的加速度和小的水滴直径。蒸汽密度及影响直接与静叶和动叶之间蒸汽的压力有关(见图 6-13)。侵蚀系数是以静叶进口的压力 p_0 为基础计算的,虽然不是很准确,但相对于根据经验来确定侵蚀的严重性已经足够精确了。

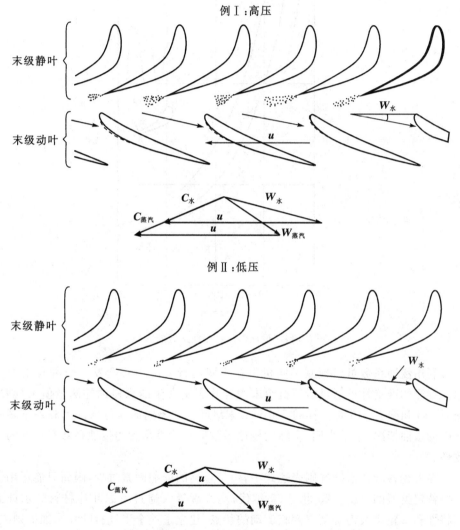

图 6-13　静、动叶片之间的蒸汽密度对侵蚀的影响

（4）设计结构。汽轮机末级的结构设计对侵蚀程度也有一定的影响。如果加大静叶栅和动叶栅之间的轴向间隙，就可使蒸汽有时间来加速水滴，从而使水滴撞击叶片的相对速度降低，使叶片侵蚀程度减轻或不发生。将静叶出汽边的厚度减小可使水膜离开叶片时更薄一些，从而使水膜撕裂形成的水滴直径有所减小。当然静叶出汽边厚度的确定必须和叶片所需要的机械性能一起权衡。图 6-14 是根据几个低压级的经验绘制的这两个主要设计参数对侵蚀系数的影响。

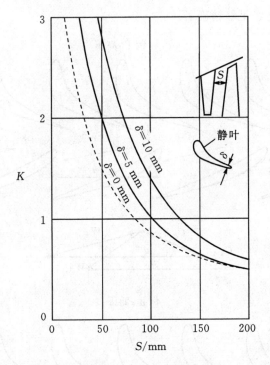

图 6 - 14　设计参数对侵蚀系数的影响

利用侵蚀系数可以预测不同机组在不同运行工况下将会发生何种程度的侵蚀。预测的准确性可通过运行机组末级叶片真实发生的水侵蚀的测量值来校验。图 6 - 15 和图 6 - 16 是同样的 750 mm 末级叶片在不同的运行条件下和差不多时间内的水蚀情况,结果表明:实际的侵蚀系数值和计算预测的侵蚀系数有良好的一致性。

在上述各叶片水蚀准则表达式中,由于包括的影响因素过少,因而只能适用于某些特定类型的机组。20 世纪 90 年代,施红辉等人通过考虑叶片材料的水蚀破坏特性和汽轮机级内湿蒸汽两相流动的特点,建立了一个半经验叶片水蚀准则式,该式包括了叶片的几何参数、湿蒸汽热力学参数、叶片材料特性、水滴尺寸及水滴对动叶的法向撞击速度、叶片工作时间以及材料损耗深度。表达式为

$$\tau\phi_1 = \tau\lambda y_1\rho_1 c_1\sin\alpha_1 \frac{t_1}{\Delta b} \cdot \frac{z_1}{z_2}$$

$$= 0.872K \frac{Y}{F(w_{wn}, d)} \left(\frac{Y}{Y_M}\right)^{-0.392} \cdot \exp\left(0.276\frac{Y}{Y_M}\right) \quad (6-7a)$$

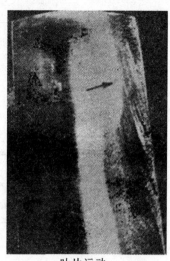

叶片运动　　　　　　　　　　　　　　叶片运动

图 6 - 15　750 mm 末级叶片的端部(背压为
2 kPa,运行时间为 23500 小时,侵蚀系数
80 m⁴/(s · kg))

图 6 - 16　750 mm 末级叶片的端部(背压为
8.6 kPa,运行时间为 21500 小时,侵蚀系数
35 m⁴/(s · kg))

或

$$\tau\phi_1 = K \frac{f(Y)}{F(w_{wn}, d)} \qquad (6-7b)$$

式中:τ 是叶片工作时间;λ 是二次水滴在全部水量中所占比例;y_1 是蒸汽湿度;ρ_1 是蒸汽的密度;c_1 是静叶出口的蒸汽速度;α_1 是静叶出口角;t_1 是静叶栅距;Δb 是动叶受二次水滴撞击区域的宽度;z_1 和 z_2 分别是静叶和动叶数目;K 是考虑叶片材料特性等因素的修正系数;w_{wn} 是水滴的法向撞击速度;d 是二次水滴的直径;Y 是材料侵蚀深度;Y_M 是 Y 随时间的变化率为最大值时所对应的侵蚀深度。显然,ϕ_1 表示在单位时间内水滴撞击动叶单位面积上的水量,而 $\tau\phi_1$ 则表示撞击在动叶单位面积上的总水量。

根据三台国产大功率汽轮机末级动叶侵蚀深度的实测数据,制成了[$\tau\phi_1$,$f(Y)/F(w_{wn}, d)$]的坐标图(见图 6 - 17),图中给出的三条恒定侵蚀深度线分别表示轻度侵蚀、中等侵蚀和严重侵蚀。

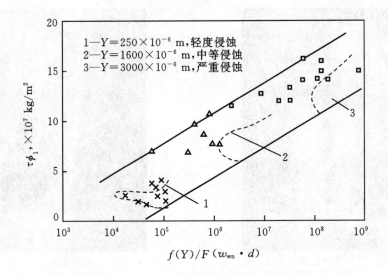

图 6 - 17　半经验叶片侵蚀危险准则

6.1.5　侵蚀-腐蚀的估算

在轻水反应堆核电站中,除了材料的侵蚀外还存在腐蚀问题。虽然侵蚀-腐蚀的影响和末级叶片的侵蚀有相似之处,然而它们却是由完全不同的现象引起的。侵蚀-腐蚀是由被纯水溶解并形成氢氧化铁溶液的 Fe^{2+} 离子引起的,只有当工作介质为 40~260 ℃温度范围内的饱和蒸汽或者饱和水时,汽轮机、阀门、水分离再热器和管路系统等才会发生侵蚀-腐蚀现象。

为了估算对非合金钢的侵蚀-腐蚀程度,必须考虑四项因素:温度 $f(\vartheta)$、速度 $f(c)$、湿度 $f(y)$ 和流动形状 $f(K_c)$。侵蚀-腐蚀的作用可用下面的公式表示

$$s = K_c f(\vartheta) c \sqrt{y} \quad \text{mm}/10000 \text{ 小时} \tag{6-8}$$

式中:s 为材料的最大局部磨损深度,以毫米/10000 小时表示。

(1)温度的影响。图 6 - 18 是蒸汽或水温度对侵蚀-腐蚀的影响曲线。无因次温度 $f(\vartheta)$ 仅在 40~260 ℃的范围内才值得重视,最严重的损害发生在大约 180 ℃。在较低温度下,由于化学反应速度较慢,侵蚀-腐蚀减小;在较高温度下,侵蚀-腐蚀由于金属表面生成磁铁保护层而减小。

(2)蒸汽速度的影响。在几何相似和水力相似的流动中,侵蚀-腐蚀程度是和蒸汽速度成比例的。化学反应速度是直接随着介质速度的增大而增加的。如图

6 - 19(a)所示,速度增大导致从主蒸汽流中来的低离子浓度的水珠对管壁的冲击。由于汽轮机各部件中流动的差别是由形状因素 K_c 来考虑的,因此在表达式(6 - 8)中直接采用蒸汽速度 c (m/s)作为速度对侵蚀-腐蚀的影响数值。

　　(3)蒸汽湿度的影响。研究发现即使很低的湿度也会引起侵蚀-腐蚀现象的发生,原因是很薄的水膜无法阻止主汽流中的水珠和金属表面接触。湿度较大时,侵蚀-腐蚀作用的增加是明显的(见图 6 - 19(b)),但不成正比。湿度的影响可近似采用湿度的平方根来表示。

　　(4)蒸汽流动形状的影响。对于管道,最坏的情况发生在 T 型管子中,由主汽流中来的低离子浓度水珠直接撞击在管壁上,并沿着管壁在所有方向上产生部分水流(见图 6 - 19(c))。表 6 - 1 给出了一些管道布置和汽轮机部件的 K_c 经验数值,危害性最小($K_c = 0.04$)的流动发生在直管中,那里只有很少的旋涡能够引起管壁上水膜中水的交换。

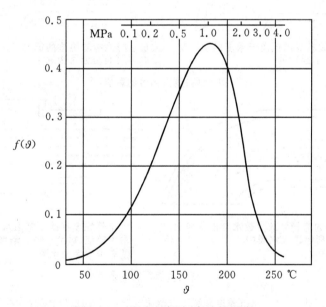

图 6 - 18　温度对侵蚀-腐蚀的影响

壁面上高离子浓度的水膜

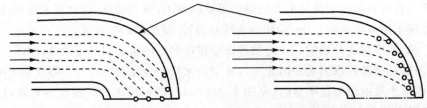

低速下较少水珠随汽流运动,水膜　　　　高速下相同时间内有更多达到壁面,低离
留在壁面上　　　　　　　　　　　　　子浓度的水与壁面接触

(a)饱和蒸汽速度的影响

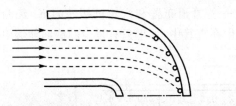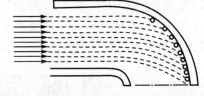

少量水分导致较少的低离子浓度的水与壁　　大量水分意味着更多的低离子浓度水珠穿过
面接触,尽管水膜很薄　　　　　　　　　　壁面水膜而与金属接触

(b)饱和蒸汽湿度的影响

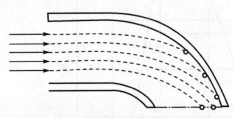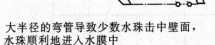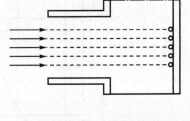

大半径的弯管导致少数水珠击中壁面,　　　T型管完全扰乱了壁面水膜,水珠高速
水珠顺利地进入水膜中　　　　　　　　　　击中壁面,穿过水膜并沿壁面产生部分
　　　　　　　　　　　　　　　　　　　　低离子浓度的水流

(c)蒸汽流道形状的影响

图 6-19　蒸汽速度和湿度以及流道形状对侵蚀-腐蚀的影响

表 6-1　蒸汽流道形状对侵蚀-腐蚀的影响(K_c 单位:毫米・秒・(米・10000 小时)$^{-1}$)

流动特点			参考速度	K_c
主流滞止点	→○	管道上	蒸汽的初速（滞止障碍物的上游）	1
	→⊃	叶片上		1
	→⊢	平板上		1
		在管道接头内		1
				0.8
次流滞止点	→⌐	$R_{平均}/D$ = 0.5	流　速	0.7
	→	$R_{平均}/D$ = 1.5	在弯管内	0.4
	→	$R_{平均}/D$ = 2.5		0.3
		管接后		0.2
由于旋涡引起的滞止点		有尖锐边角的进口管道内	流　速	0.2
		障碍物上及其后		0.2
无滞止点		直管内	流　速	0.04
		汽轮机中不紧密的水平接缝内	由压降计算的速度	0.08

	流动特点		参考速度	K_c
通过汽轮机部分的复杂流动		汽轮机的汽封内	由压降计算的速度	0.08
		汽轮机叶片上或叶顶，疏水收集槽上	叶片的平均圆周速度	0.3

在图 6 - 20 中，将根据式(6 - 8)计算预测的 s 值和对汽轮机及其有关部件实际测量得到的 s 值进行了比较。可以看出，测量得到的最大局部磨损值大多处于两条直线表示的预期允许带之间；另外在两个实例中，确实存在一个壁面被侵蚀-腐蚀所穿透的情况，但汽轮机还未发生向外漏汽，只是在例行维修时才被发现。这两个情况中的 s 的近似实际值用箭头标出。考虑到侵蚀-腐蚀现象的复杂性，采用式(6 - 8)的定量估算方法所作的预测还是准确的。

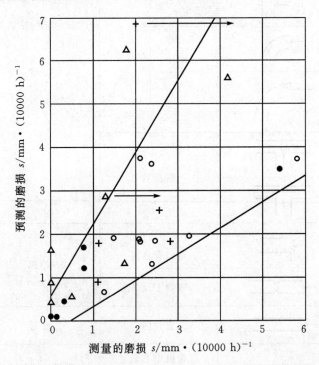

○ 不紧密水平结合面的侵蚀-腐蚀；　● 叶片处和叶片之外以及排水口集水环处的侵蚀-腐蚀
△ 弯管、管接头和交接处的侵蚀-腐蚀；＋横过蒸汽通道的管子上的侵蚀-腐蚀

图 6 - 20　侵蚀-腐蚀的预测值和实测值的对比

6.1.6　侵蚀的防护

在传统化石燃料火电厂中,湿蒸汽问题一般仅限于汽轮机的低压汽缸。但在水冷堆核电站中,由于汽轮机进口基本上就是饱和蒸汽,所以汽轮机高低压汽缸中的工质都是湿蒸汽,或者大多数级中的工质是湿蒸汽(安装外部水分离再热器的机组)。随着现代科技的发展,汽轮机的单机功率和叶顶圆周速度不断增大(见图6-21),相应带来的水蚀现象以及危害性也不断增加。

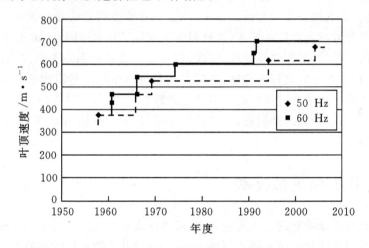

图 6-21　汽轮机末级动叶顶部的圆周速度变化趋势

汽轮机的水侵蚀防护问题主要分为两类,第一类是为了保护汽缸和缸衬,防止整体液相水的冲刷式侵蚀;第二类是为了保护叶片和汽缸内壁面,防止蒸汽中弥散水滴的冲击式侵蚀。

对第一类侵蚀问题,选用耐蚀和耐磨性能良好的合金材料就可以使汽缸结合面受到很好保护而不被侵蚀和腐蚀。在第二类侵蚀问题中,由于叶片和汽缸的水蚀过程涉及到金属材料和凝结水滴两个方面,影响侵蚀程度的因素有材料性能、水滴的数量和尺寸分布、水滴撞击金属壁面的相对速度和角度以及汽轮机运行时间等。因此,防止或减轻叶片和汽缸的冲击式水蚀也就需要从金属材料和水滴/水膜两个方面来考虑。

汽轮机内部的水相形态多种多样,流动与演变过程也非常复杂,随着对汽轮机内湿蒸汽两相流研究的进一步深入,已对不同分布形式的水分形成机理以及运动特性有了深入的了解,并在相当程度上可进行定量分析。汽轮机低压部分湿蒸汽中所含的水分基本可分为雾滴、大水滴和水膜(或溪流)三种。雾滴一般是指由过热蒸汽膨胀进入饱和区时形成的凝结核生长而形成的水滴,直径约为 $1~\mu m$ 左右;

水膜是水滴通过惯性撞击或扩散作用沉积在通流部分表面上而形成的;水膜或溪流在叶片出口边被高速蒸汽流撕裂并发生二次破裂形成水滴则称为二次水滴,二次水滴的直径分布约在几微米至几百微米之间,已有的研究结果表明二次水滴是引起动叶水蚀的直接根源。

为了从根源上解决湿蒸汽中液相水分对汽轮机的危害,研究人员针对不同的情况,提出了许多不同的防水蚀方法。除了将汽轮机出口湿度限制在 12% 以下作为设计原则,采用一次和二次中间再热循环以降低汽轮机低压缸通流及排汽的湿度外,还有许多其他防水蚀方法。目前,防止动叶水蚀的方法有两大类:一类是被动的采取各种叶片表面抗蚀技术(从材料方面采取的防水蚀措施,如针对动叶片易受水滴撞击的部位,采用淬硬处理、喷涂、加司太立合金护条或直接选用高合金叶片钢等)来提高金属的抗侵蚀性能,这类方法是各汽轮机制造商通常采用的方法。另一类是根据水相演变过程中的形态及运动特性,主动采取的各种除湿技术(从水滴/水膜方面采取的防水蚀措施,如在汽缸上开设疏水槽、静叶除湿、动叶除湿、水分离加热器等)。

6.2　叶片表面抗蚀技术

汽轮机低压动叶片的工作环境恶劣,需承受离心力、蒸汽力、蒸汽激振力、腐蚀和振动以及湿蒸汽区高速水滴的侵蚀作用,因而对叶片的材料性能就有一定要求。叶片材料应具有足够的室温和高温机械性能,良好的耐蚀性和抗冲蚀性,良好的抗振性能,高的断裂韧性以及优良的冷、热加工性能。

叶片的常用材料为 1Cr13 或 2Cr13,这种材料的抗磨蚀性能较差,做低压级动叶片时常被湿蒸汽中的水滴冲击,造成严重的水蚀现象。在铬不锈钢的基础上,出现了强化型铬不锈钢(2Cr12NiMo1W1V)、低合金珠光体耐热钢(20CrMo 和 24CrMoV)以及铝合金和钛合金等。低合金珠光体耐热钢的工艺性能良好,主要用于制造在 450 ℃ 以下的中压汽轮机的压力级动叶片和静叶片;铝合金和钛合金的比重小,耐蚀性好,主要用于制造大功率汽轮机的长叶片。

为了防止或减轻低压末几级动叶片的水蚀,汽轮机制造厂针对水滴密集撞击的动叶部位,采取各种叶片表面抗蚀技术来提高材料的抗侵蚀性能。叶片表面抗蚀技术可分为表面硬化和镶嵌司太立合金护条两类方法。前者是指在叶片表面采取镀硬铬、表面淬硬、电火花强化和表面喷涂等工艺方法来强化材料局部表面的硬度;后者是指在叶片进汽边通过钎焊、氩弧焊和电子束焊硬质合金片等方法来提高局部的抗水蚀能力。这些方法是各汽轮机制造商通常采用的方法。

6.2.1 表面硬化

表面硬化是指对金属材料进行各种表面处理,使材料表层硬度大大高于心部的方法,这种方法主要用于表层要求耐磨,心部要求较好韧性的零部件。对于汽轮机叶片来说,就是通过表面硬化技术在叶片的进汽边或者出汽边形成具有一定硬度和良好抗水蚀性能的保护层,保护层的厚度一般为 1.5~2.0 mm。通常,当蒸汽湿度在 7% 以下,叶片线速度小于 400 m/s 时,汽轮机叶片表面可进行如下处理。

(1) 镀硬铬。采取传统表面电镀技术在叶片表面镀一层较厚的铬层,利用铬的特性来提高叶片表面硬度、耐磨、耐温和耐蚀等性能。

(2) 表面淬硬。通过不同的热源对叶片进行快速加热,当叶片表层温度达到临界点(此时叶片心部温度处于临界点以下)时迅速予以冷却,这样叶片表层得到了淬硬组织,具有良好的耐磨和耐蚀性能;而心部仍保持原来的金相组织,保持着良好的韧性。根据加热的方式,表面淬火可分为感应加热(高频、中频、工频)表面淬火、火焰加热表面淬火、激光加热表面淬火以及电子束表面淬火等。图 6-22 是淬硬处理后的动叶栅照片。

图 6-22 动叶顶部淬硬处理的动叶栅照片

(3) 电火花强化。直接利用火花放电的高密度能量将作为正极的电极材料熔化、涂覆、熔渗进叶片的表层,形成合金化的表面强化层,从而可使叶片表面的物理、化学和机械性能得到改善。表面硬化层具有较高硬度及较好的耐高温性、耐腐蚀性和耐磨性。为了得到较好的耐水蚀硬化层,国内汽轮机厂使用的硬质电极材料多为 YT15(钨钴钛合金),也有采用 YG8(WC - W 硬质合金)的。

(4)表面氮化。氮化是指一种在一定温度下,一定介质中使氮原子渗入工件表层的化学热处理工艺。经过渗氮处理的叶片表面具有优异的耐磨性、耐疲劳性、耐蚀性及耐高温性。氮化方法虽然提高了表面硬度,但比较脆,所以在实际中应用较少。

(5)喷丸强化。喷丸强化利用高速运动的弹丸流喷射到材料表面并使材料表层发生塑性变形,进而形成一定厚度的强化层,从而有效改善工件的疲劳性能和抗应力腐蚀等性能。

(6)热喷涂。热喷涂是一种采用熔融金属的高速粒子流喷射在叶片基体表面以产生覆盖层的材料保护技术。涂层设计时要求:涂层的硬度高,在承受水滴冲击时能够防止叶片表面产生塑性变形;涂层与叶片基体金属的结合强度要高,避免水滴冲击时涂层从叶片表面脱落;涂层的韧性好,防止水滴冲击时发生脆性断裂。随着爆炸喷涂(DS)、超音速火焰喷涂(HVOF)等新的火焰喷涂技术的飞速发展和新型耐水蚀材料的不断研制,使热喷涂技术在增强汽轮机叶片抗水蚀性能的应用中更为广泛。

爆炸喷涂是利用可燃气体爆炸产生的爆轰波对喷涂粒子加热、加速,并沉积在基体表面以形成涂层,涂层的结合强度和硬度高,耐磨性好,孔隙率低,是当前热喷涂领域内最高的技术。但由于该技术的危险性高于其他热喷涂方法,设备及工艺研发难度大,目前仅美国和前苏联开发出商品化的爆炸喷涂装置。

超音速火焰喷涂是 1982 年 Browning Engineering Co. 发明的一种热喷涂技术。该技术采用火箭发动机的原理,即利用在燃烧室或特殊喷嘴中燃烧产生的高温高压燃气,将粉末送进火焰中产生熔化或半熔化的粒子,这些粒子高速撞击在基体表面上并沉积形成涂层。喷涂材料采用团聚烧结态 NiCr 金属陶瓷粉末和粉碎烧结态 WC - Co 金属陶瓷粉末,粉末的粒度分布范围为 $46\sim60~\mu m$。

超音速电弧喷涂(SWAS)是 20 世纪 90 年代后发展起来的一项新技术,它是通过将饱和的丙烷或者丙烯等活性气体与压缩空气在燃烧室按比例混合后,经过电火花塞点燃形成高速的焰流通过喷嘴,同时燃烧于丝材端部的电弧将均匀送进的丝材熔化为粒度细小、分布均匀的粒子(粒子的绝对速度超过音速)喷向基体表面以形成涂层。

(7)激光表面熔覆。激光表面熔覆是将具有某种特性(耐磨、耐热、耐蚀等)的合金预制粉末涂覆于金属工件表面,或者在激光处理的同时喷于激光处理区,使之在激光作用下熔化、扩展并凝固,与基体以冶金方式结合形成性能优良的表面覆盖层。作为一种新的局部加覆盖层的方法,激光熔覆可以替代目前的镶嵌司太立合金片、热喷涂、堆焊等表面处理技术,适合于中、大功率机组各种材料叶片的水蚀防护。

6.2.2　镶嵌司太立合金护条

镶嵌司太立合金护条是指在叶片进汽边通过钎焊等工艺来提高叶片表面局部的抗水蚀能力,是目前防止动叶水蚀采用的最普遍方法。司太立合金(Stellite)是钨铬钴三元合金,具有较高的硬度(洛氏硬度可达 RC=40)和较好的韧性,水滴撞击时变形量小,抗水蚀冲刷性能最好,即使出现严重的水蚀,也可以更换新的合金片,非常适合叶片的工作条件。

通常,当蒸汽湿度较大(~12%),叶片线速度大于 400 m/s 时,多采用镶嵌司太立合金护条的防水蚀方法。镶嵌司太立合金片的工艺主要有高频钎焊司太立短合金片、氩弧焊短/长司太立合金片以及电子束焊等。如图 6-23 所示,镶嵌位置在动叶顶部进汽边,合金片长度约是叶高的 1/3。

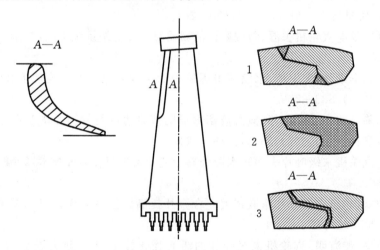

图 6-23　动叶顶部镶嵌/堆焊司太立合金护条示意图

6.2.3　高性能抗侵蚀材料

为了保证低压动叶片的正常工作寿命,对湿度较高的汽轮机级,可选择抗侵蚀性能良好的高合金钢来加工动叶片,这样即使经过水滴的长期冲击也不会危及叶片的安全运行。

本章参考文献

[1]MOORE M J,SIEVERDING C H. 透平和分离器中的双相流[M]. 蔡颐年,译. 北京:机械工业出版社,1983.

[2]CHRISTIE D G,HAYWARD G W. Observation of events leading to the formation of water drops which cause turbine blade erosion[J]. Philosophical Transactions of the Royal Society of London. Series A, Mathematical and Physical Sciences,2014,260(1110):182-192.

[3]杨宝海,朱恂,王宏,等.不同直径液滴撞击亲水壁面动态特性实验研究[J].工程热物理学报,2014,35(1):91-94.

[4]叶林,陈国星,胡金力,等.DS 和 HVOF 法制备防水蚀功能涂层的对比研究[J].热喷涂技术,2013,5(1):38-41.

[5]金建国,姜铁骝,曹丽华,等.大型汽轮机组末级动叶出汽边水蚀的研究与分析[J].汽轮机技术,2011,53(3):199-201.

[6]刘青国.核电汽轮机去湿、防侵腐蚀的新研究[J].电站系统工程,2010,26(2):47-48.

[7]权生林,李维仲,朱卫英.水滴撞击固体表面实验研究[J].大连理工大学学报,2009,49(6):832-836.

[8]崔洁,陈雪莉,王辅臣,等.撞击液滴形成的液膜边缘特性[J].华东理工大学学报(自然科学版),2009,35(6):819-824.

[9]胡平.汽轮机末级叶片表面防水蚀处理工艺及发展[J].表面技术,2008,37(6):78-80.

[10]文黎.汽轮机末级叶片镶嵌司太立合金片提高耐蚀性的探讨[J].天津电力技术,2006(2):38-39,45.

[11]姚建华,赖海明.汽轮机末级叶片的激光强化技术[J].热力透平,2006,35(1):58-61.

[12]施红辉.高速液体撞击下固体材料内的应力波传播[J].中国科学,2004,34(5):577-590.

[13]戴丽萍,俞茂铮,徐玉平.汽轮机末级动叶片出口边水蚀特性及疲劳裂纹扩展的研究[J].2004,46(6):437-443.

[14]张荻,谢永慧.动叶水蚀疲劳寿命分析模型的研究[J].中国电机工程学报,2004,24(10):189-192.

[15]BYEONG-EUN L, KAP-JONG R, SE-HYUN S, et al. Development of a

water droplet erosion model for large steam turbine blades[J]. KSME international journal,2003,17(1):114 - 121.

[16]谢国胜,尹志民,丁辉,等.汽轮机末级叶片抗水蚀纳米涂层的设计与制备[J]. 材料工程,2003(10):37 - 39.

[17]卢国辉,潘振鹏,曾鹏,等.美国与乌克兰爆炸喷涂装置的结构与特点[J].新技术新工艺,2000(5):35 - 37.

[18]STEPHANE J,CAROLE G,PIERRE G,et al. Image analysis of corrosion pit damage[J]. Optical Engineering,1999,38(8):1312 - 1318.

[19]DEHOUVE J, NARDIN P, ZEGHMATI M. Erosion study of final stage blading of low pressure steam turbines[J]. Applied Surface Science,1999,144: 238 - 243.

[20]施红辉,俞茂铮,蔡颐年.汽轮机低压级动叶片的水蚀机理及水蚀准则[J].热力发电,1990(4):29 - 34.

第7章 汽轮机的除湿技术

材料的表面抗蚀技术虽然能够在一定程度上减缓动叶的水蚀过程,但却无法完全避免水蚀的发生,因此,在汽轮机设计和加工过程中就需要联合采取各种侵蚀防护措施。

汽轮机的除湿技术可以细分为几种类型。按除湿方法分:分离法、汽化法、增湿分离法。按除湿装置分:一类是为了排除叶栅通道中可能造成叶片水蚀损伤的整体自由水而设计的;一类是为了排除湿蒸汽中的水滴和自由水而设计的水分离器。按除湿位置分:内部除湿和外部除湿。按除湿部件分:疏水槽、静叶除湿(包括缝隙抽吸、内部加热、缝隙吹扫、吹扫与加热的组合方式)、动叶除湿、汽水分离器、专门的除湿级等。

7.1 内部除湿技术

内部除湿是根据汽轮机内水相演变过程中的形态及运动特性,在汽缸内部采取的各种水分离措施。自 20 世纪 50 年代以来,前苏联、英国、美国、日本、波兰、捷克和德国等国家都在积极地开展汽轮机内部除湿方面的研究,并且将研究成果应用到大功率机组中。目前,在汽轮机内部采用的除湿装置主要有以下几种。

7.1.1 疏水槽

疏水槽也称为疏水环,它是设置在汽缸内的除湿装置,通常位于湿蒸汽级静叶栅的下游(见图 7-1)和动叶栅的下游(见图 7-2)。静叶后的疏水槽是利用水滴的径向运动特性捕获进入疏水槽中的水滴以及静叶顶部壁面的流动水分;动叶后的疏水槽是利用旋转动叶的离心力作用使沉积的水分径向甩入疏水槽中并收集起来。为了节省循环工质,疏水槽将收集到的凝结水连同抽出的蒸汽一起排往凝汽器中。这种措施是汽轮机制造厂商通常采用的方法。

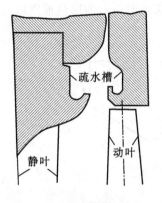

图 7-1 静叶后的疏水槽

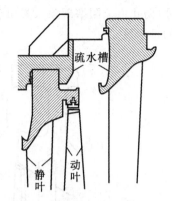

图 7-2 动叶后的疏水槽

另外还有一些类似疏水槽的措施,如在静叶和动叶之间或者在静叶隔板外环设置的疏水孔。静、动叶间的疏水孔(见图 7-3)穿过动叶顶部的汽封环,可将水分抽除到机组最后一级抽汽口中。静叶隔板外环上的疏水孔(见图 7-4),可以将累积在隔板外环和静叶表面上的水分在其重新落入汽流中之前抽除掉,并通过内缸壁上的孔口送至排汽压力区域。在排汽导流环和低压内缸结合的垂直法兰面处留有 5 mm 间隙(见图 7-4),可以去除末级静、动叶之间的水分。

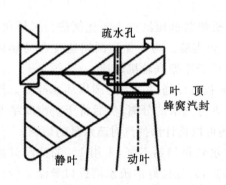

图 7-3 静叶和动叶间疏水孔

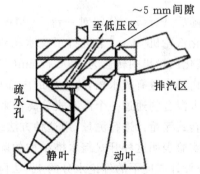

图 7-4 静叶隔板外环上的疏水孔

为了验证疏水槽的实用效果,Persons 公司早在 20 世纪 60 年代就对 Stella 电站的一台已运行 23 年的 60 MW 汽轮机进行了测量。疏水槽位于双排汽低压缸次末级动叶栅之后,结构如图 7-5 所示,动叶的出汽边超出疏水槽进口边的距离达到叶片轴向宽度的 29%。通常也利用占总流量 1%~2% 的抽汽量来改进疏水效果。为了阻止抽出的凝结水流经孔口后由于静压的下降而突然汽化,在疏水槽和凝汽器之间的水封圈底部装有调节孔板。研究发现:当负荷为 66 MW、局部平衡湿度为 11% 时,设计的疏水槽只能抽出理论水分的 3%。通过增大疏水管径和调节孔板尺寸（防止汽流阻塞现象）、关闭疏水槽前面的回热抽汽口等措施也未能提高疏水槽的排水量。

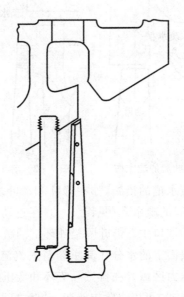

图 7 - 5　Stella 电厂 60 MW 汽轮机次末级后的疏水槽

　　随后，Persons 公司对一台 50 MW 机组的低压缸按 1/3 比例进行了模化，并在模化汽轮机"Bess"上进行了疏水槽性能实验。为了保证圆周速度和马赫数相同，模化汽轮机的转速为 9000 r/min（三倍于原型汽轮机转速）。如图 7 - 6 所示，汽缸内部布置有疏水槽，疏水槽的内部形状可以通过适当的圆周环而改变。排出的汽水混合物通过一个离心式分离器来进行汽水的分离，然后将干蒸汽凝结并通往旋转式流量计进行测量，用这种方法还可以估计出抽汽对疏水量的影响。

　　实验表明这种开式疏水槽结构的除水效果仍然不好，采用 1％ 的抽汽只能将 7.7％ 设计湿度下的理论水分的 1％ 去除掉，而且最好的疏水槽进口导流结构也只能将除水量提高到 1.8％。除水能力低下的原因大概是沉积在动叶压力面的水滴数目占总水滴数目的比重很小，因为按照一元理论计算的末级进口处的水滴直径约为 18 μm，这样小的水珠只有不到 5％ 能沉积下来。

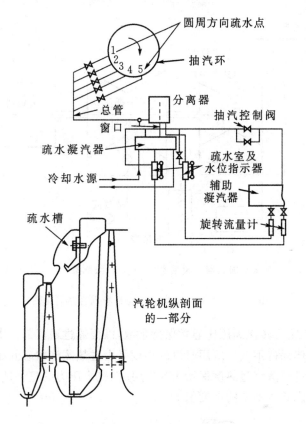

图 7 - 6　模拟低压汽轮机疏水槽性能实验装置

　　对高压汽轮机除湿问题的关注是从为沸水堆(BWR)和压水堆(PWR)大功率核电机组除湿时开始的。与现代化石燃料火电站循环相比,核电站循环中的蒸汽总熔降较小,因而核电汽轮机通常只分为高压和低压两个汽缸。图 7 - 7 是 Pickering 核电站汽轮机蒸汽管路示意图,新蒸汽进入高压汽轮机膨胀作功后排出,排汽压力为 0.525 MPa;随后蒸汽由输汽管通过水分离器和再热器(由新蒸汽加热)以过热蒸汽状态进入三个双流程低压缸。高压汽轮机排汽的平衡状态湿度可达约 12%,这足以造成高压末级叶片的水蚀危险。

　　Parsons 公司对一台汽轮机"Inveresk"进行了改造,并在汽缸内装入各种形式的疏水槽,用于研究高压汽轮机内不同结构疏水槽的疏水效果。为了能够计算疏水前的平衡状态湿度并保持疏水槽附近的气动条件不变,将疏水槽下游除第一级以外的各级静叶栅全部拆除(见图 7 - 8)。为了确定抽汽量对疏水率的影响,将抽出的汽水混合物依次通过一个离心式 Weber 分离器和一个 1 μm 网筛分离器(见图 7 - 9),然后再测量干蒸汽的凝结量。

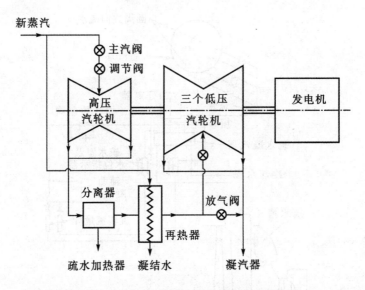

图 7 - 7　Pickering 电站汽轮机蒸汽管路简化图

　　试验时,汽轮机转速和压比通常保持常数,以便通过通流部分中的绝热焓降和平均速比都大体保持不变。所用蒸汽的湿度是由过热蒸汽状态开始膨胀作功后自然形成的。当进口蒸汽过热度保持为 8 ℃时,在疏水压力的整个试验范围内,可以获得疏水槽之前基本不变的湿度值 6%。

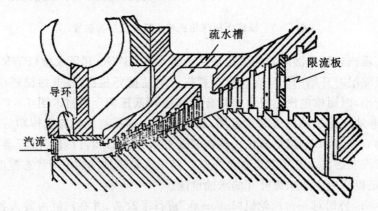

图 7 - 8　实验汽轮机部分纵剖面图

　　图 7 - 10 是两种压力下的抽汽量对疏水效率的影响规律。图中的抽汽量是指经过外部水分离器之后的蒸汽凝结量与汽轮机进口总蒸汽流量的百分比;疏水效率是每一个疏水槽所排出的水分与疏水槽之前蒸汽的平衡状态理论水分的百分比。当抽汽

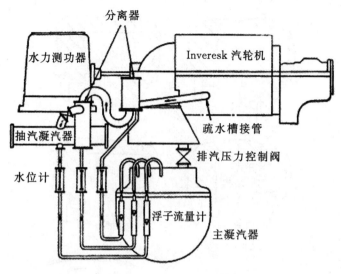

图 7 - 9　Inveresk 汽轮机上的汽缸疏水布置

量从 0％增加到 5％时,常规开式疏水槽在 0.12 MPa 压力下的疏水效率从 23％提高到 30％,但在 0.27 MPa 压力下的两个疏水效率则分别下降到 16％和 23％。为了提高疏水槽的排水效果,尝试将疏水槽宽度从叶片高度的 50％减小到 20％,但结果并不理想。同样,采用钩形截面结构(见图 7 - 11)的疏水效果也不理想。

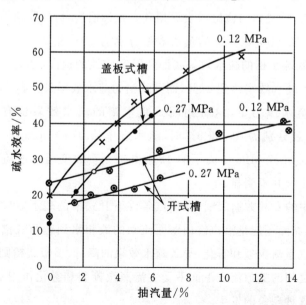

图 7 - 10　Inveresk 汽轮机疏水槽抽汽量对疏水效率的影响(两种压力,开式槽和盖板式槽)

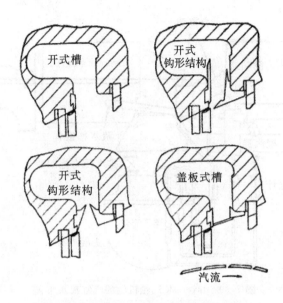

图 7 - 11　Inveresk 汽轮机的疏水槽布置方式

　　经过多次的改进,最终发现一种采用多隙盖板的封闭性疏水槽结构的疏水效果是最好的。在这种结构中,疏水槽由许多沿圆周均匀分布的彼此之间形成轴向疏水的钢板遮盖,使槽口与汽缸内表面相齐。在不抽汽时,这种结构的疏水效率低于开式槽(如 0.12 MPa 压力下的疏水效率分别为 20％和 23％)。但当抽汽量超过 1％时,盖板式疏水槽的疏水效果就得到了实质性的提高(如在 0.12 MPa 压力下,5％抽汽量的疏水效率达到 46％,而开式槽的疏水效率只有 30％)。

　　在较高的疏水压力下,这种封闭式疏水槽的疏水效果也有所降低(见图 7 - 10),当抽汽量分别为 0％和 5％时,疏水效率从 0.12 MPa 压力下的 20％和 46％分别下降到 0.27 MPa 压力下的 12％和 38％。改变疏水槽盖板的具体结构对疏水效果的影响并不明显。

　　图 7 - 10 中的实验数据表明:在抽汽条件下开式槽的疏水效果低于盖板式槽的疏水效果,其原因可能是沿汽缸内壁面流动的液相水到达开式槽进口处的尖角时会被主流蒸汽重新撕裂和雾化,导致疏水效果的降低;盖板式槽则由于抽汽使液相水通过盖板之间的缝隙流入下面不受主流蒸汽撕裂和雾化作用的空间,从而在进口处避免了这种现象的发生。

　　由于疏水槽的疏水效果在较高压力下会严重下降,为进一步获得疏水效果与疏水压力之间的关系,在一台高压湿蒸汽汽轮机 Mary 号上进行了同样的实验研究(见图 7-12)。试验结果如图 7-13 和图 7-14 所示,图中也给出了在 Inveresk 号和 Pickering 号上的试验结果。可以看出,与 Inveresk 号的试验结果相比,开式槽的疏水效果在不抽汽时为 17%,下降了 2 个百分点;在 5% 抽汽量时为 28%,上升了 2 个百分点。在对数坐标上,随着疏水压力的升高,疏水效率线性减小。在 Mary 号上的实验结果则显示出盖板式槽的疏水效果与压力无关,在 0.2 MPa 下的疏水效率分别为 5%(无抽汽)和 17%(5% 抽汽)。显然,不管是否抽汽,Mary 号上的疏水效果均低于 Inveresk 号的 15%(无抽汽)和 41%(5% 抽汽)的疏水效果。

对较高压力下疏水效果降低现象的解释是,由于高压主流蒸汽的密度大,与低压主流蒸汽相比,能将更多一部分来自动叶的水分从汽缸内壁表面撕裂夹带而去,所以汽缸内壁上的真正被排除的水分所占的比例就有所减小了。但这种理论很难解释盖板式槽的实验结果。

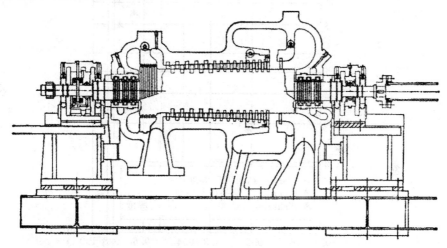

图 7-12　Mary 号高压实验汽轮机纵剖面图

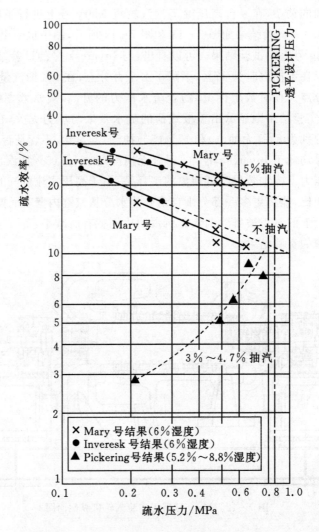

图 7-13　压力及抽汽对开式槽疏水效率的影响

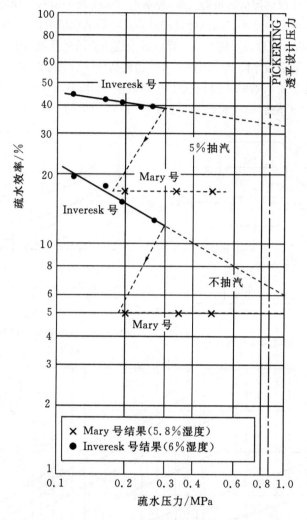

图 7 - 14　压力及抽汽对盖板式槽疏水效率的影响

　　另外,其他一些汽轮机制造商和学者对疏水槽的性能也进行了多方面的研究,获得了许多研究成果。Hofer 等人发明了一种新的捕获水滴的疏水槽并申请了专利,其疏水效率可达到 10%~20%。莫斯科动力学院建议按下列准则来设计通流间隙等尺寸(见图 7 - 15):

$\Delta B_1 / B_2 \approx 0.07$

$\Delta B_2 / B_2 \approx 0.1$

$\Delta S_2 / l_2 \approx 0.07 - 0.15$(对于 l_2 较小的级,取较大值)

$\Delta S_1 / l_2 \approx 0.05$, $\Delta h = 0$

　　但有些资料建议间隙应尽可能大些,腔室进口尽可能平滑些。动叶片端部应该是部分敞开的,Δh 应尽可能小。从动叶片进口到动叶后疏水槽的轴向间距应为 $(0.28 \sim 0.33)l_2$,大值对应于宽度较小的叶片。动叶进汽边一侧的敞开值 ΔB_1 可取为 $(0.10 \sim 0.15)B_2$,在不引起级效率降低的前提下可明显提高导叶后的除湿效果。

　　GE 公司认为疏水效率主要取决于初始湿度 y_0 和蒸汽压力 p_0(见图 7-16)。日本学者则给出了他们的实验结果(见图 7-17),图中的 d/l 为径高比。

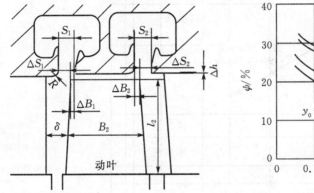

图 7-15　疏水槽结构与参数示意图

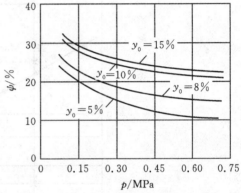

图 7-16　疏水效率与初始湿度和压力
　　　　　的关系(GE 公司)

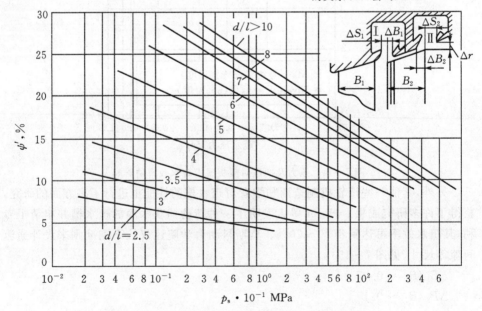

图 7-17　疏水效率与饱和蒸汽压力的关系曲线

国外主要汽轮机厂采用的疏水槽装置如图 7 - 18 所示,这些结构被采用在动叶圆周速度不大于 400 m/s 的级中。实际结果表明:图中的(c)、(g)、(j)结构的除湿效果不大,除湿率不大于 3%;其他结构在平均湿度为 5%~8% 的情况下,除湿率不大于 10%。

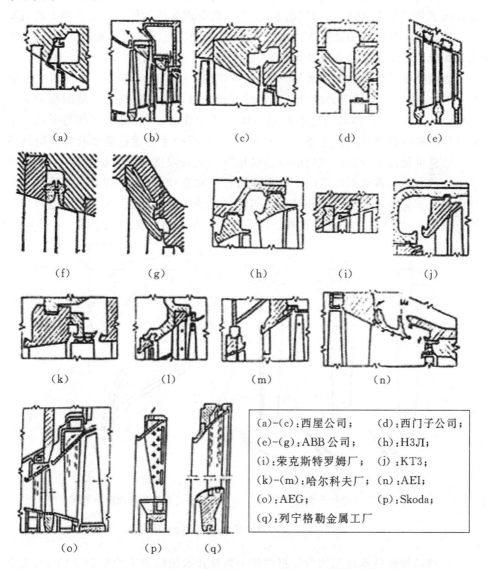

(a)	(b)	(c)	(d)	(e)
(f)	(g)	(h)	(i)	(j)
(k)	(l)	(m)	(n)	
(o)	(p)	(q)		

(a)-(c):西屋公司;	(d):西门子公司;
(e)-(g):ABB 公司;	(h):Н3Л;
(i):荣克斯特罗姆厂;	(j):KT3;
(k)-(m):哈尔科夫厂;	(n):AEI;
(o):AEG;	(p):Skoda;
(q):列宁格勒金属工厂	

图 7 - 18 各国汽轮机制造厂采用的除湿装置结构

7.1.2　空心静叶缝隙抽吸

由于疏水槽的除湿效果有限,当叶片的侵蚀系数 $E > 8\ \mathrm{m^4/(s \cdot kg)}$ 时,就必须采取其他的除湿防水蚀措施。既然动叶的水蚀起因于静叶出汽边的水膜撕裂及雾化形成的质量大、速度低的二次水滴,人们就有理由认为将具有危害潜力的流动水分通过空心静叶缝隙抽吸方式来去除掉,从根源上杜绝二次水滴的产生,其防水蚀效果应该比疏水槽装置更加优越。

缝隙抽吸是静叶除湿方法的一种,基本思路就是将低压静叶片加工成空心结构,并在叶片压力面或吸力面合适位置处开设一条或几条连续或间断的径向缝隙(见图 7-19(a)),将静叶的空心腔室与凝汽器相联通,利用静叶表面与凝汽器之间的压差抽吸掉静叶表面上流动的水分,并将抽吸的水分通过疏水孔排向凝汽器中。这样可使流出叶片出汽边的凝结水量降到最低限度,从而减少静叶出汽边由于水膜的撕裂及雾化而形成的二次水滴的数目和直径,降低水滴对后面动叶的侵蚀作用。如果在静叶压力面和吸力面同时开设抽吸缝隙的话,为了避免通过静叶的汽流短路,两条缝隙必须开设在表面压力水平相同的位置上(见图 7-19(b))。

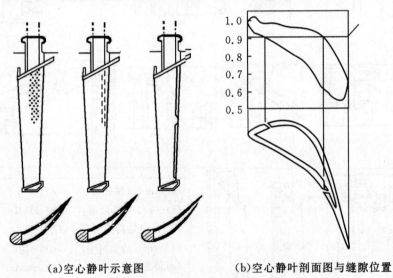

　　　(a)空心静叶示意图　　　　　　　　(b)空心静叶剖面图与缝隙位置

图 7-19　空心静叶缝隙抽吸的除湿结构

将缝隙抽吸技术应用到汽轮机中作为防叶片水蚀的方法始于 20 世纪六、七十年代,国内外许多研究机构以及汽轮机制造商对空心静叶的缝隙抽吸除湿进行了多方面研究,也已成功地将缝隙抽吸除湿技术应用于大功率火电和核电汽轮机中,如美国 GE,西德 AEG、法国 Alstom、捷克 Skoda、英国 GEC-AEI 和日本东芝等公司。

　　G. C. Gardner 研究了水滴在静叶表面的扩散、Brownian 热运动和撞击三种沉积机理,认为通过抽吸缝隙去除表面水分是防止叶片水蚀的有效方法。英国中央电力局的 Moore 等人根据初步叶栅试验结果,认为位于空心静叶出汽边压力面的缝隙是最有效的,1% 的抽汽就可以产生空心静叶内部疏水所需的压差,缝隙的除湿效果与缝隙位置、大小以及形状有关。I. I. Kirillov 等人也发现将抽吸缝隙开设在静叶出汽边压力面一侧的除湿效果很好,主张在静叶片进汽边周围增加几道缝隙以便获得最大的除湿效果,并将研究结果应用到 Ferrybridge 电站的 50 MW 的机组上。俄罗斯勃良斯克运输机械制造学院 P. M. Блоник 教授的研究结果表明压力面距出汽边不远处开设抽吸缝隙会有较好的效果。列宁格勒工学院对静叶前缘开设缝隙的试验表明:当叶栅前湿度为 3%~9% 时,除湿系数可达 6%~10%。

　　缝隙的除湿效果与缝隙位置、结构形状和尺寸、抽吸压比、静叶表面上水流特性、叶栅通道中气动特性以及转速等因素有关。图 7 - 20 所示的简单矩形缝隙形状的除湿效果是不好的,水分在脱流区积聚并穿过缝隙,抽吸过程会引起缝隙内部的高速及湍流现象。采用合理的缝隙形状(见图 7 - 21),则两侧的小压差可使汽轮机获得最大的除湿效果。

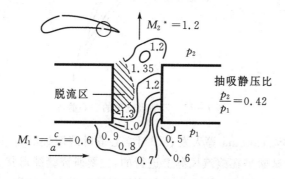

图 7 - 20　不合理形状抽吸缝隙内部的马赫数分布

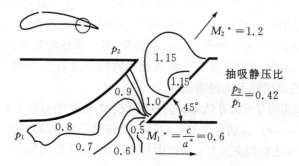

图 7 - 21　合理形状抽吸缝隙内部的马赫数分布

　　关于空心静叶缝隙抽吸除湿方面的研究成果还有很多,限于篇幅,难以全面介绍。下面将介绍一些数据较全的研究过程及结论。

　　美国的制造商最初采用了在静叶尾缘开设抽吸缝隙的结构形式(见图 7 - 22(a)),目的是通过尾缘的缝隙抽吸来防止大水滴的产生,但在实际机组中的应用并没有明显证据表明该结构有益于水蚀的防范。随后将缝隙开设在静叶压力面和吸力面上(见图 7 - 22(b)),并应用于 150 MW 机组的末级,运行实践表明动叶片的水蚀程度大大减轻。

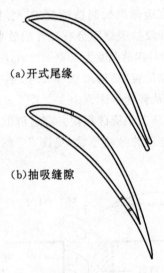

(a)开式尾缘

(b)抽吸缝隙

图 7 - 22　带抽吸缝隙的空心静叶

　　1991 年,日本 Tanuma 等人发表了对空心静叶缝隙抽吸有效性进行的系列试验研究。第一个试验是在蒸汽风洞上进行的,主要研究缝隙形状、位置以及抽吸压比对缝隙除水效率的影响。图 7 - 23 是蒸汽风洞实验台系统图。主蒸汽通过进口阀进入试验部分,并通过进、出口控制阀进行调节;主蒸汽温度由减温器喷水进行调节;抽出的湿蒸汽在凝汽器中被凝结成水;采用一个辅助真空泵与凝汽器联接来去除不凝结气体;利用电子秤测量供给水流量、凝汽器的冷却水流量以及抽吸的蒸汽流量。热电偶和压力表安装在试验系统不同的测量点上,并利用测量的温度值和压力值计算进出试验系统的焓值。

　　试验叶片采用的是全尺寸低压级空心静叶模型,缝隙的形状为平行缝隙和带阶梯缝隙两种(见图 7 - 24),分别位于静叶的压力面和吸力面,缝隙长度为 40 mm,宽度为1 mm,缝隙与叶片表面的夹角为 45°,叶片上的流动水膜采用人为供水方式。

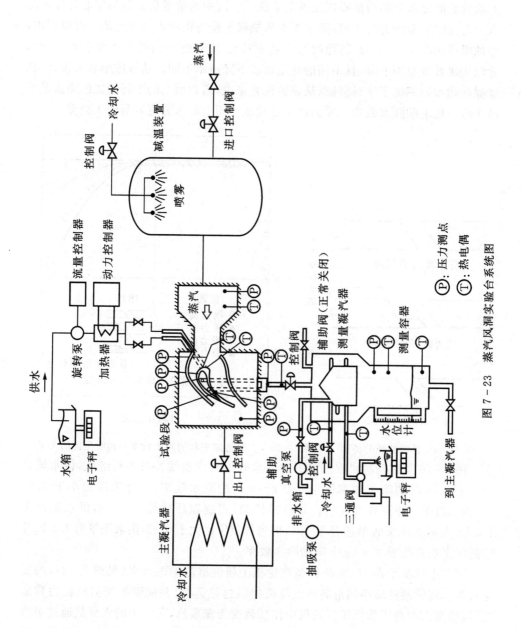

图 7 - 23　蒸汽风洞实验台系统图

图 7-25 是在供给水流速为 0.9 kg/h(与典型末级大致相同的条件)下,三种形状缝隙的除水效率与抽吸压比的关系曲线。图中的抽吸压比是指空心静叶内部压力与缝隙表面压力的比值,除水效率为抽吸水量与供给水量的比值。可以看出,当抽吸压比小于 0.92 时,缝隙的除水效率接近 1.0,而当抽吸压比大于 0.92 时,缝隙去水效率急剧下降,且不同的缝隙形状下降速率不同。从缝隙形状来说,阶梯缝隙的除水效率高于平行缝隙;从缝隙位置来说,压力面上的平行缝隙的除水效率高于吸力面上的除水效率。原因在于叶片压力面上的水分更容易流入缝隙。

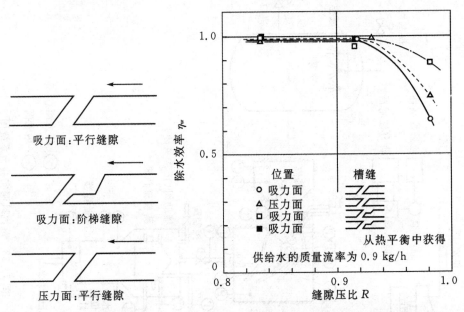

图 7-24　抽吸缝隙的类型　　图 7-25　三种缝隙形状的除水效率与抽吸压比的关系

图 7-26 是在两种供水流量下的除水效率对比曲线。对平行缝隙,供水流量为 1.8 kg/h 时的除水效率低于 0.9 kg/h 时的除水效率,当缝隙压比小于 0.92 时,除水效率保持在 0.9 左右。对阶梯缝隙,当缝隙压比低于 0.92,供水流量为 1.8 kg/h 时的除水效率接近于 1.0,但当抽吸压比大于 0.92,供水流量为 1.8 kg/h 时的除水效率低于 0.9 kg/h 时的除水效率。

第二个试验是在 10 MW 模型汽轮机上研究缝隙除湿效率(见图 7-27)的变化规律。锅炉通过转换阀给高压汽轮机提供过热蒸汽,并能够控制蒸汽压力和温度;过热蒸汽在高压和低压汽轮机中作功后变为湿蒸汽,蒸汽中的水分是通过蒸汽的自发凝结而产生的。图 7-28 是模型汽轮机低压末级静叶开设抽吸缝隙的示意图和测量系统。静叶栅中的所有静叶均为可拆卸的,方便一些具有不同类型抽吸缝隙的静叶能够安装在叶栅的任何位置。

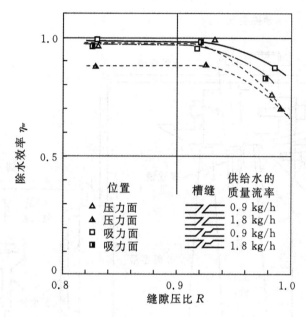

图 7 - 26　两种供水流量下的除水效率与抽吸压比的关系

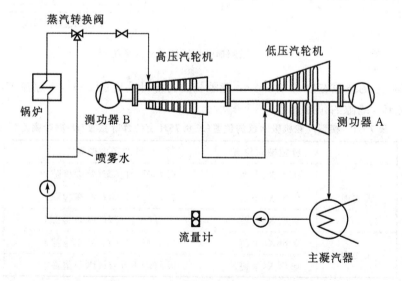

图 7 - 27　10 MW 模型汽轮机装置图

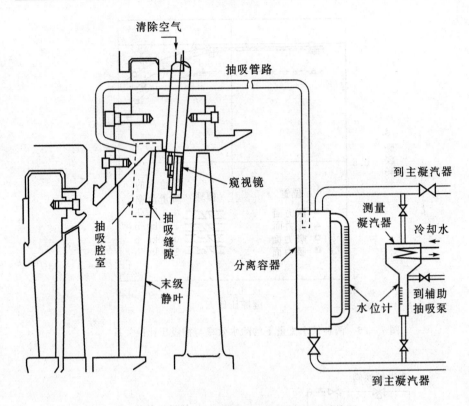

图 7-28　缝隙抽吸性能试验测量系统图

静叶上的缝隙宽度为 0.5 mm,缝隙长度为静叶高度的 25%,缝隙流道与叶片表面成 45°,缝隙的位置如表 7-1 所示。

表 7-1　模型汽轮机吸水缝的位置(X:0.75H 上的静叶弦长;H:静叶高度)

	缝隙轴向位置	缝隙径向位置
吸力面	0.07X(上游)	0.75H~1.0H(叶端缝隙)
	0.69X(下游)	0.75H~1.0H(叶端缝隙)
	0.69X(下游)	0.5H~0.75H(PCD 缝隙)
压力面	0.66X(下游)	0.75H~1.0H(叶端缝隙)
	0.66X(下游)	0.5H~0.75H(PCD 缝隙)

图 7-29 是空心静叶缝隙的除湿效率与缝隙位置的试验结果。在模型汽轮机末级进口湿度为 3%~10% 的条件下,压力面和吸力面上的叶端缝隙总除湿效率约为 0.12,PCD 缝隙约为 0.1;压力面的缝隙除湿效率约为吸力面缝隙除湿效率的 2 倍,原因当然是压力面上的水滴沉积量远大于吸力面上的沉积量。

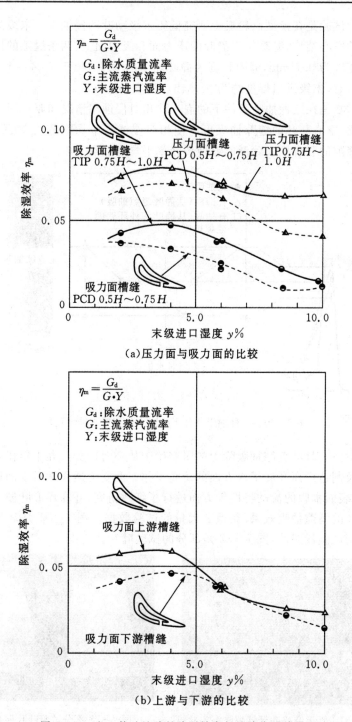

（a）压力面与吸力面的比较

（b）上游与下游的比较

图 7 - 29 空心静叶缝隙的除湿效率与缝隙位置关系

第三个试验是在模型汽轮机上研究低压末级动叶的侵蚀率。末级静叶为开设抽吸缝隙的空心结构,缝隙位于静叶的压力面和吸力面上,两条缝隙的进口压力相等。缝隙宽度为 0.7 mm,缝隙长度为静叶高度的 30%,位于 70%～100%的叶片高度。试验时,末级进口湿度约为 6%,出口湿度约为 9%。

图 7-30 是在三种抽吸条件下的嵌入件相对侵蚀率情况和照片图。与没有抽吸情况相比,空心静叶的缝隙抽吸可以使相对侵蚀率平均降低约 50%,而静叶和外环壁面缝隙的联合抽吸除湿能够使侵蚀率平均降低约 80%。

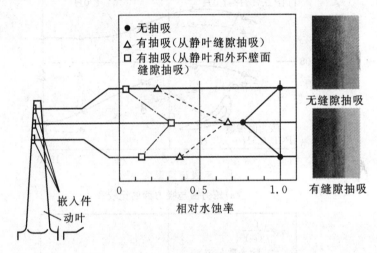

图 7-30　三种抽吸条件下的嵌入件相对水蚀率比较

国内对空心静叶缝隙抽吸除湿的研究始于从 20 世纪八、九十年代,许多高校、研究机构及制造厂商开展了这方面的研究工作。西安交通大学对水滴运动与沉积特性、静叶表面水膜的流动特性等方面进行了细致研究,并在环形叶栅上试验研究了空心静叶的缝隙抽吸效果,获得了大量的试验数据。图 7-31 是环形空心叶栅缝隙除湿的试验段照片,图 7-32 是部分的试验叶片。

图 7-31　环形空心叶栅缝隙除湿实验段

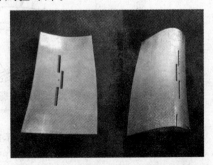

图 7-32　部分试验叶片照片图

图 7-33 是空心静叶缝隙的除水效率与抽吸压差以及水膜流量的关系曲线。抽吸压差是指缝隙进口压力与叶片内部压力的差值,缝隙除水效率是指缝隙抽吸掉的水质量流量与静叶表面上总水膜质量流量的比值。可以看出,随着抽吸压差的增大,除水效率很快增大;当抽吸压差增大到约 10 kPa(抽吸压比为 0.896)时,除水效率的增大趋于平缓;当抽吸压差增大到约 17.64 kPa(抽吸压比为 0.816)时,除水效率增大很小。所有试验结果均表明:不同条件下的缝隙除水效率随抽吸压比的变化趋势是相同的。显然,过大的抽吸压差不会使除水效率明显增大,还会导致缝隙的抽汽量增大,严重影响了叶栅主蒸汽的流动特性。因此,较为理想的缝隙抽吸压比范围约为 0.83~0.90 kPa。

从图 7-33 还可以看出,随着叶片表面水膜流量 G 的增大,缝隙除水效率也是增大的,但增大幅度越来越小。可以预料,当水膜流量继续增大到某一数值,缝隙抽吸掉的水量达到最大值,如果继续增大水膜流量,此时缝隙抽吸掉的绝对水量将不再增加,但抽吸水量占水膜流量的份额会越来越小,即表现为除水效率随水膜流量的增大而降低。

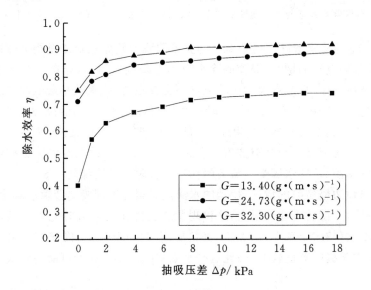

图 7-33　缝隙除水效率与抽吸压差、水膜流量的关系曲线($\Delta= 1$ mm,$U_e= 80$ m/s,$\alpha= 45°$)

主流速度对缝隙除水效率的影响表现在两个方面,一是速度增大导致作用在水膜上的切应力增大,使流动水膜的厚度变薄,有利于缝隙的抽吸;二是气流切应力的增大使水膜的运动速度增大,因而越过缝隙的可能性增大;另外,较大气流切应力可能导致水膜的破裂形成溪状流,使缝隙的除水效率降低。两个方面影响的综合效果是缝隙的除水效率随主流速度的增大而降低(见图 7 - 34)。

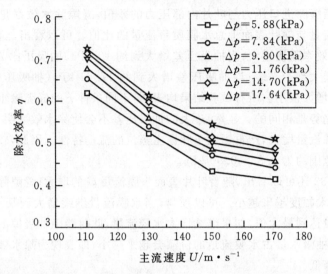

图 7 - 34　缝隙除水效率与气流速度的关系曲线($\alpha=45°,\Delta=1.0$ mm,$G=48.52$ g/(m·s))

　　图 7 - 35 是除水效率与缝隙宽度的关系曲线。缝隙宽度 Δ 是指缝隙两壁面的间距,随着缝隙宽度的增大,缝隙的除水效率先降低后增大,存在一个除水效率最低的缝隙宽度,这一现象在其他试验条件下也存在,但除水效率最低时的缝隙宽度略有不同(约为 2.0～2.5 mm)。试验过程中可以观察到,当缝隙宽度为 1.0 mm时,缝隙进口处的水分呈连续膜状流动,部分水和气流被抽吸掉,另一部分水分则越过缝隙向下游流动。当缝隙宽度增大到 2.0～2.5 mm 时,在缝隙进口处产生出直径较大的水滴,这些水滴受气流力的作用在缝隙前端边缘处不断摆动,类似于水膜在静叶出口边撕裂时的情况,摆动的水滴经过很短时间脱离缝隙前端边缘,越过缝隙流向叶片下游的可能性很大,这种现象在缝隙角度较大时尤为严重。当缝隙宽度继续增大(约大于 3.0 mm))时,在缝隙进口前端边缘处同样产生出直径较大的水滴,但由于缝隙宽度较大,因此这些水滴被缝隙抽吸掉的可能性较大。

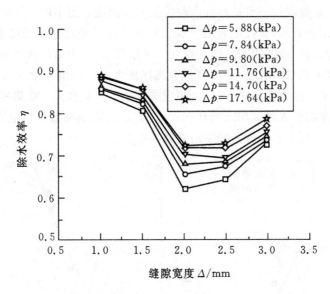

图 7 - 35   缝隙除水效率与缝隙宽度的关系曲线($\alpha=45°$,$U=110$ m/s,$G=48.52$ g/(m・s))

缝隙角度 α 是缝隙中心线与缝隙进口处叶片表面切线的夹角。图 7 - 36 是缝隙除水效率与缝隙角度的关系曲线。随着缝隙角度的增大,缝隙除水效率急剧下降。当缝隙角度从 45°增大到 90°时,除水效率降低约 50%。显然,较小的缝隙角度避免了气流和水膜流动的突然转向,有利于缝隙的抽吸;而较大的缝隙角度在缝隙进口处易产生类似于水膜撕裂的现象,导致缝隙除水性能的下降。

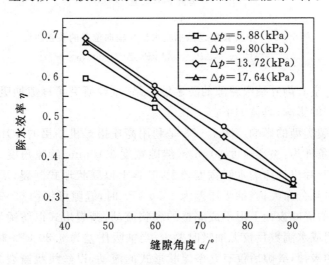

图 7 - 36   缝隙除水效率与缝隙角度的关系曲线($\Delta=1$ mm,$U=140$ m/s,$G=32.30$ g/(m・s))

　　图 7-37 是缝隙抽吸水量与轴向位置的关系曲线。图中横坐标是缝隙相对位置（内弧位置用＋表示，背弧位置用－表示），纵坐标是单位长度的缝隙抽吸水量；方形点是测量数据；细实线则是拟和曲线。可以看出，压力面的缝隙抽吸水量要大于吸力面上缝隙的抽吸水量，这是因为水滴在压力面上的沉积量远大于吸力面的沉积量，造成压力面上的水膜流量大，相应缝隙抽吸水量也大。缝隙的位置越靠近叶片尾缘，缝隙前的水滴沉积区域和沉积量大，缝隙的抽吸量自然也大，其次是压力面的曲率也有利于水膜流入缝隙内而被抽吸掉。

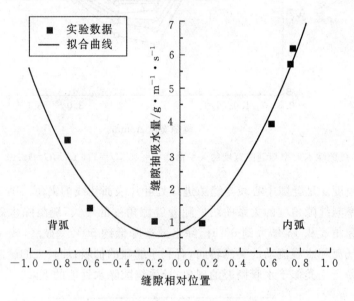

图 7-37　单位长度缝隙抽吸水量与轴向位置的关系曲线
($V=110$ m/s，$\Delta P=8.82$ kPa，$\Delta=1$ mm，$\alpha=45°$)

　　为了验证空心静叶抽吸缝隙的防水蚀效果，试验研究了缝隙抽吸对叶片尾缘水膜撕裂过程的影响，具体如下。

　　（1）对撕裂类型的影响。图 7-38 是利用高速摄影机拍摄的叶片尾缘水膜撕裂过程，试验条件为：主流速度 80 m/s、缝隙宽度 2.0 mm、缝隙角度 45°。无缝隙抽吸时，流出叶片出汽边的水膜宽度较大，基本上以膜状形式撕裂，形成的液团或大水滴数目多且分布大；当抽吸压差为 1.96 kPa 时，缝隙可将约 60％的水膜抽吸掉，缝隙之后的静叶表面上形不成完整的膜状流动，撕裂形式以纺锤形居多，而撕裂形成的液团或水滴数目较无抽吸时要少；当抽吸压差为 9.80 kPa 时，约 75％的水膜被缝隙抽吸掉，缝隙后仅有几条溪状形式的流动，以丝线状撕裂为主，撕裂形成的水滴数目更少且水滴直径更小。

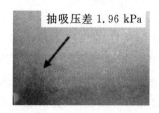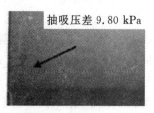

图 7 - 38　缝隙抽吸对静叶出汽边水膜撕裂类型的影响

（2）对撕裂周期的影响。试验过程中可以观察到，在缝隙之前的叶片表面上均匀流动着水膜，无缝隙抽吸时，从缝隙到叶片出汽边这段区域内，水膜也基本是均匀分布的；当缝隙抽吸时，叶片表面上的流动水膜大部分被缝隙抽吸掉，缝隙之后的区域水流量减少，已形不成完整连续的膜状流动，只有少量的溪状流动，这种现象将直接影响水膜在叶片尾缘的撕裂过程。

图 7 - 39 是在水膜流量为 24.73 g/(m·s)、抽吸压差为 9.80 kPa 试验条件下拍摄的一个完整水流撕裂过程。缝隙已将约 75% 的液膜抽吸掉，从缝隙到出汽边这段区域的叶片表面上只存在很少几条溪状的水流，溪状流的流量很小，流动宽度较膜状流也窄。因而叶片尾缘实际上是溪状流的撕裂，但撕裂过程和特征仍然明显。在 $t = 8.0$ ms 之前，叶片出汽边的液块不断聚集；在 $t = 8.0 \sim 12.0$ ms 中，出汽边外的溪流不断伸长；在 $t = 12.0$ ms 时，溪流发生破裂；随后剩余的液块脱离叶片。至此，一个完整的撕裂过程结束，该撕裂周期大约为 30.25 ms。溪状流的撕裂周期比膜状流的撕裂周期小约 25%，撕裂过程中伸出叶片出口边的长度也小于膜状流的伸出长度。

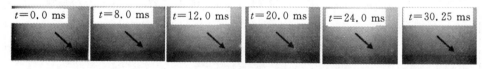

图 7 - 39　液膜的撕裂周期

（3）对水滴二次雾化的影响。空心静叶缝隙可以抽吸掉大部分静叶表面上的流动水膜，大大减少了静叶尾迹区二次水滴的数量、水滴直径与分布。表 7 - 2 是利用 Malvern 粒度分析仪得到的静叶尾迹区二次水滴的直径分布范围及 Sauter 平均直径，图 7 - 40 是二次水滴的直径分布直方图和累计曲线。图中横坐标为水滴直径 d，单位为 μm；左边纵坐标为直径小于 d 的水滴体积占水滴总体积的百分比（即累计曲线的坐标），右边纵坐标为某一直径范围内的水滴体积占总体积的百分比（即水滴直方图的坐标）。

在无抽吸情况下，静叶尾迹区二次水滴的直径分布范围为 $5.80 \sim 362$ μm（见图 7 - 40(a)）；当抽吸压差为 17.64 kPa 时，缝隙将约 45% 的水分抽吸掉，静叶出汽边的撕裂及雾化形成的二次水滴直径分布范围为 $1.50 \sim 233$ μm（见图 7 - 40 (b)）。显然，缝隙抽吸使静叶尾迹区的二次水滴直径减小，分布范围变窄。在相同条件下，缝隙角度为 45°时的二次水滴直径及分布范围要小于缝隙角度为 90°时的情况。随着叶栅通道主流速度的增大，静叶出汽边的水膜或溪流撕裂形成的水滴直径减小，作用在水滴上的气动力明显增大，相应水滴二次破裂时的最大稳定水滴直径也减小，因而静叶尾迹区内形成的二次水滴直径也随着主流速度的增大而减小，且直径分布也变窄。

表 7 - 2　二次水滴直径分布范围和 Sauter 平均直径

[水膜流量 $G_L = 13.40$ g/(m · s)；缝隙宽度 $\Delta = 1.0$ mm]

气流速度/m · s^{-1}	缝隙角度/(°)	抽吸压差/kPa	直径分布范围/μm	Sauter 平均直径/μm
80	—	无缝隙抽吸	9.05 ～ 564.0	109.91
	45	5.88	7.80 ～ 313.0	80.70
		17.64	5.80 ～ 293.0	66.07
	90	5.88	12.1 ～ 526.0	108.77
		17.64	10.4 ～ 270.0	86.74
170	—	无缝隙抽吸	5.80 ～ 362.0	23.91
	45	5.88	1.50 ～ 233.0	22.03
		17.64	1.50 ～ 201.0	21.63
	90	5.88	1.50 ～ 270.0	22.86
		17.64	1.50 ～ 233.0	22.07

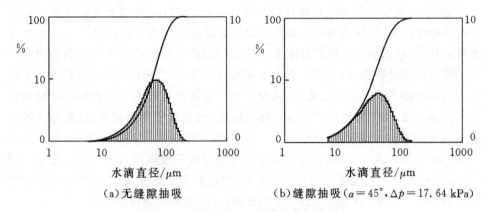

（a）无缝隙抽吸   （b）缝隙抽吸（$\alpha=45°$，$\Delta p=17.64$ kPa）

图 7-40 静叶尾迹区水滴的直径及分布

（缝隙宽度 1.0 mm；主流速度 170 m/s，水膜流量为 13.40 g/(m·s)）

  空心静叶缝隙抽吸是一种有效的除湿方法，如果设计合理，不仅可以减缓动叶水蚀，还可以减少大水滴所造成的摩擦和制动损失。在抽吸缝隙的结构设计时，压力面的缝隙应尽量靠近出汽边，吸力面的缝隙约在 0.3 相对叶宽位置，缝隙径向位置应在静叶上部的三分之一区域；缝隙角度应小于或等于 45°并带有过渡圆角；在满足静叶强度和刚度的条件下，需要避开对应除水效率最低时的缝隙宽度。

  合理的静叶除湿缝隙结构如图 7-41 所示，缝隙宽度可取 1.0～1.5 mm（水膜流量较小）或 3.0～3.5 mm（水膜流量较大），总之要避开对应除水效率最低时的缝隙宽度。如果需要在静叶的压力面和吸力面均开设缝隙，为保证缝隙都在合适位置并避免由于汽流压力不同而导致串流，空心静叶内部可以考虑加工成图 7-42 所示的结构。

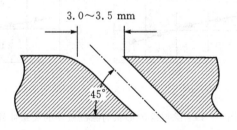

图 7-41 合理的除湿缝隙形状和尺寸

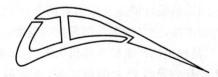

图 7-42 内弧和背弧均开设缝隙的空心静叶结构示意图

另外,上海发电设备成套设计研究所在一台 50 MW 机组上实验研究了空心静叶的除湿性能,同样表明压力面尾缘附近的缝隙除湿效果较好,1.5 mm 的缝隙宽度就够了;哈尔滨汽轮机厂有限责任公司(简称"哈汽")的王文丹等数值研究了缝隙附近的流动特点;哈尔滨工业大学和哈汽的韩万金、鞠凤鸣等人数值研究了带除湿缝隙叶栅的非平衡凝结流动,认为在叶片表面开设缝隙会显著影响叶栅内的非平衡凝结流动,使叶栅内的成核率峰值降低,成核过程更加稳定,且尾迹区的水滴平均直径减小,叶栅出口湿度下降。缝隙抽吸量越大,除湿效果越好,但引起流动效率的下降也越大,因此合理的抽吸量需要综合考虑除湿效果与流动效率。图 7-43 是应用较多的缝隙结构及除湿效率曲线图,图中的 q 和 q_m 分别为水膜中的通过抽吸缝隙的水量;Δp_1 为缝隙 I 的压降;Δp_i 为相应缝隙的压降。

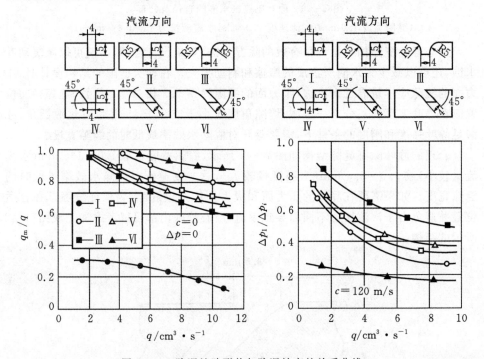

图 7-43　除湿缝隙形状与除湿效率的关系曲线

虽然缝隙抽吸可以有效去除静叶表面上的流动水膜,但也有学者认为叶片缝隙抽吸并不是解决水蚀问题的最好措施。原因有两个,一是叶片空腔与凝汽器的联接必然降低了叶片表面温度,使之低于外部蒸汽的温度,这会促进主蒸汽在叶片表面产生更多的凝结;二是在水蚀严重的汽轮机末级,饱和温度随压力的变化率非常大,很小的缝隙抽吸压差会导致较大的温度差,也提高了蒸汽在静叶表面的凝结。

7.1.3　空心静叶蒸汽加热

内部蒸汽加热是静叶除湿的另一种方式,该方式也是把低压静叶加工成空心结构,然后将高温蒸汽引入叶片内部腔室来加热静叶以提高叶片的表面温度,这样既可以阻碍蒸汽的凝结和降低水珠的沉积,又可以将撞击到静叶表面上的水滴在形成水膜或溪流之前就蒸发掉,使流出静叶出汽边的水量降到最低限度,从而减少静叶尾缘形成的二次水滴数目及直径,达到降低动叶的侵蚀程度的目的。

前苏联的莫斯科动力学院和列宁格勒工学院的实验研究证实了内部加热除湿的有效性。他们的研究结果表明,内部加热可以使被加热表面具有非浸润表面特性,静叶表面水膜趋于蒸发并减小静叶尾迹区的水滴尺寸,从而减轻动叶的水蚀侵害。其他发表的文献认为,叶片内部很少的加热量就可以阻止蒸汽在叶片表面的凝结,避免粗糙水滴在叶片表面的积聚。

从 1972 年以来,就已获得了有关末级空心静叶蒸汽加热除湿的运行经验。最初对蒸汽加热的除湿效果研究是在环形叶栅试验台上进行的(见图 7 - 44),试验叶栅由三个叶片组成,中间叶片为空心结构,用于蒸汽加热除湿效果的研究。通过叶栅流道的主蒸汽压力和温度可以根据试验需要进行调节,蒸汽中的水滴由试验叶片上游的一个喷嘴产生;另一股也可以改变压力和温度的蒸汽进入空心叶片内部作为加热蒸汽。在不同模拟运行工况下,研究者通过观察孔来观察被加热叶片表面的水流情况,也研究了为确保叶片表面完全干燥(即没有水分从叶片尾缘吹散出来)所需要的加热蒸汽和工作蒸汽之间的状态参数关系。

第一次将蒸汽加热静叶除湿方法是应用到 150 MW 再热机组上的,该机组的低压缸为双流程结构,末级动叶排汽面积为 8 m²,满负荷运行时的背压为 2.7 kPa,半负荷运行时的背压为 1.8 kPa。在低排汽压力(尤其是半负荷运行)下,机组低压缸末级动叶极易发生过度的侵蚀。为了比较缝隙抽吸与蒸汽加热这两种除湿方法的实际效果,在低压缸一个流程的末级静叶上采用了蒸汽加热除湿方法(见图 7 - 45),另一流程的末级静叶则采取缝隙抽吸除湿方法。在 150 MW 再热机组运行了 2240 小时(其中 64％的时间是部分负荷运行,36％的时间是满负荷运行)后,对机组进行了开缸检查和测量。图 7 - 46 是采用空心静叶缝隙抽吸方法的低压末级动叶水蚀情况,图 7 - 47 是采用空心静叶内部蒸汽加热方法的低压末级动叶水蚀情况。根据测量数据和叶片水蚀照片可以看出,在采用蒸汽加热方法的流程中,低压末级动叶的侵蚀显然轻微得多,这就表明空心静叶内部蒸汽加热方法的除湿防水蚀效果是显著的。

图 7 - 44　末级空心静叶试验台　　　图 7 - 45　150 MW 汽轮机的蒸汽加热
末级静叶上半环试验

图 7 - 46　采用缝隙抽吸方法的末级　　图 7 - 47　采用加热静叶方法的末级
侵蚀最重和最轻的动叶　　　　侵蚀最重和最轻的动叶

　　为进一步证实上述观点,一些学者对叶片内部加热的机理进行了多方面研究。
D. J. Ryley 等人在一个模拟试验台上研究叶片内部加热条件下的雾滴沉积特性,
探讨了热泳力对次微米雾滴沉积过程的影响。实验中采用空气作为试验工质,压
缩空气流过由 3 个全尺寸低压汽轮机叶片组成的试验叶栅通道,空心叶片内部加
热气体是由加热器提供的热空气。图 7 - 48 是空心加热叶片的示意图,每个叶片
有 4 个单流程加热通道,加热量基本保持在 600 W/m² 不变。试验粒子采用直径
范围为 0.05～0.25 μm 的荧光素。

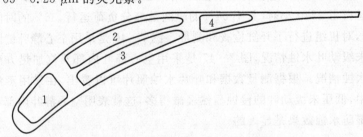

图 7 - 48　内部加热空心叶片示意图

　　图 7-49 是试验条件下的叶片表面温度分布。可以看出,从前缘到相对弦长 $x/c = 0.4$ 之间的表面温度是逐渐增大的,在 $x/c = 0.4$ 达到最大值(即最大加热位置),之后的温度逐渐降低并在尾缘趋于相等。

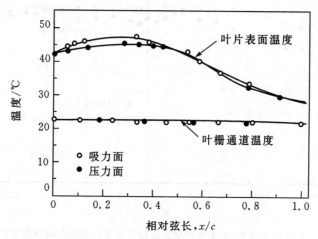

图 7-49　试验叶片的表面温度分布(主流速度 13.0 m/s,大气温度 21 ℃)

　　图 7-50 是根据相关理论计算的和试验获得的传热率在叶片表面的分布曲线。由于温度梯度对于热迁移速度的计算是非常重要的,因此图中的纵坐标以温度梯度对数值的形式给出。

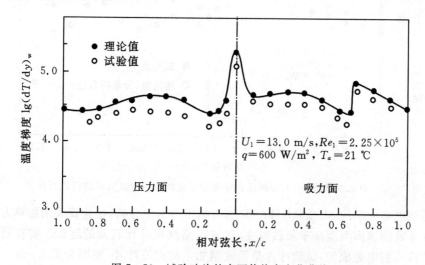

图 7-50　试验叶片的表面传热率变化曲线

　　在无加热和加热条件下,对比研究了粒子在叶片表面的沉积率分布,结果如图 7-51 和图 7-52 所示。显然,叶片内部加热引起的热迁移现象导致粒子在叶片表面的沉积率有较大降低,与无加热情况相比,内部加热可以使粒子在叶片表面的沉积率降低 30%~90%。

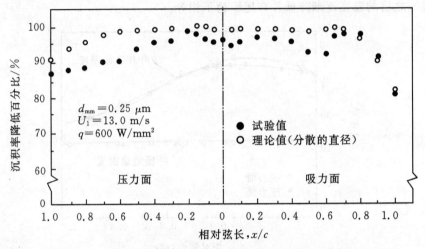

图 7 - 51　无加热条件下,由于热迁移导致粒子在叶片表面沉降率降低的百分比

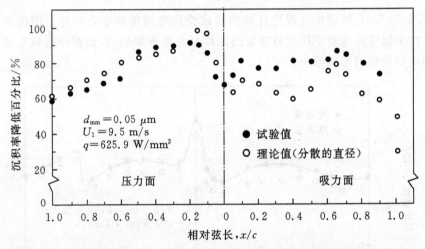

图 7 - 52　有加热条件下,由于热迁移导致粒子在叶片表面沉降率降低的百分比

英国巴斯大学的 M. S. AKHTAR 等人基于热力学分析,也建议采用加热方式使叶片各处的表面温度高于蒸汽温度,以减小蒸汽在叶片表面的凝结。实验研究是在蒸汽风洞中完成的,试验叶片是低碳钢加工的空心叶片,壁厚为 1.5 mm。图 7 - 53 是叶片内部蒸汽压力对叶片壁面温度的影响曲线。从图中可以看出热电偶测量的壁面温度与根据叶片内部蒸汽压力推导出的温度非常一致。

图 7 - 54 是叶片壁面与主蒸汽之间的温差对湿蒸汽和过热蒸汽凝结率的影

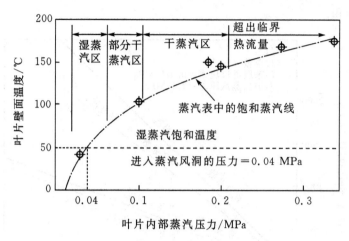

图 7-53　不同叶片内部蒸汽压力对叶片壁面温度的影响（试验值）

响。在小温差下,湿蒸汽中出现高的凝结率;随着温差的增大,凝结率急剧降低,且湿蒸汽与干蒸汽凝结率的差异逐渐消失。图中也显示出存在一个最优的温差,在这个温差下的蒸汽凝结率是最小的,这在实际工程应用中是一个非常重要的特性。

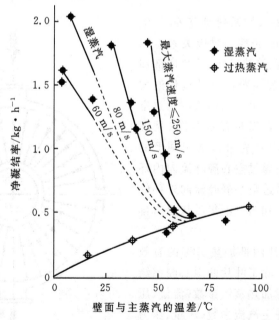

图 7-54　温差对湿蒸汽和过热蒸汽净凝结率的影响

图 7-55 是考虑跨音速叶栅中的温度恢复系数对加热蒸汽需求量的影响曲线。为了保持干的叶片表面状态,不管流动状态如何,加热需要的蒸汽量总是正比

于静叶表面积。

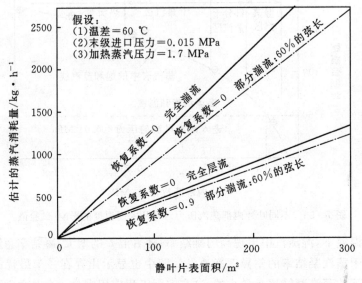

图 7 - 55　温度恢复系数对估计静叶加热蒸汽消耗量的影响

AKHTAR 等人的系列研究表明,饱和蒸汽压力与温度的唯一对应关系意味着凝结仅仅发生在绝热壁面,叶片内部加热可以阻止叶片表面蒸汽凝结过程的发生。在此基础上,提出了加热蒸汽通过空心静叶和隔板的流程布置示意图(见图 7 - 56)。加热蒸汽首先进入上半圆形的外环通道中,径向通过空心静叶流向内环端,然后再径向通过空心静叶流向外环的下半部分,凝结水和蒸汽汇集后从出口排放掉。

为了保证叶片内部加热除湿的有效性,在实际应用中除了叶片的空心腔室结构外,还需要考虑加热蒸汽参数(流量、压力和温度)与叶栅主汽流参数(流量、压力和湿度)的关系。若是引进前面一级的热蒸汽,则可能会由于热量不足以致水膜不能充分地蒸发(波兰汽轮机制造厂的

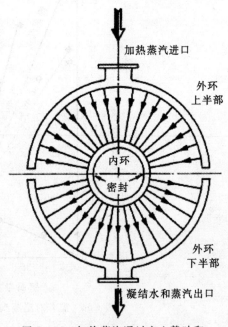

图 7 - 56　加热蒸汽通过空心静叶和隔板的流程布置示意图

50 MW机组末四级中采用这一结构);若从较高温度处抽汽,虽然叶片表面可以获得足够的热量来使水膜充分蒸发,但却要改变空心叶片隔板以外的结构,使系统设计趋于复杂。

7.1.4　空心静叶缝隙吹扫

缝隙吹扫是静叶除湿的第三种方式,它也是把汽轮机静叶加工成空心结构并在合适位置上开设缝隙(见图 7-57),然后将较高压力和温度的蒸汽引入叶片内部腔室并通过缝隙吹扫静叶表面上的流动水膜使之雾化成细小水滴,这种方式同样也可以减少静叶出汽边的二次水滴的数目和直径,达到防止或减轻动叶水蚀的目的。如果缝隙开设在静叶尾缘,则吹扫蒸汽可以击碎从尾缘脱落的大水滴,使水滴的尺寸减小,速度加快,并且还能均衡尾迹区的掺混,降低流动损失。

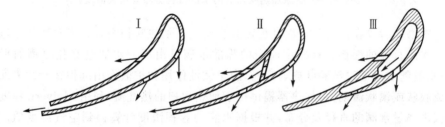

图 7-57　三种吹扫缝隙位置示意图

从整个系统的能量角度讲,作为吹扫的高压蒸汽只是使工作蒸汽绕过几级进行旁路,最后能量仍回到主流中去。但这种方法存在叶片尾缘较厚的结构缺点,且需要吹扫蒸汽量和方向角的合理匹配,以免影响主蒸汽的流动。奥地利 Weiz 工厂比较早地采用了这种方法。英国 Brown Boveri 公司的专利给出了另一种除湿思路,这种方法就是通过叶片上的缝隙向静叶表面边界层注射过热蒸汽来消除水分,但目前还不知该方法在实践中是否成功。

在内部加热和缝隙吹扫的基础上,一些学者提出了加热与吹扫的组合除湿方法,研究了组合方式的除湿效果。结果表明,引入静叶空心腔室的较高压力和温度的蒸汽,既可以加热静叶表面上的流动水膜使之蒸发,又可以使水膜被缝隙吹离静叶表面而雾化;加热蒸汽与主蒸汽的掺混也提高了主蒸汽干度,这种组合方式的除湿效率明显要高。另外,英国 AEI 公司 500 MW 机组末级静叶采用了这种组合方法;俄罗斯萨拉托夫工业大学的学者分析了该方法的热经济性;莫斯科动力学院实验研究了吹扫缝隙结构的效果(见图 7-57),结果表明:组合除湿方法可使静叶栅

后的水滴尺寸明显减小,并且水滴直径沿叶栅节距的分布更为均匀(见图 7 - 58
(a));流动损失随进口蒸汽湿度的增大基本成线性增大(见图 7 - 58(b))。

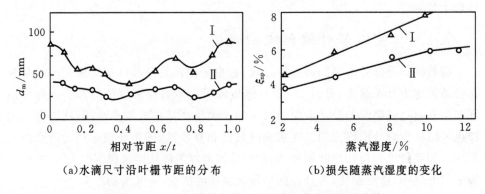

（a）水滴尺寸沿叶栅节距的分布　　　　　（b）损失随蒸汽湿度的变化

图 7 - 58　缝隙加热吹扫后的水滴直径分布及损失曲线

　　本书作者等在湿空气平面叶栅试验台研究了加热吹扫组合方式对静叶尾迹区
二次水滴直径的影响。叶栅主流中的弥散水滴是由压力水通过雾化喷嘴而形成
的;水滴随主流通过试验叶栅通道时,由于惯性作用和扩散作用沉积在叶片表面上
形成膜状或溪状流动;由加热器提供用于加热吹扫的热气流;利用 Malvern 粒度分
析仪来测量水滴的直径及分布,并根据水滴的容积浓度计算得到空气湿度值。实
验条件如下:叶栅进口空气湿度为 7.94%,出口气流速度为 170 m/s,缝隙宽度为
1.0 mm,缝隙角度为 45°(顺气流方向),加热吹扫气流的温度高于主流温度 50 ℃,
缝隙分别位于静叶的压力面和吸力面。

　　图 7 - 59 是在加热吹扫条件下测量得到的叶片尾迹区的二次水滴直径及分布
曲线。结果表明:缝隙加热吹扫可以使静叶尾迹区二次水滴的最小和最大直径都
有所减小,且水滴直径分布范围变窄,有利于减轻或防止动叶的水蚀;另外,叶片吸
力面上的加热吹扫效果优于压力面的效果。

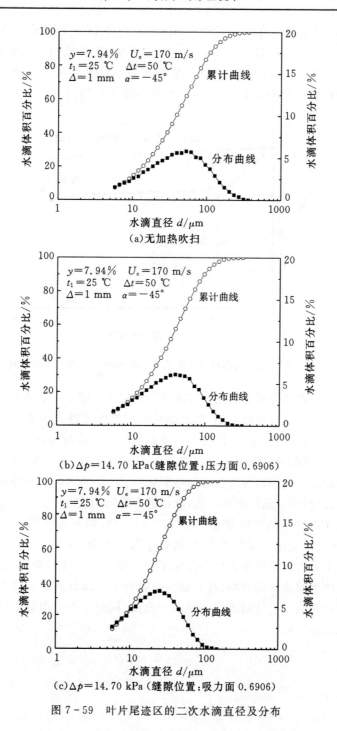

(a)无加热吹扫

(b)Δp＝14.70 kPa(缝隙位置:压力面 0.6906)

(c)Δp＝14.70 kPa(缝隙位置:吸力面 0.6906)

图 7-59　叶片尾迹区的二次水滴直径及分布

图 7-60 是静叶尾迹区水滴的 Sauter 平均直径 $D[3,2]$ 变化曲线。无加热吹扫时,水滴的 $D[3,2]$ 为 17.10 μm。压力面吹扫时,随着吹扫压差的增大,水滴的 $D[3,2]$ 略为减小,与无吹扫相比,$D[3,2]$ 最大减小幅度为 8.5%。吸力面吹扫时,$D[3,2]$ 也随吹扫压差的增大而减小,最大减小幅度为 33.4%。

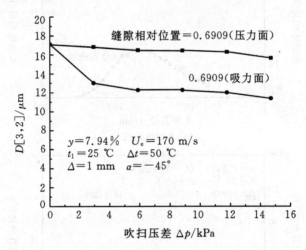

图 7-60　加热吹扫对叶片尾迹区水滴 Sauter 平均直径的影响

李春国等人数值研究了热气流缝隙吹扫的影响。图 7-61 是加热吹扫对叶片表面压力分布的影响。可以看出,压力面的吹扫热气流进入主流中使叶栅进口压力有所升高(见图 7-61(a));缝隙下游没有明显的脱流现象;叶片表面压力总体变化不大,仅在缝隙处出现较大压力波动;叶栅效率变化不大(见图 7-62)。吸力面的加热吹扫对叶栅进口压力没有明显影响(见图 7-61(b));同样在缝隙处引起较大的压力波动;使扩压段区域增大,叶栅效率降低(见图 7-62)。尾缘缝隙吹扫对叶片表面压力分布的影响很小(见图 7-61(c)),但开设缝隙需要加厚叶片尾缘,这将使尾迹区及尾迹损失增大,叶栅效率降低(见图 7-62)。

哈尔滨工业大学徐亮等人数值研究了静叶压力面中部热蒸汽吹扫的性能,分析了热蒸汽喷射对流场的影响,并对该方法进行了经济性评估。认为压力面中部热蒸汽喷射能有效减少叶栅出口的湿蒸汽湿度,同时对槽道内的出口流量和出口汽流角影响很小。

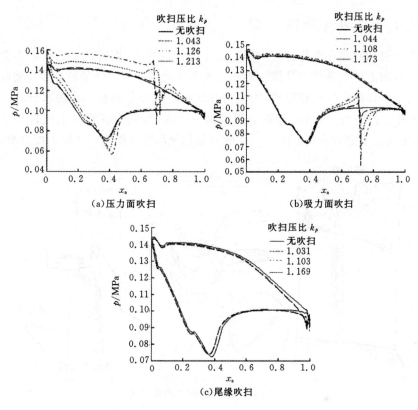

图 7-61　加热吹扫对叶片表面压力分布的影响

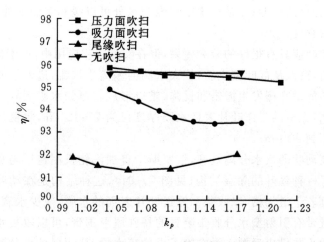

图 7-62　缝隙位置和吹扫压比对叶栅效率的影响

7.1.5　动叶除湿

汽轮机动叶栅在工作过程中处于高速旋转的状态,旋转产生的离心力会将附在叶片表面上的水分甩向外缘。动叶除湿方法就是利用动叶的离心效应使叶片表面上的水分径向甩出叶栅流道,为了更好的收集水分并防止甩出的水分再流回主蒸汽流中,在动叶进汽边的背弧上加工出一些沟槽,同时在汽缸上也设计了疏水槽,用于收集水分并排掉。图 7-63 所示是两种动叶沟槽与疏水槽的配合形式。

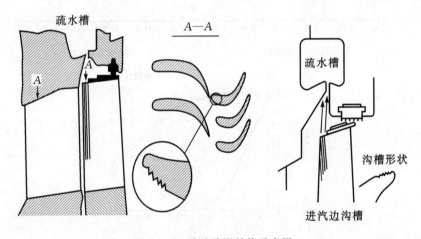

图 7-63　动叶除湿结构示意图

动叶上的沟槽有两个作用:一是定向甩出叶片表面上的水分,便于疏水槽的收集,达到汽水分离的目的;二是沟槽中积聚的水分可以缓和水滴的冲击作用,以减轻水滴侵蚀的程度。

理论上动叶应具有很好的分离效果,但在实际工程应用中,由于汽轮机中的主流雷诺数较高,蒸汽从静叶流出后,较大水滴会偏离主汽流,进入动叶时以较大攻角与高速旋转的动叶栅发生撞击和反弹,难以形成较厚的水膜而导致分离效果较差。试验表明:光滑的工作叶片表面水膜厚度仅为 $7\sim12~\mu m$,粗糙的工作叶片表面水膜厚度不到 $40~\mu m$。

为了提高动叶的汽水分离效率,俄罗斯卡鲁加汽轮机制造厂与莫斯科动力学院共同研制了一种动叶的除湿结构(见图 7-64),这种结构是在动叶表面进汽边一侧的背部刻若干道沟槽,以收集和输送叶片表面的水膜,减少水滴反弹;同时在动叶顶部设置带有引射型水分收集装置的特殊屋形围带,可以收集水分并使水分通过围带上的小孔排出后抛入设在静子上的疏水槽,从而保证水分收集效率的提高。实验结果表明:在宽广的 u/c_0 范围内(圆周速度由 130 m/s 变化到 230 m/s),

分离系数并没有降低；随着初始湿度和抽汽量的增大，分离系数也有增大的趋势。这种型式的水分离装置被前苏联应用于 OK - 12A 汽轮机第七级上。

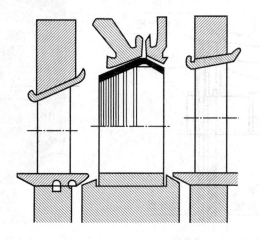

图 7 - 64　一种动叶除湿结构

7.1.6　除湿级

除湿级也称为内置式汽水分离器，它是在加长的静叶栅和动叶栅轴向空间中设置的专门除湿装置，其工作原理大致如下：从隔板叶栅流出的湿蒸汽进入环形通道中，利用蒸汽的周向和轴向速度形成旋流，旋流中的水滴由于离心力的作用被抛向外侧，沉积在环形通道外壁并流向外壁上的疏水槽口，在槽口处，沉积水分与少量蒸汽一起从环形通道中被抽除。除湿后的蒸汽则经过弯曲度不大的导向叶栅流入动叶栅中作功。图 7 - 65 是国外已在实践中应用的一种除湿级结构示意图。

除湿级的结构具有如下特点：有两列隔板叶栅，第一列类似普通隔板叶栅，作用是使叶栅出口蒸汽获得高周向速度，以便形成较为强烈的旋流；第二列为弯曲度很小的导向叶栅，便于汽流能够稳定进入后面的动叶栅中。

理论计算表明这种除湿方法可以有很高的水分分离系数。英国联合电气工业公司（AEI）在加拿大运行的 22 MW 机组上应用了除湿级方法（见图 7 - 66），运行数据显示：除湿级的分离作用可使蒸汽湿度从 0.105 下降到 0.025；但由于第一列静叶后的湿蒸汽流会发生角度的增大，因此水滴径向位移梯度随轴向间隙的增加而减小。

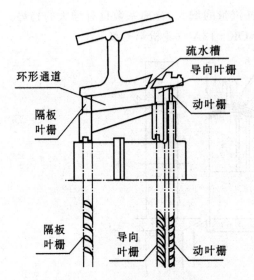

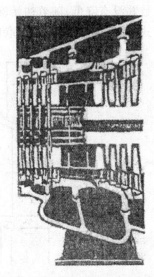

图7-65　除湿级结构示意图　　　　图7-66　英国 AEI公司隔板除湿装置图

　　从除湿级的工作原理可知,除湿效果主要取决于蒸汽中水滴在环形通道外壁面的沉积率,因此要在一定工作参数下合理设计除湿级结构,必须掌握水滴在具有壁面抽汽槽口的环形通道蒸汽旋流流场中的运动规律以及工作参数对除湿效率的影响。西安交通大学俞茂铮教授课题组数值研究了除湿级环形通道中的两相流动特性及除湿性能。计算时认为:

　　(1)水分在蒸汽中所占的体积比例很小,且以很小尺寸的雾滴形式分布在蒸汽中,水滴间的距离比水滴尺寸大得多;

　　(2)根据自发凝结理论及级前蒸汽湿度的近似估算,水滴平均直径约为几微米,因而可以忽略重力及汽相压差的影响,只考虑由汽液两相速度差引起的气流对水滴的作用力;

　　(3)将水滴看作是球形的,水滴尺寸在运动过程中不发生变化;

　　(4)水滴碰撞到湿润固体壁面没有反弹直接被捕获。

　　针对图7-65的结构,采用轨迹法计算水滴在环形通道中的运动特性。计算条件:静叶栅根部出口蒸汽压力为 0.45 MPa,湿度为 8.92%;静叶栅汽流出口角 α_1 及出口速度 c_1 沿径向不变($c_1 = 200$ m/s,分别取 $\alpha_1 = 13°,20°,25°$);环形通道长度 $l = 300$ mm,进、出口高度分别为 73 mm 和 92.5 mm;通道内径为 760 mm;疏水槽口宽度为 24 mm,抽汽量为主蒸汽流量的 4%。

　　图7-67是水滴轨迹和蒸汽流线在环形通道子午面上的投影。在 $\alpha_1 = 13°$ 时,蒸汽的周向分速度较大,7 μm 的水滴轨迹的径向偏移也较大(见图 7-67(a)),此时约有74%左右的水滴能够沉积在通道外壁上或直接被抽除的蒸汽带走。在

$\alpha_1 = 20°$时，只有 50% 左右的水滴沉积或被抽除(见图 $7-67(b)$)。

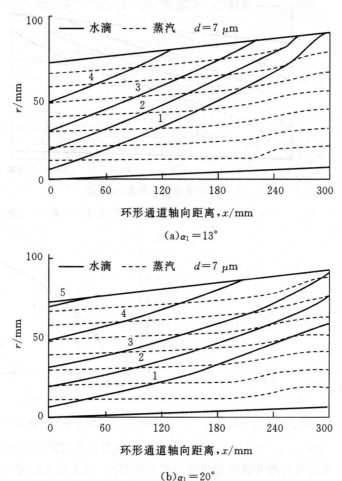

(a)$\alpha_1 = 13°$

(b)$\alpha_1 = 20°$

图 $7-67$　$7\ \mu m$ 水滴轨迹与蒸汽流线在环形通道子午面上的投影

　　水滴的运动特性还与水滴尺寸有关，图 $7-68$ 表示了 $10\ \mu m$ 水滴在 $\alpha_1 = 20°$时的运动轨迹在子午面上的投影，此时约有 70% 左右的水滴可被抽除。

　　显然，一定工作参数下除湿级的除湿效率与静叶出口角 α_1、水滴直径 d 及通道轴向长度 Z 等因素有关。图 $7-69$ 表示了水滴直径为 $7\ \mu m$ 时除湿率与静叶出口角的关系。图 $7-70$ 表示了在 $\alpha_1 = 20°$时除湿率与水滴直径的关系。

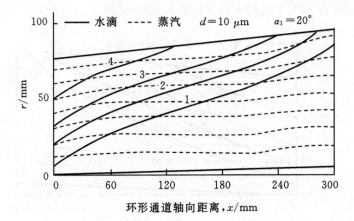

图 7-68　10 μm 水滴轨迹与蒸汽流线在环形通道子午面上的投影

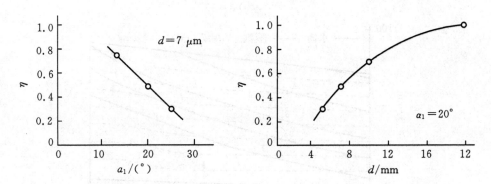

图 7-69　除湿率与静叶出口角的关系　　　图 7-70　除湿率与水滴直径的关系

　　图 7-71 表示了 $\alpha_1 = 20°$、$d = 7$ μm 时不同通道长度与除湿率的关系。由图可见,增加通道长度对改善除湿效率的效果是明显的,但是过长的通道也会引起其它一些不利的问题,如流动阻力损失增大,汽轮机轴向尺寸增大等。

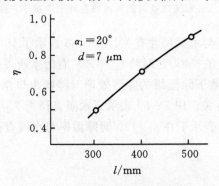

图 7-71　除湿率与通道长度的关系

提高除湿率的另一可能途径是将静叶栅相对径向倾斜安置或将通道进口段壁面向外倾斜,以使通道进口处的汽流有径向分速度,增大水滴的径向偏移。图 7 - 72 是在 $\alpha_1 = 20°$、$d = 7\ \mu m$、径向分速度 $c_r = 30\ m/s$ 条件下的水滴轨迹和蒸汽流线在通道子午面上的投影。与图 7 - 67(b)相比较,此时水滴在进口区域的径向偏移比 $c_r = 0\ m/s$ 时大,但是由于蒸汽流线在通道中很快趋于与壁面相平行,径向分速度随之减小,因而水滴的运动特性随后也就与之相近。图 7 - 73 是除湿率与通道进口蒸汽径向分速度的关系。结果表明,径向分速度虽能够提高除湿率,但效果并不显著。

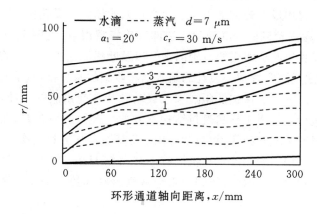

图 7 - 72　7 μm 水滴轨迹与蒸汽流线在环形通道子午面上的投影

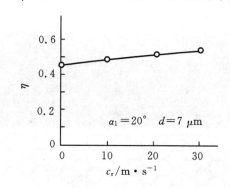

图 7 - 73　除湿率与蒸汽初始径向分速度的关系

在上述研究工作的基础上,提出了合理设计除湿级的一些建议。

(1)通道壁面形状改变对除湿率影响不大,可以根据工艺制造要求设计成平直形状。级的结构尺寸及汽流流动参数选择应综合考虑有关参数对级的去湿性能及工作性能的影响。

(2)综合考虑各方面的要求,建议静叶栅汽流出口角取为 20°。

(3)在工艺制造许可的条件下，可将静叶栅相对径向倾斜6°，以使静叶栅出口蒸汽速度有一定的径向分量，以提高水分沉积率，改善除湿效果。

(4)由于环形通道出口截面上的汽流速度及角度均呈不均匀分布状态，为改善蒸汽在动叶中的作功效率，应在动叶栅前布置一弯曲度较小且有一定反动度的导向叶栅，以使汽流得到加速并均匀化。

7.1.7　蜂窝汽封除湿

蜂窝式汽封是一种先进的密封结构，它由镍基耐高温合金蜂窝带、环体以及相应的转动部件一起构成。蜂窝带由内表面为正六面体的蜂窝孔连续规则排列而成（见图7-74）。在汽轮机低压缸的动叶顶部采用蜂窝汽封（见图7-3），利用蜂窝的网络结构可以收集叶顶泄露蒸汽中的水分以及叶栅流道内和动叶表面甩到蜂窝上的水滴，然后通过蜂窝背板上设计的疏水槽将收集的水分排走，从而降低蒸汽湿度。这种方法可以有效地保护低压缸末几级动叶片免受水滴的侵蚀，有利于动叶片的长期安全运行。但由于蜂窝汽封结构本身的抗侵蚀能力较差，在汽轮机末级大湿度环境下很容易遭到破坏，故通常应用于低压缸的次末级或次次末级中，而末级并未采用这种结构。哈尔滨汽轮机厂有限公司在HN642-6.41型核电汽轮机上采用这种蜂窝式汽封，它将收集到的水分从汽封底部的3个疏水槽排入疏水系统中。

经验表明，蜂窝汽封的轴向位置不应覆盖住动叶出汽边，超过动叶出汽边位置以外的蜂窝汽封极易被侵蚀损坏。

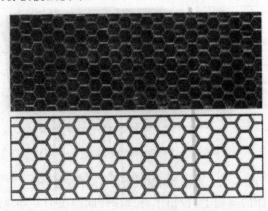

图7-74　蜂窝带结构示意图

7.1.8　加大静动叶栅的轴向距离

静叶上的水膜或溪流在出汽边撕裂及雾化形成的二次水滴是造成动叶水蚀的主要根源。如果适当加大静、动叶栅的轴向间距,可使蒸汽有足够的时间来加速水滴,减小水滴撞击到叶片上时的相对速度,并使粗糙水滴在到达后面动叶之前发生充分雾化,降低水滴冲击产生的压力。另外,由于水滴径向上升距离与其轴向位移的平方成正比,因此也可以利用水滴的径向运动去除湿蒸汽中的水分,从而起到防止水蚀的作用,其效果通常较为明显。

虽然准确的预测在目前是不可能的,但英国的 J. GALUWELE 等人在一个低压双流程机组上的运行实验给出了对照结果。实验时,将一个流程的末级静、动叶栅轴向间距保持设计值为 22.9 mm,另一个流程改为 109.2 mm;机组转速为 3000 r/min;两个流程的末级蒸汽湿度保持相同。图 7-75 和图 7-76 是经过一段时间运行后的末级动叶水蚀情况。从图中可以看出,将静、动叶栅轴向间距增大后,末级叶片的侵蚀程度大大减轻,且侵蚀长度也有所缩短。

图 7-75　末级动叶水蚀情况　　　　　图 7-76　末级动叶水蚀情况
（22.9 mm 轴向间距）　　　　　　　（109.2 mm 轴向间距）

日本的长尾进一郎对汽轮机中湿蒸汽特性进行了详细论述,也理论和实验研究了静、动叶栅轴向间距的防水蚀效果。图 7-77 是静动轴向间距对水蚀率的影响曲线。从图中可以看出,理论计算结果与试验数据相当吻合;当静、动轴向间距从 27.5 mm 增大到 50 mm 时,水蚀率降低约 47%,如果增大到 100 mm,理论上的水蚀率可降低约 55%。

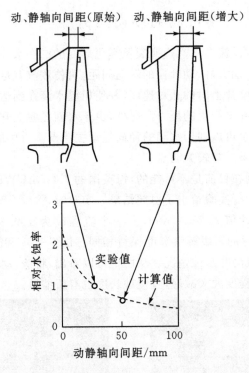

图 7 - 77　动、静轴向间距对相对水蚀率的影响

国内潘家成、徐亮等人数值研究了静、动轴向间距对二次水滴运动特性的影响,结果表明,加大轴向间距可以减小水滴与主流蒸汽的相对速度,降低二次水滴对动叶片的撞击速度;另外,加大轴向间距也可使水滴在通道外壁区域的沉积率有所增大,这自然有利于汽水的分离和减轻动叶的侵蚀侵害。图 7 - 78 是 50 μm 水滴在静、动区域的运动轨迹图。

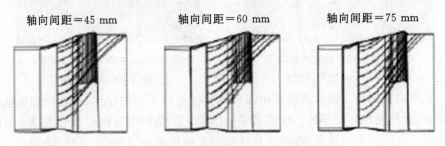

图 7 - 78　静、动区域中的 50 μm 水滴运动轨迹

英国 AEI 公司(联合电气公司)根据自己的研究与运行经验,提出了静、动叶

栅之间的间隙推荐值,如表 7 - 3 所示。

表 7 - 3　英国 AEI 公司推荐的静、动叶栅的间隙值

转速/r · min⁻¹	静叶高度/mm	静叶宽度/mm	静动间隙/mm
	685	51～76	102～190
3000	915	64～76	127～254
	1143	64～102	153～307
	1385	102～153	102～190
1500	1650	127～153	115～220
	1830	127～202	127～254

$$转速/r \cdot min^{-1}$$

莫斯科动力学院在双轴试验汽轮机第三级后对不同轴向间隙做了详细的水分离试验,但试验结果并不十分理想,4 个腔室总的水分分离系数不超过 15%(见图 7 - 79)。

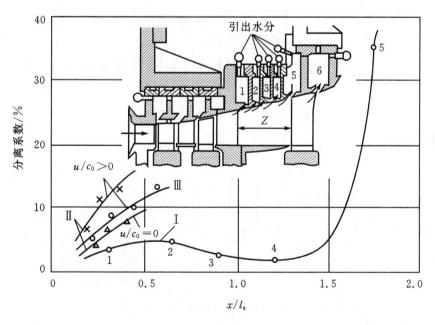

图 7 - 79　МЭИ 静、动叶栅轴向间距内的除湿(进口蒸汽湿度为 6%)

7.1.9　级间除湿再热器

通过级间加热来提高蒸汽干度的概念最早是由英国人提出的,并且已申请了专利,但由于加热装置尺寸的限制,该想法在当时并未实践。2007 年,国内一家科

技公司发明了机间除湿再热装置并已申请了国家专利,该装置也已成功地应用于多级冲动式饱和汽轮机中。

图 7-80 是一台饱和汽轮机系统示意图,在汽轮机汽缸内的某两级之间设置有除湿再热器。工作时,饱和蒸汽分为主蒸汽与再热蒸汽两路,主蒸汽进入汽轮发电机组中作功发电;约占新蒸汽 5% 左右的再热蒸汽经再热管路通入除湿再热器中,用于加热汽轮机中膨胀到一定程度的湿饱和蒸汽。经过除湿再热后的主蒸汽直接进入后面级中继续膨胀作功,最终的排汽湿度不超过 12%,以保护汽轮机低压叶片不受水蚀的侵害。再热蒸汽放热后变成饱和凝结水,饱和水通过除湿再热器出口的疏水阀进入疏水膨胀箱,并因压力降低发生闪蒸现象。将闪蒸产生的蒸汽引入汽轮机后面级中膨胀作功,疏水膨胀箱中的低压饱和水则通过排水口连接到凝汽器中。

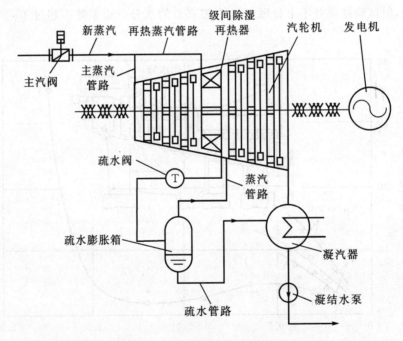

图 7-80　带级间除湿再热装置的饱和汽轮机系统示意图

级间除湿再热器是一种表面式换热器,它由两半圆环组成一个整圆(见图 7-81)。换热管束间设置有丝网式或波纹板式除湿结构。再热蒸汽经左半圆环的接管、蒸汽集箱进入加热管内部并加热主蒸汽,换热产生的凝结水经右半圆环的蒸汽集箱和接管排出。含有一定湿度的主蒸汽沿轴向(垂直于加热管束)进入除湿再热器中并在加热管外流动,一方面换热管束间设置的丝网或波纹板可以去除蒸汽中的水分,另一方面加热蒸汽释放的热量传递给主蒸汽,使主蒸汽湿度降低,直至成为略有过热度的过热蒸汽。

级间除湿再热装置对工业余热发电和低品位热能发电具有重要意义,目前该公司已成功将级间除湿再热技术应用于钢铁、有色、冶金、化工等行业的余热发电工程中,第一台饱和汽轮机已安全运行 7 年以上,没有发生过汽轮机水蚀现象。实践证明这一技术是可靠和有效的,相同参数下的发电量比常规饱和发电技术高15％左右。图 7 - 82 是该公司采用级间除湿再热技术设计制造的一台饱和汽轮机照片。

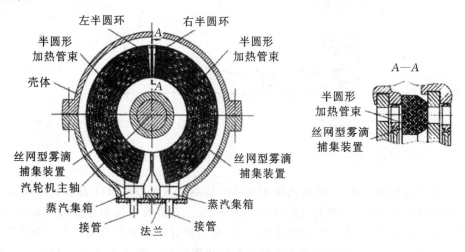

图 7 - 81　级间蒸汽再热器的结构示意图

图 7 - 82　采用级间除湿再热技术设计制造的饱和汽轮机照片

7.1.10　其他除湿方法的考虑

1. 热汽膜除湿

热汽膜除湿是在加热吹扫的基础上,借鉴燃气轮机透平叶片气膜冷却思想,将汽轮机末级静叶加工成空心结构并在静叶合适位置上开设多排汽膜孔,从汽轮机高温端引出少量蒸汽,经节流到合适压力进入静叶空心腔室并从静叶表面上的汽膜孔流出,从而形成热汽膜层(见图 7-83)。

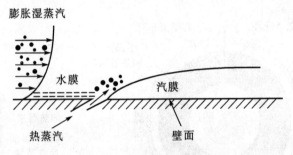

图 7-83　热气膜除湿的模型示意图

在除湿机制方面,一是从汽膜孔流出的高温蒸汽可以将静叶表面上的流动水膜部分吹散及雾化,并增大与液相的换热面积;二是在静叶表面形成温度较高、覆盖良好的热汽膜层,提高叶片的表面温度,阻碍叶片表面的蒸汽凝结和水滴沉积,抑制水膜形成;三是热汽流与主汽掺混并加热膨胀湿蒸汽,可以减缓叶栅出口湿度的增大。在效果方面,可减少静叶尾缘水膜撕裂及雾化形成的大水滴数目和直径,达到防止或减轻动叶水蚀的目的。但从汽轮机高温端抽取少量蒸汽以及吹扫蒸汽与主蒸汽的掺混,会导致整个机组功率和效率的降低。因此,除湿效果(包括叶栅出口湿蒸汽状态、水滴直径与分布)和除湿方式产生的相关损失是评价热汽膜除湿方法所需要考虑的两个指标。

本书作者的课题组对热汽膜除湿进行了初步研究。图 7-84 为热汽膜除湿数值计算模型,在静叶压力面 $0.58\sim0.75$ 相对弦长范围内开设三排直径 $D=2$ mm 的汽膜孔,相邻孔排之间采取错位布置,沿叶高方向的孔间距为 $4D$,孔与叶片表面法向的夹角为 $45°$。吹扫热蒸汽从静叶内部的腔体上部进入,通过汽膜孔排喷入叶栅通道。计算条件:叶栅进口总压为 15.49 kPa、总温为 327.79 K、湿度为 9.39%,叶栅出口平均静压为 8.37 kPa。

对叶片表面湿度的影响。图 7-85 是在吹扫蒸汽温度为 360 K,不同吹汽比下的叶片表面湿度分布(左)和 50% 叶高截面流线分布(右)。由于孔排的错位布置,50%叶高截面仅呈现两个汽膜孔。吹汽比定义为孔排吹扫流量与叶栅进口流量的比值,当吹汽比小于1.0%时,吹扫蒸汽速度低,在叶片表面能形成良好的热汽膜层,表面湿度降低明显(见图7-85(a)和图7-85(b));随着吹汽比的增大,高速热蒸汽喷射到主流场更远的地方,并在流动过程中被主流压弯,在汽膜孔排下游区域重新覆盖到叶片表面附近;当吹汽比大于4.0%时,这种现象非常明显(见图7-85(c)和图7-85(d))。显然,孔排吹扫明显改变了叶片表面湿度分布,吹汽比越大,热蒸汽膜覆盖的区域越小,叶片表面湿度降低的程度也越小。

图7-84　汽膜孔吹扫计算模型

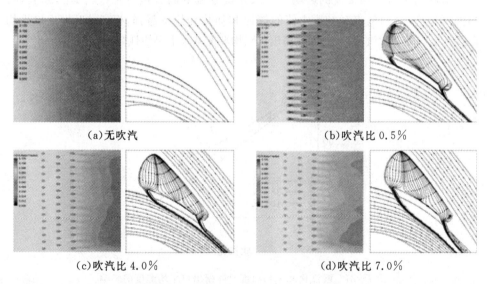

（a）无吹汽　　　　　　　　　　　　（b）吹汽比0.5%

（c）吹汽比4.0%　　　　　　　　　　（d）吹汽比7.0%

图7-85　叶片表面湿度分布(左)和50%叶高截面流线分布(右)

图7-86是吹扫温度对叶片表面湿度的影响曲线,图中的三条竖直线分别代表三排汽膜孔的轴向位置。吹扫蒸汽的温度越高,叶片表面湿度降低越明显,原因是在相同的热汽膜覆盖情况下,主蒸汽流中的水滴到达叶片表面须穿过更高温度的热蒸汽膜,

且叶片表面附近的蒸汽凝结也被进一步抑制,因此表面湿度就明显降低。

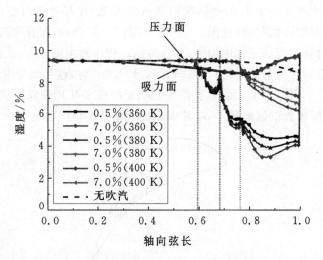

图 7-86　吹扫温度对叶片表面湿度的影响

对叶栅出口平均湿度的影响。喷入叶栅主流的高温蒸汽量(吹汽比)越大,吹扫温度越高,吹扫蒸汽对叶栅主流的掺混和加热作用就越强,相应的叶栅出口平均湿度越低。随着吹汽比的增大,叶栅出口平均湿度基本上呈线性降低(见图 7-87)。

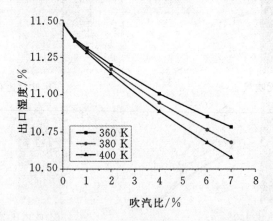

图 7-87　吹汽比和吹扫温度对叶栅出口平均湿度的影响

对主蒸汽流动效率的影响。随着吹汽比增大和吹扫温度升高,主流的流动效率降低(见图 7-88)。原因是吹汽比越大,吹扫温度越高,吹扫蒸汽与主流的掺混作用越强烈;另外,腔体内部的流线混乱(见图 7-85),当吹汽比较大时还会出现旋涡,这也是流动效率降低的重要原因。

综合考虑叶片表面湿度和主蒸汽的流动效率,在数值计算设定结构的条件下,

0.5%～1.0%的吹汽比能够在叶片表面形成良好热汽膜层,叶片表面湿度降低明显,具有良好的除湿防水蚀效果。

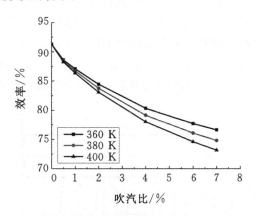

图 7-88 吹汽比和吹扫温度对流动效率的影响

2. 增大水滴直径

在一定条件下,通过设置专门凝结器来扩大水滴的沉积表面,增强小水滴的沉积比例,使沉积水膜撕裂形成较大直径的水滴,以提高水分离装置的除湿效果(见图 7-89)。

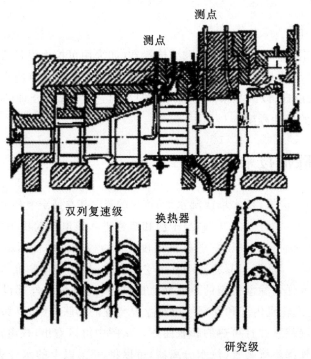

图 7-89 试验用汽轮机的通流部分

3. 级间抽汽除湿

在利用上述除湿方法的同时在级间抽汽也会提高除湿效果,该方法能够将汽缸壁面上附着的整体水和蒸汽中的一部分水滴随同蒸汽抽吸出去,但这种方法同样会从循环中抽取部分尚有一定作功能力的蒸汽。因此除了在回热抽汽处自然抽吸含水量偏高的蒸汽外,在任何具体的场合采用这种除湿方法的可行性都需要进行经济性论证。图 7-90 是国外公司通常采用的典型级间抽吸结构。

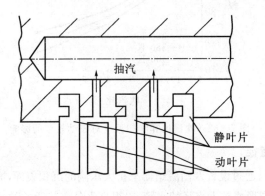

图 7-90　典型级间抽吸结构

4. 合理设计

对火电机组,选择合理的热力和结构参数(如采用可控涡设计方法和增大级焓降),以减轻叶片的侵蚀程度。对核电机组,可以选择半转速(1500 r/min 或 1800 r/min)来设计,以减小水滴撞击叶片的相对速度;选择合理的分缸压力以减缓低压缸叶片的侵蚀程度。

7.2　外部除湿技术

目前,水冷反应堆(压水堆或沸水堆)产生的蒸汽基本是干饱和蒸汽(压力为 5～7 MPa,湿度为 0.25%～0.4%)。当干饱和蒸汽进入核电汽轮机中膨胀作功后,如果不采取任何除湿措施,高压缸的排汽湿度为 13% 左右,而低压缸的排汽湿度将高达 20%～25%。图 7-91 是某核电汽轮机在焓-熵图中的膨胀曲线,其中 A 为汽轮机没有采取任何除湿措施的蒸汽膨胀曲线;B 为汽轮机外部设有除湿装置的膨胀曲线;C 为汽轮机内部和外部均设有除湿装置的膨胀曲线;D 为汽轮机内部和外部均设有除湿装置并且再热的膨胀曲线。从图中可以看出,核电汽轮机高、低压缸之间设置的外部除湿装置(汽水分离器)可以将 98% 以上的水分去除,大大减小了低压缸的排汽湿度（对比 A 曲线和 B 曲线）。另外，汽轮机内部除湿措施也能够去除部分水分，减小排汽湿度（对比 B 曲线和 C 曲线）。汽水分离与再热过程可以使低压缸进口蒸汽具有一定的过热度，使低压缸排汽湿度进一步减小（对比 B 曲线和 D 曲线）。

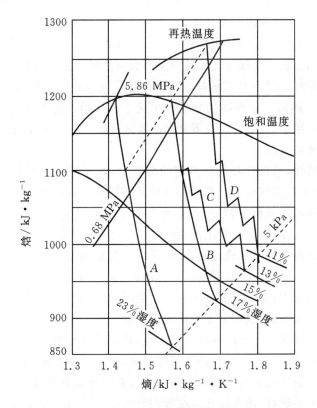

图 7 - 91　无除湿和不同除湿措施时的蒸汽膨胀曲线

　　高湿度蒸汽严重影响核电汽轮机的能量转换效率和安全运行，因此必须采取有效的除湿措施。由于核电汽轮机的新蒸汽参数低，功率大，相应需要的蒸汽量非常大，是同等级火电机组蒸汽量的 2 倍左右。通常的除湿装置与防水蚀措施（如疏水槽、叶片表面抗蚀技术、内部除湿装置等）对解决核电汽轮机中大流量、高湿度蒸汽问题的作用是非常有限的。在此情况下，外置式汽水分离再热器得到了广泛应用和发展，并且成为核电汽轮机再热系统中的关键设备。

7.2.1　水分离器的工作原理

1. 基本概念

水分离器在饱和汽轮机中的地位非常重要。本节主要讨论两种应用最广的水分离器:网筛式分离器和波纹板式分离器。这两种分离器属于惯性分离器(惯性使水滴离开蒸汽的流线而投向捕水部件)。显然,分离器的分离效率随着水滴尺寸和蒸汽速度的增加以及捕水部件尺寸的减小而提高。网筛式的捕水部件是直径约为0.1 mm 的金属丝,而波纹板式的捕水部件尺寸是波纹板的波长的一半(通常不小于 10 mm),所以网筛式分离器的分离效果优于波纹板式分离器的分离效果。至于在实际工程应用中,网筛式分离器和波纹板式分离器的分离效果优劣,还需要考虑捕水部件的突破特性。

所谓突破特性,是指针对某一给定的分离器,如果蒸汽流速提高到一定的程度,水分就会重新被蒸汽带走。蒸汽的这种夹带作用是很强烈的,而产生夹带效应的速度称为突破速度或临界速度,所以使汽流速度超过突破速度是没有意义的。突破速度与分离元件、结构以及蒸汽流向有关。对于给定的分离器,突破速度这一个最重要的设计因素可以准确地确定,因为它仅仅依赖于水量和蒸汽速度而与水滴直径大小无关。如果汽流是垂直向上流动的(如网筛式分离器),突破速度就与网筛深度(层数)无关;如果汽流是水平流动的(如波纹板式分离器),突破速度就决定于波纹板的疏水方式,也决定于板层的总高度。

波纹板的突破速度大于网筛的突破速度,所以波纹板较低的分离效率可以得到一些补偿。更重要的是在较高的许可速度下,可以设计出较小的分离器,这对于将分离器布置在通常也装有使蒸汽再热用的管束的容器中是很大的优点。如果波纹板的分离效果不够好,还可以在波纹板的前面加一层网筛,汽流速度可以超过网筛的突破速度,但只有能被波纹板分离出来的大水滴才会被蒸汽从网筛中夹带出来。

在理想情况下,需要知道进入汽水分离装置的蒸汽流量、湿度和水珠尺寸分布。如果知道了相对于水珠尺寸的分离效率(部分分离效率),就可以计算出整体的分离效果。实际上,对于水珠尺寸分布仅知道个大概,所以准确地计算分离效果是不可能的,只能够近似的估算。设计方法是先根据水珠尺寸的大致分布,提出必须高效率去除那些尺寸超过一定数值的水滴的要求,然后再考虑适当的误差余量来进行设备的设计,以满足分离要求。

2. 网筛的部分分离效率

对网筛分离效率的研究,最初是从垂直于汽流的单根金属丝的部分分离效率开始的。图 7 - 92 是在位流假定条件下 Brun 计算的绕金属线的部分分离效率。图中的纵坐标 η_w 代表由接近金属丝投影面积的蒸汽中捕集到的水滴部分数；横坐标的 Stokes 数为

$$Stk = \frac{2l}{D} \tag{7-1}$$

式中：l 代表水滴停止距离（即直径为 d 的水珠以某初速度沿水平方向射入相对静止的气体空间，由于粘性阻力的影响，水珠的运动速度将会逐渐降低直至完全停止运动，水珠运动的距离就称为停止距离）；D 代表金属丝直径。

图 7 - 92 中的参变量 ϕ 反映了阻力特性，表达式为

$$\phi = \frac{9\rho_g DU}{\rho_f \nu_g} \tag{7-2}$$

式中：ρ_g 为蒸汽的密度；ρ_f 为水滴的密度；U 为蒸汽的接近速度；ν_g 为蒸汽动力粘性系数。

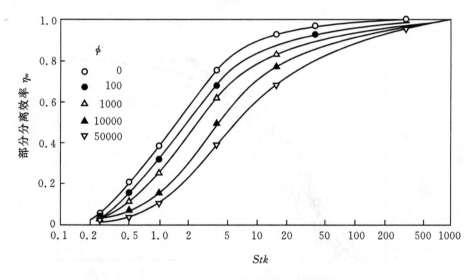

图 7 - 92　绕圆线位流的部分分离效率

图 7 - 93 是将其他学者对单线分离效率的实验研究与 $\phi = 0$ 的理论值进行的比较。对比结果表明了理论计算的合理性与准确性。

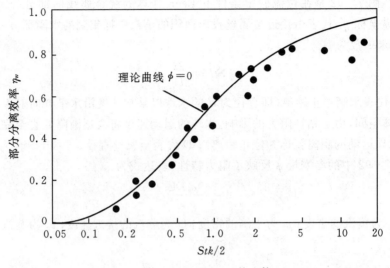

(a) May 和 Clifford 的比较

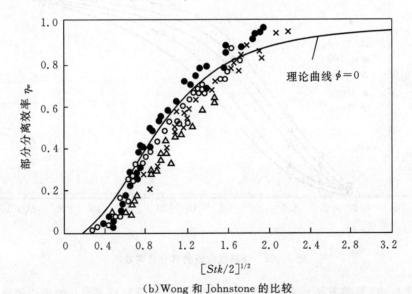

(b) Wong 和 Johnstone 的比较

图 7-93　单线分离效率的实验结果与理论数值的比较

在单线部分分离效率研究的基础上，Stairmand 等人推导出网筛总分离效率 η_k 的二项式表达式，为

$$\eta_k = 1 - \exp\left[-\frac{8}{3}\frac{(1-\varepsilon)\eta_w H_k}{\pi D}\right] \tag{7-3}$$

式中：ε 是网筛的空隙率；H_k 是网筛的总深度。

　　为了验证式(7-3)的准确性,Bürkholz 采用空气-硫酸液滴混合物通入网筛方式进行了实验研究。网筛是由 0.27 mm 金属丝制成,网筛有效层数为 30,阻挡因素为 0.17(可以推出 $\varepsilon = 0.983$)。图 7-94 是实验数据与理论计算的对比结果。可以看到,式(7-3)在大于 2.8 m/s 的速度下比较准确,但在较低速度下估算的效率偏高,差别可能是位流假设造成的。图中的第二条理论曲线是来自 Davies 和 Peetz 的计算,它的 Reynolds 数为 10(相当于空气速度为 0.6 m/s)。对比结果也说明:图 7-92 中的曲线对有实用意义的一些速度是足够准确的。

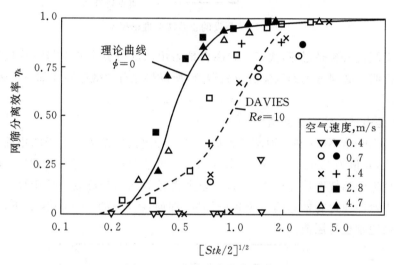

图 7-94　网筛分离效率曲线

3. 波纹板的部分分离效率

　　如图 7-95 所示,大多数波纹板可以用正弦波形来近似地表示。波纹板的波幅为 y_0,波长为 P,板与板之间的距离为 h,汽流在板组内的前进速度 U 为常数,而横向速度则是波动的。假设水滴与蒸汽相对运动时的阻力特性符合 Stokes 定律,计算得到的水滴运动轨迹也是一个正弦波的形状,其波长与板的波长相同,但有一个相位差,则波纹板的部分分离效率为

$$\eta_p = \frac{2}{H}\,(1 + Stk_p^{-2})^{-\frac{1}{2}} \tag{7-4}$$

$$H = \frac{h}{y_0}$$

$$Stk_p = \frac{\pi}{9}\frac{\rho_f d^2 U}{\mu_g P}$$

式中:H 是包含了板间距和波幅的组合参数,叫作阻挡系数。当 $H < 2$ 时,光线就

不能穿过板层。

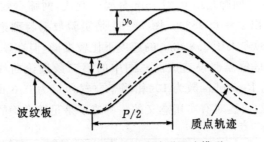

图 7-95 假设的正弦波形理论模型

由于假设汽流是层流,式(7-4)隐含地表示出部分分离效率与波纹板数目 m 无关。很明显必须考虑到汽流的重新混合,所以将总分离效率写成如下的表达式

$$\eta_{po} = 1 - (1 - \eta_p)^{am} \qquad (7-5)$$

式中:a 是由试验确定的数值。

图 7-96 是 Katz 利用油滴进行的波纹板分离实验结果。对于图中简单的波纹板形状,a 值为 0.5。可以看出,较小直径的油滴分离效率与采用式(7-5)计算得到的理论分离效率还是很吻合的,但较大直径的油滴分离效率低于理论值。原因是由于弯曲通道有推迟湍流出现的倾向,即使在较大的 Reynolds 数下,波纹板间的流动通常也是层流。

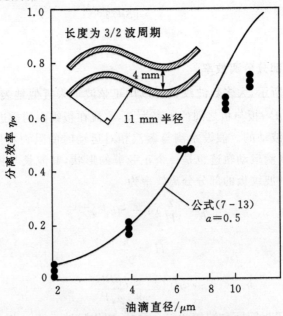

图 7-96 Katz 在波纹板上的实验结果

Bürkholz 和 Muschelknautz 针对湿蒸汽汽轮机工程中常用的一种波纹板结构进行了分离实验研究,结果如图 7 - 97 所示。图中的理论曲线是考虑了不同 H 值和 U 值下的疏水凹槽作用后计算出来的。

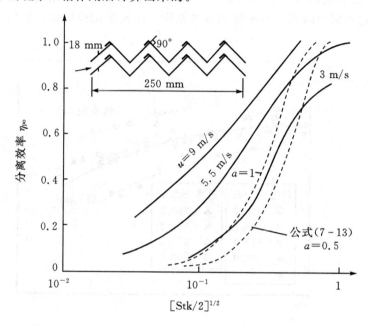

图 7 - 97　Bürkholz 和 Muschelknautz 在波纹板上的实验结果

4. 突破特性

分离器中的蒸汽流向对突破特性影响很大。在垂直向上流动的情况下,水分在垂直于汽流的方向上是均匀分布的,在排除之前较多地聚集在分离器的底部附近。随着蒸汽速度的提高,蒸汽对液滴的夹带作用增强,使水分沿高度方向的分布逐渐趋于均匀;当蒸汽速度达到某一临界值时,水分沿高度的分布出现均匀现象,这时压降极度增大,蒸汽开始夹带水分,这一临界值就称为突破速度或临界速度。分离器的高度对临界速度是没有影响的。

Bradie 和 Dickson 等根据前人对化学工艺中各种堆积式填料的研究成果,将各种影响因素重新组合给出了无因次参数,为

$$\pi_1 = \frac{s}{\varepsilon^3} \frac{U_{fs}^2}{g} \left(\frac{\mu_f s}{\rho_f U_{fs}} \right)^{0.2} \tag{7-6}$$

$$\pi_2 = \frac{s}{\varepsilon^3} \left(\frac{\rho_g}{\rho_f - \rho_g} \right) \frac{U_{gs}^2}{g} \tag{7-7}$$

式中: s 代表每单位容积内填料的表面面积; ε 是网筛的空隙率; U_{fs} 和 U_{gs} 分别表

示水和蒸汽的表面速度。

　　图 7-98 是 Bradie 根据网筛式分离器的试验数据作出的关联曲线。可以看出,制造方法和金属丝直径相同的所有网筛的关联关系是一样的,但制造方法相同而网丝直径不同的网筛临界速度则有些差别。这说明试验应该针对特定的网筛进行。

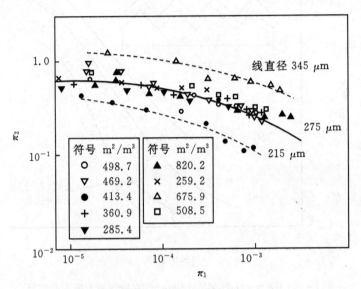

图 7-98　Bradie 的实验结果(网筛:垂直向上流动的临界速度)

　　波纹板式分离器一般不采用垂直向上的流动方式,但是 Alen′ken 等人对图 7-99 所示的波纹板形状做了相关实验,得到的数据也在图中给出,用下列无因次数组表示

$$\pi_3 = \log_{10}\left(\frac{\rho_g U^2 \mu_f^{0.16}}{2g\varepsilon\rho_f h\cos\alpha}\right) \tag{7-8}$$

$$\pi_4 = \left(\frac{W_f}{W_g}\right)^{1/4}\left(\frac{\rho_g}{\rho_f}\right)^{1/8} \tag{7-9}$$

关联曲线基本为线性变化,为

$$\pi_3 = -0.67 - 2.1\pi_4 \tag{7-10}$$

式中:μ_f 为水滴的粘性系数;U 为蒸汽的趋近速度;h 为板与板之间的距离;α 为板形与垂线之间的最大夹角;W 为每单位总横截面的质量流量率。

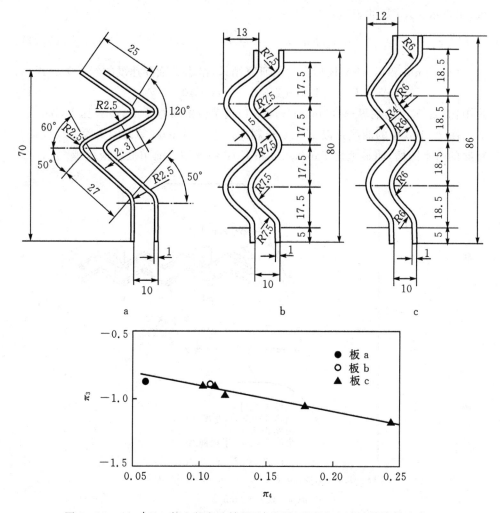

图 7 - 99　Alen′ken 等人的实验结果(波纹板:垂直向上流动的临界速度)

当汽流是水平方向流动时,水分仍然是疏到分离器的底部。通过分离器较低部位的汽流阻力增大,汽流趋于不均匀,这种不均匀倾向在网筛式分离器中比在波纹板式分离器中更加明显。所以网筛式分离器通常避免采用水平流动结构。如果临界速度与局部存在的水量有关,临界值就决定于分离器的高度。正是由于这个缘故,分离器的高度就可能受到限制。

Panasenlo,Koslov 和 Wilson 等人的研究表明,汽流水平方向流动时的突破速度在低负荷下基本上与水负荷的大小无关。研究结果适用于较大压力范围(见图 7 - 100),图中的横坐标采用 $g(\rho_{\mathrm{f}} - \rho_{\mathrm{g}})/\sigma$ 来表示,纵坐标采用 Ku 数(亦称为 Weber

数)来表示。Ku 数的表达式为

$$Ku = \frac{\rho_g^{1/2}U}{[g\sigma(\rho_f - \rho_g)]^{1/4}} \qquad (7-11)$$

Panasenlo 和 Koslov 根据自己的研究结果,给出了临界速度的经验关联式,为

$$U = [1.4 - 1.8(1 - x)] \times 10^{-0.0056p} \qquad (7-12)$$

式中:U 是蒸汽的临界速度,m/s;x 是进口处蒸汽的质量干度;p 是压力,bar。

图 7-100 中的曲线是以 $x = 0$ 绘制的。由于 Wilson 等人的实验波纹板带有特殊的疏水凹槽,明显地比 Panasenlo 和 Koslov 采用的简单波纹板优越。

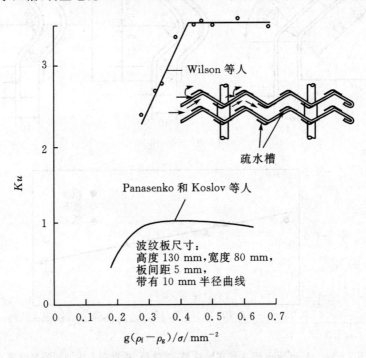

图 7-100　忽略水负荷时的水平流临界速度(波纹板)

Sorokin 等人采用空气和水在大气压下研究了板层高度对临界速度的影响(见图 7-101)。结果表明:高度为 150 mm 的板层的性能低于 440~600 mm 的板层,这种差别是由于端效应在较短板层中占了主导地位所致。在 440~600 mm 这样的范围内,板层高度 H_p 没有明显的影响。

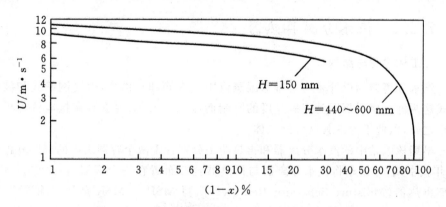

图 7 - 101　考虑水负荷时的水平流临界速度(波纹板)

在实际工程应用中,蒸汽的流动方向并不一定是水平的,通常对水平线向上倾斜 10°到 45°。倾斜流动状态对分离器的突破速度有一定的影响。图 7 - 102 是 Dickson 和 Morrison 在网筛上进行的蒸汽倾斜流动对突破速度的影响曲线,随着倾斜角度的增大,突破速度也增大;当倾斜角增大至 45°时,突破速度达到最大;随着倾斜角的继续增大,突破速度反而减小。当然这种变化倾向在波纹板中不一定出现。

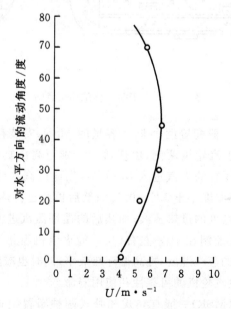

图 7 - 102　蒸汽流动方向对突破速度的影响(网筛)

7.2.2　汽水分离再热器

1. 工作过程与结构

汽水分离器的设计是为了排除湿蒸汽中的水滴和自由水,由于网筛式和波纹板式这两种分离器都因为突破速度的限制而体积巨大,需要安装在核电汽轮机的汽缸之外,以便于容纳其巨大的主体。

早期核电站中的汽水分离器和再热器是分别置于两个容器之内的,到 20 世纪 60 年代中期,才逐渐将汽水分离器与再热器合并布置在一个容器内,合称为汽水分离再热器(Moisture Separator Reheater,简写 MSR)。MSR 是外部除湿装置,它由本体(分离部件、再热部件、壳体)和辅助系统(加热蒸汽系统和疏水系统)组成,图 7-103 是 MSR 本体结构示意图。

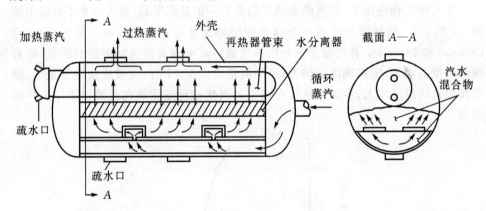

图 7-103　MSR 本体结构示意图

一台核电汽轮机一般配置两个 50％ 容量的 MSR,安装在汽轮机的高压缸和低压缸之间,分别置于汽轮机两侧,由连通管分别与高压缸和低压缸相连(见图 7-104)。工作时,高压缸的排汽进入 MSR 中,先通过汽水分离器将蒸汽中携带的大量水分去除,使其湿度小于 1％～0.5％;然后再经过再热器将循环蒸汽加热,使其变为具有一定过热度的过热蒸汽;加热后的循环蒸汽进入低压缸中继续膨胀作功,最终的排汽湿度控制在 10％ 左右(与一般火电机组相当)。MSR 能够有效地减少低压缸各级中的蒸汽湿度,提高循环热效率,同时也减轻动叶片和其他部件的侵蚀现象,提高核电汽轮机的可靠性和使用寿命。

汽水分离再热器(MSR)一般有立式和卧式两种布置型式。在饱和蒸汽轮机中大多为卧式结构,与汽轮机水平布置。这种结构在法国 A－A 公司、美国 AEP 公司、日本 Toshiba 公司、英国 GEC 公司、德国 KWU 公司(也有采用立式结构的)

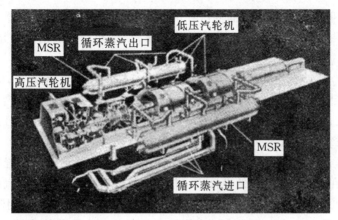

图 7 - 104　MSR 与核电汽轮机的布置图

的机组中都可以见到。另外,还有一种为分体式 MSR 的结构形式。

(1)立式 MSR。早期的汽水分离器多为立式结构,美国通用电气公司(GE)、德国 KWU、日本的日立公司都曾对立式汽水分离器做过研究和生产。ALSTOM 立式 MSR 有 2 根冷再热蒸汽进口管道,设置在立式 MSR 壳体侧面上下布置。热再热蒸汽出口相对冷侧进口旋转 180°设置。一级再热器的加热蒸汽为高压缸抽汽,二级再热器的加热蒸汽为新蒸汽。加热蒸汽从管内由 MSR 顶部进入,流过加热器换热管后被凝结成水,由管内壁流到管束下集水区,再由疏水管排入各自的疏水箱中。一、二级疏水箱放置在 MSR 下部托架上。加热蒸汽沿内部管道向下流动,加热冷再热蒸汽后,凝结水沿管道向下,分别沿一级、二级疏水管道进入相应疏水箱,MSR 的一级、二级疏水箱同样放置在 MSR 下部的托架上。

在德国制造的立式汽水分离再热器中,汽水分离器是由预分离器和主分离器共同组成的。底板上的预分离器先分离湿蒸汽中部分较大直径水滴,呈星形交叉布置的主分离器再进一步分离湿蒸汽中剩下的较小直径水滴。主分离器中会通过加装多孔板来使汽流均匀,湿蒸汽中的水分在经过收集槽时被排入环形室,剩下的干饱和蒸汽进入内腔室并经再热器过热。

(2)卧式 MSR。卧式汽水分离再热器的壳体是由碳钢板制作的圆筒形构件,内表面有不锈钢衬里保护。由一系列波纹板组成的汽水分离元件被固定到分离器框架上构成了一个个栅板,在汽水分离栅板的入口分成 V 型沿纵向布置在筒体下方。在 MSR 上方布置有两级 U 型蒸汽再热管束。高压缸的排汽通过冷再热管导入 2 台汽水分离再热器,经波纹板分离元件的分离作用除去约 98% 的水分,分离水分在重力作用下通过水槽和疏水管排入分离器的疏水箱。分离出来的蒸汽向上流动依次进入一级再热管束和二级再热管束中进行再热,再热后的蒸汽从顶部的热再热管道排出,送入汽轮机的低压缸中继续膨胀作功。一级再热器的加热蒸汽为高压缸抽汽,二级再热器的加热蒸汽为新蒸汽,加热蒸汽放出热量并凝结成水,分别进入相应的疏水箱。

卧式和立式两种型式的 MSR 换热效果相近,技术性能差别不大,但立式 MSR 机组出力比卧式大。因此,在设计过程中,MSR 型式的选择需要从布置、技术性能和经济分析、运行和维修经验以及工程进度影响等方面进行考虑。目前我国已投运的汽水分离再热器均采用卧式结构。

(3)分体式 MSR。分体式 MSR 是将水分离器和再热器分别放置在 2 个不同的壳体内。在 Parsons 公司的设计中,湿度在 13% 左右的高压缸排汽首先进入卧式安置的离心式汽水分离器,借助于湿蒸汽流在其中的旋转去湿作用除去 95% 以上的水分,然后再进入立式结构的再热器进行再热。由于分体式结构的 MSR 装置有其独特的性能特点,因此,近年来人们对它的应用也表现出了很大的兴趣。

2.汽水分离器

MSR 的设计经过了三个发展阶段,期间汽水分离器和再热器这两大部件的设计也不断地改进优化以适应日渐增大的核电功率。MSR 中的汽水分离器所能够分离的水量主要取决于高压缸的排汽压力,一般为汽轮机进汽量的 10% 左右。在正常情况下,这部分分离出来的水量中的热量进入除氧器内加以利用。不同结构形式分离器的汽水分离原理也不同。根据汽水分离器中所采用的分离元件可将其结构形式分为:金属丝网式、波纹板式、离心式百叶窗等。分离效率、临界速度以及压降是反映分离器性能的三项指标。因此,不管何种结构形式的汽水分离器,对其的基本要求如下:

(1)有较高的水分离效率;

(2)有较小的压降;

(3)有良好的疏水性能;

(4)有良好的抗冲蚀性能。

最早出现的汽水分离器是采用金属丝网作为分离元件的,1967 年由 Westinghouse(威斯汀豪斯)公司生产,属于第一代 MSR 产品。结构上处于探索阶段,加热管束以单管束为主,各种材质的使用也属于试验阶段。金属丝网是水平放置结构,循环蒸汽由位于外壳一端的水平通道经过分流通道由下向上进入分离器中,然后垂直向上流过再热器管束表面。再热蒸汽完全来自新蒸汽,热效率相对较低。但与没有汽水分离再热器的汽轮机相比,汽水分离再热器还是为汽轮机提高了约 1.5% 的热效率。

图 7-105 是 Westinghouse 的第一代 MSR 结构示意图。英国、瑞士和日本等生产的第一台汽水分离器也都是金属丝网式。金属丝网式分离器是依赖于惯性原

理而被设计出来的。金属丝网式分离器的分离元件是直径约为 0.1 mm 的金属丝,汽流的临界速度约为 1.0~2.0 m/s。

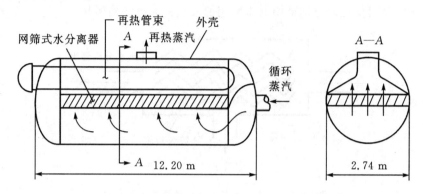

图 7-105　Westinghouse 的第一代 MSR 结构示意图

　　第二代汽水分离再热器出现在 20 世纪 70 年代初,其特征是采用竖立的波纹板代替了金属丝网来作为汽水分离元件,加热管束也逐渐发展为双管束。第一级加热蒸汽来自高压缸抽汽,减少了新蒸汽的消耗,效率也进一步提高(与单管束的 MSR 相比,提高约为 0.12%~0.15%)。图 7-106 是典型的第二代 MSR 的结构示意图。

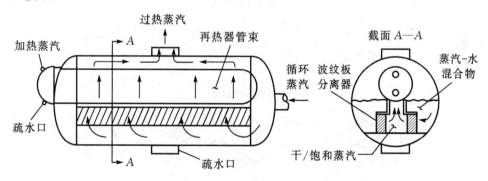

图 7-106　Westinghouse 的第二代 MSR 的结构示意图

　　美国通用电气(GE)、法国阿尔斯通、德国 KWU、日本的日立等公司的第一台汽水分离器都采用波纹板式。波纹板式的分离元件也是依赖惯性原理来进行汽水分离的。在实际应用中是由多块相同的波形不锈钢板按一定间距叠放在一起而组成(见图 7-107)。蒸汽在多次改变流动方向的情况下,其中的水滴因惯性力和离心力的作用而被分离。分离出的水滴一部分被吸附在板壁上,另一部分被阻挡在收集钩里,最后形成向下的连续水膜而被收集。拐弯处越多,分离效果就越明显,但同时压降也会增大。影响分离效率的因素有结构参数（如波形板的波形、节距、板间距、折角、波数等）和蒸汽参数（进口蒸汽湿度、水滴直径与分布、汽流速度等）。图 7-108 是目前汽水分离器中通常采用的波纹板通道结构形状。

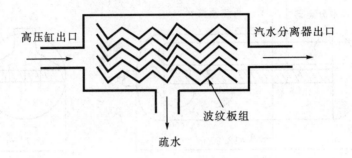

图 7-107　波纹板汽水分离器的结构示意图

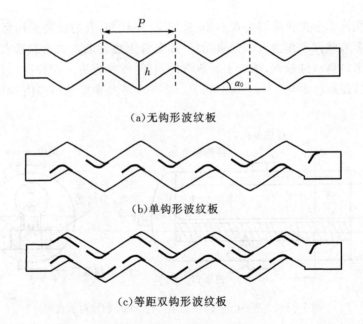

图 7-108　波形板通道结构示意图

波纹板分离元件尺寸是波纹板波长的一半，分离效率低于金属丝网，但波纹板式分离器允许汽流的"临界速度"比金属丝网式高出一倍左右，一般为 $3\sim5$ m/s，分离后的湿度能达到小于 0.5% 的要求，这样就可大大缩小分离器的体积，有利于把分离器与再热器联为一体以节约电站的布置空间。因此，目前核电站中采用波纹板式汽水分离再热器要明显多于采用金属丝网式汽水分离再热器。

随着核电机组功率的不断增加,MSR 的体积也不断增大,制造和运输都遇到困难。1972 年在第三代 MSR 的设计中将两个第二代的 MSR 背靠背拼接成"超级MSR",并采用共同的进汽管。这种结构设计的好处是运输方便,且由于管束总长缩短,减少了管束的热膨胀量,有利于提高管束的使用寿命。另外,即使在三个双流低压缸单轴布置的汽轮机装置中,这种结构也允许在机组的每一侧放置一个MSR 外壳。图 7 - 109 为典型的第三代 MSR 的示意图。

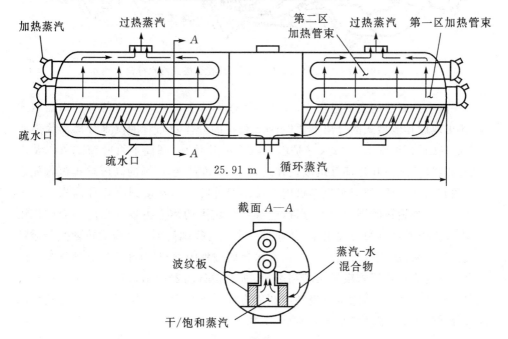

图 7 - 109　Westinghouse 的第三代 MSR 的示意图

图 7 - 110 是美国威斯汀豪斯公司设计的第三代"特大容器"式汽水分离再热器的结构,也是把波板式汽水分离再热器尾对尾地连接起来。这样只需两台汽水分离再热器就能满足百万千瓦级机组的要求。

法国阿尔斯通-大西洋公司设计的大型汽水分离再热器在结构上与美国威斯汀豪斯公司设计的"特大容器"式汽水分离再热器有较大的不同,它不再采用尾对尾对接的结构,而是将平行的两组分离器和两组再热器合并在一个大容器中,高压缸排出的湿蒸汽通过两根连通管道从装置底部进入汽水分离再热器,管道上的导流板将蒸汽分配到整个汽水分离再热装置内,蒸汽先水平地流过四组分离组件去除所含水分,再垂直流过两组平行再热管束再热,经过再热的蒸汽从出口接管排出。

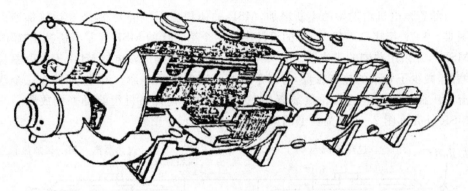

图 7 - 110　威斯汀豪斯公司"特大容器"波纹板式汽水分离再热器

　　在汽水分离器的发展过程中,除了金属丝网式和波纹板式这两种分离器型式外,还出现过其他型式的分离器。Parson 公司的分体式布置的汽水分离器为离心式百叶窗结构(见图 7 - 111),它是由蒸汽旋回叶片环、圆筒形百叶窗式罩以及出口处的蒸汽反旋回叶片环等组成。在运行中,湿度约为 13％的高压缸排汽首先进入整圈旋回叶片环(类似于汽轮机中的反动级静叶片),从旋回叶片环出来的湿蒸汽就具有一个旋转的周向速度分量,能够产生较大的离心力场。在离心力的作用下,湿蒸汽中的水分被分离出来,并通过一个大直径圆筒形百叶窗式罩使其与循环蒸汽分隔开来,从流水管道排出。在汽水分离过程中,因具有相当旋转速度分量的蒸汽流动会给再热器管束带来不利影响,所以在分离器的出口处加装了一组整圈反向旋回叶片环,以消除蒸汽流动中圆周方向的速度分量。循环蒸汽经过这样的汽水分离过程后,湿度可小于 0.5％～1.0％。

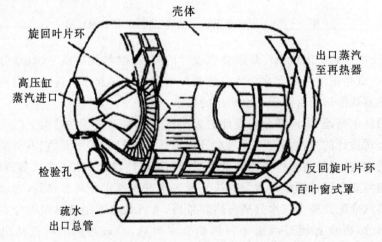

图 7 - 111　离心式百叶窗分离器

一些公司也曾生产旋风式汽水分离器,但由于各种原因这类的汽水分离器逐渐被淘汰并消失。图 7 - 112 是旋风式汽水分离器的结构示意图。具有较高流速的汽水混合物,沿引入管切向进入筒体而产生旋转运动,在离心力的作用下将蒸汽所含的水滴抛向筒体内壁面使汽水初步分离,分离出来的水沿壁面落至筒底的疏水口并排出,分离出来的饱和蒸汽在筒体内向上流动,进入排汽口排出。

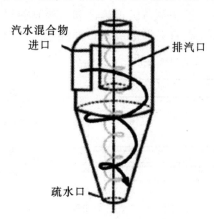

图 7 - 112　旋风式汽水分离器结构示意图

3. 再热器

目前已投运的核电饱和汽轮机组,有的采用无再热形式,也有的采用一次再热或者二次再热形式,这取决于具体条件下各种因素的比较。再热压力的选取也与许多因素有关,如低压缸叶片尺寸和相应的级效率、机组回热系统的布置以及机组循环效率的变化等。一般认为,最佳的再热压力可使低压缸的膨胀过程线接近常规火电机组低压缸的过程线,目的就是可以将技术上已经成熟的火电机组低压缸的设计、制造和运行经验很容易地应用到核电机组的低压缸上来。最佳再热压力约在 0.5~0.8 MPa 范围内,再热压力在这个压力范围内的变化对循环效率的影响不大。

再热部件为管壳式汽-汽热交换器,加热蒸汽在 U 形管内流动并释放潜热,将热量传递给在管束外流动的循环蒸汽,使其在离开 MSR 时成为具有一定过热度的过热蒸汽。对再热器的基本要求为:

(1)有良好的热交换性能;

(2)有较小的压降;

(3)有良好的疏水性能;

(4)有良好的抗冲蚀及热机械性能。

为了提高核电机组的热效率,现代核电汽轮机的 MSR 一般采用两级再热方式(见图 7 - 113),一级低压再热蒸汽的汽源为高压缸抽汽,不需要调节阀进行调节,仅配置逆止阀和有隔离作用的电动阀。低压蒸汽管道的设计压力取相应抽汽点蒸汽压力的 1.1 倍,最大工作温度取相应压力下的饱和温度。二级高压再热蒸汽的汽源为新蒸汽,设置了温度控制阀组(预热阀、温度控制阀、旁路阀)。高压蒸汽管道的最大工作压力取自核岛反应堆蒸发器设计压力的 1.1 倍,温度为相应压力下的饱和温度。再热装置中的一级再热区和二级再热区的热负荷不同(一级再热要大于二级再热),并有各自分开的进汽口和疏水管,以便利于运行中的管理和维护。

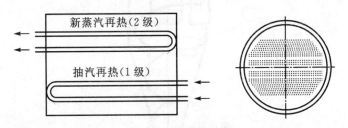

图 7 - 113   再热器结构和管束布置示意图

在两级再热中,由于增加了低压抽汽再热装置,减小了高压再热器中热交换过程的传热温差,同时减少了用于高压再热的新蒸汽量,从而改善了机组的循环效率。与非再热相比,单级再热可使经济性提高 1.5% ~ 2%,两级再热可提高经济性 1.8% ~ 2.5%。尽管在二次再热装置中会引起一个附加的压降损失,但在经济上总体上还是有利的。

4. 疏水系统

MSR 疏水系统输送的大量流体都是汽-水混合物或饱和水。疏水系统包含壳体疏水箱、低压再热器疏水箱和高压再热器疏水箱,各疏水箱必须有各自独立的汽平衡管,以保证疏水的畅通。为了增加布置标高并改善疏水管道中流体的流动情况,疏水箱均采用卧式,疏水管道应尽量减少弯头数目和管子水平长度。

壳侧疏水箱是一个单独的疏水箱,用来收集并控制来自 MSR 壳侧的排汽量。疏水箱最大工作压力取 MSR 壳体设计压力的 1.1 倍,最高工作温度按最大工作压力的饱和温度选取,疏水箱容量按最大热平衡(阀门全开)疏水量的两倍计算。为使 MSR 壳体内保持一定量的凝结水容量,MSR 壳体底部的水位不需要控制。MSR 壳侧的疏水应从疏水箱送至给水加热器。由于这些容器之间几乎没有静压差,从疏水箱至加热器的疏水管道中应有一定的压头。MSR 壳体与疏水箱之间疏水管道不是平直的,难以实现完全自动化的疏水排汽系统,因此,从壳体单独通至疏水箱需要汽平衡装置。

低压再热器疏水箱用来收集并控制来自低压再热器管束的凝结排水量。低压再热器疏水箱运行时应保持适当的水位,水位过高可能引起再热器管束管子破裂;水位过低或没有水位时通过 MSR 疏水系统的蒸汽可能使再热器管束的一些内部构件遭到损坏。低压再热器最大工作压力按相应抽汽点的蒸汽压力并考虑一定的安全裕量选取;最高工作温度按最大工作压力的饱和温度选取。疏水箱容量应按每台再热器最大疏水量的两倍选取。低压再热器管束的加热蒸汽取自第一级加热器的抽汽点,并将疏水送至第二级给水加热器。在低压再热器和汽轮机之间的管道上应安装逆止阀,但在再热器管束与疏水箱之间的疏水管路中不要用逆止阀。

高压再热器疏水箱的最大工作压力取核反应堆蒸发器设计压力的 1.1 倍;瞬时流量约为再热器流量的 1.8～1.9 倍。高压再热器疏水管道将疏水送至第一级给水加热器中。

7.2.3 弯管式汽水分离器

虽然波纹板式分离器的体积已大为缩小,但它的低临界速度特性决定了其尺寸庞大、造价高、系统布置复杂等不足。许多公司一直都在不断地尝试开发高速高效、小尺寸、可靠性高的分离器以取代常规波纹板式汽水分离器。近年来,ABB 公司开发出的安装在高/低压缸连通管内的高速汽水分离器——弯管式汽水分离器(SCRUPS)已在部分核电站运行或试运行,并取得了满意的运行经验和效果。弯管式汽水分离器的分离效率并不比常规的汽水分离器低,且尺寸小,造价低,系统布置简单,提高了系统的安全性和可靠性,因此有逐渐取代波纹板式分离器的趋势。

弯管式汽水分离器在汽轮机系统中的布置如图 7 - 114 所示。预分离器(MOPS)先分离沿高压缸内壁面流下的水分,弯管式分离器去除湿蒸汽中的水分,分离后的蒸汽经再热器(Reheater)加热至一定过热度后送往低压缸中继续膨胀做功。图 7 - 115 是弯管式分离器的简化结构示意图,导流除湿叶栅安装在一个方形的腔室中,该腔室的进、出口截面为正方形且与连通管具有基本相同的流通面积,方形腔室与连通管的连接是通过方形截面到圆形截面的过渡段结构来完成的,方形腔室设在直径略大于连通管直径的圆筒形外壳内。蒸汽在除湿叶栅内流动时,流向发生偏转,汽流所携带的大部分水滴因惯性力作用碰撞并沉积到叶片表面上而形成流动水膜。除湿叶片是空心结构,在叶片表面上开有除湿槽,槽的数量、布置、形状和大小由试验确定。SCRUPS 工作时,叶片表面上的水膜连同部分蒸汽一起被抽入除湿槽内,这部分汽水混合物在圆筒形外壳与方形腔室之间的空腔内被分离,随后分离水和分离蒸汽从各自的出口排出。分离蒸汽可直接进入给水加热器或与 MOPS 的分离汽混合,分离水(凝结水)送入凝结水箱,该水箱同时也收

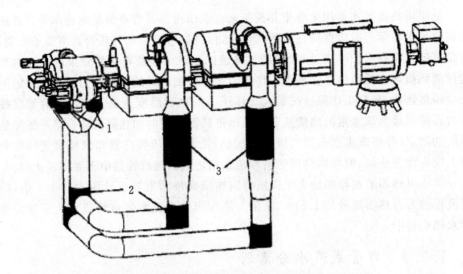

图 7 - 114　弯管式汽水分离器在汽轮机系统中的布置
1—预分离器(MOPS)；2—弯管式分离器(SCRUPS)；3—再热器(Reheater)

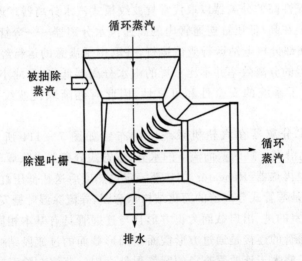

图 7 - 115　弯管式汽水分离器结构简图

集 MOPS 的分离水(凝结水)。除湿叶栅则采用空气动力学叶型,其压损低于常规
的 90°弯头的压损。SCRUPS 的全部零件由不锈钢制成,避免了腐蚀。由于
MOPS、SCRUPS 和连通管的流通面积基本相同,流速也基本相同,因此,它们组成
的分离器是一种高速汽水分离器。

　　ABB 公司在 10 台核电机组上安装 MOPS/SCRUPS 组合结构试运行,并检测

组合式 MOPS/SCRUPS 的工作性能,获得了以下运行经验:除湿效率方面,
MOPS/SCRUPS 的组合被证实为高效率汽水分离器,除湿效率取决于它们在管中
的位置,一个 MOPS 加两个 SCRUPS 顺序组合的除湿效率大于 95%,超过了大部
分常规汽水分离器的除湿效率;压损方面,安装 MOPS 和 SCRUPS 后,由于
SCRUPS 采用空气动力学叶型,连通管中的压损得到充分的降低;残留湿度分布
方面,MOPS 和 SCRUPS 能够大大降低分离器的水分载荷,消除湿度分布不均匀
问题;侵蚀和腐蚀方面,安装 MOPS 可以减小侵蚀和腐蚀,但不能完全阻止,用组
合式 MOPS/SCRUPS 替换第一个弯头可完全阻止侵蚀和腐蚀的发生;电厂热效
率方面,由于压损减小,除湿效率增加,电厂效率得到提高。

　　一些学者对弯管式分离器内的流动与分离特性进行了研究,图 7 - 116 和图
7 - 117 是双弯管式分离器内的水滴运动轨迹和总压损失系数分布云图。

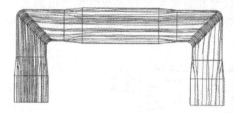

图 7 - 116　双弯管式分离器内直径 10 μm　　　图 7 - 117　双弯管式分离器内叶栅中间截面
　　　　　　水滴的运动轨迹　　　　　　　　　　　　　　总压损失系数分布

　　为了进一步提高弯管式汽水分离器的除湿效率,发展了一种在弯管前加旋流
装置的组合式分离器(见图 7 - 118),通过增大流动的湍流效应来增强小水滴的扩
散沉积。在这种组合式分离器中,汽流经过旋流叶片后的流向发生偏转,紊乱的流
场持续到第一组导流除湿叶栅进口;汽流经过第二组除湿叶栅后流线基本与圆管
轴向一致。不同直径水滴的沉积量都有所增加,尤其是较小直径水滴的沉积量增
加明显(见图 7 - 119),但汽流经过旋流叶片和除湿叶栅时会产生较大总压损失
(见图 7 - 120)。

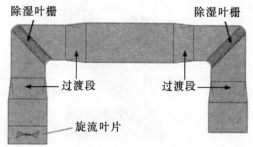

图 7 - 118　组合分离器结构示意图

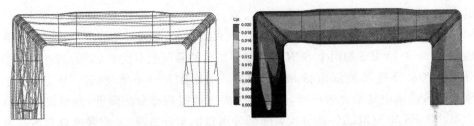

图 7-119　组合分离器内直径 10 μm 水滴　　图 7-120　组合分离器内叶栅中间截面
　　　　　的运动轨迹　　　　　　　　　　　　　　　　总压损失系数分布

　　将弯管式分离器改为"Z"字形弯管分离器也可提高除湿效率。图 7-121 是 "Z"字形弯管分离器在汽轮机系统中的布置图,图 7-122 是"Z"字形弯管分离器 的结构示意图。数值研究表明,"Z"字形弯管分离器中的汽相流速比较均匀,流线 分布良好;不同直径水滴的沉积量都有增加,尤其是较大直径水滴沉积量增加更为 明显(见图 7-123);总压损失主要发生在导流除湿叶栅中,且损失系数有较大的 降低(见图 7-124)。

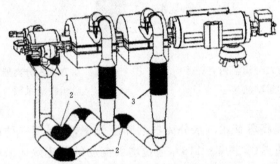

图 7-121　"Z"字形弯管分离器在汽轮机系统中的布置
1—预分离器(MOPS);2—"Z"字形分离器;3—再热器(Reheater)

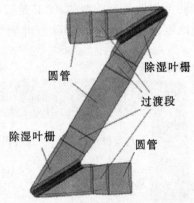

图 7-122　"Z"字形弯管分离器结构示意图

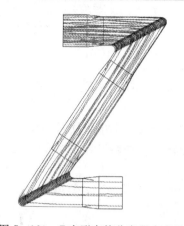

图 7 - 123　Z 字形弯管分离器内直径
10 μm 水滴的运动轨迹

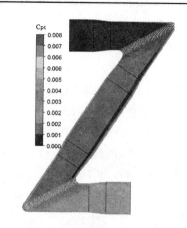

图 7 - 124　Z 字形弯管分离器内叶栅中间截面
总压损失系数分布

图 7 - 125 为三种分离器的除湿效率和平均总压损失系数对比图。可以看出，双弯管式分离器的除湿效率为 79.9%，平均总压损失系数为 0.32%。相对于双弯管式分离器，组合式分离器的除湿效率提高了 7.4%，但平均总压损失系数增大了 28.1%。"Z"字形弯管分离器的除湿效率提高了 11.3%，同时平均总压损失系数减小了 37.5%。

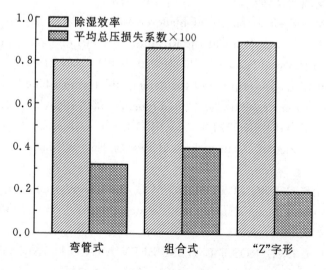

图 7 - 125　三种分离器的性能对比

本章参考文献

[1]MOORE M J,SIEVERDING C H. 透平和分离器中的双相流[M]. 蔡颐年,译. 北京:机械工业出版社,1983.

[2]蔡颐年,王乃宁. 湿蒸汽两相流[M]. 西安:西安交通大学出版社,1985.

[3]鞠凤鸣,颜培刚,陈晓娜,等.带除湿槽涡轮叶栅非平衡凝结流动数值研究[J]. 工程热物理学报,2013,34(5):841-844.

[4]徐亮. 湿蒸汽透平内流特性及除湿方法的数值研究[D].哈尔滨:哈尔滨工业大学,2009.

[5]徐亮,颜培刚,黄洪雁,等. 静叶内弧中部热蒸汽喷射的数值研究[J].哈尔滨工业大学学报,2009,41(9):46-50.

[6]李春国,王新军,程代京,等. 汽轮机空心静叶吹扫性能的试验研究和数值计算[J].动力工程,2009,29(7):635-639.

[7]AHMAD D,ABRAHAM J M. A study of steam turbine droplet formation, shedding and blade impact[C]. ASME paper,Power 2008-60123.

[8]王新军,卢澄,李振光,等.缝隙吹扫对静叶出口二次水滴直径影响的实验研究[J].西安交通大学学报,2007,41(7):764-767.

[9]SMITH A. Physical aspects of blade erosion by wet steam in turbines[J]. Philosophical Transactions of the Royal Society of London. Series A, Mathematical and Physical Sciences,2007,260(1110):209-219.

[10]CALDWELL J. Description of the damage in steam turbine blading due to erosion by water droplets[J]. Phil. Trans. A,2007,260:201-208.

[11]PRATESI F,GIANNOZZI M,GIORNI E,et al. Increased liquid droplet erosion resistance of steam turbine blades[J]. Energy Materials,2007,2(1):13-18.

[12]YANG A S,YANG M T,HONG M C. Numerical study for the impact of liquid droplets on solid surfaces[J]. Proc. IMechE Part C:J. Mechanical Engineering Science,2007,221:293-301.

[13]SIMOYU L L,EFROS E I,HEMPELEV A G,et al. Experimental investigations into the efficiency of a device for removing moisture from the inlet flow in double-flow low-pressure cylinders of cogeneration turbines[J]. Thermal Engineering,2006,53(2):100-106.

[14]HAMED A,TABAKOFF W,WENGLARZ R. Erosion and deposition in

turbomachinery［J］. Journal of Propulsion and Power, 2006, 22（2）: 350 – 360.

［15］SIMOYU L L, EFROS E I, SHEMPELEV A G, et al. Experimental investigations into the efficiency of a device for removing moisture from the inlet flow in double-flow low-pressure cylinders of cogeneration turbines［J］. Thermal Engineering, 2006, 53(2):100 – 106.

［16］刘建成,林志鸿,闻雪友,等. 汽轮机内部除湿技术的发展［J］. 热能动力工程, 2005, 20(1): 1 – 5.

［17］田瑞峰. 分离级除湿叶栅两相二维粘性湍流流场数值模拟及除湿研究［D］. 哈尔滨:哈尔滨工程大学, 2002.

［18］MANZELLO S L, YANG J C. On the collision dynamics of a water droplet containing an additive on a heated solid surface［J］. Proc. R. Soc. Lond. A, 2002, 458:2417 – 2444.

［19］JONAS O, STELTZ W, DOOLEY B. Steam turbine efficiency and corrosion: effects of surface finish, deposits and moisture［J］. Power Plant Chem. , 2001, 3(10):583 – 590.

［20］王新军,李炎峰,徐廷相. 缝隙宽度对汽轮机空心静叶去水效率影响的实验研究［J］. 西安交通大学学报, 2000, 34(5):24 – 27.

［21］王新军. 汽轮机空心静叶去湿缝隙研究［D］. 西安:西安交通大学, 1999.

［22］BERTHOUMIEU P, CARENTZ H, VILLEDIEU P, et al. Contribution to droplet breakup analysis［J］. International Journal of Heat and Fluid Flow, 1999, 20: 492 – 498.

［23］姚秀平,俞茂铮,孙弼,等. 核电 600 MW 汽轮机末级空心静叶去湿缝隙设计研究［J］. 动力工程, 1998, 18(4): 7 – 14.

［24］李殿玺. 汽轮机动叶栅去湿性能研究［D］. 哈尔滨:哈尔滨工程大学, 1995.

［25］张金玲,苗迺金. 核电机组中的汽水分离再热器(MSR)［J］. 汽轮机技术, 1994, 36(4):208 – 211.

［26］SAKAMOTO T, NAGAO S, TANUMA T. Investigation of wet steam flow for steam turbine repowering［C］. PWR-VOL. 18, Steam Turbine-Generator Developments for the Power Generation Industry, ASME 1992.

［27］TANUMA T, MENG, MJSME, et al. The Removal of Water from Steam Turbine Stationary Blades by Suction Slots［J］. English, Proc. Instn. Mech. Engrs, 1991:179 – 189.

［28］孔琼香. 静叶出口边液膜的撕裂及液滴的二次破裂［D］. 西安:西安交通大

学,1990.

[29]魏先英,高树强.核电汽轮机汽水分离再热器(MSR)疏水系统设计要点介绍[J].发电设备,1988(1):47-51.

[30]YOUNG J B,YAU K K,WALTERS P T. Fog droplet deposition and coarse water formation in low-pressure steam turbines: a combined experimental and theoretical analysis [J]. Journal of Turbomachinery, 1988 (110): 163-172.

[31]ANSARI A R. Experimental investigation of performance of suction slots in stationary hollow blades to prevent blade erosion in steam turbines[J]. Proceedings of the First KSME-JSME Thermal and Fluids Engineering, 1988 (2):155-157.

[32]张乃成.汽轮机末级隔板中水分沉积规律及缝隙去湿特性研究[D].西安:西安交通大学,1988.

[33]RYLEY D J, DAVIES J B. Effect of thermophoresis on fog droplet deposition on low pressure steam turbine guide blades [J]. International Journal of Heat and Fluid Flow, 1983, 4(3): 161-167.

第8章 高速湿蒸汽流的测量技术

实验研究是掌握两相流动规律的基本方法,在某种意义上说,对两相流规律更深入的了解,有赖于实验技术的进步。本章将结合已有的研究成果,针对湿蒸汽压力和湿度测量中存在的特殊问题,进行相关测量方法和测量装置的讨论。

8.1 压力测量

湿蒸汽压力测量的主要问题是将压力通过管道传送到测量仪器时,由于湿蒸汽流中存在水滴,而液相水分可能进入一次测量元件,水的表面张力将导致压力在传递过程中发生扭曲、变化,导致测量结果的失真。因此,湿蒸汽压力测量的核心问题是如何将压力通过管道准确传送到二次测量仪器。目前常用的解决方法主要有:充水管线、连续清除的空气管线、间歇清除的空气管线等。下面对其进行简要介绍。

8.1.1 充水管线

图 8-1 展示了一个典型的充水管线装置,图中的引压管从主汽管水平位置引出,经冷却室后与低位安装的压力计或压力传感器连接,连接测点与压力计的管道用水充满。冷却室的主要作用是保证蒸汽/水的表面维持在一已知位置,从而消除湿蒸汽在引压管内凝结或水滴沉积导致的压力测量误差。由于压力计与水位线存在高度差,在测量中对观测的压力计读数需进行校正以补偿水柱的高度变化。冷却室上端的放气塞用于管道充水以及将漏入的气体或由水中释放出来的气体排出。在应用中,受空间位置所限,上述装置的结构可以根据现场情况调整。这种系统的主要缺点是测量低压湿蒸汽时误差较大。

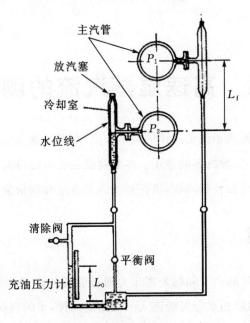

图 8-1　应用充水管线测量压力示意图

8.1.2　连续清除的空气管线

　　压力测量管线中的积水或凝结物常常像栓塞一样集聚,水的表面张力歪曲了所传送的压力。精确测量湿蒸汽压力的基本原则是:确保引压管线中充满水(如充水管线法)或完全无水。为了清除管线中的积水,保证蒸汽从测量点到测量仪表的通路连续不断,可以在压力传感器附近引入一小股干净空气以清除气流,并通过管线注入测量点的蒸汽流中,但是清除气流的流量必须尽可能小,以避免蒸汽流场受到重大干扰,并使从气体注入点到蒸汽流测量点的压降最小。因此,需要对测量系统进行精巧的布置。

　　典型测量装置如图 8-2(a)所示,清除空气经由过滤器、针阀后进入贮气器,然后经由隔离阀、微调针阀与探针、传感器等连通。测量时,利用微调针阀调节清除空气的流量,使空气压力略高于湿蒸汽压力,并通过对传感器记录压力的修正获得湿蒸汽的真实压力,这需要对测量系统进行标定以确定管路系统的压力损失,得到如图 8-2(b)所示的修正曲线。

　　通过对连续清除系统进行调节可以获得非常精确的压力测量结果。图 8-3是一个 Pitot 管横向移动经过叶片尾迹区的压力测量结果,可以看到,在压差上升的区域中,蒸汽从引压管线流出,不吹气系统也能较准确的记录压力的变化;而对于压差下降的情况,流入引压管线的水蒸汽将造成测量结果的严重失真。

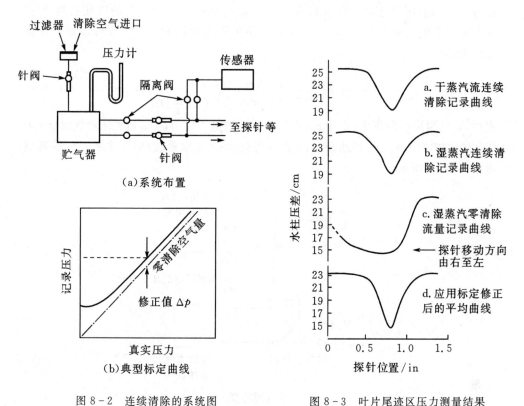

（a）系统布置

（b）典型标定曲线

图 8-2　连续清除的系统图

图 8-3　叶片尾迹区压力测量结果

（1 in=2.54 cm）

Smith 发展了另一种清除空气控制/标定方法,采用一系列直径递减的孔板代替图 8-2 的微调针阀来控制清除空气流量。记录压力按外插法求得在孔板直径为零时的真实压力值（清除流量为零）,也获得了较好的测量效果。

8.1.3　间歇清除的空气管线

连续清除装置的标定和调节都非常复杂,为了适合在湿热、高噪音和多尘等恶劣环境中使用,研究者提出了一种简单可靠的间歇清除空气管线系统。其基本原理是:测量前,利用清除空气将测量管线中的蒸汽或积水吹除干净,清除空气的压力应高于待测点蒸汽压力;当清除空气关闭时,测量点压力恢复正常后就可以进行测量。

图 8-4 展示了一种典型的间歇清除系统以及测量仪器所记录的压力随时间

变化曲线。为了测量的精确与可靠,反应时间 t_* 应尽可能短,最好不要超过 10 s,这对测针和引压管道的几何形状提出了一定的要求。对于给定的管线长度 L 和压力传感器的容积 V,反应时间 t_* 主要取决于管线内径 D。由下式可以近似计算 t_* 的大小

$$t_* = \frac{2L}{\sqrt{3a}} - \ln\left(\frac{p_* - p}{p_i - p}\right)\frac{32\mu}{xp} \cdot \left(\frac{I}{D}\right)^2\left[\frac{V}{\frac{\pi}{4}D^2L} + \frac{1}{2}\right] \tag{8-1}$$

式中:p 是测量点的压力;p_* 是时间 $t = t_*$ 时的测量点压力;p_i 是当关闭吹气时($t=0$)传感器的初值压力;a 是当地音速;μ 是动力粘度;x 是水蒸汽/空气比率。t_* 的典型值如图 8-5 所示。

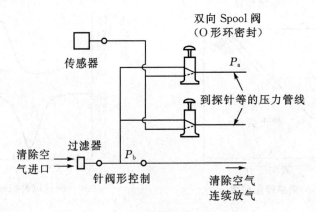

（a）系统布置

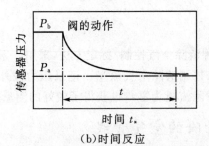

（b）时间反应

图 8-4 间歇清除系统

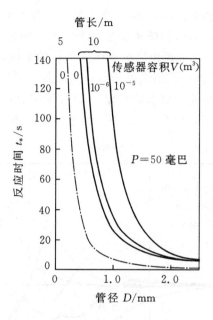

图 8 - 5 空气清除的压力管道的反应时间(1 毫巴 = 100 Pa)

8.1.4 系统对压力波动的响应

对于测量点的压力波动,引压管路和传感器的响应特性对测量结果的准确性有重要影响,许多文献对小幅正弦型压力波动的情况已经进行了广泛地研究,给出的均匀管线的幅值比表达式如下

$$\frac{\Delta p_*}{\Delta p} = R \ (\cosh\varphi L)^{-1} \tag{8-2}$$

其中

$$\varphi = \frac{\omega}{a_0} \sqrt{\frac{\chi}{n}} \sqrt{\frac{J_0(\infty)}{J_2(\infty)}}$$

$$\infty = i^{\frac{3}{2}} \frac{D}{2} \sqrt{\frac{\rho\omega}{\mu}}$$

$$n = \left[1 + \frac{\chi - 1}{\chi} \frac{J_2(\infty \sqrt{Pr})}{J_0(\infty \sqrt{Pr})} \right]^{-1}$$

而 J_0、J_2 分别为零次和二次 Bessel 函数;χ 是比热比;Pr 是 Prandtl 数;ρ 是密度;ω 是角频率;i 是电流。对直径 3.2 mm 的一系列管线长度的频率响应特性如图 8 - 6 所示,可以清楚地看到几个共振频率。对长管线,摩擦阻尼占主要地位。根据上节关于间歇清除要求的讨论,若采用长度约 5 m,内径约 3 mm 的管线构成

空气系统,对于平均压力约 1 bar(1 bar＝0.1 MPa),频率大于 100 Hz 的压力波动的响应是可以忽略的。但是气体的密度是一个重要的变量,增加平均压力将增加幅值比。对于一个包括 Pitot 管和简单液体气压计的系统,除了在共振附近的各种频率下,所给总压的时间平均值误差是可以忽略的。类似透平动叶之后所遇到的那种阻尼很大的系统的全压波形的响应,非线性影响会对 300 Hz 的波动频率下所记录的压力时间平均值产生 2% 的误差。另外,带外罩的 Pitot 管会对测量结果带来显著的误差。

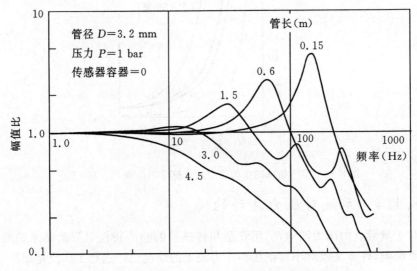

图 8-6　连续传感器到测量点的充气管线的频率响应

8.1.5　透平中的压力测量

对运行中的透平进行压力测量,主要问题是如何安装压力测针,永久性的测量装置经常是不可靠的,在许多场合,长探头最好使用经精确定位的导管插入透平中。图 8-7 展示了一个典型的测量低压透平叶排之间径向蒸汽参数分布的装置。

图 8-8 展示了几种用来测量三元流场总压、静压和气流方向的典型探头,但若用于测量运行中的透平,这些探头还存在一些缺陷。探头(a)和(b)的尺寸必须尽可能小以便和典型直径为 25 mm 的探头体相结合,但测压孔径也会随探头尺寸减小,清除小孔又会造成吹净时间 t. 增大。探头(c)很粗壮,但它要求在湿蒸汽流中作大量的标定工作。探头(d)要求清除并记录至少八个压力,很费时间。

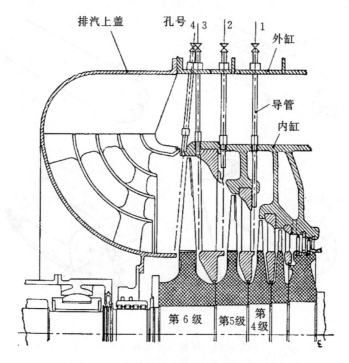

图 8-7　表示测量孔位置的透平纵剖面图

图 8-9 展示了另一种探头系列,它需要最少量的标定,而且可以装在相对较大的接头和压力管线上用于快速清除。探头(a)采用使圆盘两侧的静压为零的方法,使探头转动到对准圆周向平面中的气流方向(偏流角)。全压用 Kiel 探针测得,圆盘静压可以通过一条压力对气流马赫数的校正曲线与汽流静压联系起来。圆盘和 Kiel 探头的对称性保证了测量结果与在子午面上的气流角度(倾斜角)无关。探头(b)是 Conrad 型探头,可按测得的偏流角放置并校正零点以确定倾斜角。这种组合探头的固有精确性和探头清除速率高等优点对湿蒸汽测量来说显得非常重要。

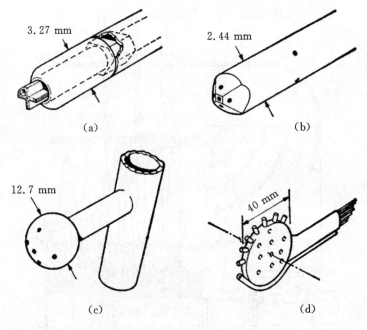

图 8-8　测量三元流的探头

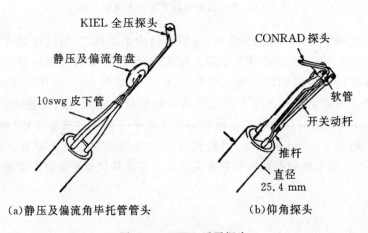

(a)静压及偏流角毕托管管头　　　　(b)仰角探头

图 8-9　CERL 透平探头

8.2　湿度测量

在常规汽轮机中,由于过热蒸汽逐级膨胀做功,并随着其压力不断下降,当进入饱和区时会自发凝结,产生湿蒸汽;而在压水堆核电站中,大部分汽轮机级都运行在湿蒸汽区。汽轮机中湿蒸汽的存在主要带来两个问题:一是因蒸汽在饱和区凝结,产生热力损失,使得汽轮机效率降低;二是因湿蒸汽中水滴对汽流的跟随性差,常以很大的相对速度撞击动叶进汽边,产生严重的冲蚀破坏,不仅使叶片的气动性能恶化,级效率降低,而且威胁汽轮机的安全运行。因此,蒸汽湿度的准确测量对汽轮机安全、高效运行具有重要的工程价值。

湿蒸汽的内部形态非常复杂,但可以近似认为是饱和蒸汽与水滴的混合物,其中水滴含量是蒸汽湿度的主要表征。根据水滴产生机理,汽轮机湿蒸汽中的水滴可以分成以下两类。

(1)一次水滴:是蒸汽自发凝结生成的,直径一般不超过 $1\sim2~\mu m$,是湿蒸汽中湿度的主要部分,在全部湿度中所占份额约为 95%。

(2)二次水滴:又称粗糙水滴,是静叶栅和动叶栅出口的水膜撕裂形成的,直径可达几十微米至数百微米,是造成低压级动叶片严重水蚀破坏的主要原因。

对于二次水滴,由于其尺寸较大,通过机械分离法、采样法、示踪法、图像法等都可以较精确地测量。需要说明的是,大多数情况下,湿蒸汽内同时包含一次水滴与二次水滴,仅通过测量二次水滴来确定蒸汽湿度的方法将产生较大误差,而一次水滴的测量才是蒸汽湿度测量的本质与难点。

对于 $D<3~\mu m$ 的雾状一次水滴,其散射光强、电介质系数等将随水滴尺寸发生变化,通过一些装置来记录这些参数与水滴尺寸的关系,就可以确定蒸汽湿度。目前蒸汽湿度测量中的光学法、电容法等都是基于上述原理。光学法是依据光的散射原理来确定水滴含量进而确定蒸汽湿度的,主要分为角散射法和全散射法;电容法则是利用液滴对蒸汽电容特性的改变进行蒸汽湿度测量,但上述方法都需要精确标定。在实际应用上,热力学方法是目前最常用的,它是利用水蒸气的热力性质,通过节流或者换热,依据热力过程的物性参数变化求解湿蒸汽焓值与湿度。

几种方法都有各自的优缺点,热力学法的优势在于理论基础可靠、原理通俗易懂,采用绝对法测量湿度,不受汽流中水滴直径大小限制,测量结果较其他方法更准确,且无需进行校正和标定,也不需要特殊器件;但该方法测量湿度的范围有限,也无法确定水滴尺寸分布。光学法不仅可以测量蒸汽湿度,还可以测量水滴粒径分布,且不需要抽汽取样,对流场没有影响,但光学透镜表面易污染,影响测量精度,如雾珠凝结在透镜表面上,其它污染物沉积在透镜表面上,因此只能在短期内采用防污染措施后使用,不能作为监视仪器长期运行;另外,光学原理复杂,设备昂贵,一般需要校正。电容法具有测量范围大的优点,测量结果也相对比较准确,但是湿蒸汽介电常数受到水滴在极板间相对位置的影响,湿度与介电常数并不是一一对应关系,因此测量结果的准确性仍然需要进一步验证。下面将对各种蒸汽湿度测量方法进行简要介绍。

8.2.1　二次水滴测量方法

1. 机械分离法

如果湿蒸汽内含有大量的 $D>10~\mu\mathrm{m}$ 的粗糙水滴,则可以采用分离元件,如汽水分离器等,将水滴从蒸汽中分离出来,分别测量水滴和蒸汽的流量,或对分离出的蒸汽采用其它测量方法确定其湿度,再计及分离出的水滴流量后最终确定湿蒸汽的湿度。

2. 透平级间测量方法

为了研究湿蒸汽,已经发展了一种有效的装置来测量透平级之间的粗糙水滴。如图 8-7 所示,一只长圆柱形的探头通过导管插入蒸汽空间,探头内装有取样板和封闭小室,并且有一个远距离操作的遮板。打开遮板,将装有吸水物的小室在蒸汽中暴露几秒钟,此时蒸汽流和小雾珠将绕探头而过,而大于 $10~\mu\mathrm{m}$ 的粗糙水滴被吸水物吸收,收集效率至少达到 95%。若取样孔的面积为 A,在暴露时间 δt 内吸水物的吸水质量为 δm(可用称重法测量),则当地湿度可由下式计算

$$Y'' = \frac{\delta m\,(1-Y)}{\delta t A \cos\varphi\, C\rho_{\mathrm{sat}}} \qquad (8-3)$$

式中:φ 是蒸汽运动方向与探头方向的夹角;C、ρ_{sat} 和 Y 分别是蒸汽速度、饱和密度和(总)湿度。

图 8-10 展示了一台 500 MW 透平次末级和末级之间粗糙水滴的典型测量结果。

3. 示踪法

除了机械分离法之外也可以采用示踪法测量粗糙水滴。其工作原理是:在湿蒸汽中注入质量流量为 m_{t} 的容易检测的示踪元素,初始的示踪元素浓度 c_1 为已知;在注入点的下游某处,示踪元素已经与汽流中的粗糙水滴充分混合,抽取试样并测定其浓度为 c_2,于是汽流中的粗糙水滴质量流量 m_{c} 为

$$m_{\mathrm{c}} = m_{\mathrm{t}}\left(\frac{c_1}{c_2} - 1\right) \qquad (8-4)$$

典型方法是用钠盐或锂盐的钠同位素作放射性示踪。

4. 图像法

通过显微透镜和光纤将湿蒸汽测量区的水滴图像传给 CCD 相机,并对测量图像进行分析处理得到二次水滴的尺寸分布,进而求得蒸汽湿度。由于 CCD 分辨率

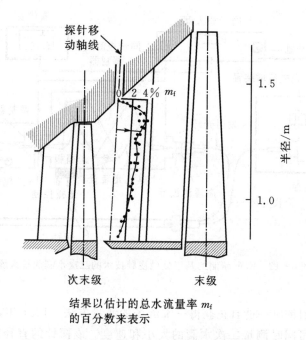

图 8-10 一台 500 MW 透平粗糙水滴分布测量结果

的限制以及水滴图像边缘效应的影响,该方法只适合测量较大尺寸的水滴。1991年,法国电力公司研制了二次水滴微型图像测量系统,探针头部直径 25 mm,测量区域仅为 1 mm³ 量级,如图 8-11 和图 8-12 所示。系统采用脉冲二极管激光器作为光源,功率为 100 W,脉冲宽度为 50 ns。该方法也可以利用拍摄的时间序列图像确定二次水滴的速度。

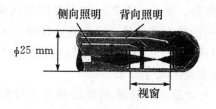

图 8-11 EDF 微型图像探针头部

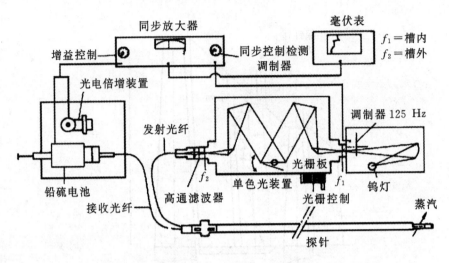

图 8 - 12   EDF 研制的基于显微视频技术的二次水滴测量系统

5. 全息法

全息法是目前唯一能真正获得三维流场的测量方法。1991 年，法国 EDF 研制的全息探针可同时测量二次水滴的大小和速度。该探针的直径为 100 mm，长度在 2 m 以上，并带有防止水滴在观察窗表面沉积的清洁系统。全息探针的光源为双脉冲激光器，测量探针的测量区域较大，可达 10 cm³ 以上；但它只适用于低浓度的二次水滴测量，而且需要复杂的硬件设备。

6. 光脉动法

利用恒定光源发射两条细小光束（直径为 0.2 mm/0.3 mm），在发射端和接收端之间构成了光脉动法的测量区（长为 20 mm）。当一个二次水滴流过两测量光束时，将产生两个脉冲信号。图 8 - 13 展示的是在湿蒸汽风洞中测量得到的二次水滴信号。其中：信号中的微小波动是一次水滴流过测量区时产生的，两个大的脉冲信号代表了通过测量区的一个二次水滴，根据颗粒尺寸与脉冲信号强度的关系就可以确定湿蒸汽二次水滴的尺寸分布。

2000 年，上海理工大学蔡小舒在原消光法测量探针的基础上研制了集成探针。该集成探针在用消光法测量一次水滴的同时采用光脉动法测量二次水滴（包括：粒径分布、速度大小和方向），并在两台汽轮机上进行了实测。图 8 - 14 和图 8 - 15 展示的是集成探针在江苏利港电厂 350 MW 机组上的部分测试结果。

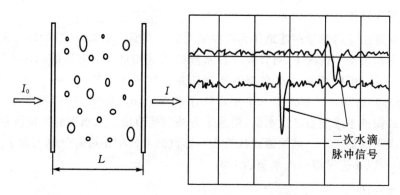

图 8-13　光脉动法测量原理和二次水滴脉冲信号

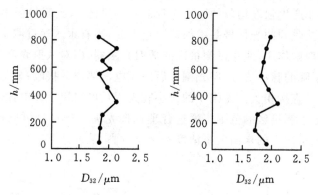

图 8-14　250 MW 工况下一次水滴平均直径沿叶高的变化

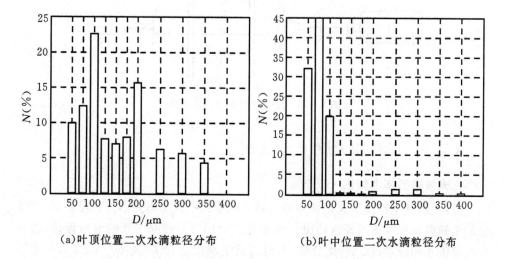

（a）叶顶位置二次水滴粒径分布　　　　　（b）叶中位置二次水滴粒径分布

图 8-15　250 MW 滑压工况下二次水滴的粒径分布

7. 捕捉罐法

捕捉罐法是将卷紧的滤纸作为吸收剂暴露在湿蒸汽中取样,然后进行称重,在取样截面积已知的情况下,可计算二次水滴的质量流量。此方法的二次水滴收集率可达 95%,所以测量二次水滴的质量流量是可靠的。Williams 和 Lord(1976年),Young(1988 年),Ross(1994 年),Petr 和 Stastny(1995 年)等都先后发展了捕捉罐式探针系统测量二次水滴,但这个方法只能给出二次水滴的质量流量,不能测量二次水滴的大小。捕捉罐式探针在湿蒸汽的取样中不可避免地包含了少量一次水滴,所以还应考虑一次水滴的影响。

8. 光阻法

二次水滴的数目较少,可采用光阻法进行测量,如图 8-16 所示。光源 1 发出的光经扩束器 2 产生强度均匀的平行光投射到测量区 3,当测量区中没有水滴时,光电探测器 5 接收到的光信号基本保持恒定不变;当有水滴通过测量区时,由于颗粒对入射光的散射作用,使穿过测量区的透射光减弱,即对入射光产生了"遮挡"作用,产生一个下降的脉冲信号,经光阑 4 后由光电探测器 5 接收;显然,脉冲信号的幅值与水滴粒径直接相关。光阑 4 的大小和光程长度决定了光电探测器 5 的有效口径,从而决定了测量区的范围。通过合理选择光阑 4 的口径可以控制测量区的大小,以确保测量区中的水滴数量浓度不至于过高,从而达到对二次水滴粒度进行测量的目的。

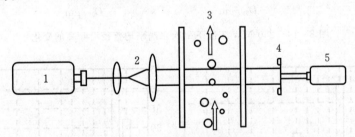

图 8-16 光阻法测量原理示意图

8.2.2 蒸汽湿度的光学法测量

1. 光散射的基本知识

(1)光的基本性质。光是能量的一种表现形式。人类对光的认识经历了 17 世纪的牛顿微粒说和惠更斯波动说。19 世纪麦克斯韦尔建立了光的电磁理论,进一步发展了光的波动说。20 世纪初,人们用量子理论建立了"光子"概念,认为光不仅有波动特性,而且具有粒子特性,从而确立了现代的光的波粒二象性学说。然而,在解决生产实践中遇到的各种光学问题时,人们往往根据问题性质的不同,选择不同的物理模型,这不仅是必要的,也是科学的。下面讨论的光的散射问题,将根据光的波动理论,而不涉及光子理论。

　　根据麦克斯韦的电磁理论,光是一种电磁波,其振动方向垂直于波的传播方向,可以不依赖于介质的存在而在真空中传播。光束的特性可以用两个振动矢量,即电振动 E 和磁振动 H 来描述,彼此相互垂直,且都垂直于波的传播方向,并遵循右手螺旋关系,如图 8－17 所示。其中电矢量是产生光效应的根源,因此又称光矢量。人眼可以感觉到的可见光,其波长在 $0.4\sim0.76$ μm 范围之内。

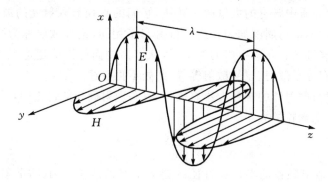

图 8－17　电磁波

　　光源中一个原子(或分子)在某一瞬间所发出的光有着特定的频率,即具有单色性。然而,通常的光源中无数个原子和分子的激发或辐射,彼此之间没有联系,所发生波的频率各不相同。这种光源辐射的光是由各种不同频率的光复合起来的,称为复色光,通过棱镜、干涉滤光片等可以从复色光中分解出不同的单色光。

　　光波的频率极高,约在 10^{15} Hz 的量级,其电矢量的变化极其迅速。在垂直于传播方向的平面内,如果光矢量的所有振动不是局限在一个方向上,而是具有一切可能的方向,则称为自然光。普通光源发出的是自然光,其电矢量的振动方向虽无规律,但就统计学观点而言,在所有可能的方向上,没有一个振动方向较其他方向更占优势。所以,相对于光的传播方向而言,还是对称的。如果光波的光矢量的方向始终不变,被限制在某一特定方向上,只是它的大小随相位而变,这种光称为线偏振光(又称面偏振光或完全偏振光)。如果光矢量的大小不变,而它的方向绕波的传播方向均匀地转动,光矢量的末端在垂直于光的传播方向平面内的轨迹是一个圆,则称为圆偏振光。显然,线偏振光及圆偏振光属于两种极端情况。介于偏振光和自然光之间还有一种光称为部分偏振光,它在垂直于光的传播方向的平面内,在某一确定方向的振动比其余方向的振动更占优势。

　　一个原子(或分子)在某一瞬间所发出的光,其电矢量具有一定的方向,因而是偏振的。然而,光源中有着大量的分子或原子,它们各自的光矢量不可能保持在同一个方向内,所以,自然光非偏振光。采取一定的措施,如利用各种起偏器可以从普通光源发出的非偏振光中获得偏振光。

　　(2)光的散射现象。众所周知,在真空以及均匀介质中,光是沿着直线方向传播的。当光线在某一介质中传播时,如果入射光的一部分偏离其原始方向,被散射到各个方向,这种现象称为光的散射。在通过均匀介质时,它只能沿着折射光的方向直线传播,因而朝各个方向散射是不可能的。但是,当均匀介质中渗入了杂乱分布的微小颗粒后,破坏了介质的均匀性,则光的散射就可能发生了。

　　对于浑浊介质中含有的大量微小颗粒,它们的直径与入射光的波长大致为同一数量级,折射率也与周围均匀介质的折射率不相同,这种散射称为亨达尔散射。例如,当光线穿过滴有几滴牛奶的清水时,从容器侧面可以清楚地观测到散射光。除此之外,还有分子散射、拉曼散射等等,此处不再赘述。

　　散射规律与散射体的颗粒大小有关,在有关散射问题的讨论中,常采用下列无因次参数来表征颗粒的大小

$$\alpha = \frac{2\pi R}{\lambda} = \frac{\pi D}{\lambda} \tag{8-5}$$

式中:R、D 是散射颗粒的半径和直径;λ 是入射光的波长。因此,散射颗粒的大小是以其相对于入射光的波长来衡量的。

　　散射现象的数学处理很复杂,目前还只能对最简单的散射情况,即不相关的单散射进行较为完善的数学处理。所谓不相关的散射是指介质中所含微粒之间的距离足够大,以至于每一个颗粒对入射光的散射不因周围其他颗粒的存在而受到影响。Kerker指出,当颗粒之间的距离大于颗粒直径的 3 倍以上时,就可近似为不相关散射。在工程上,为保证不相关散射,介质中的颗粒浓度应不大于表8-1中给出的数值。汽轮机中可能遇到的湿蒸汽汽流中各水滴之间的距离也远远超过了上述极限。

表 8-1　保证不相关散射的最大颗粒浓度

颗粒直径/μm	浓度/cm^{-3}
0.1	10^{13}
1.0	10^{10}
10.0	10^7
100.0	10^4
1000.0	10

　　当介质中每一个颗粒都暴露于入射光的照射之中,颗粒只是对入射光进行散

射时,称为单散射。反之,如果介质中颗粒不仅对入射光进行散射,而且对其它颗粒的散射光再次进行散射,则称为复散射。天空中的白云就是这种情况,云层对太阳光的散射大约只有 10% 是单散射,大部分则是经过两个或更多水珠的多次散射。与相关散射一样,复散射在数学处理上也是很复杂的。

为得到单散射,就要控制介质的光学厚度,即 τ 与 l 的乘积。τ 是介质的浊度,l 是入射光在介质中的光程。试验指出:当光学厚度较小,即 $\tau l < 0.1$ 时,单散射占绝对优势;当 $0.1 < \tau l < 0.3$ 时,就要对单散射的结论作一定的修正;而当 $\tau l > 0.3$ 时,复散射将起主要作用。以下将要讨论的都是不相关的单散射,对于这么一种最简单的散射情况,可以先计算一个颗粒对入射光的散射;若散射中心由 M 个大小相等的颗粒组成时,其散射强度就是单个颗粒散射强度的 M 倍。

(3)散射系数、吸收系数和消光系数。根据上述讨论,在入射光的照射下,两相介质中的颗粒将对入射光进行散射。然而,除了真空,没有一种介质对任何波长的光都是透明的。在光学上,透明二字的意义是指对光不发生吸收。实际上,所有介质都是对某一特定波长范围内的光是透明或近似透明的。也就是说,介质对光的吸收程度视波长而定。例如,石英对可见光几乎是完全透明的,但对波长范围 $3.0 \sim 5.0~\mu m$ 的红外光却是不透明的。在利用光学法对两相流介质进行测量时,光束通过的光路除石英玻璃外常常是空气、水或蒸汽。在可见光范围内,空气的吸收率是很小的,当光程不是很长时,常可忽略不计。蒸馏水和水蒸汽对 $0.3 \sim 0.8~\mu m$ 波长范围内的光的吸收率也很小,但对这个范围以外的光的吸收率却很高。

需要指出,被颗粒吸收的那一部分光能将被转换成其他形式的能量,而不再像散射那样仍以光能的形式出现。另外,光散射也常常伴随着能量吸收,即当光线通过带有吸收性颗粒的介质时,除一部分光能被颗粒所散射外,还有一部分光能被颗粒所吸收,使得出射光较入射光减弱了,光的这种减弱称为消光。

为表征每一个颗粒对入射光的散射量和吸收量,常采用散射系数和吸收系数的概念。散射系数 K_s 是单位时间内一个颗粒的全部散射光能量与投射到该颗粒上的全部光能量之间的比值

$$K_s = \frac{颗粒的全部散射光能量}{射向颗粒的全部光能量}$$

散射系数 K_s 是一个无量纲量。如果散射系数已知,则每一个颗粒对强度 I_0 的入射光的全部散射光能量 E_s 即可按下式求得

$$E_s = K_s \cdot I_0 \cdot \sigma \qquad\qquad (8-6)$$

式中:σ 是散射颗粒在迎着入射光方向上的投影面积。对球形颗粒:$\sigma = \pi R^2 = \frac{1}{4}\pi D^2$。

与此类似，吸收系数 K_a 则定义为单位时间内一个颗粒所吸收的全部光能量，与投影到该颗粒上全部光能量之间的比值。K_a 也是一个无量纲量。同理，吸收系数已知后，每个颗粒对强度 I_0 的入射光的全部吸收量 E_a 为

$$E_a = K_a \cdot I_0 \cdot \sigma \tag{8-7}$$

根据能量守恒定律，在同时发生散射和吸收的情况下，消光系数 K_e 应是散射系数与吸收系数之和，即

$$K_e = K_s + K_a \tag{8-8}$$

很多情况下，在引起光衰减的吸收和散射作用中，一个作用往往比另一个作用强烈得多，此时就可以忽略影响较小的那个因素。例如，当光穿射过含有烟灰的微粒介质时，吸收将是主要因素，散射作用则可略去不计；当光穿射湿蒸汽时，吸收作用很微弱，则吸收系数远小于散射系数，因此应主要关注水滴的散射特性。

（4）光散射的类型。为了确定散射体的光散射规律以及上述各个系数，需要根据电磁场理论应用麦克斯韦尔方程对之求解，这称为米氏理论（Mie's Theory）。光散射理论牵涉到比较多的理论知识和数学基础，属于物理光学的范畴，已大大超过了本书的讨论范围。下面只给出一些最主要的结论，更详细的论述可参阅专门的文献资料。

米氏理论是有关光散射的普遍解，除理论比较复杂外，它的数学解也十分繁琐。但是，当颗粒远小于入射光波长时，即当无因次特征量 $\alpha \ll 1$ 时，米氏解的近似式为瑞利公式，这种情况下的散射称为瑞利散射。当颗粒比波长大出较多时，根据衍射理论所得到的结果与米氏解相同，这时的散射称为衍射。而当 α 趋近于无穷大时，米氏解就给出与几何光学相同的结果。只有当颗粒尺寸在瑞利散射和衍射之间时才用到严格的米氏理论解释，这称为米氏散射。下面对各种散射的特性进行简要介绍。

①瑞利散射。瑞利散射是一种最简单的散射，它的散射规律可按简化模型得到。当入射光为自然光且强度为 I_0 时，则垂直于散射面和平行于散射面的散射光强 I_r 和 I_1 分别为

$$I_r = \frac{16\pi^4 R^6}{r^2 \lambda^4} \left(\frac{m^2-1}{m^2+2}\right)^2 \cdot \frac{I_0}{2} = \frac{\lambda^2 \alpha^6}{8\pi^2 r^2} \left(\frac{m^2-1}{m^2+2}\right)^2 \cdot I_0 \tag{8-9}$$

$$I_1 = \frac{16\pi^4 R^6}{r^2 \lambda^4} \left(\frac{m^2-1}{m^2+2}\right)^2 \cos\theta \cdot \frac{I_0}{2} = \frac{\lambda^2 \alpha^6}{8\pi^2 r^2} \left(\frac{m^2-1}{m^2+2}\right)^2 \cos^2\theta \cdot I_0 \tag{8-10}$$

散射面指的是由入射光、散射颗粒和散射光所构成的平面。式中：r 是观察者与散射体之间的距离；θ 是衍射角，即观察者与入射光传播方向之间的夹角；R 是散射颗粒的半径；m 是散射颗粒相对于周围介质的折射率。I_r 和 I_1 的散射图形如图 8-18 所示，散射光强为

$$I_s = I_r + I_1 = \frac{16\pi^4 R^6}{r^2 \lambda^4} \left(\frac{m^2-1}{m^2+2} \right)^2 (1+\cos\theta) I_0 = \frac{\lambda^2 \alpha^6}{8\pi^2 r^2} \left(\frac{m^2-1}{m^2+2} \right)^2 (1+\cos\theta) I_0$$

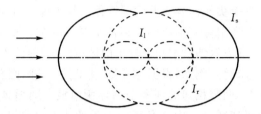

图 8-18　瑞利散射图形

由以上公式可以得到瑞利散射光的特点：

a.散射光强与散射颗粒线性尺寸的六次方成正比，而与入射光波长的四次方成反比。颗粒越大，瑞利散射光强越大；波长越短，瑞利散射光强也越大。

b.在瑞利散射范围内，散射光强的大小虽各有不同，但其光强的分布规律却非常相似，均为"腰子形"（见图 8-18）。由式(8-10)可知，散射角 $\theta = \pi/2$ 时的散射光强为

$$I_s = \frac{\lambda^2 \alpha^6}{8\pi^2 r^2} \left(\frac{m^2-1}{m^2+2} \right)^2 I_0 \qquad\qquad (8-11)$$

此时，散射光是完全偏振光，它的振动面垂直于散射面。其他任意角度下的散射光为部分偏振光。当 $\theta = 0$ 时

$$I_{\theta=0} = 2I_{\theta=\pi/2} \qquad\qquad (8-12)$$

c.对半径为 R 的球形散射颗粒（几何迎光面积 $\sigma = \pi R^2$），它的散射系数可以按下式计算

$$K_s = \frac{128}{3} \cdot \frac{\pi^4 R^4}{\lambda^4} \left(\frac{m^2-1}{m^2+2} \right)^2 = \frac{8\alpha^4}{3} \left(\frac{m^2-1}{m^2+2} \right)^2 \qquad\qquad (8-13)$$

瑞利散射是一种最简单的散射，只要散射颗粒大小、入射光波长以及折射率已知，即可按上式求得其 K_s。瑞利散射与散射体的材料性质有关，这主要表现在它的折射率的大小。

②衍射散射。如前所述，当散射颗粒比入射光波长大得较多时引起的散射为衍射散射。按几何光学的观点，当在光束中放置一任意形状的开孔或障碍物时，应在视幕上呈现一轮廓明晰的几何影区，在影区内应该完全没有光，而在影区外，光强分布应该是均匀的。实际上，几何影区的轮廓不是十分明显，即影区内有光，影区外的光强分布也是不均匀的。光线直线传播的这种偏离称为衍射。

衍射与障碍物的材料性质（如折射率）和表面条件无关，仅取决于障碍物的形状和大小。所以，形状和尺寸相同的物体所形成的衍射图形是一样的，衍射散射理

论指出,球形颗粒的衍射与尺寸相同的小孔或圆盘的衍射相同,这里所指的圆盘包括在光的传播方向上具有圆形投影的一切不透明的障碍物,它可以是一个不透明的圆球、圆形板或者一个尖端向着光源的圆锥体。简单说来,形状和大小相同的黑或白、透明或者不透明散射体所形成的衍射图形是一样的。衍射散射的散射图形比较明亮,且集中在"前方"(即散射角 θ 较小的区域)。如能测得其衍射图形,则散射体的尺寸即可相应求得。例如,根据惠更斯-菲涅尔原理,圆孔的衍射图形由一个中心圆形光斑和周围明暗相间的许多个圆环所组成。图形具有对称性,随着半径的增大,光强比值迅速减小。中心光斑的能量约为通过圆孔总光能的 84%,其余 16% 的光能则分布在周围各级光环中。

对于颗粒尺寸较入射光波长大得多的衍射散射,它的消光系数等于 2,即散射体从入射光中所消散的能量两倍于被它挡住的入射光能量。

大颗粒的散射可以看成是由介质球对入射光的多次反射和折射的几何光学效应,以及对入射光的衍射效应所引起。大颗粒散射体的几何光学效应很大,但它所引起的散射光是分布在各个方向的,而根据衍射的性质,散射体越大,衍射图形越向中心靠拢。所以,对于大颗粒体的散射,尽管对整个散射光来说,几何光学作用是显著的,但是对角度很小的前向散射光来说,仍然以衍射效应为主。正是这个原因,大颗粒前向的小角度散射与散射颗粒的折射率关系不大,利用前向散射的光强分布可对尺寸较大的颗粒进行测量,特别是当被测介质的折射率不知道时更为方便。

③米氏散射。上面所讨论的瑞利散射和衍射散射是米氏散射的两个特例,对具有普遍意义的米氏散射,应按严格的电磁波方程对各向均值的球形颗粒在平行光的照射下进行求解。下面给出它的主要结论。

a. 当强度 I_0 的入射光为自然光时,其散射光强的两个分量为

$$\left.\begin{array}{l} I_r = \dfrac{\lambda^2}{8\pi^2 r^2} i_1 I_0 \\[2mm] I_l = \dfrac{\lambda^2}{8\pi^2 r^2} i_2 I_0 \end{array}\right\} \tag{8-14}$$

或

$$I_s = \dfrac{\lambda^2}{8\pi^2 r^2}(i_1 + i_2) I_0 \tag{8-15}$$

散射光为部分偏振光时,其偏振度

$$p = \dfrac{i_1 - i_2}{i_1 + i_2} \tag{8-16}$$

式中: i_1、i_2 称为强度函数(或散射函数),它与散射角 θ、散射颗粒相对于周围介质的折射率 m 及特征量 α 有关,是关于贝塞尔函数(Bessel)和勒让德函数(Legendre)组成的无穷级数。必须指出,当散射颗粒对入射光不仅散射,而且还有吸收

的情况下,在完成以上计算时,有关各个公式中的折射率要用复数折射率来代替

$$n = m(1 - i\eta) \tag{8-17}$$

式中:η 称为吸收指数,瑞利散射或衍射散射时也应这样。

　　b. 特征量 α 越小或散射颗粒越小时,图形中"前向"散射与"后向"散射之间的差值越小。当 α 趋近于 0 时,"前向"散射与"后向"散射光强趋于相等,散射图形具有对称性,这就是瑞利散射。

　　c. α 值增大后,散射光的强度相应增大,散射图形的不对称逐渐加强。这说明散射体对入射光的散射,前向要比后向强得多。α 值进一步增大后,散射光实际上都集中在"前方"。

　　d. α 值增大后,除了散射光强的不对称性增大外,曲线还表现为具有许多最大值和最小值。这些极值的分布最初是不规则的,当 α 值很大时,这些最大与最小值的位置与衍射、散射时明暗相间的光环位置对应。

　　e. 对式(8-15)积分后,即可求得散射颗粒对入射光的消光系数。图 8-19 给出了对应于不同折射率的消光系数。不难看出,当 α 值很大时,不同 m 值的消光曲线均趋近于 2($K_e \approx 2$)。这一现象在衍射、散射时已经指出过。图 8-20 给出了水蒸气($m=1.33$)的消光系数随 α 值的详细变化曲线。需要指出,在相邻极值之间,曲线尚有许多小的起伏,这些起伏在图 8-20 中没有表示出来。

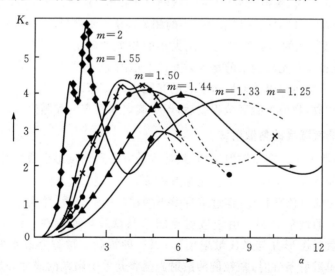

图 8-19　不同折射率 m 时的消光系数

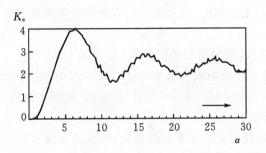

图 8-20　水蒸汽($m=1.33$)的消光系数

（5）蒸汽湿度光学测量方案。综上所述，光线通过含有细微颗粒的均匀介质时将产生散射现象，散射光的强度分布及其偏振状态与入射光的波长 λ、颗粒直径 D 以及颗粒与周围介质之间的相对折射率 m 有关。水蒸汽的相对折射率为 $m=1.33$，试验中当入射光的波长 λ 已知时，散射光的光强分布图形、偏振状态以及消光系数的大小即与水滴尺寸之间存在着一定的对应关系，从而提供了一种水滴尺寸的间接测量方法。

对蒸汽湿度和水滴尺寸的测量存在两类方案：第一类是角散射法，第二类是全散射法或消光法。角散射法的实质是测量水滴对入射光的某一散射特性，然后按米氏理论对测量数据进行处理，求得被测汽流中的水滴尺寸和蒸汽湿度。例如，当入射光为平行单色光时，可以根据散射图形与水滴大小的相关性确定水滴尺寸；当入射光为自然光时，可以根据散射光的偏振特性与水滴大小的相关性确定水滴尺寸。与角散射法相反，全散射法或消光法测量的是入射光的非散射部分，即测量光束在穿透湿蒸汽时，水滴把入射光向四周散射后所引起的光能衰减，因而称为全散射法。根据消光系数或散射系数，测得光的衰减程度后，即可确定水滴直径和蒸汽湿度。

2. 测量蒸汽湿度的角散射法

（1）全周散射法。在角散射法中，最基本的方法是测量每个微粒对入射光的散射光图形。如图 8-21 所示，来自光源 S 的光，经透镜 L_1、光栏 B_1 及滤光片 F_1 后可得波长为 λ 的单色平行光，穿过带有微小颗粒的被测介质，并由光电系统测量不同散射角 θ 下的散射光强。由于散射光图形与微粒之间存在一一对应关系，沿 $180°$ 测定其散射图形并与米氏散射图形比较，即可确定被测介质中的颗粒直径。满足不关联单散射条件时，颗粒群的散射光强将是单个颗粒的线性叠加，但其整个散射光强分布图形保持不变。

前已述及，在米氏散射中，当无因次参数 α 增大时，散射光图形的不对称性增强。当 $\alpha \geqslant 2$ 或散射体的半径 $R \geqslant \lambda/3$ 时，球形颗粒的散射光强分布图形中将会出现一些极大或极小值，称为散射光谱的级。级的数目和级的位置，即级所对应的散

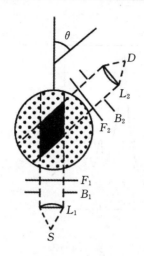

图 8-21　角散射法的原理性测量系统

射角与微粒直径之间存在着一一对应的关系。因此,测定微粒直径的另一可行方法是确定级的位置。考虑到散射光的强度很弱,级的位置不易精确判定,实践中常采用两个不同波长的单色光进行测量。已有研究表明,对同一散射颗粒,当入射光为红光时,散射光的极大值恰好对应于入射光为绿光时的极小值,而两者波长之比 $\lambda_{红}/\lambda_{绿}=1.2$。为了提高测量精度,常采用波长比为 1.2 的两种单色光,分别在 $0°\sim180°$ 的范围内每隔一定角度(例如每隔 $5°$)测量散射光强并绘制两者光强比值随散射角的变化曲线,即可确定级的位置,求得微粒的直径。目前,文献中可供使用的光强函数表也是以 $\lambda_1/\lambda_2=1.2$,并按一定的折射率 m 给出的。

　　由于 $\alpha\geqslant2$ 时散射光谱图形中才会出现级,当采用红光时,上述方法所能测得的最小直径约为 $0.4\ \mu m$,而且全周测量法需要在 $180°$ 的角度范围内对散射光谱进行"扫描",因此在汽轮机中的使用受到限制。

　　(2)侧向散射法。在米氏散射中,微粒对入射光的散射图形是不对称的,这种不对称性随着颗粒直径的增大而加强。如果以单色光为入射光源,在两个不同的散射角 θ_1 及 θ_2 下测量散射光强为 I_{θ_1} 及 I_{θ_2},则可以根据光强比 $I_{\theta_1}/I_{\theta_2}$ 与颗粒直径的对应关系确定微粒尺寸,文献中把这种方法成为非对称法。

　　图 8-22 给出了散射角 $\theta_1/\theta_2=70°/110°$ 时,光强比 $I_{\theta_1}/I_{\theta_2}$ 与无因次参数 α 或水滴直径 D 之间的对应关系。该曲线具有通用性,对各种不同波长的单色光均适用。由于散射光强是在两个固定角度 θ_1 与 θ_2 下测量的,结构上比较容易实现,因此可以应用于汽轮机湿度测量。实践中,散射角 θ_1 与 θ_2 常常与入射光的法线方向对称且 $\theta_1+\theta_2=\pi$,如图 8-23 所示。例如,苏联莫斯科动力学院所研制的角散射式光学探针 $\theta_1=20°,\theta_2=160°$;美国通用电气公司在实验室内对水滴直径进行角散

射法测量时，$\theta_1 = 70°$，$\theta_2 = 110°$。

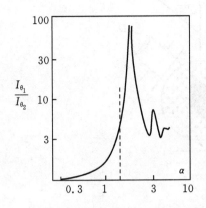

图 8-22　非对称比与无因次参数之间的关系

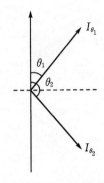

图 8-23　侧向散射

　　如前所述，瑞利散射的光强图形具有对称性，因此，光强比 $I_{\theta_1}/I_{\theta_2} = 1$，随着颗粒直径的增大，不对称性及光强比 $I_{\theta_1}/I_{\theta_2}$ 相应增大。当无因次参数 $\alpha \geqslant 2$ 后，散射光谱中将出现一些极大或极小的级，这时，两个角度下的光强比 $I_{\theta_1}/I_{\theta_2}$ 不再保持单值性，对于图 8-22 中所给出的例子，当采用蓝光（$\lambda = 0.448 \ \mu m$）或红光（$\lambda = 0.6328 \ \mu m$）时，可测得的最大直径不超过约 $0.2 \ \mu m$ 或 $0.26 \ \mu m$。

　　（3）前向散射法。前向散射法实际上也是一种非对称法，只是测量散射光强的两个散射角 θ_1 和 θ_2 均取为与入射光方向成角中较小的锐角。因此，文献中又称为"小角度法"。

　　图 8-24 中分别给出了当 $\theta_1/\theta_2 = 2.5°/5°$，$5°/10°$ 和 $10°/20°$ 时，在 $0.5°$ 的小立体角内散射光能量比 $E_{\theta_1}/E_{\theta_2}$ 与无因次参数 α 或水滴直径 D 之间的对应关系。由散射光基本理论可知，颗粒越大，散射光越集中在正前方。因此，在两个较小的角度下测量其散射光强就可以得到较大的能量比 $E_{\theta_1}/E_{\theta_2}$。这种方法适宜于测量直径较大的水滴，角度的选择取决于被测颗粒的大小。较大的颗粒宜于选取较小的散射角，如图中曲线 3 所示；反之，则应选取较大的角度。

　　图 8-25 是用来测量空气中微粒的装置示意图。激光器发出的单色光汇聚于点 O，即测量装置的测量区。当有颗粒通过测量区时，将把入射光向四周散射。散射光的接收装置位于其后，正中的小孔用来校正其与入射光的相对位置。正中小孔的四周有两个张角分别为 $5°$ 和 $10°$ 的圆锥形狭缝，狭缝大小对应于 $0.5°$ 的立体角。被捕获的光能由光导纤维传送到光电倍增管。每当一个颗粒通过 O 点时，在两个光电倍增管的输出回路中各产生一个脉冲，脉冲的大小正比于散射光强。经电子系统分析、比较，并经过多通道分析器及计数器后，即可将单位时间内所测得的大小不同的颗粒数记录下来。

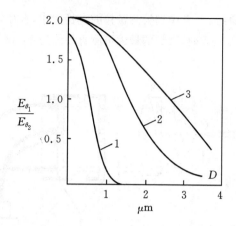

图 8-24　光强比与水滴直径之间的关系($\lambda = 0.514\ \mu m$)

1—$\theta_1 / \theta_2 = 10° / 20°$；2—$\theta_1 / \theta_2 = 5° / 20°$；3—$\theta_1 / \theta_2 = 2.5° / 20°$

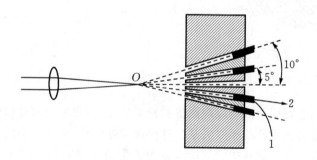

图 8-25　空气中微粒测量装置原理图

1—光导纤维；2—光电倍增器

　　根据前一节叙述可知，被测颗粒的直径越小，散射光的强度越弱。因此，两个张角下所捕获的信号强度也就越小。所以，该测量装置实际所能测量的最小颗粒有一定限制，且与入射光强有关。例如，当张角为 5°及 10°时，采用 2 mW 氦-氖激光器作为光源，所能测得的最小颗粒直径约为 0.4 μm；当激光器功率增大为 50 mW 时，所能测得的最小颗粒直径约为 0.2 μm。

　　图 8-26 给出的是废气中微粒尺寸的测量装置。来自激光发生器的单色光经透镜 1 聚于 C，C 同时也是透镜 2 的焦点。当微粒流经 C 点时，其散射光经透镜 2 后成为平行光，分别由光导纤维引入各自的光电系统。光导纤维的位置根据散射角 θ_1 和 θ_2 的大小而定。每个流经 C 点的微粒将在各自的光电测量系统中产生一脉冲信号，脉冲信号的大小正比于散射光强，比较这两个信号后，即可求得颗粒的

直径。选择 θ_1 和 θ_2 角时,要考虑到被测颗粒的直径大小,直径较大时,宜选用较小的 θ 角。例如,当 $\theta_1/\theta_2 = 2.5°/5°$ 时,微粒的最大可测直径约为 $4~\mu m(\lambda = 0.514~\mu m)$;反之,则应选取较大的 θ 角。

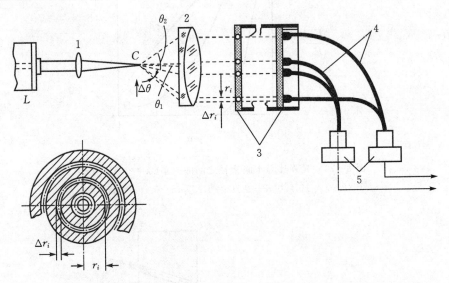

图 8 - 26　德国 Karlsruhe 大学研制的微粒测量装置示意图

　　可以看出,在利用角散射原理测量微粒直径时,经常采用的是相对法而不是绝对法,即测量散射光特性的相对关系。这样做的好处是,激光光源输出功率的不稳定性、被测颗粒通过测量区的位置以及整个光学系统的吸收、反射、污染等可能影响测量精度的外界因素,都在两个信号的比值中消除了。

　　除以上讨论的几种方法外,还可以采用测量某一散射角范围内全部散射光能量(如德国亚琛工业大学所研制的光学探针)或测量偏振比的方法来确定微粒的大小,如图 8 - 27 所示。例如,当入射光为自然光时,散射光是部分偏振光,不同角度处的偏振程度是不相同的,它的偏振程度与被测颗粒的大小有关。因此,只要测出某一角度下散射光中两个垂直方向分量的光强比,即可求得颗粒直径。这种方法对静态颗粒较为方便,对于动态粒子,主要困难是不容易同时测得两个方向上的光强。

图 8-27　德国亚琛工业大学角散射探针头部

3. 测量蒸汽湿度的全散射法

全散射法（或消光法）的工作原理如图 8-28 所示。来自光源 S 的单色光，其波长为 λ，强度为 I_0，经透镜组 L_1 和光栏 B_1 校直后，穿过测量区 C；在测量区内，有湿蒸汽（或其他含有微小颗粒的介质）流过。设蒸汽的湿度为 Y，水滴直径和个数分别为 D 和 N，由于水滴对入射光的散射作用，光束在穿过测量区时，其强度将不断减弱，使得测量区后透射光的强度小于入射光的强度（$I < I_0$）。利用光电系统分别测定入射光强 I_0 和透射光强 I，则两者的比值 I/I_0 将是确定水滴直径和蒸汽湿度的一个尺度。

设一平行光在均匀介质中传播，如图 8-29 所示，经薄层 $\mathrm{d}l$ 后，其光强由 I 减弱为 $I - \mathrm{d}I$，根据光的透射定律，有

$$\mathrm{d}I = -I \cdot \tau \cdot \mathrm{d}l \tag{8-18}$$

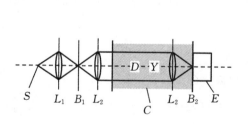

图 8-28　全散射法（消光法）测量系统示意图

S—光源；L_1,L_2—透镜；B_1,B_2—光栏；E—光电元件

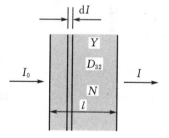

图 8-29　光的透射

式中：$\mathrm{d}I$ 是光线通过介质薄层 $\mathrm{d}l$ 时减弱的部分；τ 是介质的衰减系数，又称浊度；l 是被测介质的厚度或介质中的光程。积分上式后得

$$\frac{I}{I_0} = \mathrm{e}^{-\tau l} \tag{8-19}$$

最简单的情况下，当介质中含有大小相等的球形颗粒时，其浊度可表示为

$$\tau = N K_e \sigma = \frac{\pi}{4} D^2 N K_e \tag{8-20}$$

式中: D 是球形颗粒的直径; 系数 K_e 是消光系数。当介质对入射光的吸收很小或吸收系数与散射系数相比甚小而可略去不计时(如湿蒸汽),消光系数即等于散射系数, $K_e = K_s$。浊度即可写为

$$\tau = N K_s \sigma = \frac{\pi}{4} D^2 N K_s \tag{8-21}$$

将式(8-21)代入式(8-19)后,可得到适用于湿蒸汽测量的计算式

$$\frac{I}{I_0} = e^{-\frac{\pi}{4} D^2 N K_s l} \tag{8-22}$$

在最简单的情况下,即当水滴直径的大小相等且直径较小($\alpha < 1.6$),为瑞利散射时,全散射系数 K_s 可由式(8-13)确定。此外,根据蒸汽湿度的定义有

$$\frac{4}{3} \pi R^3 \rho_f N = \frac{Y}{\upsilon} \tag{8-23}$$

式中: ρ_f 和 υ 分别是水的密度和蒸汽比容。将式(8-23)及式(8-13)代入式(8-22)化简后得

$$R = \frac{\lambda}{2\pi} \sqrt[3]{\frac{\rho_f \upsilon}{Y} \left(\frac{m^2 + 2}{m^2 - 1} \right)^2 \frac{\lambda^4}{4\pi l} \ln \frac{I_0}{I}} \tag{8-24}$$

公式中被测介质的厚度 l 和光的波长 λ 在试验时是已知的,水蒸气的 $m = 1.33$,热力参数 ρ_f 和 υ 可通过测量压力(或温度)求得,入射光强 I_0 和透射光强 I 应在试验时测定,因此方程式中只剩下两个未知数:蒸汽湿度 Y 和水滴半径 R。

上面讨论的只是一种最简单的情况。实际上,汽轮机中的水滴并非均匀相等,水滴的直径可能超过瑞利散射的范围。这时,对于颗粒大小不等的介质或湿蒸汽流,其浊度应表示为

$$\tau = \frac{\pi}{4} \int_0^\infty K_s(D) \cdot N(D) \cdot D^2 \, dD \tag{8-25}$$

式中: $N(D)$ 是水滴尺寸分布规律。代入式(8-22)后得

$$\frac{I}{I_0} = e^{-\frac{\pi l}{4} \int_0^\infty K_s(D) \cdot N(D) \cdot D^2 \, dD} \tag{8-26}$$

为简化计算,定义水滴的平均散射系数为

$$K_s = \frac{\int_0^\infty K_s(D) \cdot N(D) \cdot D^2 \, dD}{\int_0^\infty N(D) \cdot D^2 \, dD} \tag{8-27}$$

以及水滴的平均直径为

$$D_{32} = \frac{\int_0^\infty N(D) \cdot D^3 \, dD}{\int_0^\infty N(D) \cdot D^2 \, dD} \tag{8-28}$$

文献中常把 D_{32} 称为 Sauter 平均直径。以上处理方法将大小不等、水滴分布规律为 $N(D)$ 的湿蒸汽流转化为水滴直径为 D_{32} 的湿蒸汽流,则全部水滴的体积为

$$C_v = \frac{\pi}{6} \int_0^\infty N(D) \cdot D^3 \, dD \qquad (8-29)$$

蒸汽湿度可写成

$$Y = \frac{C_v \rho_f}{C_v \rho_f - \rho_g} \qquad (8-30)$$

或

$$C_v = \frac{\rho_g}{\rho_f} \cdot \frac{Y}{1-Y} \qquad (8-31)$$

将以上各式代入式(8-26)并化简得

$$\frac{I}{I_0} = e^{-\frac{3}{2} \cdot \frac{\overline{K}_s}{D_{32}} \cdot \frac{\rho_g}{\rho_f} \cdot \frac{Y}{1-Y} l} \qquad (8-32)$$

或

$$\frac{\overline{K}_s}{D_{32}} = \frac{2}{3} \ln\left(\frac{I_0}{I}\right) \cdot \frac{1-Y}{Y} \cdot \frac{\rho_f}{\rho_g} \cdot \frac{1}{l} \qquad (8-33)$$

式(8-33)称为 Lambert-Beer 公式。式中平均全散射系数 $\overline{K}_s$ 应按式(8-27)计算,其值与水滴大小的分布规律 $N(D)$ 有关。水滴大小的分布规律不同时,$\overline{K}_s$ 的数值也就不同。已有研究表明:在 $\alpha < 4$ 时,根据水滴平均直径 D_{32} 由图 8-19 求得的全散射系数 $K_s(D_{32})$ 与按式(8-27)计算的 $\overline{K}_s$ 值相差甚小,一般不超过 3%,如图 8-30 所示。也就是说,在 $\alpha < 4$ 时,水滴分布规律 $N(D)$ 实际上对 $\overline{K}_s$ 值的影响不大,可用 $K_s(D_{32})$ 代替公式中的 $\overline{K}_s$,并将公式重写为

$$\frac{K_s(D_{32})}{D_{32}} = \frac{2}{3} \ln\left(\frac{I_0}{I}\right) \cdot \frac{1-Y}{Y} \cdot \frac{\rho_f}{\rho_g} \cdot \frac{1}{l} \qquad (8-34)$$

公式的左边项中只有一个未知数 D_{32},右边项中当入射光强 I_0 和透射光强 I 测得后也只有一个未知数 Y。因此,无论是式(8-33)还是式(8-34),都存在着两个未知数:Y 和 D(或 D_{32}),确定水滴直径 D_{32} 后就可以求得湿度 Y。

Walters 第一个将消光法探针应用在低压汽轮机内的湿度测量;英国剑桥大学 Young,法国电力公司(EDF) Kleitz、Dorey,莫斯科电力研究所 Povarov,美国电力研究院(EPRI),德国斯图加特大学热流体研究所(ITSM)、意大利电力公司(ENEL)和捷克布拉格工大等学者及研究单位均对消光法湿度测量进行了研究,也陆续开发了他们各自的消光法探针,并在汽轮机内做过湿蒸汽湿度测量试验。在国内,上海理工大学的王乃宁和蔡小舒等作了比较系统的研究;1996 年蔡小舒和 Renner 开发了一种联合探针,如图 8-31 所示。该探针将气动测量部分和光学测量部分结合在一起,能够同时测量流场和一次水滴的平均尺寸及分布,并在捷克

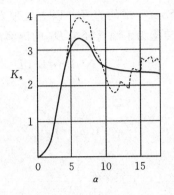

图 8-30 K_s 与 $\overline{K}_s$ 对比曲线

实线—$\overline{K}_s$ 曲线；虚线—K_s 曲线

Pocerady 电厂和德国汉堡的 Wedell 电厂等进行了实验。目前，国际上的消光法探针均采用联合探针的形式，并在实际测量中取得了较满意的效果。

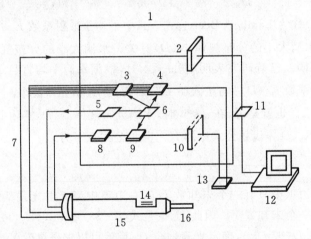

图 8-31 集成化探针系统示意图

1—仪器箱；2—二次水滴信号放大系统；3—电磁阀；4—压力传感器；5—光源；6—直流电源；

7—光纤；8—光散系统；9—光电检测系统；10——次水滴信号放大系统；11—高速 A/D；

12—信号处理系统；13—低速 A/D；14—光学测量区；15—探针杆；16—气动探针头

4. 角散射法与全散射法的比较

20 世纪 70 年代后，国外研制了几种基于角散射法或全散射法的光学探针，并初步应用于汽轮机蒸汽湿度和水滴直径测量。例如，1973 年和 1975 年苏联和德国研制的基于角散射法的光学探针;1978 年后,苏联、德国以及美国、英国和瑞士研制的基于全散射法的光学探针。这两类探针的主要特点如下。

(1)在角散射法中,光电元件所测量的是某一角度下的散射光,其强度十分微弱。为此,必需要有一灵敏度非常高的光电测量系统。全散射法所接收的实质上是入射光的非散射部分及透射光,其光强信号与入射光在同一数量级范围内,因而,一般的光电测量系统已可满足要求。

(2)与角散射法相比,按全散射法原理设计的光学探针只有一个光轴(其入射光与透射光在同一轴线上)。它的外形尺寸较小,更易于设计为具有较小直径的管状探针,不仅用于汽轮机的排汽端,还可在级间或二列叶片间进行湿度测量。

(3)由于角散射法是基于特定散射角下散射光强的测量,应首先保证测量角度的准确性,才能得到可靠的测量结果。这给测量装置的设计、制造和调整带来了一定的困难,而全散射法探针的结构要简单一些。

(4)利用角散射法有可能测得双相介质中每一个颗粒的大小。例如,若测量区的容积足够小,使得每一瞬间只有一个颗粒流过测量区,并能精确地捕获它的信号大小,就可求得该颗粒的直径,乃至双相介质中全部颗粒的尺寸,而全散射法只能测得汽流中全部颗粒的某一平均直径。当然,前者的测量装置和测量仪器要比后者复杂得多。实际上,只有当被测介质的颗粒浓度,即每单位体积中的颗粒数不是很大时,才有可能测得每个颗粒的尺寸,汽轮机中的水滴浓度达 $10^6 \sim 10^8$ 个/cm^3,目前还很难做到这一点。

(5)角散射法的测量范围大于全散射法。

8.2.3　蒸汽湿度的热力学测量方法

蒸汽湿度的热力学测量方法是先将湿蒸汽取样并转变为可以直接测量的过热状态或者液体状态,再根据热力学能量守恒定律,推导出待测蒸汽的湿度。为了保证试样湿度与待测蒸汽湿度相同,抽汽取样必须满足动力学(等动能)条件。热力学法在测量过程中对水滴尺寸原则上没有限制,而且从原理上可以直接得到蒸汽湿度值,测量装置在使用之前不需要对湿度进行标定。热力学法采用常规测量手段,具有原理及结构简单、造价低廉、对环境没有特殊要求等特点,适合长期测量。对于测量汽轮机末级排汽湿度,热力学法是比较现实可行的选择,并且存在较大的发展潜力。

热力学法又分为节流法、加热法、冷凝法(或凝结法)、蒸汽空气混合法等。近年来,有学者对加热法做了进一步的改进,如西安交通大学的徐廷相、李炎锋等人对传统的定压加热 CERL 探针进行了研究,提出了测量蒸汽湿度的新型加热法及其测量装置;华北电力大学的杨善让、王升龙等人将定压加热改为定容加热,并在此基础上提出了双区加热法在线监测模型以克服定容加热法测湿探针不能连续检测试样、难以长期在线监测应用等缺陷。

目前,实际的汽轮机蒸汽湿度测量热力学法以节流法和加热法为主,下面对其相关原理、探针结构、使用限制条件及测量精度等进行详细介绍,并对新型加热法、双区加热法、冷凝法(或凝结法)和蒸汽空气混合法进行简单总结。

1. 节流法

(1)节流法原理。节流法是通过节流等焓膨胀将湿蒸汽试样转变为过热状态,热力过程线如图 8-32 所示。1 点为待测湿蒸汽的状态点,2 点为节流到过热蒸汽区的状态点,通过确定 2 点的蒸汽压力和温度,就可在 $h-s$ 图上确定 2 点的焓值 h_2,由节流原理可知,1 点焓值 $h_1 = h_2$;然后,根据节流前蒸汽压力求出对应的饱和水焓值 h_1''、汽化潜热 r_1,进而计算出待测湿蒸汽的湿度。若 m 是取样湿蒸汽的质量流量,q_d 是散热损失,则蒸汽湿度

$$y_1 = 1.0 - \left(\frac{h_2 - h_1''}{r_1} + \frac{q_d}{r_1 m}\right)$$

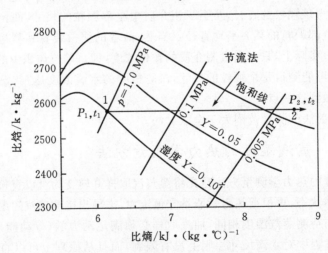

图 8-32　节流法测量蒸汽湿度热力过程线

节流法的测量可靠性较高,尽管很难保证节流为完全等焓过程,但实际焓降只有 1~3 kJ/kg,相对于 2000 kJ/kg 以上的蒸汽焓值可以忽略,因此只要保温效果良好,焓降造成的误差可以控制在允许的范围内,并且散热损失可以经过实验测量进行修正。

(2)节流元件。由图 8-32 所示,采用节流法的关键在于获取足够的压差,即膨胀线 1—2 应足够长,这依赖于合适的节流元件。常用的节流元件主要有孔板、

喷嘴、文丘里管和 V 锥。孔板有标准孔板、花式孔板和槽式孔板等。标准孔板的结构简单,成本最低,也容易产生较大的压差,但由于液相部分会被孔板阻挡,产生间歇性流动并导致孔板振动,而且液滴冲击对孔板寿命会有不利的影响。花式孔板和槽式孔板都是为了减小标准孔板的液相堆积效应而提出的,但是由于通流面积大,不容易实现较大的压差。喷嘴和文丘里管结构复杂,加工要求比较高,特别是文丘里管,对于喉口的加工精度有很高的要求;文献[21]指出蒸汽特别是湿蒸汽应使用喷嘴作为节流元件。V 锥是近年才开始广泛使用的节流元件,通流部分位于管道的管壁侧,不易产生液相堆积;加工比较方便,表面粗糙度要求较低。由于液滴不是垂直撞击在表面上,水蚀现象较轻,但也存在锐缘磨损导致精度下降等问题,并且 V 锥不是标准件,流量系数需要标定,成本较高。

　　德国的 Biblis 1300 MW 核电站汽轮机已采用节流式湿度计来测量汽轮机组蒸汽发生器出口处的蒸汽湿度,其结果如表 8 - 2 所示。西安热工研究院也研制了具有多级节流孔板的节流式湿度计。

表 8 - 2　蒸汽湿度测量值

反应堆功率	51.50%	57.50%	78.20%	99.10%
电功率	592	799	933	1204
蒸汽发生器的主蒸汽流量	817	1095	1282	1647
蒸汽发生器出口绝对蒸汽压力(MPa)	6.62	6.13	5.81	5.29
节流式量热计测得湿度	0.06	0.02	0.02	0.16
示踪法测得湿度	0.08	0.04	0.1	0.05

　　图 8 - 33 展示了一套节流法湿度探针的结构。蒸汽管道周向对称布置两个取样嘴,在取样嘴内部有一个静压测点,通过调节元件使取样嘴内外静压一致就可确保取样的等动能性,避免取样过程中水滴偏离正确的流线,对取样造成误差。蒸汽经由两个取样嘴流入连接套管,混合后经关闭阀进入入口管和节流区,蒸汽通过节流阀和通道截面尺寸的变化实现一定的节流,然后流经多级节流孔板以实现蒸汽的节流降压,接着在相应管段整流、膨胀为过热蒸汽,并由沿流向的 3 个温度测点、1 个压力测点和 1 套孔板流量计得到蒸汽节流膨胀后的温度、压力与流量。节流前的蒸汽参数由安装在待测蒸汽管道上的压力探头测得。

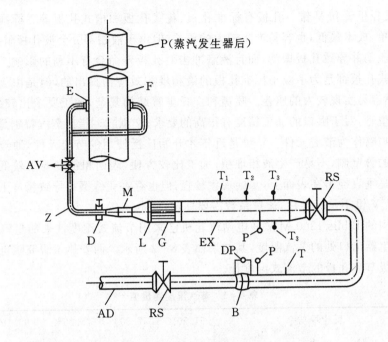

图 8-33　节流法探针结构

F—主蒸汽管道;E—取样装置,连接套管;AV—关闭阀;Z—节流式量热器入口管;D—节流区;
M—混合室;L—多孔板;G—整流段;EX—膨胀段;RS—压力调节阀;B—测量孔板;AD—排汽
管道;T—温度测点;T_1,T_2,T_3—1到3截面上的温度测点;P—压力测点;DP—压差测点

　　(3)节流法的局限性。为保证节流后的蒸汽为过热蒸汽,被抽取的试样蒸汽应
节流到足够低的压力,因此节流式湿度计不能用来测量低压区的蒸汽湿度。湿蒸
汽通过节流元件的压降与干度有很大的关系,在较小的干度范围内,最大压降和最
小压降的差距可能有几倍,而两相流体的音速相对较低,干度较低时因压差较大在
节流件喉口处很有可能出现激波,造成等焓过程的破坏,因此节流法的可测量范围
较小,可测量的干度一般控制在 0.9 以上。

2. 加热法

　　(1)定压与定容加热法。加热法是利用加热方法将抽取的湿蒸汽试样转变为
过热蒸汽,热力过程线如图 8-34 所示。与节流法类似,测量该过热蒸汽的压力
P_2 和温度 t_2,确定其焓值 h_2,根据能量方程即可求得取样点湿蒸汽的焓值 h_1,再
根据取样点的压力 P_1(或对应的饱和温度 t_1)即可确定待测蒸汽的湿度。最典型
的定压加热法蒸汽湿度探针是英国中央电业研究实验室(CERL)在 Moore 的主持
下研制的,其工作原理如图 8-35 所示,探针结构如图 8-36 所示。

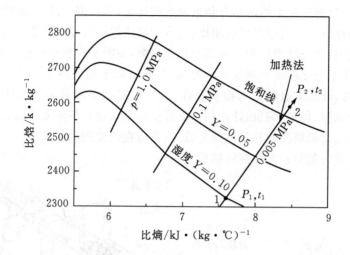

图 8 - 34　加热法测量蒸汽湿度热力过程线

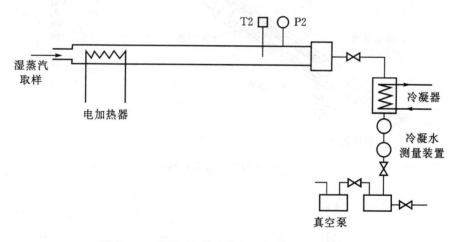

图 8 - 35　CERL 加热法蒸汽湿度测量工作原理图

如果加热过程中保持比容不变,则只要测出加热前的温度(或压力)和加热后过热态的压力、温度,就可按照定容加热过程的参数变化确定湿蒸汽的湿度。图 8 - 37 展示了定容加热过程,0 点表示被测试样的初态,其温度 t_0(或压力 P_0)易于测定。1 点为过热态,测得其压力 P_1 和温度 t_1,即可按过热蒸汽性质求得该状态的蒸汽比容 v_1。因为 0—1 是定容过程,于是初态 $v_0 = v_1$。已知初态的温度 t_0 和比容 v_0,即可按式(8 - 1)确定初态的湿度

$$Y_0 = 1 - X_0 = \frac{v_0'' - v_0}{v_0'' - v_0'}$$

$$(8 - 35)$$

式中：v_0''，v_0'分别为初态的饱和汽和饱和水的比容，可根据t_0或P_0由焓-熵图或水蒸汽性质表得到。与定压加热法相比，定容加热法的湿度计算不依赖热平衡，只测量试样蒸汽初、终态的温度和压力两种状态参数，不需要知道加热过程中蒸汽吸收的热量，排除了散热损失对测量结果的影响，同时也不用测量蒸汽流量，简化了相关装置；另外，将抽取试样改为捕获取样，以尽可能减小对被测蒸汽状态的干扰。探针的整个取样、加热、测量、计算和复位等操作全部由计算机来完成，这样可以在很短的时间内得到所测饱和蒸汽湿度值，以适应在线监测的要求，图8-38展示了一种典型的定容加热法湿度探针结构。

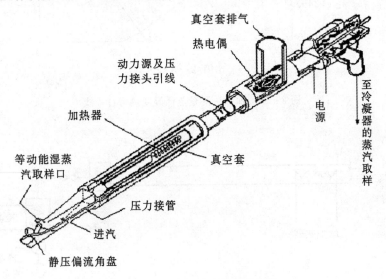

图8-36　CERL湿度探针结构图

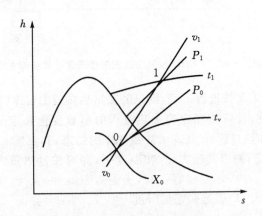

图8-37　定容加热法热力过程线

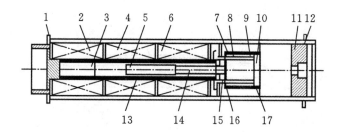

图 8-38　定容加热湿度取样探针结构图

1—极靴；2—退位驱动器；3—退位铁心；4—取样筒退位驱动器；5—取样筒退位铁心；6—进筒
驱动器；7—退锁铁心；8—取样筒；9—定容锁；10—挡板；11—压力传感器；12—双唇密封圈；
13—套筒；14—筒杆；15—锁杆；16,17—密封圈

（2）新型加热法。在 CERL 探针中，将电加热器直接置于待测湿蒸汽流经管道的中心部位，其优点是高温加热元件被湿蒸汽包围，有利于热量的充分利用，但也存在一些不足：首先，加热面积较小，造成局部汽温偏高、散热损失较大；其次，加热元件位于湿蒸汽流道中，对汽流干扰较大，不利于等动能取样；再者，液相汽化在加热元件后部混合段中进行，导致混合段较长，探针结构复杂；另外，测量效率低，达到稳定平衡状态的时间较长。

徐廷相、李炎锋等提出了一种新型加热法：采用均匀热流密度加热管壁来加热探针内管中的湿蒸汽；同时加热探针外管和内管，通过调节热流密度来保持内外管的管壁温度相等，避免加热内管蒸汽时向外的（包括辐射散热在内）热损失；另外，采用绝热（低导热率）材料制作与加热管接触的连接件，使以导热方式向外的散热损失非常小，其探针结构如图 8-39 所示。其他附属设备还包括：坐标架、流量计或微型冷凝器、真空泵、压力传感器、温度显示器与温度自动平衡系统、数据采集与数据处理系统、加热电源装置以及蒸汽性质计算软件等。在应用于汽轮机级间测量时，要求沿径向的轴向间隙均大于 0～45 mm，便于测量仪按测量要求沿径向自由运动，汽轮机工况稳定；另外，汽缸（含内缸或隔板套）的适当位置上必须开设便于测量仪插入的孔以及坐标架或特殊阀门的固定。根据试验结果，其湿度测量相对误差不超过 5％。

然而，上述方法仍然克服不了热力学法本身存在的缺陷。针对上述问题，杨善让等推荐定容加热法。但在实际测量蒸汽湿度的过程中，测湿探针间不能实现连续检测，需不断取样测量，密封垫圈气密性容易失效，所以定容加热法蒸汽湿度探针难以长期用于汽轮机排汽湿度的在线监测。

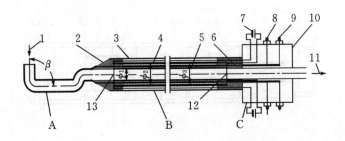

图 8-39　新型加热法湿度探针结构

1—湿蒸汽取样；2—左端部连接件；3—外层支撑管；4—中层加热管；5—内层加热管；6—右端部连接件；7—加热电源；8—热电偶接头；9—压力侧管接头；10—管线连接盒；11—过热蒸汽出口；12—内层加热管出口；13—内层加热管进口；A—进口段；B—加热段；C—出口段

（3）双区加热法。为了克服定容加热法和 CERL 加热法湿度探针在蒸汽湿度在线监测方面的不足，王升龙在定容加热法基础上提出了双区加热法，其探针结构如图8-40所示。

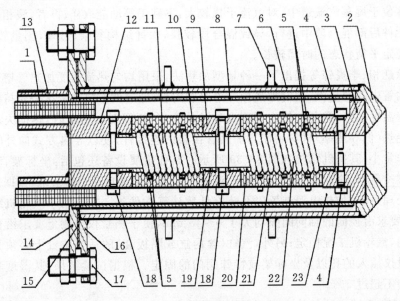

图 8-40　双区加热法蒸汽湿度测量探针

1—电缆；2—探针头部；3—前感器座；4—插入式温度传感器；5—片形温度传感器；6—外套筒；7—定位支架；8—密封套筒；9—中感器座；10—绝热层；11—加热丝；12—后感器座；13—电缆套管；14—探针法兰盖；15—探针密封垫片；16—探针法兰盘；17—探针螺栓；18—压力传感器；19—蒸发段加热管；20—过热段加热管；21—绝热层；22—加热丝；23—空腔

　　双区加热法蒸汽湿度测量探针工作原理是:探针直接安装在被测蒸汽的流道内,蒸汽自由流过探针加热管,并将加热段分为蒸发段和过热段,利用过热段测量蒸汽流量,蒸发段测量蒸汽湿度。该探针将管内加热改为管外加热,避免了蒸汽对加热元件的冲刷,加大了蒸汽的受热面积;用过热段代替凝结水测量蒸汽流量,大大简化了测量系统,提高了探针的可靠性;对散热量的直接测量提高了测量精度。另外,测量过程中不抽取试样,减少了对待测蒸汽状态的干扰,使测量的湿度更接近于实际值;压力、温度双参数测量不仅使蒸汽吸热量的计算更准确,还能够确定蒸汽的热力状态,可以根据运行工况的变化进行加热功率的调整,从而保证湿度测量结果的准确性。双区加热法湿度测量探针可以对被测蒸汽进行连续测量,而且没有运动部件,可以实现长期在线监测。

　　双区加热法的计算模型如图 8-41 所示。湿饱和蒸汽自由流过可分为两段的等直径圆管:L_0 为蒸发段,L_1 为过热段,两管段间用绝热材料隔开。湿蒸汽在蒸发段内被加热为干蒸汽或过热蒸汽,并在过热段内进一步提高过热度。通过测量蒸发段进口的饱和压力 P_0(或饱和温度 t_0),蒸发段出口的温度 t_1 与压力 P_1(即过热段进口温度与压力)、过热段出口的温度 t_2 与压力 P_2,以及两个加热段传给蒸汽的加热量 Q_0、Q_1,就可以计算出待测湿蒸汽的湿度 Y_0。蒸汽流动控制方程组如下。

过热段 L_1:

$$\frac{Q_1}{m} = h_2 - h_1 + \frac{1}{2}(c_2^2 - c_1^2) \tag{8-36}$$

蒸发段 L_0:

$$\frac{Q_0}{m} = h_1 - h_0 + \frac{1}{2}(c_1^2 - c_0^2) \tag{8-37}$$

连续方程:

$$m = \frac{Ac_1}{v_1} = \frac{Ac_2}{v_2} \tag{8-38}$$

$$\phi_1 Y_0^2 + \phi_2 Y_0 + \phi_3 = 0 \tag{8-39}$$

$$Y_0 = \frac{-\phi_2 + \sqrt{\phi_2^2 - 4\phi_1\phi_3}}{2\phi_1} \tag{8-40}$$

其中

$$\phi_1 = (\frac{m}{A})^2 (v_0' - v_0'')^2$$

$$\phi_2 = 2(\frac{m}{A})^2 (v_0' - v_0'')v_0'' - 2(h_0'' - h_0')$$

$$\phi_3 = (\frac{m}{A})^2 v_0''^2 + \frac{2Q_0}{m} - 2(h_1 - h_0'') - (\frac{mv_1}{A})^2$$

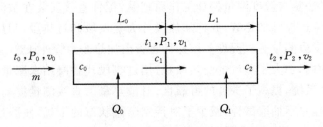

图 8 - 41　双区加热法计算模型

3. 冷凝法（或凝结法）和蒸汽空气混合法

与加热法相反，也可以采用冷凝法（或凝结法）测量蒸汽湿度，其工作原理是：被抽取的湿蒸汽试样在凝汽器中凝结成水，通过测量凝结水质量、冷却水质量以及冷却水进、出口温度来确定待测蒸汽焓值，再根据取样处蒸汽的饱和水焓、汽化潜热，求出蒸汽湿度。若湿蒸汽试样释放的热量为 Q、汽化潜热为 r、质量流量为 m，则蒸汽湿度

$$y = 1.0 - \frac{Q}{rm}$$

该方法的适用范围较宽，与蒸汽压力的关系不大。英国 GEC 公司研制的冷凝式量热计就是基于冷凝法测量凝汽式汽轮机的末几级蒸汽湿度。

蒸汽空气混合法（又称湿度计法）是另一种蒸汽湿度热力学测量方法。其工作原理是：被抽取的湿蒸汽试样在混合室中与引入的热干空气绝热混合成不饱和的混合物，通过测量湿蒸汽取样质量、热空气质量，以及混合室进、出口处空气的压力、温度、含水量、焓值和露点温度来确定被抽取蒸汽的焓值，再根据取样处蒸汽的饱和水焓、汽化潜热，求出蒸汽湿度。德国汉诺威工业大学利用这种方法研制出蒸汽-空气混合式量热计，并得到一些应用。但上述两种方法的普及率远低于加热法和光学法。

4. 四种热力学法的对比与误差分析

为了确定加热法湿度探针的测量误差，文献[31]分析了加热管进、出口速度变化，散热损失等因素对湿度的影响。在湿度计算时，如果忽略加热管内试样流动速度的变化，将带来 0.5% 的湿度误差；探针散热损失对湿度测量有较大影响，10% 的散热量将产生 12.6% 的湿度误差。

定容加热法捕获湿蒸汽试样后在密封容器中加热，大直径的水滴有足够的时间汽化，可以全面完成含各种尺寸水滴的饱和蒸汽湿度的测量。定容加热法虽然解决了散热量与蒸汽流量的测量问题，但在实际测量过程中，无法实现连续检测，取样时有机械动作，会产生严重磨损，密封垫圈在多次取样加热测量后也很容易失去密封作用。

　　节流法、凝结法、蒸汽-空气混合法都因各种各样的因素影响而存在一定的测量误差,此处不再赘述。各种蒸汽湿度热力学测量方法的测量精度对比及其误差来源详见表 8-3。可以看到,节流法精度最高,加热法次之,凝结法精度最差。

表 8-3　各种蒸汽湿度热力学测量方法的测量精度对比及误差来源

测量方法	湿度测量精度	误差主要来源
节流法	0.010	散热损失
加热法	0.016	加热量、散热损失、取样量
凝结法	0.087	冷却水温、水量、取样量
湿度计法	0.023	出口压力测量

5. 热力学法的改进措施

　　目前,蒸汽湿度热力学测量方法的主要缺陷是量程受到各种因素的限制。对于节流法,为了避免节流件喉部出现跨音速流动,单级节流件的压降不能太大,采用多级节流时,各节流件的通流尺寸和节流件之间的距离不能太小,使得整个装置的尺寸较大,布置困难。对于加热法,由于对流换热系数的限制,加热功率和取样流量不能太大,影响测量精度。此外,热力学法要求取样蒸汽在抵达节流件或加热件之前热力状态不能出现明显变化,这对管道的设计提出了更高的要求。水滴是分散在汽相中的,需要满足等动能取样的要求,减少对取样装置前流场的影响。

　　为了提高测量精度,还可以将节流法和加热法结合,先采用加热法提高蒸汽干度,再使用节流元件进行节流,这种方法可以显著降低加热功率和壁温,减小了保温难度,也解决了节流法量程受限的问题。热力学法测量蒸汽湿度技术提出较早,测量精度较高,随着技术的发展,一些困扰学界的蒸汽湿度测量问题正被逐渐解决,其发展潜力较大,是一种适用于汽轮机蒸汽湿度在线监测的方法。

8.2.4　蒸汽湿度的其他测量方法

1. 电容法测量

　　当电容元件的结构一定时,改变电容元件间电介质的物性参数,其电容量也会发生相应变化,通过测量电容元件的电容量,可以实现对电容元件间物质某一参数的测量。若以湿蒸汽为介质,影响电介质系数 ε 的主要因素有电容平行板间距 x、电压 V、频率 ω、覆盖面积 A 和蒸汽湿度 y,基本关系式如下

$$\varepsilon = 常数 \cdot \frac{x}{V\omega\varepsilon_0 A} = f(y)$$

　　可以利用上述关系确定蒸汽的湿度。图 8-42 展示的是哈尔滨工程技术大学

研制的电容湿度传感器[36]。与其他类型传感器相比,电容式蒸汽湿度测量方法具有以下优点:分辨率高,可实现精密测量;动态响应性好,可以直接用于生产线的动态测量;从信号源取得的能量少,有利于发挥其测量精度;体积小,机械结构简单,易于实现非接触式测量;稳定性好,能在高温、辐射和强烈震动等恶劣条件下工作。电容式蒸汽湿度测量的主要缺点是对 $0\sim0.15$ 之间的湿度变化不灵敏,因此主要用于湿度较大的场合。

图 8-42　电容湿度传感器

2. 微波谐振腔微扰法测量

微波谐振腔是由封闭的导体壁面形成的谐振器,是一种分布参数的谐振系统。在谐振腔中,电磁波受到导体壁面的反射,入射波与反射波叠加形成电磁驻波,发生电、磁能量相互转换,在能量转换过程中表现出振荡现象,振荡频率即为谐振腔的谐振频率。谐振腔的介质微扰是指当腔体内的填充介质的介电特性稍有变化时,使腔内电磁场分布受到微小扰动,从而引起谐振频率的相应变化。利用谐振腔的微扰现象,以谐振腔作为传感器,通过测量谐振腔的谐振频率变化,可以实现对某些非电量的测量。在一定温度(或压力)下,蒸汽的湿度不同,其介电常数也不同,因此当湿蒸汽流过微波谐振腔时,通过测量谐振腔谐振频率的偏移即可测量出湿蒸汽的介电常数,进而确定蒸汽的湿度。

这种方法对使用环境条件也不像光学法要求那么高,其设备造价较低,是一种值得研究的蒸汽湿度在线测量方法。华北电力大学的韩中合和钱江波等人根据建立的湿蒸汽混合物等效介电常数模型,推导了湿蒸汽湿度与谐振腔相对频偏的关系,并设计了谐振腔和测量系统,在保定热电厂和邢台兴泰电厂进行了现场试验。图 8-43 展示了典型实测结果。该方法不需抽取蒸汽试样,可连续测量,精度高,但需考虑腔体热膨胀、腔体壁面沉积水膜和盐分等对频偏的影响[37]。

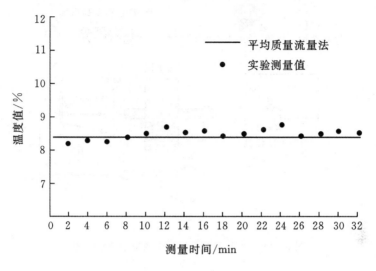

图 8 - 43　微波谐振腔微扰法测量结果

3. RGB 三波段消光法测量

蔡小舒等人基于消光法及彩色 CCD 相机的成像原理,提出了 RGB 三波段消光法测量一次水滴粒径分布和湿度的方法,以及单帧单曝光图像法测量二次水滴粒径、速度和运动方向角的测量方法,这样可使用单个彩色 CCD 相机来完成一次水滴和二次水滴相关参数的同时测量。蔡小舒等人基于上述原理研制了一套湿蒸汽测量图像探针系统[33],如图 8 - 44 所示,已在太仓港协鑫发电有限公司330 MW 机组上进行了初步实验测量。结果表明,对 RGB 三波段消光法测量颗粒粒径的误差小于 10%,二次水滴的粒径测量误差在离焦距离 2.0 mm 情况下大约在 11%。

4. 超声衰减法测量

超声波在含颗粒两相介质中传播会产生能量衰减和相移,其衰减大小与超声波频率、两相介质中颗粒粒径、含量等有关。通过测量得到蒸汽两相体系中不同频率下的声衰减,结合声衰减系数比随着蒸汽液滴颗粒粒径的变化曲线,便可推算出液滴颗粒平均粒径。采用多频率可以有效解决测量过程中的多值性问题。

苏明旭等结合经典 ECAH（Epstein Carhart Allegra Hawley)理论模型[34],提出了三频率超声波声衰减颗粒测量方法,建设了如图 8 - 45 所示的超声衰减法与光学法蒸汽液滴测量实验系统。系统包括了蒸汽的产生和流动、超声测量、消光测量、激光散射测量装置等 4 部分,采用中心频率为 22 kHz,40 kHz 和 200 kHz 的超声波开展蒸汽液滴粒径和含量(体积分数)的超声法测量实验,基于光散射法

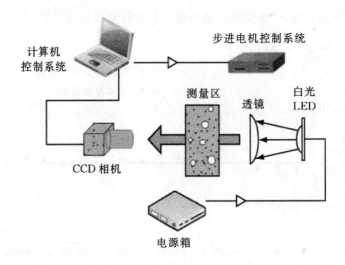

图 8-44　RGB三波段消光法测量系统示意图

的原理,在相同工况下同时开展了多波长消光法和激光散射法对比测试研究。实验结果表明:超声衰减法测得蒸汽液滴粒径和含量与消光法和激光散射法的测量值接近,超声衰减法有望用于气液两相流中蒸汽液滴粒径以及含量(湿度)参数的在线监测。

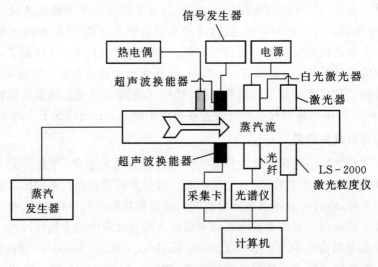

图 8-45　超声衰减测量实验系统

5. 光纤光栅法测量

湿蒸汽由大量的连续蒸汽和少量的稀疏水滴组成,根据两相流理论,蒸汽为浓相,水滴为稀相。测量湿蒸汽两相流的湿度即测量水滴的质量相含率或质量相分数 X(水滴质量与总质量之比)。利用制作的特殊形式和结构的光纤光栅传感器,通过测量光纤光栅的特征变化参数来测量蒸汽湿度。

在同一光纤的两段区域上写入不同中心反射波长的光栅,在一布喇格光纤光栅(FBG)外面涂覆上湿敏材料,如聚酰亚胺等增强光纤光栅的感湿能力,同时感受温度、湿度的响应。把另一 FBG 封装在石英管、温敏材料中或直接暴露在湿蒸汽里只感受温度的响应。当蒸汽湿度和温度参量发生变化时,由温度变化引起的热膨胀和热光效应以及由湿度变化引起的湿膨胀和弹光效应使 FBG 常数发生改变,从而使其中心反射波长发生漂移。通过测量 FBG 的中心反射波长漂移量来测量湿蒸汽的湿度。其实验装置如图 8-46 所示[35,38]。

光纤光栅法测量湿蒸汽湿度是一种新的方法,与其他方法相比,有其独特的优点:能抗电磁干扰,可远距离传递信息,灵敏度高,对光源波长绝对调制,测量信号不受光源起伏、光纤弯曲损耗等因素的影响;避免一般干涉型传感器中相位测量的不清晰和对固有参考点的依赖;能方便使用波分复用技术,利用多个光纤光栅进行准分布式在线测量。利用这种测量方法测量蒸汽湿度可以避免蒸汽抽样,可直接测量蒸汽湿度,装置简单。但也存在着诸多方面的不足:不能测量湿蒸汽中水滴的直径和数量,对解调仪器的要求高等。

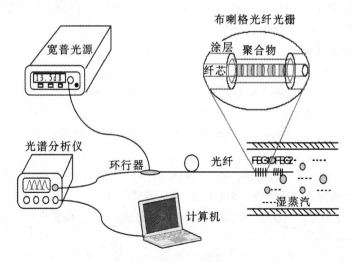

图 8-46　FBG 测量湿蒸汽湿度实验装置示意图

本章参考文献

[1] 英国中央电业研究实验室. 透平和分离器中的双相流[M]. 蔡颐年, 译. 北京: 机械工业出版社, 1983.

[2] MOORE M J, LANGFORD R W, TIPPING J C. Paper 5: Research at CERL on turbine blade erosion[C]//Proceedings of the Institution of Mechanical Engineers, Conference Proceedings. SAGE Publications, 1967, 182(8): 61 – 68.

[3] SCHUDER C B, BINDER R C. The response of pneumatic transmission lines to step inputs[J]. Journal of Basic Engineering, 1959, 81(12): 578 – 584.

[4] IBERALL A S. Attenuation of oscillatory pressures in instrument lines[J]. Journal of Research, 1950, 45: 85 – 108.

[5] BROWN F T. The transient response of fluid lines[J]. Journal of Basic Engineering, 1962, 84(4): 547 – 553.

[6] HORLOCK J H, DANESHYAR H. Fluid Oscillations in a Pitot Tube in Unsteady Flow[J]. Journal of Mechanical Engineering Science, 1973, 15(2): 144 – 152.

[7] MOORE M J, SCULPHER P. Paper 19: Conditions Producing Concentrated Erosion in Large Steam Turbines[C]//Proceedings of the Institution of Mechanical Engineers, Conference Proceedings. SAGE Publications, 1969, 184(7): 45 – 56.

[8] CRANE R I. Deposition of fog drops on low pressure steam turbine blades[J]. Int. J. Mech. Sci, 1973, 15: 613 – 631.

[9] 毛靖儒, 王新军, 柳成文. 汽轮机中雾滴尺寸和湿度测量技术的研究[J]. 热力发电, 1998, 6: 24 – 28.

[10] 汪丽莉, 蔡小舒, 欧阳新, 等. 汽轮机湿蒸汽两相流中水滴尺寸研究的进展[J]. 上海理工大学学报, 2003, 25(4): 307 – 312.

[11] 张弘, 蔡小舒, 王夕华. 汽轮机内湿蒸汽实验测量技术现状[J]. 热力透平, 2007, 36(1): 1 – 7.

[12] 马力, 蔡小舒, 田昌, 等. 试验汽轮机内湿蒸汽测量研究[J]. 热力透平, 2012, 41(2): 97 – 105.

[13] KERKER, M. The scattering of light and other electromagnetic radiation.

Elsevier,2016.

[14] HULST H C. Light scattering by small particles[M]. Counier Corporation, 1957.

[15] Max Born,Emil Wolf. Principles of Optics[M],1975.

[16] BAYVEL L P. Electromagntic scattering and its application[M]. Springer Science and Business Media,2012.

[17] 蔡颐年,王乃宁. 湿蒸汽两相流[M]. 西安：西安交通大学出版社,1985.

[18] GRAVATT C C. Real Time Measurement of the Size Distribution of Particulate Matter by a Light Scattering Method[J]. J. of the Air Pollution Control Association. 1973, 12.

[19] WITTIG S. Teilchengroßenbestimmung in Abgas eines Heißgaskanal mit Hilfe des probebreohnergestreuerten Optischen Vielverhaltnis-Einzelpartikelyahlers. 1979, Universität Karlsruhe.

[20] 中国国家标准化管理委员会. 用安装在圆形截面管道中的差压装置测量满管流体流量：GB 2624—2006[S]. 北京：中国标准出版社,2006.

[21] 孙延祚. V 型内锥式流量计[J]. 天然气工业, 2004, 24(3)：105 - 110.

[22] DIBELIUS G, DOERR A. Biblis 核电站验收试验中蒸汽湿度测量点的经验[J]. 热力发电译丛, 1991(4)：52 - 61.

[23] 张兆基, 杜秉乾, 曾功德. 蒸汽湿度的测量[J]. 热力发电, 1984(6)：1 - 5.

[24] LANFORD R W,MOORE M J. The measurement of steam wetness fraction in operating turbines[C]. Sixth Thermodynamics and Fluid Mechanics Convestion. ImechE, 1976：152.

[25] YANG S R, WANG J G, CHEN F, et al. Automatic wetness fraction monitoring for wet steam flow[C]. Proc of 11th IFAC World Congress. Tallinn, Estonia,1990：176 - 179.

[26] 王升龙. 汽轮机排汽湿度在线监测方法及应用研究[D]. 华北电力大学, 2005.

[27] 李炎锋. 流动湿蒸汽湿度测量的理论与实践[D]. 西安：西安交通大学, 1999.

[28] WILLIAMS G J. Instruments for wet steam measurements[C]. Sixth Thermodynamics and Fluid Mechanics Convention. Mech. Engrs. , 1976：116.

[29] 王乃宁. 汽轮机蒸汽湿度测量的研究和进展[J]. 上海机械学院学报, 1982 (2)：21 - 26.

[30] 苏云龙,王新军,谢金伟,等. 加热法测量蒸汽湿度的误差分析[J]. 汽轮机技术,2013,55(5):339-342.

[31] 韩中合,杨昆. 汽轮机中蒸汽湿度测量方法的研究现状[J]. 华北电力大学学报,2002,29(4):44-47.

[32] 刘浩,周弩,蔡小舒,等. 基于RGB三波段消光法和单帧单曝光图像法的汽轮机湿蒸汽测量实验研究[J]. 动力工程学报,2015,35(10):816-823.

[33] 苏明旭,袁安利,周健明,等. 超声衰减与光散射法蒸汽液滴粒径和含量对比测试[J]. 中南大学学报:自然科学版,2016,47(2):654-660.

[34] 黄雪峰,盛德仁,陈坚红,等. 湿蒸汽两相流湿度测量方法研究进展[J]. 电站系统工程,2006,22(5):1-5.

[35] 杜利鹏. 电容法测量蒸汽湿度的研究[D]. 哈尔滨:哈尔滨工业大学,2013.

[36] 韩中合. 汽轮机排气湿度微波谐振腔测量技术的研究[D]. 北京:华北电力大学,2005.

[37] 盛德仁,黄雪峰,陈坚红,等. 一种基于布拉格光纤光栅测量湿蒸汽两相流湿度场的新方法[J]. 中国电机工程学报,2005,25(5):136-140.